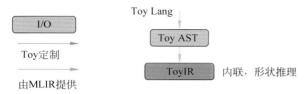

图 1-22　方言、下译、转换的通用框架

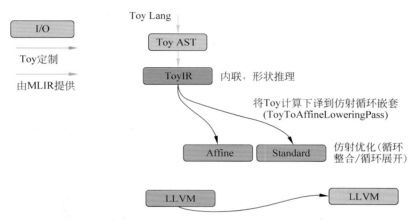

图 1-24　Toy 增加了仿射与标准的方言、下译、转换框架

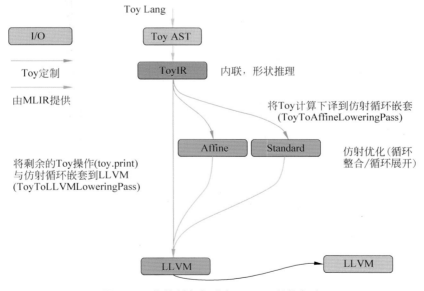

图 1-25　将仿射与标准与 LLVM 链接起来

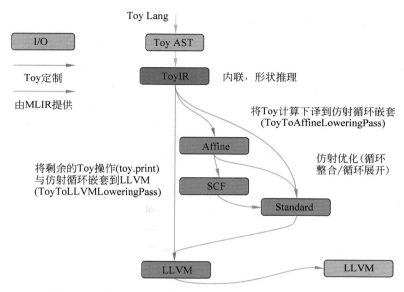

图 1-26   增加了 SCF,并将仿射与标准与 LLVM 链接起来

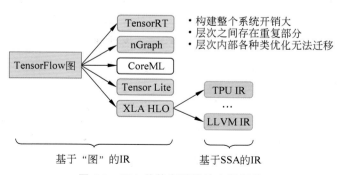

图 6-3   SSA 单静态赋值的中间表示

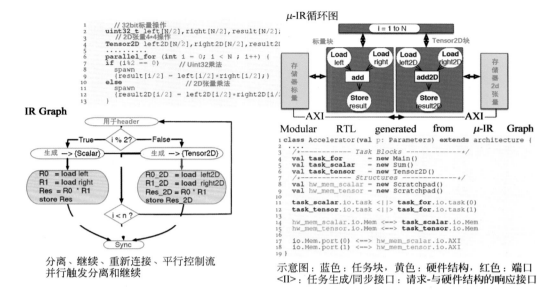

图 6-20　Micro-IR 的编译表示

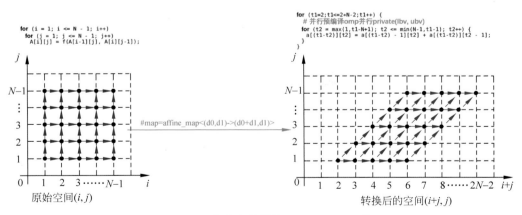

图 6-22　多面体的变基转换及 Affine_map 表示

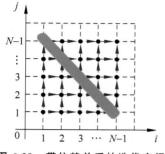

图 6-29　带依赖关系的迭代空间

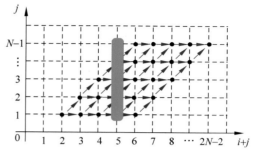

图 6-30　基之后的迭代空间

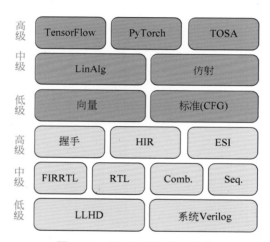

图 6-50　CIRCT 项目的软件栈

```
def HLO_DotGeneralOp: HLO_Op<"dot_general", [NoSideEffect]>, BASE_HLO_DotGeneralOp {
  let arguments = (ins
    HLO_Tensor:$lhs,
    HLO_Tensor:$rhs,
    DotDimensionNumbers:$dot_dimension_numbers,
    HLO_PrecisionConfigAttr:$precision_config
  );

  let results = (outs HLO_Tensor);
  let verifier = [{ return Verify(*this); }];
}
```

图 6-59　HLO 方言算子的定义

计算机技术
开发与应用丛书

MLIR编译器
原理与实践

吴建明　吴一昊 ◎ 编著

清華大學出版社

北京

内 容 简 介

MLIR 是一个新型的 AI 编译器,被广泛应用于各种产品研发中,在企业与学术研究中有很大的影响,但是,目前国内外还找不到 MLIR 专著,本书试图弥补这个空缺。

本书全面解析 MLIR 的主要功能,帮助读者理解 MLIR 工作原理,以及使用 MLIR 对深度学习与机器学习进行优化与部署。全书共 11 章,包括用 MLIR 构建编译器、MLIR 编译器基础、MLIR 编译器功能模块、MLIR 方言技术、TPU-MLIR 开发技术分析、MLIR 中间表示与编译器框架、MLIR 代码生成技术、MLIR 的后端编译过程、Buddy-MLIR 工程技术解析、TPU-MLIR 开发实践与 IREE 编译流程与开发实践。各章除了包含重要的知识点和实践技能外,还配备了精心挑选的典型案例。

本书适合从事 AI 算法、软件、编译器及硬件开发等相关的工程技术人员、科研工作人员、高校师生、技术管理人员等阅读,也可以作为高等院校编译器相关专业的参考用书。

图书在版编目(CIP)数据

MLIR 编译器原理与实践 / 吴建明,吴一昊编著. -- 北京 :清华大学出版社,2025.3.
(计算机技术开发与应用丛书). -- ISBN 978-7-302-68669-9

Ⅰ. TP314

中国国家版本馆 CIP 数据核字第 2025H8Y991 号

责任编辑:赵佳霓
封面设计:吴　刚
责任校对:时翠兰
责任印制:丛怀宇

出版发行:清华大学出版社
　　　　网　　　址:https://www.tup.com.cn,https://www.wqxuetang.com
　　　　地　　　址:北京清华大学学研大厦 A 座　　　邮　　编:100084
　　　　社 总 机:010-83470000　　　　　　　　　邮　　购:010-62786544
　　　　投稿与读者服务:010-62776969,c-service@tup.tsinghua.edu.cn
　　　　质量反馈:010-62772015,zhiliang@tup.tsinghua.edu.cn
　　　　课件下载:https://www.tup.com.cn,010-83470236
印 装 者:三河市龙大印装有限公司
经　　　销:全国新华书店
开　　　本:186mm×240mm　　印　　张:28.75　　插　页:2　　字　　数:652 千字
版　　　次:2025 年 5 月第 1 版　　　　　　　　　　　　印　　次:2025 年 5 月第 1 次印刷
印　　　数:1～1500
定　　　价:119.00 元

产品编号:106518-01

前言
PREFACE

人工智能在全世界广泛应用。深度学习框架（如 TensorFlow、PyTorch、MXNet、Caffe 等）推动了 AI 技术革命。大多数现有的系统框架针对小范围的服务器级 GPU 进行优化，仍然需要做很多工作，才能在其他平台上部署，如汽车、手机、物联网设备及专用加速器（FPGA、ASIC）。随着深度学习框架和硬件后端数量的增加，提出了一种统一的中间表示的解决方案 MLIR——一种优化深度学习框架与提高效率的编译器。

有了 MLIR 的帮助，可以轻松地在手机、嵌入式设备甚至浏览器上运行深度学习模型，只需做很少的额外工作。MLIR 还为多种硬件平台上的深度学习计算提供了统一的优化框架，包括一些有自研计算原语的专用加速器。

MLIR 是一个深度学习编译器，所有人都能随时随地地访问高性能机器学习。MLIR 由硬件供应商、编译器工程师和机器学习研究人员组成的多元化社区共同构建了一个统一的可编程软件堆栈，丰富了整个机器学习技术生态系统并使其可供更广泛的机器学习社区使用。

MLIR 的全名为 Multi-Level Intermediate Representation，是一种由谷歌公司开发的开源编译器基础设施，它将深度学习模型进行优化推理，内存管理与线程调度，借用 LLVM 部署到在 CPU、GPU、FPGA、ARM 等硬件设备上。

本书全面解析 MLIR 的主要功能，帮助读者理解 MLIR 工作原理，以及使用 MLIR 对算子模型进行优化与部署开发。MLIR 可以高效地部署在不同的硬件设备上，是深度学习系统的编译器堆栈。目的是缩小以生产力为中心的深度学习框架与以性能和效率为中心的硬件后端之间的差距。MLIR 与深度学习框架合作，为不同的后端提供端到端编译。

全书共分 11 章，主要内容如下：

第 1 章　用 MLIR 构建编译器：讲述 Toy 方言与 MLIR 的引入。

第 2 章　MLIR 编译器基础：讲述 MLIR 基础知识、功能模块及代码结构。

第 3 章　MLIR 编译器功能模块：讲述 MLIR 编译，DSL 技术、堆栈调用技术。

第 4 章　MLIR 方言技术：讲述 MLIR 方言特征，方言开发实践。

第 5 章　TPU-MLIR 开发技术分析：讲述 TPU-MLIR 工程、各种优化调度存储策略及实践。

第 6 章　MLIR 中间表示与编译器框架：讲述 MLIR 的外部依赖、不同应用适配及示例。

第7章　MLIR代码生成技术：讲述代码生成的基本原理、下译技术及优化实践。

第8章　MLIR的后端编译过程：讲述MLIR Toy方言应用、下译映射及编译实践。

第9章　Buddy-MLIR工程技术解析：讲述Buddy-MLIR工程结构、代码构建及编译实践。

第10章　TPU-MLIR开发实践：讲述TPU-MLIR环境配置搭建、ONNX模型转换与工程实践。

第11章　IREE编译流程与开发实践：讲述IREE内核结构、编译流程与工程实践。

扫描目录上方的二维码可下载本书源码。

编　者

2025年2月

目 录
CONTENTS

本书源码

用 MLIR 构建编译器

1.1 MLIR 概述

本章旨在介绍 MLIR,不需要事先了解 MLIR,但有时会将其与 LLVM 进行比较,因此具有 LLVM 开发经验,可能会更容易上手。

先从 MLIR 的高级功能开始介绍,然后深入了解一些内部模块,以及这些模块如何应用于示例。

1. 概述

通过实现一种基本的 Toy(也叫玩具)语言的方式了解 MLIR(经过许多简化)的基本原理。

(1) 定义 Toy 方言。

(2) MLIR 核心概念:运算、区域、方言。

(3) 使用 MLIR 表示 Toy 方言。

① 介绍方言、运算、ODS、验证。

② 将语义附加到自定义操作中。

(4) 高级语言特定优化。

(5) 为结构而非运算编写 Pass,这是 Windows 的操作接口。

(6) 下译到低级方言。

LLVM IR 路径:https://MLIR.llvm.org/docs/Tutorials/Toy/Ch-1/。

以下是要介绍的几个模块:

① 创建一个非常简化的基于高级阵列的 DSL:一种专门的 Toy 方言。

② 介绍 MLIR 中的一些关键核心概念:运算、区域与方言。

③ 将概念应用于设计与构建承载语言语义的 IR。

④ 展示其他 MLIR 概念,如接口,并解释如何设计框架来实现变换。

⑤ 将代码下译到更适合 CodeGen 的表示形式。

MLIR 中的方言允许逐步下译,并引入面向特定领域优化的中间表示。对于 CPU 的

CodeGen，LLVM 当然是王道，但也可以针对自定义加速器或 FPGA，实现不同的下译。

2. 什么是 MLIR

（1）构建编译器 IR 的框架：定义类型系统、操作等。

（2）涵盖编译器基础架构需求的工具箱，包括诊断、Pass 基础设施、多线程、测试工具等。

（3）内置电池：

① 各种代码生成与下译策略。

② 加速器支持（GPU）。

（4）允许不同级别自由共存的抽象。

① 抽象可以更好地针对特定领域，减少高级信息的丢失。

② 渐进式下译简化并增强了转换管道。

③ 没有任意的抽象边界，例如，主机与设备代码可同时位于同一 IR 中。

什么是 MLIR？在深入讲述细节之前，先从高层开始。MLIR 是一个用于构建与集成编译器抽象的工具箱，但这意味着什么？从本质上讲，目标是为编译器提供可扩展与易于使用的基础设施。可以定义自己的运算集（或 LLVM 中的指令）、自己的类型系统，并从过程管理、诊断、多线程、序列化/反序列化及可能必须自主构建的所有其他传统的基础设施中获益。

MLIR 项目目标：在通用基础设施之上，集成了多个抽象与代码转换。该项目的目标是推出各种代码生成策略，这些策略将允许开发人员轻松地重用端到端流程，以便将异构计算（例如以 GPU 为目标）嵌入 DSL 或环境中。

在 MLIR 中多级处理非常重要：添加新的抽象级别旨在变得简单与通用。这不仅使对特定领域进行建模变得非常方便，并为编译器提供了大量的自由度来进行各种设计。

以下是几个示例：

（1）通用语言的高级 IR：FIR（Flang IR）。

（2）机器学习图形：TensorFlow、ONNX、XLA 等。

（3）硬件设计：CIRCT 项目。

（4）运行时间：TFRT、IREE。

（5）研究项目：Verona（并发）、RISE（功能）等。

MLIR 允许各种抽象自由共存。这是架构中非常重要的一部分。这使抽象能够更好地针对特定领域，例如，人们一直在使用 MLIR 为 FORTRAN、机器学习图（张量级运算、量化、跨主机分布）、硬件合成、运行时抽象、研究项目（例如，围绕并发）构建抽象。

1.2　通过创建引入 MLIR：一种 Toy 方言

1.2.1　构建一种 Toy 方言

本节将介绍一种 Toy 方言，以便了解 MLIR 的一些重要模块，如图 1-1 所示。

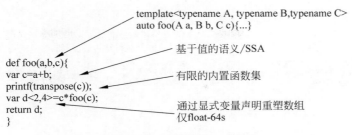

图 1-1　MLIR 引入的 Toy 方言

构建一种 Toy 方言，包括以下几个模块。

（1）标量与数组计算，以及 I/O 的混合。

（2）阵列形状推理。

（3）泛型函数。

（4）一组非常有限的运算符与功能（这只是一种 Toy 方言）。

通过这种高级语言，介绍 MLIR 如何为编程语言的高级表示提供便利。这是一种熟悉的流程，但这里的概念适用于语言之外的许多领域（只看到了一些实际用例的例子）。

现有的成功编译模型，如图 1-2 所示。

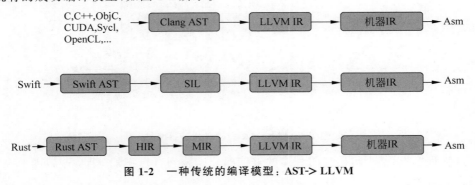

图 1-2　一种传统的编译模型：AST-> LLVM

最近的编译器添加了特定的 IR 语言，将 AST 模型细化为 LLVM，并在不同的表示形式之间逐渐下译。为 Toy 挑选什么？要尽可能地与时代发展相匹配，如图 1-3 所示。

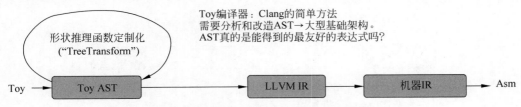

图 1-3　在 Toy AST 模块中增加了形状推理函数定制化功能

在到达 LLVM 之前，有一些高级任务要执行。需要一个复杂的 AST，用于转换与分析大型基础设施。Toy 编译器具有特定语言的优化，如图 1-4 所示。

如果要进行更多优化，则需要自定义 IR。是否需要重新实现 LLVM 的所有基础设施？

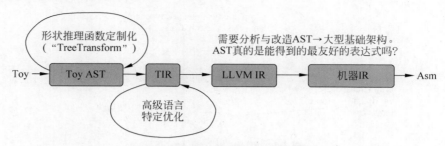

图 1-4 增加 TIR 特定优化语言模块

对于特定语言的优化,可以使用内置与自定义 LLVM Pass,但最终可能会希望 IR 处于正确的水平。这确保了以一种方便分析或转换的方式获得语言的所有高级信息,否则目前译到不同的表示形式时,可能会获得这些信息。

1.2.2 异构编译器

将 TIR 增加到硬件加速器模块,如图 1-5 所示。

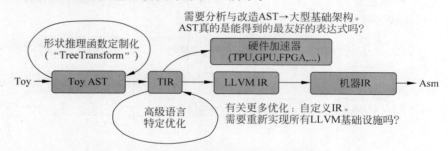

图 1-5 增加 TIR 到硬件加速器模块

在某种程度上,甚至可能想将程序的某些部分卸载到自定义加速器,这就需要在 IR 中表示更多的概念。

MLIR 允许每个抽象级别都被建模为方言,如图 1-6 所示。

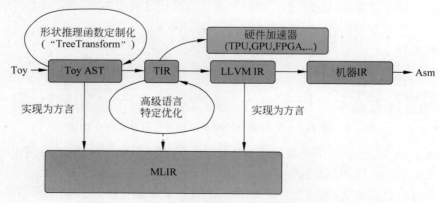

图 1-6 在 MLIR 中,抽象的关键组成部分是方言

1.2.3　根据算力调整目标

对于 Toy IR 虽然只能使用一种方言,但仍然足够灵活,可以执行形状推理与一些高级优化,如图 1-7 所示。

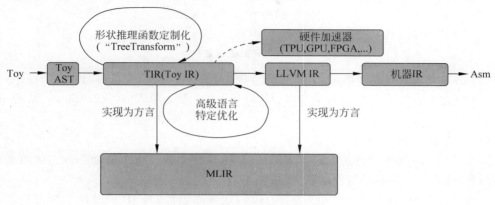

图 1-7　Toy IR 使用方言流程

为了简单起见,将采取许多快捷方式并尽可能地简化流程,以便限制在获得端到端示例所需的最小值,还可把异构部分留给将来使用。

1.2.4　MLIR 概述

在讲述 Toy 方言之前,本节先介绍 MLIR 中的一些关键概念,如图 1-8 所示。

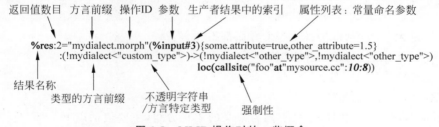

图 1-8　MLIR 操作对的一些概念

此操作不是指令,操作有以下特征:

(1)没有预定义的指令集。

(2)对 MLIR 来讲,操作就像不透明的功能。

在 MLIR 中,一切都是关于操作的,而不是指令强调要与 LLVM 视图区分开。操作可以是粗粒度的(执行矩阵乘法,或启动远程 RPC 任务),也可以直接携带循环嵌套或其他类型的嵌套区域。

递归嵌套包括从操作到区域,再到块的模块,如图 1-9 所示。

图 1-9 中递归嵌套结构主要包括以下内容:

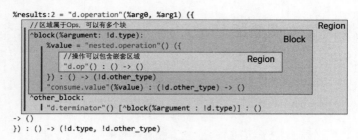

图 1-9 递归嵌套结构

（1）区域是嵌套在操作内部的基本块的列表。基本块 IR 结构是递归嵌套的操作列表。

（2）概念上类似于函数调用，但可以引用外部定义的静态单赋值（Static Single Assigment，SSA）。

（3）内部定义的 SSA 不会转义。

操作的另一个重要特性是它可以容纳区域，这是代码的任意大嵌套部分。区域是基本块的列表，这些块本身就是操作的列表。

结构是递归嵌套的，这些嵌套（运算、区域、块顺序循环）是 IR 的基础。所有模块都适合这个嵌套，甚至 ModuleOp 与 FuncOp 都是常规操作。

例如，函数体是附加到 FuncOp 的唯一区域。这里不会大量使用区域，但在 MLIR 中是常见的，并且在表达 IR 的结构方面非常强大。

示例代码如下：

```
//第1章/FuncOp.c
func @main() {
% 0 = toy.print() : () -> tensor < 10 × i1 >
}
```

但是这是无效的，因为在以下 3 个方面都不完善：

（1）toy.int 内建函数不是终结符。

（2）应该取一个操作数。

（3）不会产生任何结果。

MLIR 方言是一个为 IR 定义规则与语义的逻辑分组，主要包括以下几部分。

（1）前缀（名称空间保留）。

（2）自定义类型的列表，每种类型都有自己的 C++类。

（3）操作列表，每个操作的名称与 C++类实现：

① 操作不变量的验证器（例如 toy.print 必须有一个操作数）。

② 语义没有副本、常量折叠、允许 CSE 等。

（4）Pass：分析、转换与方言转换。

（5）可能是自定义解析器与汇编输出。

MLIR 提出的解决方案是方言。

在 MLIR 生态系统中介绍了很多关于方言的信息。方言有点像 C++库，它至少是这些类型(或其他方言定义的类型)的操作的一个命名空间、一组类型、一组操作。

方言加载在 MLIR 上下文中,并提供各种验证,例如 IR 验证器:它将在 IR 上强制执行不变量(类似 LLVM 验证器)。

方言还可以自定义操作与类型的输出或解析,使 IR 更具可读性。

方言是简单的抽象,创建一种方言就像创建一个新的 C++ 库一样。MLIR 捆绑了 20 种方言,但更多的方言是由 MLIR 用户定义的。到目前为止,谷歌公司的内部用户已经定义了 60 多种方言。

仿射方言示例,如图 1-10 所示。

```
func @test() {
    affine.for %k = 0 to 10 {          使用自定义解析/输出:affine.for带
        affine.for %l = 0 to 10 {       有附加区域的操作,感觉像是常规的。
            affine.if (d0) : (8*d0 - 4 >= 0, -8*d0 + 7 >= 0)(%k) {
                //死代码,因为在4和7之间没有8的倍数
                "foo"(%k) : (index) -> ()      这种方言中的额外语义约束:if
            }                                  条件是封闭循环索引上的仿射关系。
        }
    }
    return    #set0 = (d0) : (d0 * 8 - 4 >= 0, d0 * -8 + 7 >= 0)
}             func @test() {
                "affine.for"() {lower_bound: #map0, step: 1 : index, upper_bound: #map1} : () -> () {
              ^bb1(%i0: index):
                "affine.for"() {lower_bound: #map0, step: 1 : index, upper_bound: #map1} : () -> () {
                {
              ^bb2(%i1: index):
                "affine.if"(%i0) {condition: #set0} : (index) -> () {
                    "foo"(%i0) : (index) -> ()
                    "affine.terminator"() : () -> ()
                } { // else block            没有自定义解析/输出的相同代码:
                }                            同构于内存中的内部表达式
                "affine.terminator"() : () -> ()
                }
                ...
```

图 1-10　仿射方言示例

使用附加到操作的区域的良好语法 * 与高级语义的示例。

在使用 MLIR 时,需要记住自定义解析器或输出是易读的,但可以始终输出 IR 的通用形式,在命令行上输出:--MLIR-print-op-generi,它实际上同构于内存中的表示。它有助于调试或理解如何在 C++ 中操作 IR。

例如,affine.For 循环非常优美且可读,但泛型形式确实显示了实际的实现。

LLVM 作为方言示例,代码如下:

```
//第 1 章/LLVM – IR Dialect.asm
%13 = llvm.alloca %arg0 x !llvm.double: (!llvm.i32) -> !llvm.ptr<double>
%14 = llvm.getelementptr %13[%arg0, %arg0]
: (!llvm.ptr<double>, !llvm.i32, !llvm.i32) -> !llvm.ptr<double>
%15 = llvm.load %14: !llvm.ptr<double>
llvm.store %15, %13: !llvm.ptr<double>
%16 = llvm.bitcast %13: !llvm.ptr<double> to !llvm.ptr<i64>
%17 = llvm.call @foo(%arg0): (!llvm.i32) -> !llvm.struct<(i32, double, i32)>
%18 = llvm.extractvalue %17[0]: !llvm.struct<(i32, double, i32)>
%19 = llvm.insertvalue %18, %17[2]: !llvm.struct<(i32, double, i32)>
%20 = llvm.constant(@foo: (!llvm.i32) -> !llvm.struct<(i32, double, i32)>):
!llvm.ptr<func<struct<i32, double, i32> (i32)>>
%21 = llvm.call %20(%arg0): (!llvm.i32) -> !llvm.struct<(i32, double, i32)>
```

LLVM IR 本身可以建模为方言,并且实际上是在 MLIR 中实现的。LLVM 指令与类型的前缀为 LLVM 方言命名空间。

LLVM 方言的功能并不完整,但它定义了足够多的 LLVM 公用模块,以便支持面 DSL 的代码生成。

与 LLVM IR 也有一些微小的偏差:例如,由于 MLIR 结构的原因,常量并不特殊,而是作为常规操作进行建模。

1.3 Toy 方言 IR 表示

Toy 方言在 TableGen 中声明,代码如下:

```
//第 1 章/Toy-Dialect.c
def Toy_Dialect: Dialect {
 let summary = Toy IR Dialect;
 let description = [{
 //这是对 Toy 方言的一个更长的描述
...
 }];
 //方言的命名空间
 let name = toy;
 //方言类定义所在的 C++命名空间
 let cppNamespace = toy;
}
```

从定义方言开始,然后将考虑如何操作等。

MLIR 的许多方面是以声明的方式指定的,以减少样板,并更容易扩展,例如,方言的详细文档是与可用的内置标记生成器一起指定的。在这里使用 TableGen 语言声明,这是一种特定的 LLVM 语言,在很多情况下,有助于以声明的方式生成 C++代码。

Toy 方言示例,包括自动生成的 C++类及 TableGen 声明,如图 1-11 所示。

自动生成的C++类

```
class ToyDialect : public mlir::Dialect {
public:
  ToyDialect(mlir::MLIRContext *context)
    : mlir::Dialect("toy", context,
        mlir::TypeID::get<ToyDialect>()) {
      initialize();
  }

  static llvm::StringRef getDialectNamespace() {
    return "toy";
  }

  void initialize();
};
```

在TableGen中声明性指定

```
def Toy_Dialect : Dialect {
  let summary = "Toy IR Dialect";
  let description = [{
      // 这是对Toy方言的一个更长的描述
      ...
  }];

  // 方言的名称空间
  let name = "toy";

  // 方言类定义所在的C++命名空间
  let cppNamespace = "toy";
}
```

图 1-11 Toy 方言自动生成的 C++类与 TableGen 声明

从定义方言开始,然后将考虑如何处理操作等。

Toy 方言乘法转置操作,C 语言格式代码如下:

```
//第 1 章/multiply_transpose.c
♯对未知形状参数进行操作的用户定义的泛型函数
def multiply_transpose(a, b) {
 return transpose(a) * transpose(b);
}
def main() {
 var a<2, 2> = [[1, 2], [3, 4]];
 var b<2, 2> = [1, 2, 3, 4];
 var c = multiply_transpose(a, b);
 print(c);
}
```

需要决定如何将 Toy 方言映射到一个高级中间形式,该形式适合想要执行的分析与转换类型。MLIR 提供了很大的灵活性,但在定义抽象时仍应小心,应使其有用但不笨拙。

Toy 方言乘法转置操作,使用命令 $ bin/toy-ch5 -emit＝MLIR example. toy,Toy 格式的代码如下:

```
//第 1 章/multiply_transpose.toy
♯对未知形状参数进行运算的用户定义的泛型函数
def multiply_transpose(a, b) {
 return transpose(a) * transpose(b);
}
func @multiply_transpose( % arg0: tensor < * xf64 >, % arg1: tensor < * xf64 >)
 -> tensor < * xf64 > {
 % 0 = toy. transpose( % arg0): (tensor < * xf64 >) -> tensor < * xf64 >
 % 1 = toy. transpose( % arg1): (tensor < * xf64 >) -> tensor < * xf64 >
 % 2 = toy. mul( % 0, % 1): (tensor < * xf64 >, tensor < * xf64 >) -> tensor < * xf64 >
 toy. return( % 2): (tensor < * xf64 >) -> ()
}
```

先来看通用的 multiply_transpose 函数。这里有一个容易提取的操作:转置、乘法与返回。对于类,将使用内置张量来表示多维数组,由于它支持需要的所有功能,所以可以直接使用它。* 表示一个未排序的张量,表示维度是多少或有多少。f64 是元素类型,表示 64 位浮点或双精度类型。Toy 方言乘法转置操作,多种代码格式与数据格式示例,代码如下:

```
//第 1 章/multiply_transpose_format_precision.toy
 $ bin/toy - ch5 - emit = MLIR example. toy
Toy 方言:操作
def main() {
 var a<2, 2> = [[1, 2], [3, 4]];
 var b<2, 2> = [1, 2, 3, 4];
 var c = multiply_transpose(a, b);
 print(c);
}
func @main() {
 % 0 = toy. constant() { value: dense <[[1., 2.], [3., 4.]]>: tensor < 2 × 2 × f64 > }
: () -> tensor < 2 × 2 × f64 >
 % 1 = toy. reshape( % 0): (tensor < 2 × 2 × f64 >) -> tensor < 2 × 2 × f64 >
 % 2 = toy. constant() { value: dense < tensor < 4 × f64 >, [1., 2., 3., 4.] > }
: () -> tensor < 4 × f64 >
```

```
%3 = toy. reshape( %2): (tensor < 4 × f64 >) -> tensor < 2 × 2 × f64 >
%4 = toy.generic_call( %1, %3) {callee: @multiply_transpose}
: (tensor < 2 × 2 × f64 >, tensor < 2 × 2 × f64 >) -> tensor < * xf64 >
toy. print( %4): (tensor < * xf64 >) -> ()
toy. return(): () -> ()
}
```

接下来是 main 函数。此函数用于创建一些常量，以及调用通用的 multiply_transpose 并输出结果。当查看如何将其映射到中间形式时，可以看到常量数据的形状被重新变形为变量上指定的形状。常量的数据是通过内置的密集元素属性存储的，该属性有效地支持浮点元素的密集存储。Toy 方言摘要与自动生成操作，如图 1-12 所示。

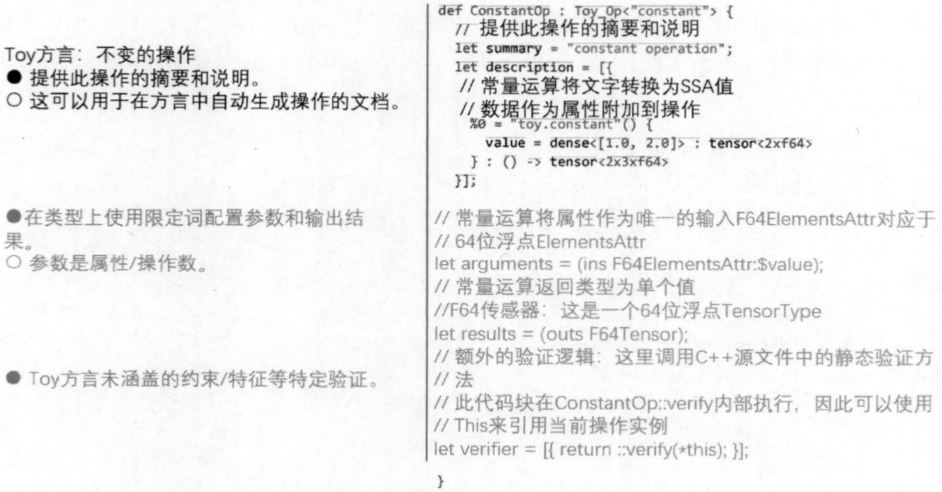

https://mlir.llvm.org/docs/Tutorials/Toy/Ch-4/#inlining

图 1-12　Toy 方言摘要与自动生成操作

Toy 方言使用限定词配置参数与属性，如图 1-13 所示。

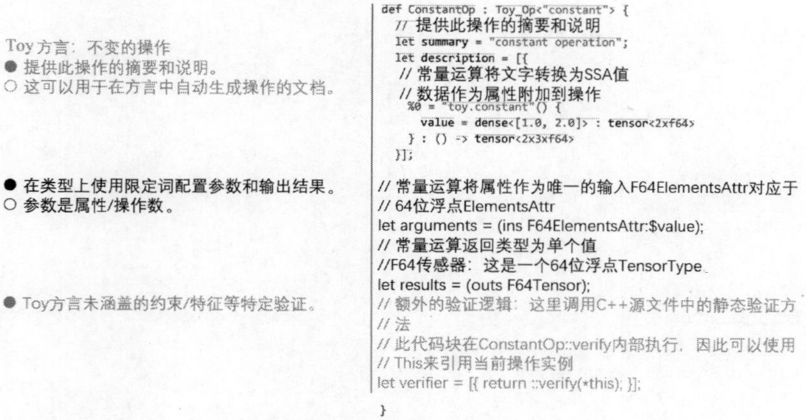

图 1-13　Toy 方言使用限定词配置参数与属性

Toy 方言未涵盖的约束或特征等的特定验证,如图 1-14 所示。

Toy方言: 不变的操作
● 提供此操作的摘要和说明。
○ 这可以用于在方言中自动生成操作的文档。

● 在类型上使用限定词配置参数和输出结果。
○ 参数是属性/操作数。

● Toy方言未涵盖的约束/特征等特定验证。

```
def ConstantOp : Toy_Op<"constant"> {
  // 提供此操作的摘要和说明
  let summary = "constant operation";
  let description = [{
    // 常量运算将文字转换为SSA值
    // 数据作为属性附加到操作
    %0 = "toy.constant"() {
      value = dense<[1.0, 2.0]> : tensor<2xf64>
    } : () -> tensor<2x3xf64>
  }];
  // 常量运算将属性作为唯一的输入F64ElementsAttr对应于
  // 64位浮点ElementsAttr
  let arguments = (ins F64ElementsAttr:$value);
  // 常量运算返回类型为单个值
  //F64传感器: 这是一个64位浮点TensorType
  let results = (outs F64Tensor);
  // 额外的验证逻辑: 这里调用C++源文件中的静态验证方
  // 法
  // 此代码块在ConstantOp::verify内部执行, 因此可以使用
  // this来引用当前操作实例
  let verifier = [{ return ::verify(*this); }];
}
```

图 1-14　Toy 方言未涵盖的约束/特征等特定验证

将从 C++ TableGen 生成的代码转换到对应的 Toy 方言代码,如图 1-15 所示。

C++从TableGen生成的代码:

```
class ConstantOp
  : public mlir::Op<ConstantOp,
mlir::OpTrait::ZeroOperands,
mlir::OpTrait::OneResult> {
public:
  using Op::Op;
  static llvm::StringRef getOperationName()
  {
    return "toy.constant";
  }
  mlir::DenseElementsAttr value();
  mlir::LogicalResult verify();
  static void build(mlir::OpBuilder &builder,
  mlir::OperationState &state,
  mlir::Type result,
  mlir::DenseElementsAttr value);
};
```

```
def ConstantOp : Toy_Op<"constant"> {
  // 提供此操作的摘要和说明
  let summary = "constant operation";
  let description = [{
    // 常量运算将文字转换为SSA值
    // 数据作为属性附加到操作
    %0 = "toy.constant"() {
      value = dense<[1.0, 2.0]> : tensor<2xf64>
    } : () -> tensor<2x3xf64>
  }];
  // 常量运算将属性作为唯一的输入F64ElementsAttr对应于
  // 64位浮点ElementsAttr
  let arguments = (ins F64ElementsAttr:$value);
  // 常量运算返回类型为单个值
  //F64传感器: 这是一个64位浮点TensorType
  let results = (outs F64Tensor);
  // 额外的验证逻辑: 这里调用C++源文件中的静态验证方
  // 法
  // 此代码块在ConstantOp::verify内部执行, 因此可以使用
  // This来引用当前操作实例
  let verifier = [{ return ::verify(*this); }];
}
```

图 1-15　从 C++ TableGen 生成的代码转换到对应的 Toy 方言代码

将 Toy 方言注册后,操作现在得到充分验证,代码如下:

```
//第1章/invalid.mlir
$ cat test/Examples/Toy/invalid.MLIR
func @main() {
 toy.print(): () -> ()
}
$ build/bin/toyc-ch3 test/Examples/Toy/invalid.MLIR -emit=MLIR
loc(test/invalid.MLIR:2:8): 错误:toy.print 操作需要一个操作数
```

1.4　Toy 方言高级转化

Toy 方言的主要特点如下：

（1）定义属性、操作或类型的附加功能、属性与验证的混合。

（2）通过分析或转换不透明地检查存在。

（3）用于操作的示例如下：

① 可交换的。

② 终结器：如果操作终止了一个块。

③ 零操作数、单操作数或有无操作数。

1.4.1　接口

接口的主要特点如下：

（1）抽象类不透明地操作 MLIR 实体。

① 具有由属性、方言、操作、类型提供实现的方法组。

② 类似于 C 中的接口，不依赖 C++ 继承。

（2）MLIR 可扩展性与 Pass 可重用性的基石，包括以下两点。

① 最初经常定义接口以满足转换的需要。

② 方言实现接口以启用与重用通用转换。

（3）用于操作的示例如下：

① 调用操作，调用图建模。

② 类似循环。

③ 副本。

1.4.2　Toy 方言形状推理

Toy 方言形状推理确保所有动态 Toy 方言阵列变为静态形状，这样使 CodeGen 优化变得更容易了，并且使用说明友好。

Toy 方言形状推理示例的代码如下：

```
//第1章/multiply_transpose_Shape_inference.asm
func @multiply_transpose( % arg0: tensor < * xf64 >, % arg1: tensor < * xf64 >)
 -> tensor < * xf64 > {
 % 0 = toy.transpose( % arg0): (tensor < * xf64 >) -> tensor < * xf64 >
 % 1 = toy.transpose( % arg1): (tensor < * xf64 >) -> tensor < * xf64 >
 % 2 = toy.mul( % 0, % 1): (tensor < * xf64 >, tensor < * xf64 >) -> tensor < * xf64 >
 toy.return( % 2): (tensor < * xf64 >) -> ()
}
```

现在来看在 Toy 方言中面临的一个示例问题，即形状推理。main 之外的所有 Toy 方言数组目前都是动态的，因为函数是通用的。希望有静态形状，使代码生成优化变得更容易，更省时。

　　Toy 方言静态形状推理主要包括以下内容：

（1）确保所有动态 Toy 方言阵列变为静态形状。

① CodeGen 优化变得更容易了。

② 使用说明友好。

（2）程序间形状传播分析。

　　Toy 方言静态形状推理示例的代码如下：

```
//第 1 章/multiply_transpose_Static_Shape_inference.asm
func @multiply_transpose( % arg0: tensor < * xf64 >, % arg1: tensor < * xf64 >)
 -> tensor < * xf64 > {
 % 0 = "toy.transpose"( % arg0) : (tensor < * xf64 >) -> tensor < * xf64 >
 % 1 = "toy.transpose"( % arg1) : (tensor < * xf64 >) -> tensor < * xf64 >
 % 2 = "toy.mul"( % 0, % 1) : (tensor < * xf64 >, tensor < * xf64 >) -> tensor < * xf64 >
 "toy.return"( % 2) : (tensor < * xf64 >) -> ()
}
```

　　可以写一个过程间形状传播分析。

1.4.3　形状推理

　　形状推理传播分析示例主要包括以下特征：

（1）确保所有动态 Toy 方言阵列变为静态形状。

① CodeGen/优化变得更容易了。

② 使用说明友好。

（2）程序间形状传播分析。

（3）功能特性。

　　形状推理传播分析示例，代码如下：

```
//第 1 章/multiply_transpose_propagation_analysis.asm
func @multiply_transpose( % arg0: tensor < * xf64 >, % arg1: tensor < * xf64 >)
 -> tensor < * xf64 > {
 % 0 = toy.transpose( % arg0) : (tensor < * xf64 >) -> tensor < * xf64 >
 % 1 = toy.transpose( % arg1) : (tensor < * xf64 >) -> tensor < * xf64 >
 % 2 = toy.mul( % 0, % 1) : (tensor < * xf64 >, tensor < * xf64 >) -> tensor < * xf64 >
 toy.return( % 2) : (tensor < * xf64 >) -> ()
}
```

　　可以为调用站点生成泛型函数的专用化。

　　形状推理泛型函数专用化示例，主要包括以下特征：

（1）确保所有动态 Toy 方言阵列变为静态形状。

① CodeGen 优化变得更容易了。

② 使用说明友好。

（2）程序间形状传播分析。

（3）功能专业化。

（4）内联所有内容。

形状推理泛型函数专用化示例，代码如下：

```
//第1章/multiply_transpose_ generic_functions.asm
func @multiply_transpose(%arg0: tensor<*xf64>, %arg1: tensor<*xf64>)
 -> tensor<*xf64> {
%0 = toy.transpose(%arg0): (tensor<*xf64>) -> tensor<*xf64>
%1 = toy.transpose(%arg1): (tensor<*xf64>) -> tensor<*xf64>
%2 = toy.mul(%0, %1): (tensor<*xf64>, tensor<*xf64>) -> tensor<*xf64>
 toy.return(%2): (tensor<*xf64>) -> ()
}
```

这里只需内联所有内容，因为这是最好的策略。

MLIR 提供了一个定义接口的内联过程，Toy 方言只需实现内连接口：

（1）定义内联 Toy 操作的合法性。

（2）向调用图显示 toy.generic_call 操作。

MLIR 提供了通用内联 Pass 的方言。对于 Toy 方言，需要提供正确的接口，使 generic_call 被识别为调用图的一部分，Toy 操作对于内联是合法的。

本例中的类定义了用于处理 Toy 操作内联的接口。简化了从基本接口类的继承，并覆盖了必要的方法，代码如下：

```
//第1章/toy_Inliner.c
struct ToyInlinerInterface: public DialectInlinerInterface {
 using DialectInlinerInterface::DialectInlinerInterface;
 bool isLegalToInline(Operation *, Region *,
BlockAndValueMapping &) const final {
return true;
}
void handleTerminator(
Operation * op, ArrayRef<Value> valuesToRepl) const final {
//只有toy.return需要在这里处理
ReturnOp returnOp = cast<ReturnOp>(op);
for (auto it: llvm::enumerate(returnOp.getOperands()))
valuesToRepl[it.index()].replaceAllUsesWith(it.value());
}
Operation * materializeCallconversion(
OpBuilder &builder, Value input, Type resultType,
LocationconversionLoc) const final {
return builder.create<CastOp>(conversionLoc,
resultType, input);
}
};
```

嵌入所有返回的操作数内容，如图 1-16 所示。

这个类定义了用于处理Toy操作内联的接口。简化了从基本接口类的继承，并覆盖了必要的方法。

这个钩子检查给定的操作是否合法，以便内联到给定的区域中。对于Toy，这个钩子可以简单地返回true，因为所有Toy操作都是可内联的。

当终止符操作被内联时，就会调用这个钩子。Toy方言中唯一的终止符是return操作（Toy.return）。通过将调用操作之前的返回值替换为返回的操作数来处理返回。

```
struct ToyInlinerInterface : public DialectInlinerInterface {
using DialectInlinerInterface::DialectInlinerInterface;

bool isLegalToInline(Operation *, Region *,
BlockAndValueMapping &) const final {
return true;
}

void handleTerminator(
Operation *op, ArrayRef<Value> valuesToRepl) const final {
//这里只需要处理toy.return
ReturnOp returnOp = cast<ReturnOp>(op);
for (auto it : llvm::enumerate(returnOp.getOperands()))
valuesToRepl[it.index()].replaceAllUsesWith(it.value());
}

Operation *materializeCallConversion(
OpBuilder &builder, Value input, Type resultType,
Location conversionLoc) const final {
return builder.create<CastOp>(conversionLoc,
resultType, input);
}
};
```

图 1-16　通过将调用操作之前的返回值替换为返回的操作数来处理返回

尝试实现此方言的调用与可调用区域之间类型不匹配的转换，如图 1-17 所示。

这个类定义了用于处理Toy操作内联的接口。简化了从基本接口类的继承，并覆盖了必要的方法。

这个钩子检查给定的操作是否合法，以便内联到给定的区域中。对于Toy，这个钩子可以简单地返回true，因为所有Toy操作都是可内联的。

当终止符操作被内联时，就会调用这个钩子。Toy方言中唯一的终止符是return操作（Toy.return）。通过将调用操作之前返回的值替换为返回的操作数来处理返回。

尝试实现此方言的调用与可调用区域之间类型不匹配的转换。此方法应生成一个将输入作为唯一操作数的操作，并生成一个resultType结果。如果无法生成转换，则应返回nullptr。

```
struct ToyInlinerInterface : public DialectInlinerInterface {
using DialectInlinerInterface::DialectInlinerInterface;

bool isLegalToInline(Operation *, Region *,
BlockAndValueMapping &) const final {
return true;
}

void handleTerminator(
Operation *op, ArrayRef<Value> valuesToRepl) const final {
//这里只需要处理toy.return
ReturnOp returnOp = cast<ReturnOp>(op);
for (auto it : llvm::enumerate(returnOp.getOperands()))
valuesToRepl[it.index()].replaceAllUsesWith(it.value());
}

Operation *materializeCallConversion(
OpBuilder &builder, Value input, Type resultType,
Location conversionLoc) const final {
return builder.create<CastOp>(conversionLoc,
resultType, input);
}
};
```

图 1-17　尝试实现 Toy 方言的调用与可调用区域之间类型不匹配的转换

尝试实现此方言的调用与可调用区域之间类型不匹配的转换。嵌入所有调用图操作接口示例，如图 1-18 所示。

● 调用图的操作接口。
○ 特征和接口添加在助记符后面。
○ DeclareOpInterfaceMethods将接口方法声明为隐式，添加到操作类。

```
def GenericCallOp : Toy_Op<"generic_call",
[DeclareOpInterfaceMethods<CallOpInterface>]> {
// 泛型调用操作将符号引用属性作为被调用者，并为调用
// 输入
let arguments = (ins
FlatSymbolRefAttr:$callee,
Variadic<F64Tensor>:$inputs
);
//泛型调用操作返回一个TensorType值
let results = (outs F64Tensor);
```

图 1-18　嵌入所有调用图操作接口示例

嵌入所有返回泛型调用操作的被调用者,这是调用接口所必需的,如图1-19所示。

```
// 返回泛型调用操作的被调用者,这是调用接口所
// 必需的
CallInterfaceCallable
GenericCallOp::getCallableForCallee()
{
    // calleeAttr是一个自动生成的方法,它返回
    // ODS中定义的callee的属性
        return calleeAttr();
}
///获取被调用函数的参数操作数,这是调用接口所
//必需的
Operation::operand_range
GenericCallOp::getArgOperands() {
    // inputs是一种自动生成的方法,它返回与
    // ODS中的inputs参数相对应的操作数
        return inputs();
}
```

```
def GenericCallOp : Toy_Op<"generic_call",
    [DeclareOpInterfaceMethods<CallOpInterface>]> {
    // 泛型调用操作将符号引用属性作为被调用者
    // 并为调用输入
    let arguments = (ins
    FlatSymbolRefAttr:$callee,
    Variadic<F64Tensor>:$inputs
    );
    //泛型调用操作返回一个TensorType值
    let results = (outs F64Tensor);
}
```

图1-19 嵌入所有返回泛型调用操作的被调用者,这是调用接口所必需的

嵌入所有乘法转置内容,代码如下:

```
//第1章/multiply_transpose_embedded.asm
func @multiply_transpose( % arg0: tensor < * xf64 >, % arg1: tensor < * xf64 >)
 -> tensor < * xf64 > {
 % 0 = toy.transpose( % arg0): (tensor < * xf64 >) -> tensor < * xf64 >
 % 1 = toy.transpose( % arg1): (tensor < * xf64 >) -> tensor < * xf64 >
 % 2 = toy.mul( % 0, % 1): (tensor < * xf64 >, tensor < * xf64 >) -> tensor < * xf64 >
 toy.return( % 2): (tensor < * xf64 >) -> ()
}
func @main() {
 % 0 = toy.constant() { value: dense <[[1., 2.], [3., 4.]]>: tensor < 2 × 2 × f64 >}
: () -> tensor < 2 × 2 × f64 >
 % 1 = toy.reshape( % 0): (tensor < 2 × 2 × f64 >) -> tensor < 2 × 2 × f64 >
 % 2 = toy.constant() { value: dense < tensor < 4 × f64 >, [1., 2., 3., 4.]> }
: () -> tensor < 4 × f64 >
 % 3 = toy.reshape( % 2): (tensor < 4 × f64 >) -> tensor < 2 × 2 × f64 >
 % 4 = toy.generic_call( % 1, % 3) {callee: @multiply_transpose}
: (tensor < 2 × 2 × f64 >, tensor < 2 × 2 × f64 >) -> tensor < * xf64 >
 toy.print( % 4): (tensor < * xf64 >) -> ()
 toy.return(): () -> ()
}
```

嵌入所有算法优化内容,代码如下:

```
//第1章/algo_opti_embedded.asm
func @main() {
 % 0 = toy.constant() { value: dense <[[1., 2.], [3., 4.]]>: tensor < 2 × 2 × f64 >}
: () -> tensor < 2 × 2 × f64 >
 % 1 = toy.reshape( % 0): (tensor < 2 × 2 × f64 >) -> tensor < 2 × 2 × f64 >
 % 2 = toy.constant() { value: dense < tensor < 4 × f64 >, [1., 2., 3., 4.]> }
: () -> tensor < 4 × f64 >
 % 3 = toy.reshape( % 2): (tensor < 4 × f64 >) -> tensor < 2 × 2 × f64 >
 % 4 = toy.cast( % 3): (tensor < 2 × 2 × f64 >) -> tensor < * xf64 >
 % 5 = toy.cast( % 1): (tensor < 2 × 2 × f64 >) -> tensor < * xf64 >
```

```
%6 = toy.transpose(%4): (tensor<*xf64>) -> tensor<*xf64>
%7 = toy.transpose(%5): (tensor<*xf64>) -> tensor<*xf64>
%8 = toy.mul(%6, %7): (tensor<*xf64>, tensor<*xf64>) -> tensor<*xf64>
toy.print(%8): (tensor<*xf64>) -> ()
toy.return(): () -> ()
}
```

程序内形状推理的主要特征如下：

(1) 构建一个工作列表，其中包含返回动态形状张量的所有操作。

(2) 在工作列表上进行以下迭代。

① 查找要处理的操作：工作列表中的下一个操作的所有参数都是非泛型的。

② 如果没有找到操作，则中断循环。

③ 从工作列表中删除该操作。

④ 从参数类型推断输出的形状，使用接口使 Pass 独立于方言并可重复使用。

(3) 如果工作列表为空，则算法成功。

描述形状推理算子接口，代码如下：

```
//第1章/shape_inference_op_interface.c
def ShapeInferenceOpInterface: OpInterface<ShapeInference> {
let description = [{
//接口，用于访问已注册的方法，以推断可在类型推断过程中使用的操作返回类型
}];
}
```

形状推理接口模块介绍，如图 1-20 所示。

图 1-20　形状推理接口模块介绍

Toy 形状推理乘法算子接口，如图 1-21 所示。

图 1-21　形状推理接口模块介绍

Toy 形状推理 Pass，代码如下：

```
//第1章/pass_inference.asm
func @main() {
 %0 = toy.constant() { value: dense<[[1., 2.], [3., 4.]]>: tensor<2×2×f64>}
: () -> tensor<2×2×f64>
 %1 = toy.reshape(%0): (tensor<2×2×f64>) -> tensor<2×2×f64>
 %2 = toy.constant() { value: dense<tensor<4×f64>, [1., 2., 3., 4.]>}
: () -> tensor<4×f64>
 %3 = toy.reshape(%2): (tensor<4×f64>) -> tensor<2×2×f64>
 %4 = toy.transpose(%3): (tensor<2×2×f64>) -> tensor<2×2×f64>
 %5 = toy.transpose(%1): (tensor<2×2×f64>) -> tensor<2×2×f64>
 %6 = toy.mul(%4, %5): (tensor<2×2×f64>, tensor<2×2×f64>) -> tensor<2×2×f64>
toy.print(%6): (tensor<2×2×f64>) -> ()
toy.return(): () -> ()
}
```

1.5　方言下译到 LLVM

使用 CodeGen 生成代码，让 Toy 可执行。

MLIR 没有目标程序集的代码生成器。幸运的是，LLVM 做到了。在 MLIR 中有一种 LLVM 方言。

既然已经了解了如何在 MLIR 中直接对 Toy 的表示执行高级（AST）转换，那就尝试使其可执行。MLIR 并不尝试重做 LLVM 后端的所有工作。相反，它有一个 LLVM IR 方言，可以转换为 LLVM IR 专有语，可以将其作为目标。

在方言、下译、转换的通用框架中，输入/输出 I/O：Toy Lang→Toy AST。

现在来构建系统的完整端到端示例。蓝色框与箭头是实际构造的。绿色框与箭头已经存在于 MLIR 中。方言、下译、转换的通用框架，如图 1-22 所示。

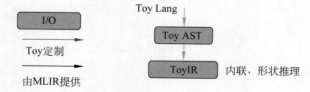

图 1-22　方言、下译、转换的通用框架

方言、下译、转换框架增加了 LLVM，如图 1-23 所示。

图 1-24 是构建系统的完整端到端图片。蓝色框与箭头是实际构造的。绿色框与箭头已经存在于 MLIR 中。

Toy 增加了仿射与标准的方言、下译、转换框架，如图 1-24 所示。

图 1-25 是构建系统的完整端到端图片。蓝色框与箭头是实际构造的。绿色框与箭头已经存在于 MLIR 中。

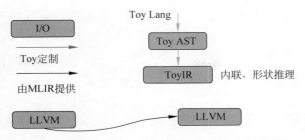

图 1-23 增加了 LLVM 的方言、下译、转换的通用框架

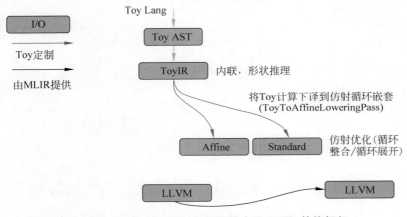

图 1-24 Toy 增加了仿射与标准的方言、下译、转换框架

方言、下译、转换框架,将仿射、标准与 LLVM 链接起来,如图 1-25 所示。

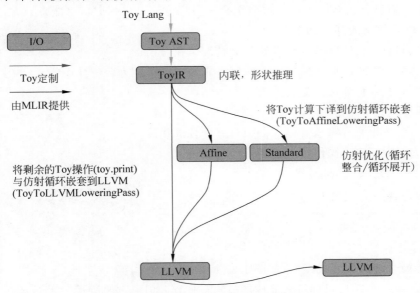

图 1-25 将仿射、标准与 LLVM 链接起来

图 1-26 是构建系统的完整端到端图片。蓝色框与箭头是实际构造的。绿色框与箭头已经存在于 MLIR 中。

方言、下译、转换框架，增加了 SCF，并将仿射、标准与 LLVM 链接起来，如图 1-26 所示。

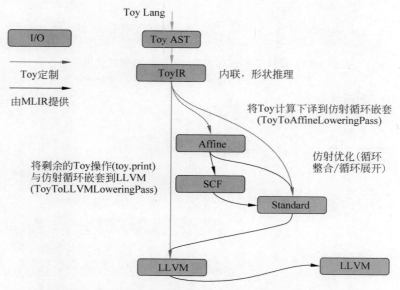

图 1-26 增加了 SCF，并将仿射、标准与 LLVM 链接起来

方言转换中主要包括以下特征：

（1）将一组源方言转换为一个或多个合法目标方言。目标方言可能是源方言的子集。

（2）3 个主要组成部分如下。

① 转换目标：说明哪些操作及在什么情况下是合法的。

② 操作转换：Dag-Dag 模式表示如何将非法操作转换为合法操作。

③ 类型转换：将非法类型转换为合法类型。

（3）两种模式如下。

① 部分：并非所有输入操作都必须对目标合法化。

② 完整：所有输入操作都必须对目标合法化。

转换合法的定义，代码如下：

```
//第 1 章/ conversionTarget.c
方言转换：conversionTarget
//首先要定义的是转换目标。这将确定此次下译的最终目标
MLIR::conversionTarget target(getContext());
```

定义转换合法的方言或操作，如图 1-27 所示。

在方言转换中，转换目标定义非法的方言或操作，如图 1-28 所示。

在方言转换中，操作转换定义重写模式与转换模式，如图 1-29 所示。

● 调用图的操作接口。
○ 特征和接口添加在助记符后面。
○ DeclareOpInterfaceMethods将接口方法声明为隐式，添加到操作类。

```
def GenericCallOp : Toy_Op<"generic_call",
[DeclareOpInterfaceMethods<CallOpInterface>]> {
  // 泛型调用操作将符号引用属性作为被调用者，并为调用
  // 输入
  let arguments = (ins
  FlatSymbolRefAttr:$callee,
  Variadic<F64Tensor>:$inputs
  );
  //泛型调用操作返回一个TensorType值
  let results = (outs F64Tensor);
}
```

图 1-27 定义转换合法的方言或操作

● 定义转换合法的方言或操作。

○ 合法性可以是动态的。
● 定义非法的方言或操作，即需要转换。

```
// 首先要定义的是转换目标。这将确定此次
// 下译的最终目标
 mlir::ConversionTarget target(getContext());
// 定义了具体的操作或方言，这些操作或方
// 言是这种下译的合理目标。在案例中，将
// 下译为"仿射"和"标准"方言的组合
target.addLegalDialect<mlir::AffineDialect,
mlir::StandardOpsDialect>();
// 还将Toy方言定义为非法，因此如果这些操作中的
// 任何一个未被转换，则转换将失败。考虑到实际上
// 需要部分下译，明确地将不需要下译的Toy操作标
// 记为Toy.print，即合法
target.addIllegalDialect();
target.addLegalOp();
```

https://mlir.llvm.org/docs/Tutorials/Toy/Ch-5/#conversion-target

图 1-28 定义转换非法的方言或操作

● 通过ConversionPattern/RewritePattern指定。
○ 根操作类型（可选）。
○ 应用模式的好处。

```
// 将toy.transpose操作下译到仿射循环嵌套
struct TransposeOpLowering : public
mlir::ConversionPattern {
 TransposeOpLowering(mlir::MLIRContext *ctx)
 :
mlir::ConversionPattern(TransposeOp::getOperationN
ame(),
 /*benefit=*/1, ctx) {}
};
```

图 1-29 定义重写模式与转换模式

在方言转换中，操作转换匹配与重写操作的方法，如图 1-30 所示。

● 根据上下文，通过ConversionPattern或RewritePattern指定。
○ 根操作类型（可选）。
○ 应用模式的好处。
● 提供一种匹配与重写给定根操作的方法。

```
struct TransposeOpLowering : public mlir::ConversionPattern
{
  // 匹配并重写给定的toy.transpose运算，使用从
  // tensor<…>重新映射的给定操作数到memref<…>
mlir::LogicalResult
  matchAndRewrite(mlir::Operation *op,
llvm::ArrayRef<mlir::Value> operands,
mlir::ConversionPatternRewriter &rewriter)
const final {
  //如果匹配成功并应用了模式，则返回mlir::success()，否则
  // 返回mlir::failure()
  }
};
```

图 1-30 提供一种匹配与重写给定操作的方法

在方言转换中，操作转换将 IR 更改为通知模式来驱动程序，如图 1-31 所示。

● 根据上下文通过ConversionPattern或RewritePattern指定。
○ 根操作类型（可选）。
● 应用模式的好处。
● 提供一种匹配与重写给定根操作的方法。
○ 重写功能由PatternWriter驱动，用于将IR更改通知模式来驱动程序。

```
struct TransposeOpLowering : public mlir::ConversionPattern
{
  // 匹配并重写给定的toy.transpose运算，使用从
  // tensor<…>重新映射的给定操作数到memref<…>
mlir::LogicalResult
  matchAndRewrite(mlir::Operation *op,
llvm::ArrayRef<mlir::Value> operands,
mlir::ConversionPatternRewriter &rewriter)
const final {
  //如果匹配成功并应用了模式，则返回mlir::success()，否则
  // 返回mlir::failure()
  }
};
```

图 1-31 将 IR 更改为驱动模式来驱动程序

重写模式列表,代码如下:

```
//第 1 章/OwningRewritePatternList.c
//模式是通过 OwningRewritePatternList 收集的
//现在已经定义了转换目标,只需提供一组下译 Toy 操作的模式
MLIR::OwningRewritePatternList patterns;
patterns.insert<..., TransposeOpLower>(&getContext());
```

在方言转换中,操作转换主要包括以下特性:

(1) 如果不是明确非法的,则现有操作可能无法合法化。

(2) 允许在不了解整个 IR 的情况下,转换不合理操作的子集。

由 Toy 到仿射下译 Pass,代码如下:

```
//第 1 章/ToyToAffineLowerPass.c
void ToyToAffineLowerPass::runOnFunction() {
...
 //定义了目标模式与重写模式后,现在可以尝试转换。如果任何不合理
//操作未成功转换,则转换将发出失败信号
 FuncOp function = getFunction();
 if (MLIR::failed(MLIR::applyPartialconversion(
 function, target, patterns)))
 signalPassFailure();
}
//在方言转换中,操作主函数
func @main() {
 %0 = toy.constant() { value: dense<tensor<4×f64>, [1., 2., 3., 4.]> }
: () -> tensor<4×f64>
 %1 = toy.transpose(%0): (tensor<2×2×f64>) -> tensor<2×2×f64>
 %2 = toy.mul(%1, %1): (tensor<2×2×f64>, tensor<2×2×f64>) -> tensor<2×2×f64>
 toy.print(%0): (tensor<2×2×f64>) -> ()
 toy.return(): () -> ()
}
```

Toy 方言执行仿射等优化操作,如图 1-32 所示。

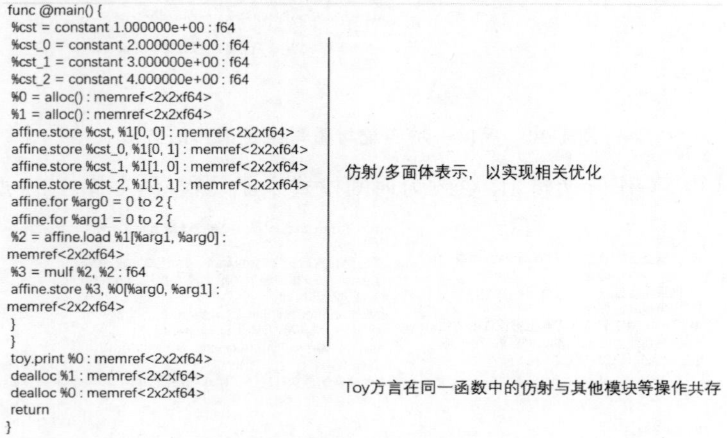

```
func @main() {
%cst = constant 1.000000e+00 : f64
%cst_0 = constant 2.000000e+00 : f64
%cst_1 = constant 3.000000e+00 : f64
%cst_2 = constant 4.000000e+00 : f64
%0 = alloc() : memref<2x2xf64>
%1 = alloc() : memref<2x2xf64>
affine.store %cst, %1[0, 0] : memref<2x2xf64>
affine.store %cst_0, %1[0, 1] : memref<2x2xf64>
affine.store %cst_1, %1[1, 0] : memref<2x2xf64>
affine.store %cst_2, %1[1, 1] : memref<2x2xf64>
affine.for %arg0 = 0 to 2 {
affine.for %arg1 = 0 to 2 {
%2 = affine.load %1[%arg1, %arg0] :
memref<2x2xf64>
%3 = mulf %2, %2 : f64
affine.store %3, %0[%arg0, %arg1] :
memref<2x2xf64>
}
}
toy.print %0 : memref<2x2xf64>
dealloc %1 : memref<2x2xf64>
dealloc %0 : memref<2x2xf64>
return
}
```

仿射/多面体表示,以实现相关优化

Toy方言在同一函数中的仿射与其他模块等操作共存

图 1-32　Toy 方言执行仿射等优化操作

将 MLIR LLVM 方言导出为 LLVM IR,代码如下:

```
//第1章/llvm_to_mlir.c
//从 LLVM 方言到 LLVM IR 的映射
auto llvmModule = MLIR::translateModuleToLLVMIR(module);
//LLVM 方言
%223 = llvm.MLIR.constant(2: index): !llvm.i64
%224 = llvm.mul %214, %223: !llvm.i64
//LLVM IR
%104 = mul i64 %96, 2
```

1.6 ARM 指令 SVE、SME 在 MLIR 中的实现方式

1.6.1 MLIR 基本概念

MLIR 是一种用来构建可重用与可扩展编译的新方法。MLIR 的设计初衷是为了解决软件碎片化问题,改进异构硬件的编译,显著地降低构建特定领域编译器的成本,以及帮助连接现有的编译器。当前很多语言拥有自己的 IR,如图 1-33 所示。

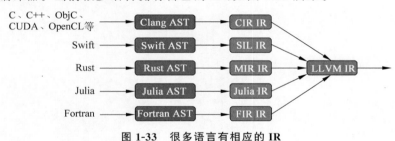

图 1-33 很多语言有相应的 IR

MLIR 的实现原理是通过一种通用的架构来实现 IR 高层转换,如图 1-34 所示。

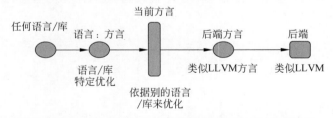

图 1-34 MLIR 通过一种通用的架构来实现 IR 高层转换

MLIR 核心组成部分包括方言、操作、区域等,如图 1-35 所示。

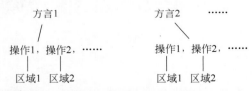

图 1-35 MLIR 核心组成包括方言、操作、区域等

　　方言可以粗略地理解为一个类,操作则是类中封装的函数,例如,对于 arith.constant,arith 是方言名称,constant 是操作名称,含义为调用 arith 方言中的 constant 操作(写法上类似于调用 arith 类中的 constant 成员函数)。通常,MLIR 会将高层或高级抽象化的方言,转换成底层或低级抽象化的方言,最终生成 LLVM IR,例如,方言 A→方言 B→⋯→LLVM 方言→LLVM IR。以下是一个 arith 方言→LLVM 方言→LLVM IR 的转换示例,代码如下:

```
//第1章/arith.mlir
func.func @vector_ops( % arg0: vector<[4]× i32>) -> vector<[4]× i32> {
    % 0 = arith.constant dense<2>: vector<[4]× i32>
    % 1 = arith.addi % arg0, % 0: vector<[4]× i32>
    return % 1: vector<[4]× i32>
}
```

转换成 LLVM 方言,代码如下:

```
//第1章/arith_out.mlir
module attributes {llvm.data_layout = ""} {
    llvm.func @vector_ops( % arg0: vector<[4]× i32>) -> vector<[4]× i32> {
        % 0 = llvm.MLIR.constant(dense<2>: vector<[4]× i32>): vector<[4]× i32>
        % 1 = llvm.add % arg0, % 0: vector<[4]× i32>
        llvm.return % 1: vector<[4]× i32>
    }
}
```

LLVM 方言转换成 LLVM IR,代码如下:

```
//第1章/arith.ll
; ModuleID = 'LLVMDialectModule'
source_filename = "LLVMDialectModule"
declare ptr @malloc(i64)
declare void @free(ptr)
define <vscale× 4× i32> @vector_ops(<vscale× 4× i32> % 0) {
    % 2 = add<vscale× 4× i32> % 0, shufflevector (<vscale× 4× i32> insertelement (<vscale× 4×
i32> poison, i32 2, i64 0), <vscale× 4× i32> poison, <vscale× 4× i32> zeroinitializer)
    ret<vscale× 4× i32> % 2
}
!llvm.module.flags = !{!0}
!0 = !{i32 2, !"Debug Info Version", i32 3}
```

1.6.2　方言子模块构成

　　方言主要由类型、操作、接口、Pass 等构成。同时存在 ODS 与 DRR 两个重要的模块,这两个模块都是基于 TableGen 模块的,ODS 模块用于定义操作,DRR 模块用于实现两种方言之间的转换。

1.6.3　方言操作

　　操作是方言的重要组成部分,也是抽象与计算的核心单元,可以看成方言语义的基本元

素,代码如下:

```
//第1章/tosa.sub.11
%3 = "tosa.sub"(%2, %1): (tensor<1×f16>, tensor<32×1×1×128×f16>) -> tensor<32×
1×1×128×f16>
```

在上面的代码示例中,tosa.sub 中 sub 就是操作的名称,而它被定义在 tosa 方言中,用于对张量进行减法运算。

1.6.4 什么是区域

区域是嵌套在函数中的块集合,如图 1-36 所示。在 LLVM IR 当中,函数的主体是控制流图,控制流图由块组成。在 MLIR 中,函数以操作的形式出现,操作中含有一个或者多个区域,区域由块组成,而块中又含有操作。

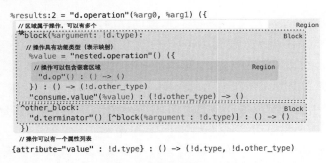

图 1-36 区域是嵌套在函数中的块集合

MLIR 的方言及操作被定义在.td 文件中,通过 TableGen 自动生成.inc 文件,例如 MLIR/include/MLIR/Dialect/ArmSME/ArmSME.td 中定义的 arm_sme 方言,通过 TableGen 生成 build/tools/MLIR/include/MLIR/Dialect/ArmSME/ArmSME.h.inc。

接下来会以 SVE、SME 为例,简要地介绍它们在 MLIR 中的实现方式,以及本身的概念。SVE 与 SME 都是 ARM 架构下的新指令集,分别作用于向量加速度计算与矩阵计算。在进行向量与矩阵的计算时,SVE 与 SME 有自己独特的指令及寄存器,以便完成这些工作并达到优化效果。新的指令意味着在 LLVM IR 中,SVE 与 SME 有对应的内联。MLIR 可以通过定义方言及方言转换的方式,从高层方言的操作逐步下译,最终生成 SVE 或 SME 对应的内联,从而生成对应的 LLVM IR。

1.6.5 SVE 在 MLIR 中的实现

SME 是基于 SVE 所做的扩展,所以在了解 SME 之前,先简单介绍 SVE。SVE 与 SME 在 MLIR 中都有自己的实现。SVE 主要作用于向量计算,在后端拥有对应的内联操作。为了在 MLIR 中实现相关功能,需要完成以下操作:

(1)定义方言,如 arm_sve 方言、arm_sme 方言,然后为方言添加相应的操作。

（2）定义该方言中的操作向下下译成 LLVM 方言或内联操作的转换。

（3）定义其他上层方言到该方言的转换，例如 TOSA 方言到 arm_sve 方言。

在完成上述步骤之后，便初步打通了高层方言到 arm_sve 方言，再到 LLVM 方言或内联操作，最后到 LLVM IR 的编译路径。

1. SVE 的特性

SVE（Scalable Vector Extension，可缩放向量扩展）是 ARM AArch64 架构下的下一代 SIMD 指令集，旨在加速高性能计算，SVE 引入了很多新的架构特点。

（1）可变向量长度。

（2）谓词标注 SVE 向量寄存器中参与计算的部分。

（3）聚集加载与分散存储。

（4）横向操作。

由于 SVE 中没有对于向量长度的定义，所以同样的二进制可以在不同向量长度的架构上运行。SVE 向量的长度为 128 位到 2048 位（128 位的倍数），具体长度根据运行时中寄存器的可验证性决定。在特定情况下，向量化性能会超过传统向量化方式，因为 SVE 可能会增加向量长度。虽然没有明确定义向量的长度，但是 SVE 可以在指令中动态地获取硬件的向量长度，并在向量的循环中以此为增量。图 1-37 分别列举了标量、NEON 与 SVE 在计算一个长度为 40 字节的向量时的处理方法，如图 1-37 所示。

谓词是一个向量，由 0 与 1 组成。将需要的部分标注为 1，将不需要的部分标注为 0。它的功能与位掩码类似，不过位掩码会计算整个向量，然后将不需要的部分丢弃，而谓词则会关闭寄存器不需要的部分，只计算需要的部分。谓词应用示例，如图 1-38 所示。

AArch64（标量）
在4字节寄存器上进行10次迭代

NEON（128位向量引擎）
16字节寄存器上的两次迭代，4字节寄存器上漏极环路的两次迭代

SVE（128位VLA向量引擎）
在具有可调谓词的16字节VLA寄存器上，进行三次迭代

图 1-37　AArch64、NEON 向量、SVE 向量引擎

1	2	3	4
+ 5	5	5	5
pred 1	0	1	0
= 6	2	8	4

图 1-38　谓词应用示例

2. SVE 的实现

MLIR 可以将高级方言下译至 LLVM IR 中的 SVE 内联。由于 SVE 采用了单独的指令集与独特的实现方式,增加了 arm_sve 方言,因此其中含有所有的 SVE 操作,示例代码如下:

```
//第 1 章/arm_sve.masked.addi.ll
%1 = arm_sve.masked.addi %0, %arg0, %cst: vector<[4]×i1>, vector<[4]×i32>
```

这条操作代表 arm_sve 方言中的掩码加法运算。它的定义被写在.td 文件中,由 TableGen 进行生成。可将所有 SVE 能够实现的计算定义为 arm_sve 方言的各种操作。

需要定义每条操作到 SVE 内联的下译方式(改写方式),例如,上面的掩码加法运算就会在转换为 LLVM 方言时,被下译成 SVE 内联,代码如下:

```
//第 1 章/arm_sve.intr.add.ll
%9 = "arm_sve.intr.add"(%8, %arg0, %0): (vector<[4]×i1>, vector<[4]×i32>, vector
<[4]×i32>) -> vector<[4]×i32>
```

最终在 LLVM IR 中,这条内联会被改写,代码如下:

```
//第 1 章/call_vscale.ll
%4 = call<vscale×4×i32> @llvm.aarch64.sve.add.nxv4i32(<vscale×4×i1> %3, <vscale×4×
i32> %0, <vscale×4×i32> shufflevector (<vscale×4×i32> insertelement (<vscale×4×
i32> poison, i32 2, i64 0), <vscale×4×i32> poison, <vscale×4×i32> zeroinitializer))
```

这样,从 arm_sve 方言到 LLVM IR 的通道就被打通了。接着,需要实现从高层方言到 arm_sve 方言的下译。对于 SVE 来讲,需要定义 arith 方言到 arm_sve 方言之间的转换,例如,arm_sve.masked.addi 是由 arith.addi 转换形成的。由于 arm_sve.masked.addi 是带有 mask 的向量加法操作,所以需要在下译时添加掩码的定义,代码如下:

```
//第 1 章/arith.addi.mlir
%1 = arith.addi %arg0, %0: vector<[4]×i32>
```

下译成 arm_sve 方言,代码如下:

```
//第 1 章/arm_sve.mlir
%c4 = arith.constant 4: index
%0 = vector.create_mask %c4: vector<[4]×i1>
%1 = arm_sve.masked.addi %0, %arg0, %cst: vector<[4]×i1>, vector<[4]×i32>
```

这样,从高层方言到 arm_sve 方言,再到 LLVM IR 的流程就完成了。

3. SME 在 MLIR 中的实现

SME(Scalable Matrix Extension,可缩放矩阵扩展)在 SVE 基础之上增加了对于矩阵的一些高效处理方法。它的原理是通过外积计算矩阵乘法,从而减少加载次数,达到优化的效果。在 MLIR 当中,可以通过与 SVE 相同的方式进行定义,即定义 SME 方言,SME 方言中的操作到 LLVM 方言或 LLVM 内联的下译,以及上层方言(如向量方言)到 SME 方言的下译。

SME 建立在可扩展向量扩展 SVE 与 SVE(2)的基础上,增加了有效处理矩阵的新功能,主要包括以下几种功能:

(1) 矩阵网格存储。

(2) 加载、存储、插入与提取网格向量,还包括动态换位。

(3) SVE 向量的外积。

(4) 流式 SVE 模式。

1.7　ARM 上的矩阵乘法

矩阵乘法是许多关键工作负载的重要组成部分,如科学模拟、计算机视觉、机器学习(ML)的某些方面与增强现实(AR)。ARM 架构随着时间的推移而不断发展,获得了提高这些操作的性能与效率的功能,如图 1-39 所示。

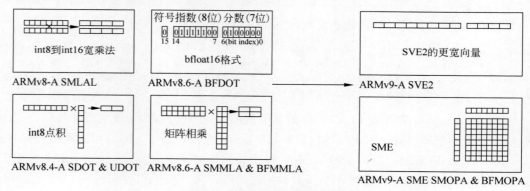

图 1-39　ARM 上的普通矩阵乘法

不同版本的 ARM 的功能特性如下。

(1) ARMv8.4-A:支持 8 位整数 DOT 产品指令。

(2) ARMv8.6-A:支持向量内整数与浮点矩阵乘法指令,以及 bfloat16 数据类型。

(3) ARMv9-A:支持 SVE2 中更宽的向量。

SME 是这一流程的下一步,能够显著地提高 CPU 矩阵的吞吐量与效率。

1.7.1　向量的外积

普通矩阵乘法,如图 1-40 所示。

令 A,B,C 为 4×4 f32 矩阵,计算 $A*B=C$ 的过程为取 A 的一行,B 的一列,点乘得到 C 中一个元素,代码如下:

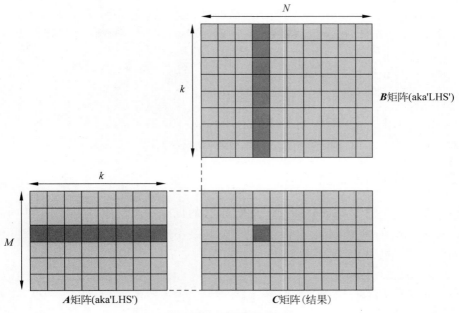

图 1-40 普通矩阵乘法

```
//第1章/matrix_mul.mlir
C(0, 0) = A(0,:) * B(:, 0)
C(0, 1) = A(0,:) * B(:, 1)
   ...
C(3, 3) = A(3,:) * B(:, 3)
```

假如只有两个 128 位向量寄存器,需要 16 次加载操作。

矩阵外积计算如图 1-41 所示。

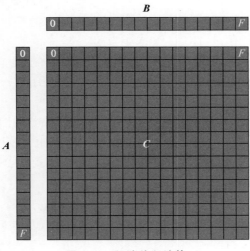

图 1-41 矩阵外积计算

令 **A**、**B**、**C** 为 4×4 f32 矩阵,计算 **AB**=**C** 的过程为取 **A** 的一列,取 **B** 的一行,通过外积计算出一个 4×4 的矩阵,然后累加到 **C** 上,代码如下:

```
//第 1 章/matrix_mul_accumulation.mlir
C = A(:, 0) * B(0,:)
C += A(:, 1) * B(1,:)
C += A(:, 2) * B(2,:)
C += A(:, 3) * B(3,:)
```

假如只有两个 128 位向量寄存器,需要 8 次 j 加载操作。

1.7.2　SVE 模式流

在模式流之下,SVE 或 SME 允许改变原有的向量长度。新的向量长度叫作 SVL (Streaming Vector Length,流向量长度)。它的长度不定,但必须为 128~ 2048bit 中的倍数。假如流向量长度为 256b,代码如下:

```
//第 1 章/SVL_low.arith
SVL-B:SVL 中字节数量 = 256 / 8 = 32
SVL-H:SVL 中 16 位数量 = 256 / 16 = 16
SVL-S:SVL 中 32 位数量 = 256 / 32 = 8
SVL-D:SVL 中 64 位数量 = 256 / 64 = 4
SVL-Q:SVL 中 128 位数量 = 256 / 128 = 2
...
```

1.7.3　SME ZA 存储

ZA 存储是 SME 独特的数据储存方式,这是一个大小为 SVL-B×SVL-B 字节的寄存器,例如,流向量长度为 256bit,则 SVL-B 为 256/8=32。ZA 存储大小为 32×32×8bit。下面是一些相关概念的定义:

(1) ZA 存储为一个寄存器,含有一个大小为 32×32 字节的 2d ZA 数组。

(2) ZA 数组的大小为 32×32 字节。

(3) ZA 网格是 ZA 数组的一部分,一个或多个 ZA 网格组成一个 ZA 数组。

(4) ZA 切片是 ZA 网格中的一行或一列。

一个 ZA 数组,每个方格代表 8bit,大小为 32×32 个 8bit,如图 1-42 所示。

对于不同带宽的数据,ZA 网格的数量、大小、表示方法也都不同,示例如下。

(1) 对于 8bit 数据:大小为 SVL-B×SVL-B×8bit,即 32×32×8bit。一个 ZA 数组中只有一个 8bit 类的 ZA 网格,大小为 32×32。

(2) ZA0B:整个 ZA 数组。

(3) 对于 16 bit 数据:大小为 SVL-H×SVL-H×16bit,即 16×16×16bit。一个 ZA 数组中有两个 16bit 类的 ZA 网格,大小为 16×32。

① ZA0H:ZA 数组的 0,2,4,6,…行。

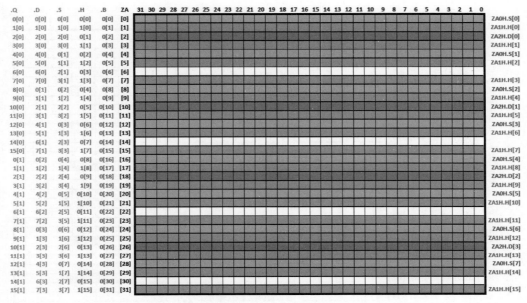

图 1-42　ZA 数组，每个方格代表 8bit，大小为 32×32 个 8bit

② ZA1H：ZA 数组的 1，3，5，7，…行。

（4）对于 32bit 数据：大小为 SVL-S×SVL-S×32 bit，即 8×8×32bit。一个 ZA 数组中有 4 个 32bit 类的 ZA 网格，大小为 8×32。

① ZA0S：ZA 数组的 0，4，8，12，…行。

② ZA1S：ZA 数组的 1，5，9，13，…行。

③ ZA2S：ZA 数组的 2，6，10，14，…行。

④ ZA3S：ZA 数组的 3，7，11，15，…行。

以此类推。

ZA 切片为 ZA 网格中的一行或一列，拥有特定表示方法，例如，ZA0H. S[2]表示 ZA0S 这个网格中的第 2 行，H 表示行（若是 V，则表示列），2 表示行号（列号）。同理，ZA4V. D[2] 表示 ZA4D 网格中的第 2 列，ZA2V. S[1]表示 ZA2S 网格中的第 1 列，如图 1-43 所示。

1.7.4　SME 的实现

与 SVE 十分类似，同样可为 SME 定义自己的方言。之后会在 arm_sme 方言中添加相应的操作，并将这些操作定义到 arm_sme 内联的下译流程，以及从高层的向量方言到 arm_sme 方言的下译流程，例如 SME 的 mopa 操作，代码如下：

```
//第 1 章/arm_sme.asm
arm_sme. mopa za0s, % pred. 32, % pred. 32, % 1, % 1: vector <[4] × i1 >, vector <[4] × i1 >,
vector <[4] × f32 >, vector <[4] × f32 >
```

这条操作命令会对两个向量进行外积计算，并将结果累加到 za0d 所对应的 ZA 网格

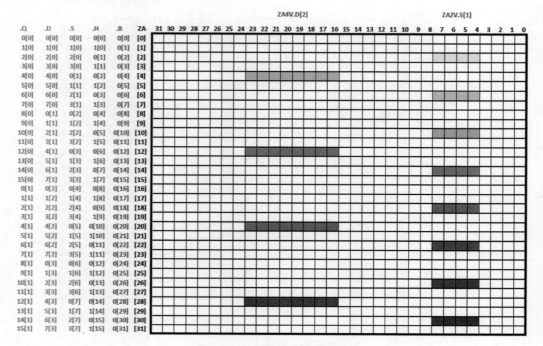

图 1-43　ZA 数组与网格分布

中。它会被下译成如下的 SME 内联，代码如下：

```
//第 1 章/arm_sme.intr.mopa.asm
arm_sme.intr.mopa(%28, %27, %27, %arg0, %arg0): (i32, vector<[4]×i1>, vector<[4]×
i1>, vector<[4]×f32>, vector<[4]×f32>) -> ()
```

转换成 LLVM IR 之后，代码如下：

```
//第 1 章/aarch64.sme.mopa.nxv4f32.asm
call void @llvm.aarch64.sme.mopa.nxv4f32(i32 0, <vscale×4×i1> %11, <vscale×4×i1>
%11, <vscale×4×float> %0, <vscale×4×float> %0)
```

1.8　MLIR 与 LLVM 中的 Affine 指的是什么

在学习 MLIR 与 LLVM 过程中经常会看到仿射变换、仿射 Pass 或者仿射方言，那么这个 Affine 究竟指的什么呢？

一般指的是空间仿射，也就是空间变换。简单的理解：两层 for 循环空间构成了长方形，然后经过一个函数的映射，可以将循环空间变为一个平行四边形，同时对循环的索引表达做出改变，而最终的运算结果不变。可以参考多面体编译相关知识。多面体这个名词也是循环表示空间的形状呈多面体形状的形象表达。

这是非整除网格大小实际切分处理的计算，过程如下。

（1）输入信息，代码如下：

```
//第 1 章/affine_pass_dialect.ll
♯输入
tensor<40×60×90×f32>
♯权重
tensor<40×90×80×f32>
♯out
tensor<40×60×80×f32>
```

（2）预设网格大小。给定网格大小为（1，11，9，32）。

（3）处理器信息，代码如下：

```
//第 1 章/affine_pass_dialect_3.ll
numTiles: (nprocs) = (size - offset).ceilDiv(tile_size)
d2 = (80 - 0).ceilDiv(9) = 9
d1 = (60 - 0).ceilDiv(11) = 6
d0 = (40 - 0).ceilDiv(1) = 40
splitDim = splitDim.floorDiv(numTiles)
dimValue: (procId) = (splitDim % numTiles)
d2 = (s0 % 9)
d1 = ((s0 floordiv 9) mod 6)
d0 = ((s0 floordiv 9) floordiv 6)
```

实际 Tile 结果的 IR，代码如下：

```
//第 1 章/affine_pass_dialect_3_1.ll
d2:
splitDim: %workgroup_id_x = hal.interface.workgroup.id[0]: index
dimValue: %7 = affine.apply affine_map<()[s0] -> (s0 mod 9)>()[%workgroup_id_x]
numTiles: %6 = affine.apply affine_map<() -> (9)>()
d1:

splitDim: %8 = affine.apply affine_map<()[s0] -> (s0 floordiv 9)>()[%workgroup_id_x]

dimValue: %10 =   affine.apply
affine_map<()[s0] -> ((s0 floordiv 9) mod 6)>()[%workgroup_id_x]
numTiles: %9 = affine.apply affine_map<() -> (6)>()

d0:
splitDim: %11 = affine.apply
affine_map<()[s0] -> ((s0 floordiv 9) floordiv 6)>()[%workgroup_id_x]
dimValue: %11 = affine.apply
affine_map<()[s0] -> ((s0 floordiv 9) floordiv 6)>()[%workgroup_id_x]

numTiles: %12 = affine.apply affine_map<() -> (40)>()
```

（4）分布式信息的代码如下：

```
//第 1 章/affine_pass_dialect_4.ll
//每个维度的边界值计算
```

```
Value lb = loopRange.offset;
Value ub = loopRange.size;
Value step = tileSizeVals[index];
//分块结果计算
numWgroups = (ub-lb).ceilDiv(step) -- (s1 - s0).ceilDiv(s2)
lb_partitioned = lb + procId * step --- {s0 + s1 * s2} {lb, procId, step}
step_partitioned = step * nprocs ------{s0 * s1} {step, nprocs}
minMap = (tileSize, ub - lb ) ---------{s0, s1 - d0} {lb, tileSize, ub}
```

（5）示例信息的代码如下：

```
//第1章/affine_pass_dialect_5.ll
//以一维度为例
distributeLB 参数：
lb: 0;

procId: %10 = affine.apply affine_map<()[s0] -> ((s0 floordiv 9) mod 6)>()[%workgroup_id_x]

step: %9 = affine.apply affine_map<() -> (6)>()
//计算公式:{lb + procId * step}
//结果
%15 = affine.apply
affine_map<()[s0] -> ((s0 floordiv 9) * 11 - ((s0 floordiv 9) floordiv 6) * 66)>()
[%workgroup_id_x]
//size 参数
lb: %15 = affine.apply affine_map<()[s0] -> ((s0 floordiv 9) * 11 - ((s0 floordiv 9)
floordiv 6) * 66)>()[%workgroup_id_x]
tileSize: %c11 = arith.constant 11: index
ub:    %c60 = arith.constant 60: index
//计算公式:{s0, s1 - d0}
//结果
%17 = affine.min
affine_map<()[s0] -> (11, (s0 floordiv 9) * -11 + ((s0 floordiv 9) floordiv 6) * 66 + 60)>()
[%wg_id_x]
```

实际映射关系如图 1-44 所示。

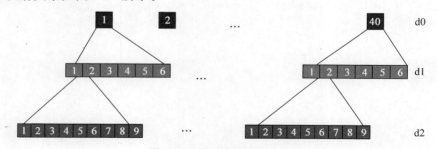

图 1-44 仿射变换映射关系

多面体这个名词也是循环表示空间的形状呈多面体形状的象形表达。

1.9　MLIR 在 Magma 开源软件平台中的应用

1.9.1　Magma 背景

1. Python 特性

动态类型,多态广泛使用。

2. Magma 特性

(1) Magma 可嵌入 Python。

(2) 相似的语法,共享的词法状态。

(3) 静态产品类型。

(4) 组合逻辑与时序逻辑。

(5) 保证可融合。

1.9.2　Python Magma 系统

Python 源程序 Magma,如图 1-45 所示。Magma 主要包括以下几个模块。

```
class Foo(m.Circuit):
    T = m.UInt[8]
    io = m.IO(a=m.In(T), b=m.In(T), y=m.Out(T))
    io.y @= io.a + io.b


class Top(m.Circuit):
    N, T = 2, m.UInt[8]
    io = m.IO(I=m.In(m.Array[N, T]), O=m.Out(T))
    curr = io.I[0]
    for i in range(1, N):
        y = Foo()(curr, io.I[i])
        curr = m.register(y)
    io.O @= curr
```

图 1-45　Python 源程序 Magma

(1) 学术界使用的 Magma：Garnet、Amber、Onyx 芯片。

(2) 工业中使用的 Magma。

(3) 自定义加速器@Facebook 的主要块。

(4) 5mm^2 约 150～200M 晶体管(5nm 技术)。

(5) 更多的用户、更复杂的设计产生更多的需求。

缩放 Magma 主要包括以下几个模块：

(1) 运行时性能。

(2) 可调试性。

(3) 代码生成。

(4) CAD 流程集成。

Magma 工具链构建流程如图 1-46 所示。

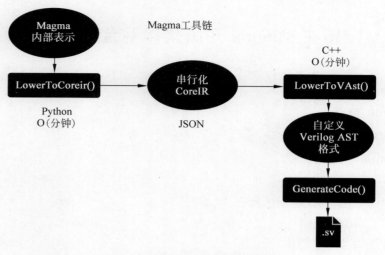

图 1-46　Magma 工具链构建流程

现有硬件工具链,主要包括以下几种 IR:

(1) FIRRTL(Chisel IR)。

(2) Lo-FIRRTL、Hi-FIRRTL。

(3) LLHD IR。

(4) 行为 IR、结构 IR、Netlist IR。

(5) RTLIL (yosys IR)、LNAST、LGraph,等。

MLIR 工具链主要包括以下几种特性:

(1) 多级中间表示。

(2) 最初的谷歌开源项目。

(3) 作为机器学习 DSL 目标。

(4) 超级灵活的 IR 构建器+IR 社区。

MLIR 结构主要包括以下几个模块:

(1) 运算图(节点)与类型值(边)。

(2) 方言:类型、操作、Pass 的集合。

(3) 递归结构。

(4) 区域包含块。

(5) 块包含操作。

(6) 操作可以包含区域。

MLIR 操作流程示例如图 1-47 所示。

MLIR 结构主要有以下几种功能:

(1) 专业方言的互操作+通用表示。

(2) 可重复使用的公共 Pass,例如公共子表达式 elim。

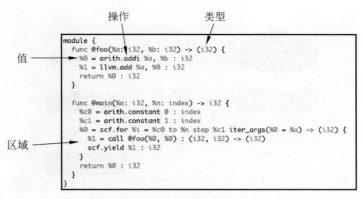

图 1-47 MLIR 操作流程示例

（3）特定域（方言）的 Pass，例如循环转换。

CIRCT 项目主要包括以下几个模块：

（1）CIRCT 方言的 IR 编译器与工具。

（2）硬件专用 MLIR 方言集合。

（3）强大的行业参与者。

CIRCT 方言构建示例如图 1-48 所示。

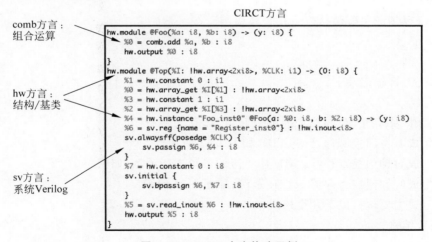

图 1-48 CIRCT 方言构建示例

运行时性能主要有以下特性：

（1）Facebook 流量因 Magma 性能而受阻。

（2）生成 Verilog，平均分配。

（3）Python 前端执行。

（4）Magma 到 IR 生成。

（5）IR 到 Verilog 生成。

Magma 到 MLIR 数据流示例如图 1-49 所示。

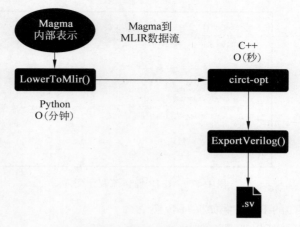

图 1-49　Magma 到 MLIR 数据流示例

运行时性能与微基准标记,主要包括以下模块:

rel. magma→IR 运行时、rel. IR→Verilog 运行时、rel. Verilog LOC 对比示例,如图 1-50 所示。

MLIR 与 SV 代码对比示例,如图 1-51 所示。

CAD 流程集成主要包括以下几个模块:

(1) 验证。

(2) SV 结合流。

(3) 断言、日志记录。

(4) 合成。

(5) 使用 ifdef 的 PD 与 DV 的单个 RTL 真值。

代码生成时钟门控寄存器 CoreIR,如图 1-52 所示。

代码生成时钟门控寄存器:MLIR 一流的重置支持示例,如图 1-53 所示。

代码生成时钟门控寄存器 MLIR 示例,如图 1-54 所示。

代码生成主要包括以下几个模块:

(1) SV 结构。

(2) 直接支持逐字记录 SV(安全接口)。

(3) 代码预认证:例如 CSE、DCE、规范化。

(4) 可以大大减少代码大小。

MLIR 代码生成可以产生以下结论:

(1) CoreIR 表示硬件 IR 空间中的一个点。

(2) MLIR 允许混合多种级别的表示。

(3) 大型操作系统社区与成熟、高性能代码库的优势。

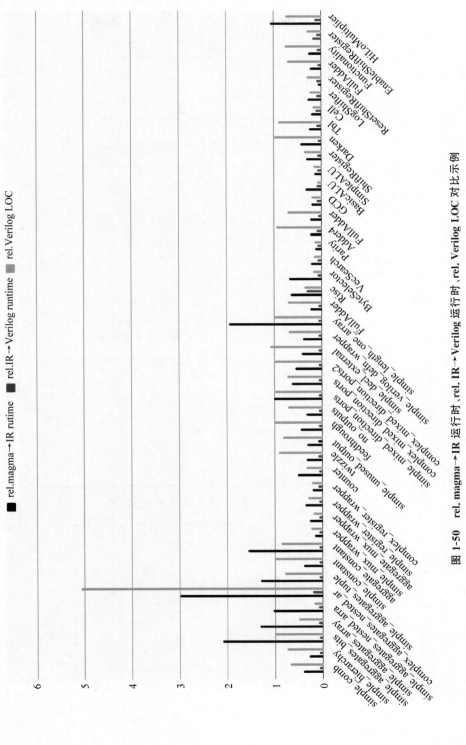

图 1-50 rel. magma→IR 运行时，rel. IR→Verilog 运行时，rel. Verilog LOC 对比示例

```
hw.module @Foo(%a: i8, %b: i8) -> (y: i8) {
    %0 = comb.add %a, %b : i8 loc("example.py":11:17)
    hw.output %0 : i8 loc("example.py":11:9)
} loc("example.py":8:0)
```
example.mlir

```
module Foo(        // example.py:8
  input  [7:0] a, b,
  output [7:0] y);

  assign y = a + b;     // example.py:11:{9,17}
endmodule
```
example.sv

图 1-51　MLIR 与 SV 代码对比示例

合成无法推
断时钟门！

```
module Register (
    input [7:0] I,
    output [7:0] O,
    input CE,
    input CLK,
    input ASYNCRESET
);
  wire [7:0] I_enable = CE ? I : 0;
  reg [7:0] data;
  always @(posedge CLK, posedge ASYNCRESET) begin
    if (ASYNCRESET) data <= 0;
    else data <= I_enable;
  end
  assign O = data;
);
endmodule
```

图 1-52　时钟门控寄存器 CoreIR 与代码生成示例

一流的重
置支持

```
hw.module @Register(%I: i8, %CE: i1, %CLK: i1, %ASYNCRESET: i1) -> (O: i8) {
  %1 = sv.reg {name = "reg0"} : !hw.inout<i8>
  %2 = hw.constant 0 : i8
  sv.alwaysff(posedge %CLK) {
    sv.if %CE {
      sv.passign %1, %I : i8
    }
  } (asyncreset : posedge %ASYNCRESET) {
    sv.passign %1, %2 : i8
  }
  %0 = sv.read_inout %1 : !hw.inout<i8>
  hw.output %0 : i8
}
```

图 1-53　时钟门控寄存器 MLIR 重置支持示例

合成推理
时钟门！

```
module Register(
  input  [7:0] I, input CE, CLK, ASYNCRESET,
  output [7:0] O);
  reg [7:0] reg0;
  always_ff @(posedge CLK or posedge ASYNCRESET) begin
    if (ASYNCRESET)
      reg0 <= 8'h0;
    else begin
      if (CE)
        reg0 <= I;
    end
  end
  assign O = reg0;
endmodule
```

图 1-54　时钟门控寄存器 MLIR 合成推理时钟门示例

MLIR 编译器基础

2.1　MLIR 语言参考

MLIR 是一种编译器中间表示,与传统的三地址 SSA 表示(如 LLVM IR 或 SIL)相似,但它引入了多面体循环优化的概念并作为一级概念。这种混合设计经过优化,可以表示、分析与转换高级数据流图,以及为高性能数据并行系统生成特定的目标代码。除了它的代表性功能之外,它的单一连续设计提供了一个框架,可以从数据流图下译到高性能的目标特定代码。

这里定义并描述了 MLIR 中的关键概念,基本原理文档、术语表与其他存储调度内容。MLIR 被设计为以下 3 种不同的形式以供使用:

(1) 适合调试的人类可读文本形式。

(2) 适合编程转换与分析的内存形式。

(3) 适合存储与传输的紧凑序列化形式。

不同的形式都描述了相同的语义内容。这里描述了人类可读的文本形式。

2.1.1　高层结构

MLIR 基本上是基于节点(称为运算,又称算子、操作)与边(称为值)的类似图形的数据结构。每个值都是一个操作或块参数的结果,并且具有由类型系统定义的值类型。操作包含在块中,块包含在区域中。操作也在其包含块中排序,块在其包含区域中排序,尽管这种顺序在给定类型的区域中可能有语义意义,但是也可能没有语义意义。操作还可以包含区域,从而能够表示层次结构。

操作可以代表许多不同的概念,从更高级别的概念,如函数定义、函数调用、缓存分配、缓存视图或切片及进程创建,到更低级别的概念(如目标无关算术、目标特定指令、配置寄存器与逻辑门)。这些不同的概念由 MLIR 中的不同操作来表示,并且 MLIR 中可用的操作集可以任意扩展。

MLIR 还使用编译器 Pass 概念,为操作转换提供了一个可扩展的框架。对任意一组操作启用任意一组传递会带来显著的扩展挑战,因为每次转换都可能考虑到任何操作的语义。MLIR 通过允许使用特征与接口抽象地描述操作语义来解决这种复杂问题,从而使转换能够更通用地进行操作。特征通常用来描述有效 IR 上的验证约束,使复杂的不变量能够被捕获与检查。

MLIR 的一个明显应用是表示基于 SSA 的 IR,如 LLVM 内核 IR,通过适当的操作类型选择来定义模块、函数、分支、内存分配与验证约束,以确保 SSA 的 Pass 支配性。MLIR 包括一组方言,这些方言定义了这样的 SSA 结构,然而,MLIR 旨在足够通用,以表示其他类似编译器的数据结构,例如,语言前端中的抽象语法树、目标特定后端中生成的指令或高级合成工具中的电路。

2.1.2　MLIR 符号

MLIR 有一个简单而明确的语法,允许文本格式传输通畅。这对编译器的开发很重要,例如,对于理解正在转换的代码的状态与编写测试用例。

EBNF(Extended Backus-Naur Form,扩展巴科斯范式)是一种用于描述上下文无关文法(Context-Free Grammar)的扩展形式,EBNF 是一种计算机用语,意思是扩展的巴科斯范式。这里使用的是 EBNF 语法。一个 EBNF 示例代码如下:

```
//第 2 章/ebnf.mlir
alternation::= expr0 | expr1 | expr2          //expr0、expr1 或 expr2
sequence   ::= expr0 expr1 expr2              //expr0 expr1 expr2 的序列
repetition0::= expr *                         //0 次或多次出现
repetition1::= expr +                         //1 次或多次出现
optionality::= expr?                          //出现 0 或 1 次
grouping   ::= (expr)                         //parens 内部的所有内容都分组在一起
literal    ::= `abcd`                         //匹配文字'abcd'
```

另一个 EBNF 示例代码如下:

```
//第 2 章/ebnf_match.mlir
//匹配文字'abcd':
//这与以下内容相匹配: ba, bana, boma, banana, banoma, bomana...
example::= `b`(`an` | `om`) * `a`
```

1. 常用语法

这里使用了核心语法声明,代码如下:

```
//第 2 章/core_grammar.mlir
//澄清词法分析(标记)与语法分析(语法)之间的区别
digit    ::= [0-9]
hex_digit::= [0-9a-fA-F]
letter   ::= [a-zA-Z]
id-punct ::= [ $ . _ - ]

integer-literal::= decimal-literal | hexadecimal-literal
```

```
decimal－literal::＝ digit＋
hexadecimal－literal::＝ `0x` hex_digit＋
float－literal::＝ [－＋]?[0－9]＋[.][0－9]＊([eE][－＋]?[0－9]＋)?
string－literal ::＝ `"`[^"\n\f\v\r]＊ `"`    TODO: 定义转义规则
```

这里未列出语法，但 MLIR 确实支持。它们使用标准的 BCPL 语法，从//开始，一直到行的末尾。

2. 顶级生成

顶级声明示例，代码如下：

```
//第 2 章/toplevel_declare.mlir
//顶级声明
toplevel:＝ (operation│attribute－alias－def│type－alias－def)＊
```

toplevel 是通过 MLIR 语法的任何解析方式来解析的顶层声明。操作、属性别名与类型别名可以在顶层声明。

3. 标识符与关键字

标识符与关键字语法示例，代码如下：

```
//第 2 章/identify_keyword.mlir
//标识符 bare－id::＝ (letter│[_]) (letter│digit│[_＄.])＊
bare－id－list::＝ bare－id (`,` bare－id)＊
value－id::＝ `%` suffix－id
alias－name::＝ bare－id
suffix－id::＝ (digit＋ │ ((letter│id－punct) (letter│id－punct│digit)＊))

symbol－ref－id::＝ `@` (suffix－id │ string－literal) (`::` symbol－ref－id)?
value－id－list::＝ value－id (`,` value－id)＊

//值的使用，例如运算列表中的值 value－use::＝ value－id
value－use－list::＝ value－use (`,` value－use)＊
```

标识符命名实体，如值、类型与函数，并由 MLIR 代码的编写者选择。标识符既可以是描述性的（例如%batch_size、@matmul），也可以在自动生成时是非描述性的（如%23、@func42）。值的标识符名称可以在 MLIR 文件中使用，但不会作为 IR 的一部分保留。输出端会给它们提供匿名名称，如%42。

MLIR 通过在标识符前面加一个符号标记（例如%、♯、@、^、!）来保证标识符永远不会与关键字冲突。在某些明确的上下文（例如仿射表达式）中，为了简洁起见，标识符没有前缀。可以将新的关键字添加到 MLIR 的未来版本中，而不会有与现有标识符冲突的危险。

值标识符只作用在定义它们的（嵌套）区域的范围内，不能在该作用域之外被访问或引用。映射函数中的参数标识符在映射主体的作用域中。特定的操作可能会进一步限制哪些标识符在其区域的范围内，例如，具有 SSA 控制流语义的区域中的值的范围是根据 SSA 优异的标准定义来约束的。另一个示例是上面的隔离特性，它会限制直接访问作用域中定义的值。

函数标识符与映射标识符是符号关联的,并且具有依赖于符号属性的作用域规则。

4. 方言

方言是参与与扩展 MLIR 生态系统的机制。允许定义新的操作及属性与类型。每种方言都有一个唯一的名称空间,该名称空间以每个定义的属性、操作、类型为前缀,例如,仿射方言定义了名称空间:Affine。

MLIR 允许多种方言,甚至允许主干树之外的方言在一个模块内共存。方言是由某些 Pass 产生与使用的。MLIR 提供了一个在不同方言与内部转换之间的框架。

MLIR 支持的几种方言如下:

(1) Affine 方言。

(2) Func 方言。

(3) GPU 方言。

(4) LLVM 方言。

(5) SPIR-V 方言。

(6) Vector 方言。

方言提供了一种模块化的方式,通过这种方式,目标程序可以直接向 MLIR 传递特定目标的运算,例如,一些目标通过的 LLVM。LLVM 具有一组丰富的内部函数,用于某些与目标无关的运算(例如,带溢出检查的加法),并为其支持的目标提供对目标特定运算的访问(例如,向量置换运算)。MLIR 中的 LLVM 内部函数通过以 LLVM 前缀开头的算子来表示。

方言模块化示例,代码如下:

```
//第 2 章/llvm_to_mlir.ll
//LLVM: % x = call {i16, i1} @llvm.sadd.with.overflow.i16(i16 % a, i16 % b)
% x:2 = "llvm.sadd.with.overflow.i16"( % a, % b): (i16, i16) -> (i16, i1)
```

这些操作仅在将 LLVM 作为后端(例如 CPU 与 GPU)时有效,并且需要与这些内部的 LLVM 定义保持一致。

5. 运算 OK 执行

LLVM 到 MLIR 操作语法示例,代码如下:

```
//第 2 章/llvm_to_mlir_operation.ll
operation          ::= op-result-list? (generic-operation | custom-operation)
                        trailing-location?
generic-operation  ::= string-literal `(` value-use-list? `)`  successor-list?
                        region-list? dictionary-attribute? `:` function-type
custom-operation   ::= bare-id custom-operation-format
op-result-list     ::= op-result (`,` op-result) * `=`
op-result          ::= value-id (`:` integer-literal)
successor-list     ::= `[` successor (`,` successor) * `]`
successor          ::= caret-id (`:` block-arg-list)?
```

```
region - list           ::= `(` region (`,` region) * `)`
dictionary - attribute::= `{` (attribute - entry (`,` attribute - entry) * )? `}`
trailing - location    ::= (`loc` `(` location `)`)?
```

　　MLIR 引入了一个被称为算子的统一概念,从而能够描述许多不同级别的抽象与计算。MLIR 中的运算是完全可扩展的(没有固定的操作列表),并且具有特定应用程序的语义,例如,MLIR 支持独立于目标的算子、仿射算子与特定目标的机器算子。算子的内部表示很简单:一个算子由一个唯一的字符串(例如 dim、tf. conv2d、x86. repmovsb、ppc. eieio 等)标识,可以返回 0 个或多个结果,接受 0 个或更多操作数,具有属性字典,具有 0 个或更多后继项,以及 0 个或更少封闭区域。从字面上看,通用输出表单包括这些元素,并带有一个函数类型来指示结果与操作数的类型。

　　现在来看一个 MLIR 操作示例,代码如下:

```
//第 2 章/mlir_operation.ll
//一种产生两个结果的运算
//The results of % result can be accessed via the < name > `#` < opNo > syntax.
% result:2 = "foo_div"(): () -> (f32, i32)

//漂亮的表单,为每个结果定义一个唯一的名称
% foo, % bar = "foo_div"(): () -> (f32, i32)

//调用一个名为 tf. scramble 的 TensorFlow 函数,该函数有两个输入与一个存储在属性
//中的属性 fruit
% 2 = "tf. scramble"( % result#0, % bar) <{fruit = "banana"}>: (f32, i32) -> f32

//调用具有某些可丢弃属性的操作
% foo, % bar = "foo_div"() {some_attr = "value", other_attr = 42: i64}: () -> (f32, i32)
```

　　除了上面的基本语法之外,方言还可以注册已知的操作,支持用于解析与输出操作的自定义汇编形式。在下面列出的操作集中,显示了这两种形式。

2.1.3　MLIR 作用域

1. 解析定义

　　区域是 MLIR 块的有序列表。区域内的语义不是由 IR 强加的。相反,包含算子定义了它所包含的区域的语义。MLIR 目前定义了两种区域:SSACFG 区域与 Graph 区域,SSACFG 区域描述块之间的控制流,Graph 区域不需要块间的控制流。算子中的区域类型是使用区域类型接口描述的。

　　区域没有名称或地址,只有区域中包含的块才有。区域必须包含在算子中,并且没有类型或属性。该区域中的第 1 个块是一个称为入口块的特殊块。入口块的参数也是区域本身的参数。入口块不能被列为任何其他块的后续块。区域接口模块的语法示例,代码如下:

```
//第 2 章/emtry - block.mlir
region      ::= `{` entry - block? block * `}`
entry - block::= operation +
```

　　函数体是区域的一个示例：由块的 CFG 组成，并具有其他类型的区域可能没有的特定语义限制，例如，在函数体中，块终止符必须分支到不同的块，或者从函数返回，其中返回参数的类型必须与函数签名的结果类型匹配。同样，函数参数必须与区域参数的类型及计数相匹配。通常，具有区域的算子可以任意定义这些对应关系。

　　入口块是一个没有标签与参数的块，可能出现在区域的开头。它启用了一种使用区域来打开新区域的通用模式。

2. 数值范围界定

　　区域提供程序的分层封装：不可能引用（分支到）与引用源不在同一区域的块，即终止符运算。类似地，区域为值可见性提供了一个自然的范围：在区域中定义的值不会跳转到封闭区域（如果有）。在默认情况下，只要封闭运算的操作数引用这些值是合法的，区域内的算子就可以引用区域外定义的值，但这可以使用特征来限制，如 OpTrait∷IsolatedFromAbove 或自定义验证器。

　　数值区域示例，代码如下：

```
//第2章/new-value.mlir
"any_op"(%a)({ //如果%a在包含区域的范围内…
    //那么%a也在这里的范围内
    %new_value = "another_op"(%a): (i64) -> (i64)
}): (i64) -> (i64)
```

　　MLIR 定义了一个通用的层次优势概念，该概念在层次结构中使用，用于判断定义值是否在范围内，并且可以由特定算子使用。一个值是否可以由同一区域中的另一个算子使用，由区域的类型定义，当且仅当父级可以使用该值时，在区域中定义的值，才可以由在同一区域中具有父级的运算使用。由一个区域的参数定义的值，总是可以由该区域中包含的任何运算使用。在区域中定义的值永远不能在区域之外使用。

2.1.4　控制流与 SSACFG 作用域

　　在 MLIR 中，区域的控制流语义由 RegionKind∷SSACFG 表示。非正式地说，这些区域支持区域中的算子按顺序执行的语义。在执行运算之前，其操作数具有定义明确的值。执行运算后，操作数具有相同的值，结果也具有定义明确的值。在一个运算执行之后，块中的下一个运算将执行，直到该运算是块末尾的终止符运算，在这种情况下，将执行其他一些运算。接下来要执行控制流的传递运算。

　　通常，当控制流被传递到算子时，MLIR 不限制控制流何时进入或离开该运算中包含的区域，然而，当控制流进入一个区域时，总是从该区域的第 1 个块开始，称为进入块。结束每个块的终止运算通过显式指定块的后续块来表示控制流。在分支运算中，控制流只能传递到指定的后续块，或在返回运算中返回包含算子。没有后续运算的终止运算只能将控制权传递回包含的算子。在这些限制范围内，终止符运算的特定语义由所涉及的特定方言运算决定。未被列为终止符运算的后续块的块（入口块除外）被定义为不可访问，并且可以在不影响包含算子的语义的情况下删除。

尽管控制流总是通过入口块进入区域,但控制流可以通过具有适当终止符的任何块离开区域。标准方言利用这一功能来定义具有单输入多输出 SEM(5)区域的运算,可能流经该区域中的不同块,并通过返回运算退出任何块。这种行为类似于大多数编程语言中的函数体。此外,当函数调用没有返回时,控制流也可能无法到达块或区域的末尾。

加速器计算示例,代码如下:

```
//第2章/accelerator_compute.mlir
func.func @accelerator_compute(i64, i1) -> i64 { //SSACFG 区域
^bb0(%a: i64, %cond: i1):
//由^bb0 主导的代码可能引用 %a cf.cond_br %cond、^bb1、^bb2

^bb1:
    //%value 定义不主导^bb2
    %value = "op.convert"(%a): (i64) -> i64
    cf.br ^bb3(%a: i64)      //分支 Pass %a 作为参数

^bb2:
    accelerator.launch() { //SSACFG 区域
        ^bb0:
            //嵌套在 accelerator.launch 下的代码区域,它可以引用 %a,但
            //not %value
            %new_value = "accelerator.do_something"(%a): (i64) -> ()
    }
    //不能在区域之外引用 %new_value

^bb3:
    ...
}
```

1. 多个区域的运算

包含多个区域的运算完全决定了这些区域的语义。特别地,当控制流被传递到算子时,它可以将控制流传递到任何包含的区域。当控制流离开一个区域并返回包含运算时,包含运算可以将控制流传递到同一运算中的任何区域。运算还可以将控制流同时传递到多个包含的区域。运算还可以将控制流传递到在其他运算中指定的区域,特别是那些定义了给定运算在调用算子中使用的值或符号的区域。这种控制通常独立于控制流通过容纳区域的基本块。

2. 创建闭包

区域允许定义一个创建闭包的运算,例如通过将区域的主体装箱为它们产生的值。区域仍然由运算来定义其语义。注意,如果算子触发了区域的异步执行,则算子调用方负责等待区域的执行,以确保任何直接使用的值保持有效。

3. 图形区域

在 MLIR 中,区域中的类图语义由 RegionKind::graph 表示。图区域适用于没有控制

流的并发语义,或用于建模通用的有向图数据结构。图区域适用于表示耦合值之间的循环关系,其中这些关系没有基本顺序,例如,图区域中的运算可以用表示数据流的值来表示独立的控制线程。在 MLIR 中,区域的特定语义完全由其包含运算决定。图形区域只能包含一个基本块(入口块)。

4. 基本原理

目前,图形区域被任意限制为单个基本块,尽管这种限制没有特定的语义原因。添加此限制是为了更容易稳定 Pass 基础设施与用于处理图区域的常用 Pass,以正确处理反馈循环。如果出现需要多块区域的案例,则将来可能会允许多块区域。

在图区域中,MLIR 运算自然表示节点,而每个 MLIR 值表示连接单个源节点与多个目标节点的多边缘。作为运算结果在区域中定义的所有值都在区域的范围内,并且可以由区域中的任何其他算子访问。在图区域中,块内的算子顺序与区域中的块顺序在语义上没有意义,非终止符运算可以自由地重新排序,例如通过规范化,其他类型的图,例如具有多个源节点与多个目的节点的图,也可以通过将图边表示为 MLIR 算子来表示。注意,循环既可以发生在图形区域中的单个块内,也可以发生在基本块之间。图形区域测试示例,代码如下:

```
//第 2 章/test_graph_region.mlir
"test.graph_region"() ({ //图形区域
  %1 = "op1"(%1, %3): (i32, i32) -> (i32)  //OK: %1, %3 在这里使用
  %2 = "test.ssacfg_region"() ({
%5 = "op2"(%1, %2, %3, %4): (i32, i32, i32, i32) -> (i32)
//OK: %1, %2, %3, %4 所有定义在包含区域中
  }): () -> (i32)
  %3 = "op2"(%1, %4): (i32, i32) -> (i32)  //OK: %4 allowed here
  %4 = "op3"(%1): (i32) -> (i32)
}): () -> ()
```

5. 参数与结果

区域的第 1 个块的参数被视为该区域的参数。这些参数的来源是由父操作的语义定义的。它们可能与运算本身使用的一些值相对应。区域生成一个值列表(可能为空)。算子语义定义了区域结果与运算结果之间的关系。

2.1.5　类型系统

MLIR 中的每个值都有一个由类型系统定义的类型。MLIR 有一个开放的类型系统(没有固定的类型列表),并且类型可能具有特定应用程序的语义。MLIR 方言可以定义任意数量的类型,对它们所代表的抽象内容没有任何限制。MLIR 类型系统示例,代码如下:

```
//第 2 章/type_system.mlir
type::= type-alias | dialect-type | builtin-type
```

```
type - list - no - parens::=   type (`,`type) *
type - list - parens::= `(``)`
                       | `(`type - list - no - parens`)`

//这是引用具有指定类型的值的常用方法 ssa - use - and - type::= ssa - use `:`type
ssa - use::= value - use

//名称与类型的非空列表 ssa - use - and - type - list::= ssa - use - and - type (`,`ssa - use -
//and - type) *

function - type::= (type | type - list - parens) `->`(type | type - list - parens)
//类型别名
type - alias - def::= '!''alias - name '= 'type
type - alias::= '!''alias - name
```

　　MLIR 支持为类型定义命名别名。类型别名是一个标识符,可以用来代替它定义的类型。这些别名必须在使用之前进行定义。别名不能包含“.”,因为这些名称是为方言类型保留的。

　　avx_m128 向量示例,代码如下:

```
//第 2 章/avx_m128_vector.mlir
!avx_m128 = vector < 4 × f32 >

//使用原始类型
"foo"( % x): vector < 4 × f32 > -> ()

//使用类型别名
"foo"( % x): !avx_m128 -> ()
```

2.1.6　方言类型

1. 内置类型

　　内置方言定义了一组类型,MLIR 中的任何其他方言都可以直接使用这些类型。这些类型涵盖了一系列基本整数与浮点类型、函数类型等。

2. 属性条目

　　现在来看属性条目语法示例,代码如下:

```
//第 2 章/dialect_attribute.mlir
attribute - entry::= (bare - id | string - literal) '=`attribute - value
attribute - value::= attribute - alias | dialect - attribute | builtin - attribute
```

　　属性是一种机制,用于在从不允许使用变量的地方,指定操作的常量数据,例如 cmpi 操作的比较谓词。每个操作都有一个属性字典,将一组属性名称与属性值相关联。MLIR 的内置方言提供了一组丰富的内置属性值(如数组、字典、字符串等)。此外,方言可以定义自己的方言属性值。

附加到运算的顶级属性字典具有特殊的语义。根据其字典关键字是否具有方言前缀，属性条目被认为是两种不同的类型：

（1）固有属性是算子语义定义的固有属性。运算本身应验证这些属性的一致性。一个示例是 arith.cmpi 运算的谓词属性。这些属性的名称必须不以方言前缀开头。

（2）可丢弃属性具有在运算本身外部定义的语义，但必须与算子的语义兼容。这些属性的名称必须以方言前缀开头。带方言前缀的方言可以验证这些属性。gpu.container_module 属性就是一个示例。

注意，属性值本身可以是字典属性，但只有附加到运算的顶级字典属性才受到上述分类的约束。

3. 属性值别名

方言属性值别名示例，代码如下：

```
//第 2 章/dialect_alias-name.mlir
attribute-alias-def::= '#'alias-name '='attribute-value
attribute-alias::= '#'alias-name
```

MLIR 支持为属性值定义命名别名。属性别名是一种标识符，可以用来代替定义的属性。这些别名必须在使用之前进行定义。别名不能包含"."，因为这些名称是为方言属性保留的。

方言仿射应用示例，代码如下：

```
//第 2 章/dialect_affine_apply.mlir
#map = affine_map<(d0) -> (d0 + 10)>
//使用原始属性
%b = affine.apply affine_map<(d0) -> (d0 + 10)>(%a)
//使用属性别名
%b = affine.apply #map(%a)
```

4. 方言属性值

与操作类似，方言可以定义自定义属性值，示例代码如下：

```
//第 2 章/dialect_attribute_define.mlir
dialect-namespace::= bare-id

dialect-attribute::= '#'(opaque-dialect-attribute | pretty-dialect-attribute)
opaque-dialect-attribute::= dialect-namespace dialect-attribute-body
pretty-dialect-attribute::= dialect-namespace '.'pretty-dialect-attribute-lead-ident
                                          dialect-attribute-body?
pretty-dialect-attribute-lead-ident::= '[A-Za-z][A-Za-z0-9._]*'

dialect-attribute-body::= '<'dialect-attribute-contents+ '>'
dialect-attribute-contents::= dialect-attribute-body
                             | '('dialect-attribute-contents+ ')'
```

$$| \ '[' \ dialect-attribute-contents + \ ']'$$
$$| \ '\{' \ dialect-attribute-contents + \ '\}'$$
$$| \ '[^\backslash\backslash[<(\{\backslash\})>)\}\backslash0] + '$$

方言属性通常以不透明的形式指定,其中属性的内容是在用方言名称空间主体中定义的。方言字符串复杂属性示例,代码如下:

```
//第2章/dialect_string_complex_attribute.mlir
//字符串属性
♯foo<string<"">>

//复杂属性
♯foo<"a123^^^" + bar>
```

对于足够简单的方言属性,可以使用更漂亮的格式,将部分语法展开为等效但权重较轻的形式,代码如下:

```
//第2章/dialect_foo_string.mlir
//字符串属性
♯foo.string<"">
```

5. 内置属性值

内置方言定义了一组属性值,MLIR 中的任何其他方言都可以直接使用这些属性值。这些类型包括基元整数值与浮点值、属性字典、密集多维数组等。

6. IR 版本控制

方言可以选择通过 BytecodeDialectInterface 来处理版本控制。很少有钩子暴露在方言中,以允许管理编码到字节码文件中的版本。该版本是延迟加载的,允许在解析输入 IR 时检索版本信息,并为目前版本的每种方言提供机会,以便通过 upgradeFromVersion 方法在解析后执行 IR 升级。自定义属性与类型编码,也可以使用 readAttribute 与 readType 方法,根据方言版本进行升级。

方言可以编码什么样的信息来对其版本进行建模,这一点没有限制。目前,版本控制只支持字节码格式。

2.2 MLIR 方言及运行分析

2.2.1 MLIR 简介

MLIR 是一种全新的编译器框架。IR 即 Intermediate Representation,可以看作一种数据格式,作为从端到端转换中的中间表示,例如深度学习模型一般表示为计算图,能够表示计算图的数据结果就可以称为一种 IR,例如 ONNX、TorchScript、TVM Relay IR 等,展示计算图(Computation Graph)数据关系,如图 2-1 所示。

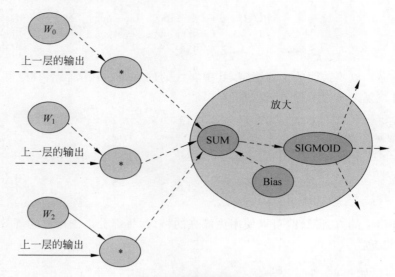

图 2-1 计算图数据关系

（1）ONNX（Open Neural Network Exchange）协议首先由微软与 Meta 提出，定义了一组与环境、平台均无关的标准格式（如算子功能）。在训练完成后可以将支持框架（PyTorch、TensorFlow 等）的模型转换为 ONNX 文件进行存储，ONNX 文件不仅存储了神经网络模型的权重，也存储了模型的结构信息，以及网络中每层的输入/输出等信息。

（2）TorchScript，PyTorch 最大的卖点是对动态网络的支持，比其他需要构建静态网络的框架拥有更低的学习成本，但动态图模式在每次执行计算时都要重新构造计算图，非固定的网络结构给网络结构分析并进行优化带来了困难。TorchScript 就是为了解决这个问题而诞生的工具，包括代码的追踪及解析、中间表示的生成、模型优化、序列化等各种功能。

（3）Relay IR 与 TVM 框架绑定，这是一个函数式、可微的、静态的、针对机器学习的领域定制编程语言，解决了普通深度学习框架不支持控制流及动态类型的特点，使用 Lambda 表达式作为基准 IR。

2.2.2　常见的 IR 表示系统

如图 2-2 所示，Clang 对 AST 进行静态分析与转换操作，主要包括以下特征：

（1）由于 C、C++源代码直接转换成 AST 时，并不会对语言特定进行优化，程序的优化主要集中于 LLVM IR 阶段，但由于 LLVM IR 表示层级较低，所以会丢失源代码中的部分信息，如报错信息会导致优化不充分。

（2）类似于 TensorFlow、Keras 等框架，Clang 会先转换为计算图形式，然后会基于图进行一定的优化，但图阶段缺少硬件部署的相关信息，所以后续会转换为某个后端的内部表示，根据不同的硬件设备，进行算子融合等优化。

可见，当前 IR 表示系统主要的问题概括如下：

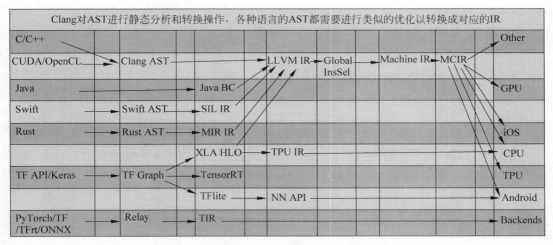

图 2-2　Clang 对 AST 进行静态分析与转换操作

（1）可复用性差：针对不同种类 IR 开发的 Pass（优化）可能重复，但不同 IR 的同类 Pass 可能并不兼容。

（2）不透明：前层 IR 所做的 Pass 优化在后层中不可见，可能会导致优化重复。

（3）变换开销大：转换过程中存在多种 IR，这些不同类型的 IR 转换时开销很大。

2.2.3　MLIR 历史

TensorFlow 较早时采用了多种 IR 的部署，这样导致软件碎片化较为严重，因此 TensorFlow 团队提出了 MLIR，主要是为了统一各类 IR 格式，协调各类 IR 的转换，以此提高优化效率，如图 2-3 所示。

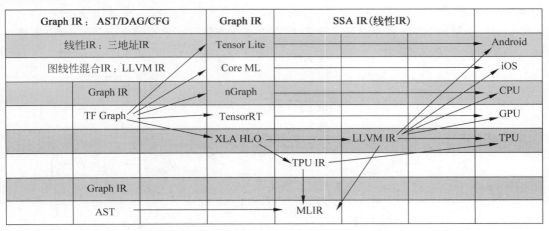

图 2-3　统一各类 IR 格式，协调各类 IR 的转换

2.3　方言及运行详解

2.3.1　方言基本概念

1. 方言是什么

从源程序到目标程序,要经过一系列的抽象与分析,通过下译 Pass 来实现从一个 IR 到另一个 IR 的转换,但 IR 之间的转换需要统一格式,统一 IR 的第 1 步就是要统一语言,各个 IR 原来配合不默契,谁也理解不了谁,也就是因为语言不通。

因此 MLIR 提出了方言,各种 IR 可以转换为对应的 MLIR 方言,不仅方便了转换,而且还能随意扩展。不妨将方言看成各种具有 IR 表达能力的黑盒子,之后的编译流程就是在各种方言之间转化,如图 2-4 所示。

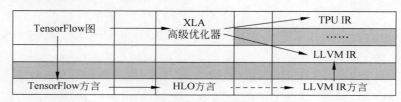

图 2-4　各种方言之间转化

2. 方言是怎么工作的

方言将所有的 IR 放在同一个命名空间中,分别对每个 IR 定义对应的产生式,以此来绑定相应的 IR 操作,从而生成一个 MLIR 的模型。

每种语言的方言(如 TensorFlow 方言、HLO 方言、LLVM IR 方言)都继承自 MLIR::Dialect,并注册了属性、操作与数据类型,也可以使用虚函数来改变一些通用性操作行为。

如图 2-5 所示,整个编译过程:从源语言生成 AST(Abstract Syntax Tree,抽象语法树),借助方言遍历 AST,产生 MLIR 表达式(这里可为多层 IR 通过下译 Pass 依次进行操作),最后经过 MLIR 分析器,生成硬件目标程序。

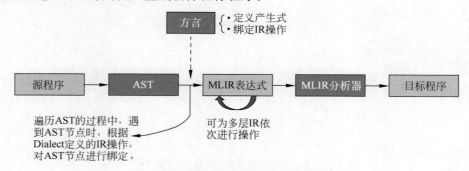

图 2-5　整个 MLIR 的编译过程

3. 方言内部构成

方言主要是由自定义的类型、属性、接口及运行构成的。运行又细分为自己的属性、类型、限制(Constraint)、接口、特性(Trait)。同时存在 ODS 与 DRR 两个重要的模块,这两个模块都是基于 TableGen 模块定义的。ODS 模块用于定义操作,DRR 模块用于实现两种方言之间的转换。展示方言内部构成信息,如图 2-6 所示。

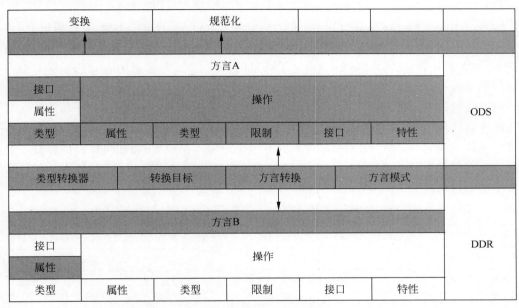

图 2-6 方言内部构成信息

2.3.2 运行机构拆分

运行是方言的重要组成部分,这是抽象与计算的核心单元,可以看成方言语义的基本元素。

方言转置张量示例,代码如下:

```
//第 2 章/dialect_transpose_tensor.mlir
% t_tensor = "xxx.transpose"( % tensor){inplace = true}:(tensor < 2 × 3 × f64 >) −> tensor < 3 ×
2 × f64 >loc("example/file/path":12:1)
```

上面的代码生成的结果是 %t_tensor,xxx 方言,执行的是转置操作,输入数据是 %tensor,能够将 tensor < 2×3×f64 > 的数据转换成 tensor < 3×2×f64 > 的数据,该 transpose 操作的位置由 "example/file/path"指定,本例为第 12 行、第 1 个字符。

结构拆分解析如下。

(1) %t_tensor:它用于定义结果名称,其为 SSA 值,由 % 与< t_tensor >构成,一般 < t_tensor >是一个整数型数字。

IR 是 LLVM 的设计核心,采用 SSA(Single-Static Assignments,静态单赋值)的形式,并具备两个重要特性:第一,代码被组织成三地址指令;第二,有无限的寄存器。

(2) xxx. transpose:算子的名称,应该是唯一的字符串,方言命名空间的名称以".",开头。表示为 xxx 方言的转置运算。点符号"."之前的内容是方言命名空间的名字,符号"."后面是算子的名称。

(3)(%tensor):input 的操作数的列表,多个操作数之间用逗号隔开。

(4){inplace = true}:属性字典,定义一个名为 inplace 的布尔类型,其常量值为 true。

(5)(tensor < 2×3×f64 >) -> tensor < 3×2×f64 >:函数形式表示的操作类型,前者是输入,后者是输出。< 2×3×f64 >描述了张量的尺寸 2×3 与张量中存储的数据类型 f64,中间使用×连接。

(6) loc("example/file/path":12:1):此运算的源代码中的位置。每个算子都有与之关联的强制性源位置,在 MLIR 中是核心要求,并且 API 依赖并操纵它,例如,如果一个转换将算子替换成另一个算子,则必须在新的算子中附加一个位置,以便可以追踪该算子的来源,所以,在使用工具链 MLIR-opt 中默认没有这个位置信息,添加 -MLIR-print-debuginfo 标志指定要包含位置。

一般文件的语法格式,如图 2-7 所示。

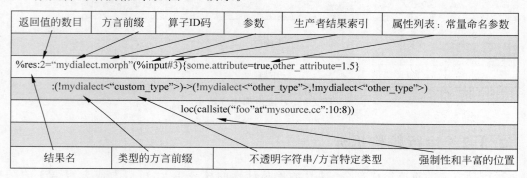

图 2-7　更一般的格式文件信息

2.3.3　创建新的方言操作

创建新的方言,包括手动编写 C++创建及利用 ODS 框架生成方言。

ODS 的全称为操作定义规范,只需根据运行框架定义的规范,在一个 .td 文件中填写相应的内容,使用 MLIR 的 TableGen 工具就可以自动生成 C++代码。

本节将以 xxx(虚拟名称。此处使用英文 xxx,是为了与代码中保持一致)语言为例,演示构造 xxx 方言并添加相应的运行流程。

xxx 语言是为了验证与演示 MLIR 系统的整个流程而开发的,是一种基于张量的语言。xxx 语言主要具有以下特性:

(1)标量与数组计算及 I/O 的混合。

（2）阵列形状推断。

（3）泛型函数。

（4）非常有限的算子与特征。

方言将对 xxx 语言的结构进行建模，并为高级分析与转换提供方便的途径。

1. 使用 C++ 语言手动编写

MLIR 方言使用 C++ 手动编程，代码如下：

```
//第 2 章/dialect_CPlusPlus_manual.mlir
//官方给出的 xxx 方言定义，默认位置为
//../MLIR/examples/xxx/include/xxx/Dialect.h
classxxxDialect:publicMLIR::Dialect{
public:
explicitXxxDialect(MLIR::MLIRContext * ctx);

//为方言命名空间提供实用程序访问器
staticllvm::StringRefgetDialectNamespace(){return"xxx";}

//从 xxxDialect 的构造函数调用的初始值设定项，用于在 xxx 方言中注册属性、操作、类型等
voidinitialize();
};
```

2. 使用 ODS 框架自动生成

使用 ODS 定义操作的这些代码都保存在 Ops.td 中，默认位置为 ../MLIR/examples/xxx/include/xxx/Ops.td。

下面的代码块用于定义一个名字为 xxx 的方言并保存在 ODS 框架中，使用 let <...> = "..."/[{...}];方式依次明确名称、摘要、描述、cppNamespace（对应方言类所在的 C++ 命名空间）各个字段的定义，代码如下：

```
//第 2 章/dialect_field_name.mlir
def xxx_Dialect:Dialect{
//方言的名称空间，这与字符串 1 - 1 对应
//provided in `XxxDialect::getDialectNamespace`.
letname = "xxx";

//简短的一行总结方言
letsummary = "分析与优化"xxx 语言"的高级方言";

//方言的更长描述
letdescription = [{
xxx 语言是一种基于张量的语言，允许定义函数、执行一些数学计算与输出结果。这种方言提供了一
种语言的表示，可以进行分析与优化。
}];

//方言类定义所在的 C++ 命名空间
letcppNamespace = "xxx";
}
```

然后在编译阶段,由框架自动生成相应的 C++代码。当然也可以运行下面的命令,直接得到生成的 C++代码,代码如下:

```
//第 2 章/dialect_build_root.mlir
${build_root}/bin/MLIR - tblgen - gen - dialect - decls ${MLIR_src_root}/examples/xxx/
include/xxx/Ops.td - I ${MLIR_src_root}/include/
```

自动生成的 C++代码及 ODS 中 TableGen 的定义,见表 2-1。

表 2-1 自动生成的 C++代码与 ODS 中 TableGen 的定义

自动生成 C++代码	在 TableGen 中声明性指定
class xxxDialect: public mlir::Dialect {	def xxx_Dialect: Dialect {
public:	let summary = "xxx IR Dialect";
xxxDialect(mlir::MLIRContext * context)	let description= [{
: mlir::Dialect("xxx", context,	这是更长的描述
mlir::TypeID::get< xxxDialect >()){	xxx dialect"
initialize();	...
}	}];
static llvm::StringRef getDialectNamespace() {	//方言的名称空间
return"xxx";	let name = "xxx";
}	
	//方言类的 C++命名空间
void initialize();	//定义位于
};	let cppNamespace = "xxx";
	}

2.3.4 加载到 MLIR 上下文中

定义好方言之后,需要将其加载到 MLIRContext 中。在默认情况下,MLIRContext 只加载内置的方言,若要添加自定义的方言,则需要加载到 MLIRContext,代码如下:

```
//第 2 章/dialect_MLIR_Context.mlir
//这里的代码与官方文档中的代码稍有不同,但实际意义相同
//在代码文件 xxxc.cpp 中,默认位置为../MLIR/examples/xxx/xxxc.cpp
intdumpMLIR(){
...
//在 MLIR 上下文中加载方言
context.getOrLoadDialect< MLIR::xxx::XxxDialect>();
...
}
```

2.3.5 定义算子

有了上述 xxx 方言,便可以定义算子了。围绕 xxx 语言的方言的 xxx.constant 算子的

定义,介绍如何使用 C++ 的方式直接定义算子,代码如下:

```
//第 2 章/dialect_define_operator.mlir
♯此操作没有输入,返回一个常量
% 4 = "xxx.constant"(){value = dense < 1.0 >:tensor < 2x3xf64 >}:() -> tensor < 2x3xf64 >
```

1. 使用 C++ 语言手动编写

操作类继承于 CRTP 类(Curiously Recurring Template Pattern,奇特的递归模板模式),有一些可选的特征来定义行为。ConstantOp 类的官方定义,代码如下:

```
//第 2 章/dialect_crtp_constantOp.c
//MLIR::Op 是 CRTP 类
classConstantOp:publicMLIR::Op <
ConstantOp,//常量操作
MLIR::OpTrait::ZeroOperands,//取零输入操作数
MLIR::OpTrait::OneResult,//返回单个结果
MLIR::OpTraits::OneTypedResult < tensorType >::Impl >{
public:
//Op 从基本操作类继承构造函数
usingOp::Op;
//返回操作的唯一名称
staticllvm::StringRefgetOperationName(){return"xxx.constant";}
//从属性中获取返回值
MLIR::DenseElementsAttrgetValue();
//操作可以提供附加特征之外的额外验证
LogicalResultverifyInvariants();

//提供一个接口,以便根据一组输入值构建此操作
//MLIR::OpBuilder::create < ConstantOp >(...)
//使用给定的返回类型与值属性构建一个常量
staticvoidbuild(MLIR::OpBuilder&builder,MLIR::OperationState&state,
MLIR::Typeresult,MLIR::DenseElementsAttrvalue);
//生成一个常量并重用给定值中的类型
staticvoidbuild(MLIR::OpBuilder&builder,MLIR::OperationState&state,
MLIR::DenseElementsAttrvalue);
//通过广播给定的值来生成常量
staticvoidbuild(MLIR::OpBuilder&builder,MLIR::OperationState&state,
doublevalue);
};
```

在定义好操作后,可以在 xxx 方言的初始化函数中注册,之后才可以正常在 xxx 方言中使用 ConstantOp 类,代码如下:

```
//第 2 章/dialect_init_constantOp.c
//下列代码位于../MLIR/examples/xxx/MLIR/Dialect.cpp 文件中
void XxxDialect::initialize() {
addOperations < ConstantOp >();
}
```

2. 使用 ODS 框架自动生成操作

首先在 ODS 中定义一个继承自算子类的基类 xxx_Op。

运算类与算子类的主要区别如下。

（1）运算类：用于对所有操作进行建模，并将通用接口提供给操作的实例。

（2）算子类：每种特定的操作都是由算子类继承来的。同时算子类还是 Operation * Type 的封装类，这就意味着，当定义一种方言的运算时，实际上是在提供一个运算类的接口。

算子类被定义在 OpBased.td 文件中，默认位置为../MLIR/include/MLIR/IR/OpBased.td。在 Ops.td 文件中，默认位置为../MLIR/examples/xxx/include/xxx/Ops.td，代码如下：

```
//第 2 章/dialect_ods_generate.c
classxxx_Op < stringmnemonic,list < OpTrait > traits = [ ]>:
Op < xxx_Dialect,mnemonic,traits >;
//xxx_Dialect：父类方言操作
//mnemonic：注记符号，一般是一个字符串型的单词，代表了该操作的含义
//traits：该操作的一些特征，放在一个列表中
//其次以声明的方式定义相应操作
defConstantOp:xxx_Op <"constant",[NoSideEffect]>{
//"constant"就是注记符号，[NoSideEffect]说明了该操作的一个无负面作用特点
//提供此操作的摘要与说明
letsummary = "constant";
letdescription = [{
ConstantoperationturnsaliteralintoanSSAvalue.Thedataisattached
totheoperationasanattribute.Forexample:
```MLIR
% 0 = xxx.constantdense <[[1.0, 2.0, 3.0], [4.0, 5.0, 6.0]]>
:tensor < 2 × 3 × f64 >
```
}];

/ *
    arguments 与 results:定义参数与结果，参数可以是 SSA 操作数的属性或类型。
    通过为参数或结果提供名称，ODS 将自动地生成匹配的访问器。
    arguments 一般模板(results 同理)：
    let arguments = (ins < data_type >< data_attribute >: $ < variable_name >);
    - ins: input (results 中该参数为 outs)
    - < data_type >: 数据类型
    - < data_structure >: 数据属性
    - ElementsAttr: 稠密元(Dense Element)
    - < variable_name >: 变量名
    * /
//常量运算将属性作为唯一的输入
//F64ElementsAttr 对应于 64 位浮点 ElementsAttr
letarguments = (insF64ElementsAttr: $ value);
//常量运算返回一个 tensorType 值
```

```
letresults = (outsF64tensor);

//将输出操作和解析器转移到 parse 和 print 方法
lethasCustomAssemblyFormat = 1;
/*
  //自定义程序的封装格式,使最终输出的 IR 格式更精简、更易读
  let parser = [{ return::parseConstantOp(parser, result); }];
  let printer = [{ return::print(p, *this); }];
  */

//ODS 既可以自动生成一些简单的构建方法,用户也可自定义添加一些构造方法
letbuilders = [
//建立一个具有给定常量值的常数
OpBuilderDAG<(ins"DenseElementsAttr": $ value),[{
build( $ _builder, $ _state,value.getType(),value);
}]>,
//使用给定的常量浮点值构建一个常量
OpBuilderDAG<(ins"double": $ value)>
];

//为常量操作添加额外的验证逻辑
//will generate a `::MLIR::LogicalResult verify()`
lethasVerifier = 1;
}
```

然后在编译阶段,由框架自动生成相应的 C++代码,如图 2-8 所示。当然也可以运行下面的命令,直接得到生成的 C++代码。

```
class ConstantOp: public mlir::Op<ConstantOp,
mlir::OpTrait::ZeroOperands, mlir::OpTrait::OneResult,
mlir::OpTraits::OneTypedResult<TensorType>::Impl>{

 public:
   using Op::Op;
   static llvm::StringRef getOperationName() {return
"xxx.constant";}
   mlir::DenseElementsAttr getValue();
   LogicalResult verifyInvariants();
   static void build(mlir::OpBuilder &builder,
mlir ::OperationState &state, mlir::Type result,
mlir::DenseElementsAttr value);
   static void build(mlir::OpBuilder &builder,
mlir::OperationsState, mlir::DenseElementsAttr value);
   static void build(mlir::OpBuilder &builder,
mlir::OperationsState &state, mlir::DenseElementsAttr
value);

};
```

```
def ConstantOp: xxx_Op<"constant", [NoSideEffect]>{
 let summary = "constant";
 let description = [{
// 常量运算将文字转换为SSA值。数据作为属性附加到运算中
//例如
'''mlir
    %0 = xxx.constant dense<[[1.0, 2.0, 3.0], [4.0, 5.0, 6.0]]>
         :tensor<2*3*f64>
  '''
 }];
 let arguments = (ins F64ElementsAttr:$value);
 let results = (out F64Tensor);
 let hasCustomAssemblyFormat = 1;
 let builders = [
  OpBuilder<(ins "DenseElementsAttr": $value), [{
   build($_builder, $_state, value.getType(), value);
  }]>,
  OpBuilder<(ins "double":$value)>
 ];
 let hasVerifier = 1;
}
```

图 2-8　编译阶段,由框架自动生成相应的 C++代码

2.3.6　创建方言流程总结(使用 ODS)

整个 TableGen 模块基于 ODS(Operation Definition Specification,操作定义规范)框架进行编写及发挥作用。TableGen 模块促进了 ODS 自动化生成,减少了算子的手动开发,并

且避免了冗余开发。

以创建 xxx 方言为例,添加流程如下:

Ops. td 文件的默认位置为../MLIR/examples/xxx/include/xxx/Ops. td,TableGen 的 ODS 操作包括以下 4 个步骤。

(1)(在 Ops. td 中)定义一个与 xxx 方言的链接,代码如下:

```
//第 2 章/tablegen_ods_ops.c
defxxx_Dialect:Dialect{
letname = "xxx";
...
letcppNamespace = "xxx";
}
```

(2)(在 Ops. td 中)创建 xxx 方言的运算基类,代码如下:

```
//第 2 章/tablegen_ods_ops_1.c
classxxx_Op < stringmnemonic, list < OpTrait > traits = [ ]>:
Op < xxx_Dialect, mnemonic, traits >;
```

(3)(在 Ops. td 中)创建 xxx 方言中的各种运算,代码如下:

```
//第 2 章/tablegen_ods_ops_2.c
defConstantOp:xxx_Op <"constant",[NoSideEffect]>{
letsummary = "constant";
letarguments = (insF64ElementsAttr: $ value);
letresults = (outsF64tensor);
letbuilders = [
OpBuilder <"Builder * b, OperationState&state, Value input">
];
letverifier = [{return::verify( * this);}];
}
```

(4)通过 MLIR-tblgen 工具生成 C++文件。使用 MLIR-tblgen -gen-dialect-decls 命令 生成对应的 Dialect. h. inc 文件。使用 MLIR-tblgen -gen-op-defs 命令生成对应的 Ops. h. inc 文件。使用 xxx::TransposeOpdecrationsMLIR-tablegen-gen-op-decls 生成对应的 Ops. h. inc 文件,代码如下:

```
//第 2 章/tablegen_ods_ops_3.c
class TransposeOpOperandAdaptor {
public:
  TransposeOpOperandAdaptor(ArrayRef < Value > values);
ArrayRef < Value > getODSOperands(unsigned index);
  Value input();

private:
ArrayRef < Value > tblgen_operands;
};
class TransposeOp: public Op < TransposeOp, OpTrait::OneResult,OpTrait::OneOperand > {
```

```
public:
  using Op::Op;
  using OperandAdaptor = TransposeOperandsAdaptor;
  static StringRefgetOperationName();
  Operation::operand_range getODSOperands(unsigned index);
  static void build(Builder * b, OperationState&state, Value lhs, Value rhs);
  static void build(Builder * odsBuilder, OperationState&odsState, Type resultType0, Value
lhs, Value rhs);
  static void build ( Builder * odsBuilder, OperationState&odsState, ArrayRef < Type >
resultTypes, Value lhs, Value rhs);
  static void build ( Builder *, OperationState&odsState, ArrayRef < Type > resultTypes,
ValueRange operands, ArrayRef < NamedAttribute > attributes);
  LogicalResult verify();
};
//使用 #include 直接引用生成的文件
#include"xxx/Dialect.h.inc"
#include"xxx/Ops.h.inc"
```

2.4 MLIR 运算与算子

2.4.1 MLIR 运算与算子概述

运算是为方言服务的,如果说运算是一种方言,则算子就是方言中表示语义的基本元素。就好比说,北京话是一种方言,其中表示语义的基本元素就有局气、拔份、发小儿、蝎了虎子等。这些语义的基本元素的各种排列组合就构成了整个方言。

运算是 MLIR 的最基本的语义单元,构造运算是为了可以对算子进行各种变换,用来达到编译优化的效果。在 MLIR 中有两个类来实现运算的数据结构:运算类与算子类,运算类的定义在 MLIR/include/MLIR/IR/Operation.h 文件中,算子类的定义在 MLIR/include/MLIR/IR/OpBase.td 文件中。运算类为运算对象提供接口。算子类是各种运算类(如 ConstantOp 类)的基类,同时它还是 Operation * Type 的封装类,这就意味着,当定义一种方言的运算类(如 xxx 方言中的 ConstantOp 类)时,实际上是在提供一个运算类的接口,这就是为什么 ConstantOp 类没有类定义的部分,因此,当这些算子类的实例作为参数在函数中传递时,使用传值的方式,而不使用传引用或者传地址的方式。当希望处理算子实例时,可以传入 Operation * Type 的变量,然后使用 LLVM 的 dyn_cast,将运算基类对象指针转换到继承类指针(如 ConstantOp 过程),代码如下:

```
//第2章/mlir_process_ops.c
void process ConstantOp(MLIR::Operation * operation){
ConstantOpop = llvm::dyn_cast < ConstantOp >(operation);

//此操作不是 ConstantOp 的实例
if(!op)
```

```
    return;

    //获取由智能指针包装的内部操作实例
    MLIR::Operation * internalOperation = op.getOperation();
    assert(internalOperation == operation&&
    "these operation instances are the same");
    }
```

2.4.2　运算类(Operation)

运算类为其实例提供了丰富的接口,其中,重载了 4 个静态的 create 函数,用于以各种方式创建运算类的实例,代码如下:

```
//第 2 章/mlir_create_ops.c
//使用特定字段创建新的算子
staticOperation * create(Locationlocation,OperationNamename,
ArrayRef < Type > resultTypes,ArrayRef < Value > operands,
ArrayRef < NamedAttribute > attributes,
ArrayRef < Block * > successors,unsignednumRegions,
boolresizableOperandList);

//重载使用现有的 NamedAttributeList 的 create,以避免不必要的统一属性列表
staticOperation * create(Locationlocation,OperationNamename,
ArrayRef < Type > resultTypes,ArrayRef < Value > operands,
NamedAttributeListattributes,
ArrayRef < Block * > successors,unsignednumRegions,
boolresizableOperandList);

//从存储在状态中的字段创建一个新的算子
staticOperation * create(constOperationState&state);

//使用特定字段创建新的算子
staticOperation * create(Locationlocation,OperationNamename,
ArrayRef < Type > resultTypes,ArrayRef < Value > operands,
NamedAttributeListattributes,
ArrayRef < Block * > successors = {},
RegionRangeregions = {},
boolresizableOperandList = false);
}
```

其中第 3 种被使用得比较广泛,各种算子创建时会调用 Operation::create(state),再通过 cast 将 Operation * 转换成对应的算子,以 FuncOp 为例,代码如下:

```
//第 2 章/mlir_funcOp_ops.c
FuncOpFuncOp::create(Locationlocation,StringRefname,FunctionTypetype,
ArrayRef < NamedAttribute > attrs){
OperationStatestate(location,"func");
Builderbuilder(location -> getContext());
```

```
FuncOp::build(&builder,state,name,type,attrs);
returncast<FuncOp>(Operation::create(state));
}
```

除此之外,运算还提供了一系列管理运算的函数,可以被划分为以下几大类。

(1) 操作数:关于操作数的各种操作,例如操作数的 set/get 函数,以及对操作数进行迭代的函数等。

(2) 结果:关于运算结果的各种操作,例如获取运算结果、结果个数,以及对结果进行迭代等。

(3) 属性:关于运算属性的各种操作,使在运算的生命周期中,属性可以被动态地添加或者删除,其中的函数包括属性的 set/get/remove 函数,以及对属性进行迭代的函数等。

(4) 分块:分块(Block)分类中有 3 个函数:getNumRegions 用来返回该运算中区域的数量,getRegions 用来返回包含在该运算中的区域列表,getRegion 用来按照索引检索范围列表中的项。

(5) 运算的各种属性的访问器:这一部分函数用于返回运算本身的各种属性,例如判断该运算是否为终结符。

(6) 运算遍历器:这部分提供了一个函数模板遍历,用来对嵌套运算进行后序遍历。

2.4.3 算子类(Op)

操作类是在 MLIR/include/MLIR/IR/OpBase.td 文件中定义的。值得注意的是,它是一个 TableGen 文件,大部分开发工程师一开始没有注意到".td",还以为它是一个 C++文件。在看到操作类的定义时,还以为它是 C++的新特性,但后来发现它是在 TableGen 文件中的。

```
classOp<Dialectdialect,stringmnemonic,list<OpTrait>props=[]>
```

操作类是所有操作类的基类,在 TableGen 文件记录的字段里,记录着关于操作类的一些列成员。

(1) opDialect:操作所属于的方言。

(2) opName:操作的名字。

(3) summary:操作的简介。

(4) description:操作的详细描述。

(5) arguments:传入操作的参数列表。

(6) results:操作返回结果的列表。

(7) regions:操作中包含的区域的列表。

(8) successors:后继器。

(9) builders:用户定义构造器(如果将 skipDefaultBuilders 设置为 1,则需要提供用户定义构造器)。

(10) skipDefaultBuilders：若为 0，则使用系统默认构造器。若为 1，则需要用户自定义构造器。

(11) parser：用户自定义分析器。

(12) printer：用户自定义输出器。

(13) assemblyFormat：汇编格式。

(14) hasFolder：操作是否含有文件夹。

(15) traits：操作的属性列表。

(16) extraClassDeclaration：特定的代码，添加到生成的 C++ 代码中。

当定义某方言的运算时，需要在 Ops. td 文件中引入 OpBase. td，基于基类操作定义方言的操作类，再定义各种运算，代码如下：

```
//第 2 章/ops_opBase.c
classxxx_Op < stringmnemonic, list < OpTrait > traits = [ ]>:
Op < xxx_Dialect, mnemonic, traits >;
defConstantOp:xxx_Op <"constant",[NoSideEffect]>{...}
...
```

Ops. td 文件将会使用 ODS 框架进行编译，根本上来讲是使用 TableGen 的后端工具对其进行编译与扩展，从而与其他 C++ 文件进行链接。

2.4.4　MLIR OpBase. td 算子类的作用

有两个类用来支持 MLIR 操作：运算与算子，算子是各种运算类（例如 ConstantOp）的基类，同时还是 Operation * 的封装，算子类是在 OpBase. td 文件中定义的，现在来讲述一下，它是如何发挥作用的。

OpBase. td 是有关运算定义的 TableGen 文件，保存在 MLIR/include/MLIR/IR/OpBase. td 路径下。从路径可以看出，OpBase. td 是用来支持 MLIR 中间表示部分的库文件。那么这个库文件通过什么方式发挥作用的呢？下面以 xxx 辅助材料中的 AddOp 类作为示例展开介绍。

在 MLIR xxx 辅助材料中，Ops. td 是用来为 xxx 方言定义运算的文件。在这个文件中，可以看到，引用了 OpBase. td，在定义 xxx_Op 时，也继承了 OpBase. td 文件中的操作类，代码如下：

```
//第 2 章/mlir_ir_opBase.c
include "MLIR/IR/OpBase.td"
...
class xxx_Op < string mnemonic, list < OpTrait > traits = [ ]>:
Op < xxx_Dialect, mnemonic, traits >;
```

关于操作类中各种字段的含义，在定义一个特定的运算时，例如 AddOp 类，需要为这些字段提供相应的信息，代码如下：

```
//第 2 章/mlir_ir_AddOp.c
def AddOp: xxx_Op <"add"> {
  let summary = "元素相加运算";
  let description = [[加法运算在两个张量之间执行逐元素加法。
张量操作数的形状应匹配。
  ]];

  let arguments = (ins F64tensor: $ lhs, F64tensor: $ rhs);
  let results = (outs F64tensor);

  //指定解析程序与输出方法
  let parser = [{ return::parseBinaryOp(parser, result); }];
  let printer = [{ return::printBinaryOp(p, * this); }];

  //允许从两个输入操作数构建 AddOp
  let builders = [
OpBuilder <"Builder * b, OperationState&state, Value lhs, Value rhs">
  ];
}
```

上述对于 AddOp 的描述中,首先在 def AddOp：xxx_Op <"add">语句中定义了 add,以此作为这个运算的名字。在 AddOp 声明的作用域中,需要对必要的字段给出定义。

总体来讲,OpBase. td 文件中的算子类会提供一系列字段,对于每个字段,ODS 框架都对应一个生成 C++代码的规则,当自定义方言中的算子时,首先自定义方言继承算子类,然后在需要的字段处给出针对性的定义信息,这样一来,就可以使用 ODS 框架来自动化地生成 C++代码。

2.4.5　MLIR 运算的构建之路

前面介绍了关于 OpBase. td 的作用,以及 OpBase. td 支持运算的描述文件 Ops. td 的方式。本节将介绍 MLIR 运算的构建之路,也就是在写完 Ops. td 文件之后,它是怎么被扩展为 C++代码文件的,以及怎样在 CMake 中对其进行构建。

运算是为方言服务的,运算模块会提供一系列接口,通过这些接口,用户可以对 IR 中的算子进行操作。在写完算子的描述文件之后,也就是 Ops. td 文件,它自然还达不到被其他模块调用的要求,毕竟它还只是 TableGen 文件,此时它需要一个 TableGen 的后端工具来对其进行扩展,把它变成 C++文件。MLIR 的 TableGen 工具是 MLIR-tablegen,在构建完成后的 build/bin/路径下可以直接运行,而在 CMake 中,还要调用 CMake 函数 mlir-tablegen,如图 2-9 所示。

mlir-tablegen 函数实际上做了两件事情：执行 MLIR TableGen 后端与记录 TableGen 输出文件的地址。

(1)调用 mlir-tablegen 函数执行 MLIR TableGen 后端,将运算描述文件 Ops. td 拆分成 Ops. h. inc 与 Ops. cpp. inc 文件,在调用 mlir-tablegen 函数时给出了两个不同的参数,

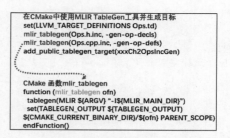

图 2-9　在 CMake 中调用 CMake 函数 mlir-tablegen

-gen-op-decls 用来生成声明部分的代码，-gen-op-defs 用来生成定义部分的代码，这两部分代码分别保存在 Ops.h.inc 与 Ops.cpp.inc 文件中。

（2）记录 TableGen 输出文件的地址，把生成的两个.inc 文件的地址添加到 TABLEGEN_output 中，后续过程依赖两个文件时会从这个变量中获取地址。

在使用 MLIR TableGen 后端对运算描述文件进行扩展之后，下一步就要将它构建为一个 target，从而使其他模块可以对它进行依赖，如图 2-10 所示。

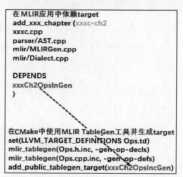

图 2-10　构建目标设备，使其他模块可以对它进行依赖

以 xxx 辅助材料为例，这里的依赖 target 的名称为 xxxCh2psIncGen，构建这个 target 实际上调用了 add_public_tablegen_target 函数，如图 2-11 所示。

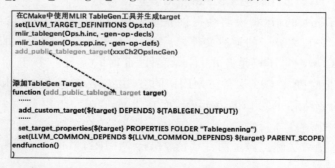

图 2-11　构建 target 实际上调用了 add_public_tablegen_target 函数

这个函数主要做了 3 件事情：

（1）依赖 TableGen 输出文件构建 target，这里可以看到构建过程依赖了 TABLEGEN_output 变量所指向的 Ops. h. inc 与 Ops. cpp. inc 文件。

（2）设置 target 属性，向 target 添加了 FOLDER 属性，目的在于加强整个 CMake 的结构可视化，对于构建过程没有本质上的作用。

（3）将 target 添加到 LLVM_COMMON_DEPENDS 变量中。

对于整个运算的构架，首先基于 OpBased. td 编写算子描述文件 Ops. td，然后使用 MLIR TableGen 后端工具，将算子描述文件扩展成 C++ 文件，最后将 C++ 文件构造成其他程序可以依赖的 target，这样就可以在其他模块中对算子的接口进行调用，从而实现对 IR 的运算部分的各种操作，如图 2-12 所示。

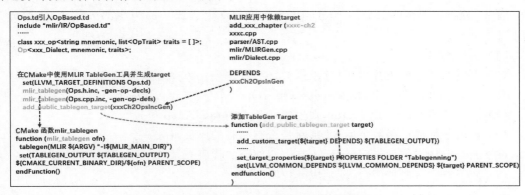

图 2-12　实现对 IR 的运算部分的各种操作

2.4.6　MLIR TableGen 后端生成算子代码

1. MLIR TableGen 工作原理

在定义方言的运算时，需要编写 Ops. td 文件，用来描述各个字段的信息，从而生成 C++ 代码。编写完 Ops. td 文件之后，在 CMakeLists. txt 中调用 MLIR_tablegen 函数，生成 Ops. h. inc 与 Ops. cpp. inc 文件，以便被其他模块用作依赖，代码如下：

```
//第 2 章/mlir_tablegen_ops.c
MLIR_tablegen(Ops.h.inc, - gen - op - decls)
MLIR_tablegen(Ops.cpp.inc, - gen - op - defs)
```

这里的两个参数-gen-op-decls 与 -gen-op-defs 分别代表生成算子的声明与定义部分的代码。这里需要使用 MLIR TableGen 后端工具来进行处理，这些工具都保存在/MLIR/tools/MLIR-tblgen/路径下。OpDefinitionsGen. cpp 文件中的 OpEmitter 类负责生成算子的声明与定义。OpEmitter 类中的公共成员函数 emitDecl 与 emitDef 负责处理上述两个 CMake 函数的参数，如图 2-13 所示。

而 emitDecl 与 emitDef 分别调用了 OpClass 类中的 writeDeclTo 与 writeDefTo 函数，

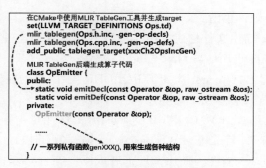

图 2-13　生成算子的声明与定义

这两个函数用来生成 C++代码。

首先,分析一下声明部分,writeDeclTo 函数负责生成算子的声明部分代码,主要分为以下几个步骤:

(1) 生成类名。

(2) 生成继承类模板算子,以及参数<...>。

(3) 生成 public 关键字,以及 using Op::Op。

(4) 如果使用 OprandAdaptor,则生成 using OprandAdaptor =...。

(5) 输出各种成员函数声明,并判断是否有私有的成员函数。

(6) 如果有特定的类声明,则生成其声明部分的代码。

(7) 如果有私有成员函数,则生成其声明。

2. MLIR TableGen 示例

以 AddOp 作为示例,可以看出整个声明部分的结构是完全遵循上述步骤来生成的,代码如下:

```
//第 2 章/mlir_tablegen_AddOp.c
classAddOp:public Op < AddOp, OpTrait::OneResult, OpTrait::NOperands < 2 >::Impl > {
public:
using Op::Op;
usingOperandAdaptor = AddOpOperandAdaptor;
staticStringRefgetOperationName();
  Operation::operand_range getODSOperands(unsigned index);
  Value  lhs();
  Value  rhs();
  Operation::result_range getODSResults(unsigned index);
staticvoidbuild(Builder * b, OperationState&state, Value lhs, Value rhs);
staticvoidbuild(Builder * odsBuilder, OperationState&odsState, Type resultType0, Value lhs,
Value rhs);
staticvoidbuild(Builder * odsBuilder, OperationState&odsState, ArrayRef < Type > resultTypes,
Value lhs, Value rhs);
staticvoidbuild(Builder * , OperationState&odsState, ArrayRef < Type > resultTypes, ValueRange
operands, ArrayRef < NamedAttribute > attributes);
LogicalResultverify();
};
```

一种 MLIR 后端生成算子代码示例,如图 2-14 所示。

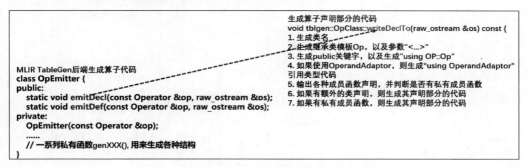

图 2-14　MLIR 后端生成算子代码示例(1)

MLIR TableGen 后端生成算子,代码如下:

```
//第2章/mlir_tablegen_Opemitter.c
class OpEmitter {
public:
    static void emitDecl(const Operator &op, raw_ostream&os);
    static void emitDef(const Operator &op, raw_ostream&os);
private:
OpEmitter(const Operator &op);
 ......
   //一系列私有函数 genXXX(),用来生成各种结构
}
void tblgen::OpClass::writeDeclTo(raw_ostream&os) const {
//(1)生成类名
//(2)生成集成类模板算子,以及参数"<...>"
//(3)生成 public 关键字,生成"using OP::Op"
//(4)如果使用 OperandAdaptor,则生成"using OperandAdaptor"
//(5)输出各种成员函数声明,并判断是否有私有成员函数
//(6)如果有特定的 class 声明,则生成其声明
//(7)如果有私有成员函数,则生成其声明
}
```

分析完声明部分,下面分析定义部分,OpClass 类中的 writeDefTo 负责算子定义部分的生成,而这部分代码逻辑就是用 for 循环遍历每种方法,然后调用对应方的 writeDefTo 函数,而后在这个函数中分别生成方法签名与方法主体部分代码。方法签名部分的代码生成起来相对比较简单,也就是把传进来的函数名与信息生成为固定格式即可。那么方法主体部分,也就是算子的函数体部分的代码是如何生成的呢?

这是通过 OpEmitter 构造函数来生成的,在构造函数中会调用所有的私有函数,用来生成对应的函数体部分,例如 genBuilder 函数用来生成构造器部分的代码,genParser 函数用来生成分析器部分的代码等。

以 AddOp 的构造器部分的代码生成举例,genBuilder 函数会遍历构造器定义的列表,一共会生成 3 个构造器定义的函数,代码如下:

```
//第2章/mlir_genBuilder_Opemitter.c
voidAddOp::build(Builder * odsBuilder, OperationState&odsState, Type resultType0, Value lhs,
Value rhs) {
odsState.addOperands(lhs);
odsState.addOperands(rhs);
odsState.addTypes(resultType0);
}

voidAddOp:: build ( Builder * odsBuilder, OperationState&odsState, ArrayRef < Type >
resultTypes, Value lhs, Value rhs) {
odsState.addOperands(lhs);
odsState.addOperands(rhs);
odsState.addTypes(resultTypes);
}

voidAddOp:: build ( Builder *, OperationState&odsState, ArrayRef < Type > resultTypes,
ValueRange operands, ArrayRef < NamedAttribute > attributes) {
  assert(operands.size() == 2u&&"返回类型数量不匹配");
odsState.addOperands(operands);

odsState.addAttributes(attributes);
  assert(resultTypes.size() == 1u&&"返回类型数量不匹配");
odsState.addTypes(resultTypes);
}
```

另一种 MLIR 后端生成算子代码示例，如图 2-15 所示。

图 2-15　MLIR 后端生成算子代码示例（2）

总结一下，在编写完 Ops.td 之后，需要在编译时将 Ops.td 扩展为 C++代码，使其他模块可以依赖它们。此时就需要 MLIR TableGen 的后端帮忙，整个生成过程分为两部分，即生成算子声明部分和生成算子定义部分。MLIR TableGen 后端对于算子代码生成的函数调用关系及工作方式，如图 2-16 所示。

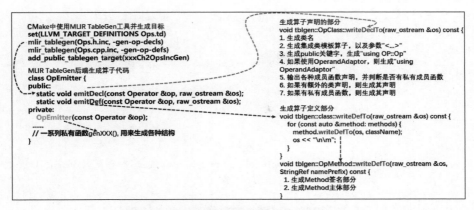

图 2-16 MLIR 后端生成算子代码示例(3)

2.5 MLIR 的初步知识

1. MLIR 深度学习编译器

MLIR 是什么? MLIR 是一个编译器项目。在编程语言编译器方面已经有 LLVM 与 GCC,在深度学习编译器方面有 TVM,那么 MLIR 相比于它们有什么优点呢?以编译编程语言为例,在将代码转换到可执行指令的过程中,需要对程序进行分析与优化,以便去除冗余的计算与调度指令执行的次序等。分析与优化涉及的算法与流程,经过几十年的发展都已经很成熟了,如果每种编程语言都重新实现一遍就做了重复工作,因此 MLIR 提供了一系列组件,方便用户用来实现自己的编译器,不仅提供了内部实现的优化策略,还允许用户非常简单地实现自定义的优化方案。

MLIR 可以是中层、摩尔定律、机器学习或者模块化库等的缩写,深度学习领域是其重点发力的方向。随着摩尔定律的失效,越来越多的领域特定处理器被开发出来,特别是 AI 加速器芯片如雨后春笋般蓬勃发展,而要将深度学习模型运行在这些加速器上,不可避免地需要先对模型进行分析、优化,然后生成执行的指令。TVM 同样是深度学习编译器,那么与 MLIR 的区别在哪里? TVM 的重心在于通过智能算法来生成高性能的算子实现代码,可以生成运行在 CPU、GPU 上的代码,虽然也提供了使算子执行在加速器上的 BYOC 机制,但是问题是加速器也要有运行时来执行硬件相关或无关的优化,而在这个层次上非常适合使用 MLIR 来完成。确实有厂商使用 TVM 来实现自己的加速器的运行时,但是实现起来颇具难度。下面以 ARM 的(https://github.com/ARM-software/ethos-n-driver-stack)项目为例,看一看加速器的运行时是如何使用的,值得一提的是,ethos-n 项目对深度学习模型分析、优化是自己实现的,从源代码中可以发现,实现起来不仅麻烦,而且工作量巨大,但如果使用 MLIR,就会变得简单,代码如下:

```cpp
//第 2 章/mlir_graph_Op_net.c
```cpp
//构建计算图
std::shared_ptr < ethosn_lib::Network > net = ethosn_lib::CreateNetwork();
//添加算子
ethosn_lib::Addinput(net,...);
ethosn_lib::AddRelu(net,...);
ethosn_lib::Addconvolution(net,...);
...
//编译网络,得到 IR
std::vector < std::unique_ptr < CompiledNetwork >> compiled_net = ethosn_lib::Compile
(net,...);
std::vector < char > compiled_net_data;
ethosn::utils::VectorStream compiled_net_stream(compiled_net_data);
compiled_net[0] -> Serialize(compiled_net_stream);
//运行网络
std::unique_ptr < ethosn::driver_library::Network > runtime_net =
                std::make_unique(compiled_net_data.data(), compiled_net_data.size());
runtime_net -> ScheduleInference(...);
```
```

2．MLIR 案例分析

1）MLIR 案例 xxx 初步

为了更快地了解 MLIR 中的概念,MLIR 项目通过发明一种新的编程语言 xxx 来一步步地揭开方言、Pass、接口的奥秘,最终不仅能创建新的数据类型还可以生成实际运行的代码。下面对 xxx 语言做个简单介绍。

2）MLIR 案例 xxx 语法

为了简单起见,xxx 语言只支持有限的特性,如数据都是 double 类型的。只支持基本的算术运算。只支持几个内置函数等,代码如下:

```python
//第 2 章/mlir_python_grammar.py
```python
def main() {
  var a = [[1, 2, 3], [4, 5, 6]];
  var b < 2, 3 > = [1, 2, 3, 4, 5, 6];
  print(transpose(a) * transpose(b));
}
```
```

使用 def 定义函数,使用 var 定义变量。变量 a 是一个张量,如果大小没有指定,则可以从字面值中推断出来,而变量 b 指定了大小,如果跟字面值不符,则会进行缩放操作。内置函数转置,对张量执行转置操作,内置函数将结果输出到控制台。不要忽略 * 这个逐元素相乘的操作符。xxx 还支持自定义函数的调用,如果函数参数的大小没有指定,则会在实际调用时确定,代码如下:

```
//第 2 章/mlir_python_ast.py
```python
//ast.xxx
# 定义一个函数,参数的 shape 未指定
def multiply_transpose(a, b) {
  return transpose(a) * transpose(b);
}

def main() {
  var a = [[1, 2, 3], [4, 5, 6]];
  var b<2, 3> = [1, 2, 3, 4, 5, 6];
  # 输入 shape 是<2, 3>,输出 shape 是<3, 2>
  var c = multiply_transpose(a, b);
}
```

3）MLIR 案例 xxx 的抽象语法树

代码本质上是字符串,为了了解代码的逻辑,就需要对字符串进行分析,从而得到 AST 抽象语法树。在 llvm/examples/xxx 文件夹下有解析的代码,详细的实现此处就不赘述了,这里只简单地介绍解析的流程。一个".xxx"文件中的代码作为一个 ModuleAST,ModuleAST 里包含若干 FunctionAST,因此解析代码字符串首先以函数为单位进行解析,按照一个个的字符来遍历,当遇到 def 时开始解析函数。FunctionAST 有 PrototypeAST 与 Block 两个子模块,分别表示代码函数的名称、参数列表与函数内部实现,Block 是由一系列的表达式 ExprAST 组成的 ExprASTList。表达式 ExprAST 有多种类型:用于定义变量的 VarDeclExprAST,用于表示函数返回的 ReturnExprAST,用于调用函数的 CallExprAST 等。

最后值得一提的是,在 examples 目录下还有一个独立的项目,该项目可以用作创建一个独立子项目,而把 MLIR 作为第三方依赖的参考。当打算借助 MLIR 建立一个新编程语言项目或 AI 编译器项目时,这将非常有帮助。

4）方言基础

方言是 MLIR 可扩展特性中的重要一环。可以看作一个容器,官方文档里称它在唯一名称空间下的抽象提供分组机制,包含许多运行算子、类型、属性等。操作可以译为算子或者操作,这是 MLIR 中核心的单元。只介绍概念不能让人理解其中的含义,举个示例:以人类语言为例,方言相当于中文,而运算相当于单词。以 xxx 语言为例,方言相当于 xxx 编程语言,运算相当于＋、－、×、/等算术运算,转置与输出函数计算。当然 xxx 语言不仅有运算,还有数据类型,如 double,还有属性,如变量的大小。下面就创建 xxx 语言的方言。

创建 xxx 方言需要继承方言类并实现部分接口,代码如下:

```cpp
//第 2 章/mlir_dialect_init_namespace.c
```cpp
class xxxDialect: public MLIR::Dialect {
public:
  explicit xxxDialect(MLIR::MLIRContext * ctx);

  //xxx 方言命名空间
```

```
static llvm::StringRefgetDialectNamespace() { return "xxx"; }

//初始化函数,在实例化时调用
void initialize();
};
```

2.6 MLIR 部署流

2.6.1 MLIR 部署流程

MLIR 是一个 LLVM 下的编译器框架,可以用来统一表达、管理、优化不同的 IR。

系统设计者需要清楚一个系统的部署流程,以及它与其他系统的关系。图 2-17 是 MLIR 的部署方式,它与其他系统(例如 LLVM)的关系如下。

(1)输入:大型应用程序(如 PyTorch)、硬件设计程序(如 Chisel)、普通程序(如 C)。

(2)在 MLIR 框架里会首先实现多种方言来处理不同的输入。不同语义可以有不同方言,例如,对于机器学习相关应用,可以实现一种基于张量的方言。MLIR 里有类似于 LLVM 的 Pass,可以对不同的输入进行一些共享优化。最终,MLIR 会把不同的输入都下译到一个最佳的 IR(称为 IR_{opt})。

(3)输出:MLIR 可以把 IR_{opt} 转换成不同的 IR,并输入后端,例如,可以把 IR_{opt} 转换成 LLVM IR,这样 LLVM 就可以帮助生成运行在 CPU 上的二进制文件。也可以把 IR_{opt} 转换成 SPIR-V,这样它可以帮助生成能运行在 GPU 上的二进制。抑或把 IR_{opt} 转换成 FIRRTL,那么 LLVM CIRCT 可以支持生成运行在 FPGA 上的 Verilog。MLIR 的好处在这里体现得最明显,如图 2-17 所示。

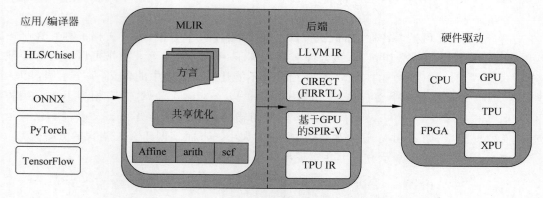

图 2-17 MLIR 部署流程框架分析

MLIR 是一个 IR 的大前端,通过加载进去一份代码,可以为多个后端生成相对应的 IR,MLIR 帮助把同一份代码运行在不同的物理设备上。

2.6.2　MLIR 应用模块

MLIR 的应用主要包括以下几个模块：

（1）MLIR 期初就是因为 TensorFlow 的需求才被提出的，所以现在有好多机器学习框架实现了各自的 MLIR 方言，做一个基于张量的优化。

（2）生成 FIRRTL，增加硬件开发的灵活性。

（3）帮助生成更好的 HLS（缩放 HLS）。

（4）帮助实现更快的仿真（EQueue）。

2.7　MLIR 框架概览

1. MLIR 背景简介

MLIR 是 LLVM 原 Chris Lattner 在谷歌的时候开始做的项目，现在已经合入 LLVM 仓库。MLIR 的目的是做一个通用、可复用的编译器框架，减少构建特定域编译器的开销。MLIR 目前主要用于机器学习领域，但设计上是通用的编译器框架，例如也有 FLANG（LLVM 中的 FORTRAN 编译器），以及 CIRCT（用于硬件设计）等与 ML 无关的项目。MLIR 现在还处于发展阶段，还在快速更新迭代，发展趋势是尽可能地完善功能，减少新增自定义特征的工作量。

2. MLIR 的核心部分

IR 部分（包括内置方言，如 XLA HLO IR，旨在利用 XLA 的编译能力（输出到 TPU 等））构成了 MLIR 的核心，这部分接口相对比较稳定。IR 里有方言、操作、属性、类型、接口等组成部分。自带的一些方言（如 std、scf、linalg 等）是类似标准库的内容，把一些通用的内容抽象出来，增加复用性，减少开发工作量。开发者可以选用自己想要的方言，而且不同的方言之间支持混合编程，如图 2-18 所示，方言保证了开发过程的自由度与灵活性，包括方言内与方言间的变换，MLIR 与非 MLIR（例如 LLVM IR、C++ 源代码、SPIRV）之间的变换。

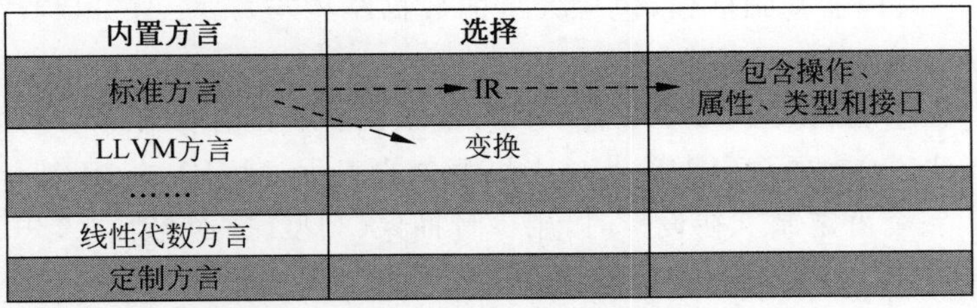

内置方言	选择	
标准方言	---→ IR ---→	包含操作、属性、类型和接口
LLVM方言	变换	
………		
线性代数方言		
定制方言		

图 2-18　方言保证了自由度与灵活性

3. MLIR 与 LLVM 的区别

MLIR 更适合与 LLVM 做比较，而不是 TVM 等 DL 编译器。LLVM 与 MLIR 的很多概念比较像,了解 LLVM 之后再学习 MLIR 会比较容易上手。

LLVM IR 由于当时的历史局限性,类型只设计了标量与定长向量,有个给 LLVM 加矩阵类型的提案目前看来没有进展,而 MLIR 自带张量类型,对深度学习领域更友好。

MLIR 有运算与方言的概念,方言、运算、属性、类型等都可以通过 TD 文件比较方便地定义出来,而 LLVM 定义新的内置函数比较麻烦,定义新的 IR 就更麻烦了。LLVM IR 主要表示硬件指令操作,而 MLIR 能表示更多内容,例如表示神经网络的图结构。因为有方言,所以 MLIR 是组件化,去中心的,不像 LLVM 的 IR 是一种大而全的复杂框架。

MLIR 的执行过程与 LLVM 一样。二者的不同之处是,MLIR 的 IR 可以对应不同的方言,从而达到了多级的效果。

4. MLIR 开源项目

MLIR 只是个编译器框架,本身并没有具体功能,所以可以参考一些基于 MLIR 实现的开源项目。

(1) TensorFlow:没有 TensorFlow 就没有 MLIR。

(2) MHLO:TensorFlow 组件,相当于支持动态规模的 XLA。

(3) TFRT:TensorFlow 组件,TensorFlow 新的运行时。

(4) Torch-MLIR:连接 PyTorch 与 MLIR 生态。

(5) ONNX-MLIR:连接 ONNX 与 MLIR 生态。

(6) IREE:深度学习端到端编译器。

(7) CIRCT:硬件设计及软硬件协同开发。

(8) FLANG:FORTRAN 的编译器前端。

(9) Polygeist:C/C++ 源代码变成 MLIR 映射。

2.8　MLIR 基本数据结构

2.8.1　MLIR 基本概念

MLIR 是一个编译器基础框架,包含大量的数据结构与算法。依据程序＝数据结构＋算法,这里先介绍 MLIR 数据结构。

IR 的概念:程序底层表示都可以抽象成为常量、变量、内存分配、基本运算、函数调用、流程控制(if-else、loop)等概念,IR 就是对这些概念的表示,MLIR 的 IR 基于最少量的基本概念,大部分 IR 完全可定制。在设计时,用少量抽象(类型、操作与属性,这是 IR 中最常见的)表示其他所有内容,从而可以使抽象更少、更一致,也让这些抽象易于理解、扩展与使用。

多级 IR 是 MLIR 的主打亮点,而且在同一函数中可以共存多种方言,目前这种思路已经被 TVM 采纳,TVM 提出了演化到新一代深度学习编译系统的核心技术路线,统一引入 Relax(Relay Next 的简称)进行迭代,使它的多层 IR 也可以在一个函数中共存。MLIR 与 TVM 正在变得越来越相似。

2.8.2　MLIR 源代码目录

MLIR 源代码目录如下：
```
├── CMakeLists.txt //编译文件，MLIR 通过 CMake 编译
├── LICENSE.TXT
├── README.md
├── benchmark/
├── build/
├── CMake/ //CMake 的一些编译设置，例如 add_MLIR_dialect 等函数定义
├── docs/
├── examples/ //官方的一个完整的端到端示例
├── include/ //头文件目录，包括大量 TD 文件
├── lib/ //源文件
├── python/ //底层接口的 Python 实现
├── test/ //测试例子，examples 目录需要的一些资源文件，如 MLIR 测试文件都保
│       存在该目录下
├── tools/ //测试工具
├── unittests/ //google test 单元测试
└── utils/
```

2.8.3　MLIR 简易 UML 类图

MLIR UML 类图示例，如图 2-19 所示。

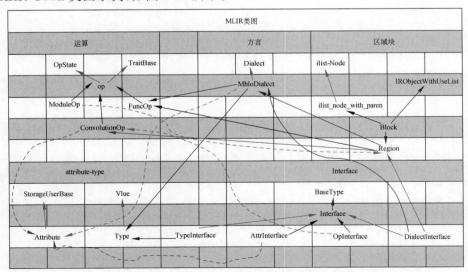

图 2-19　MLIR UML 类图示例

运算嵌套关系架构,如图 2-20 所示。

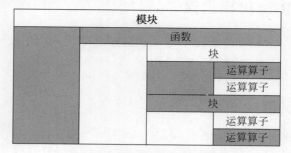

模块				
	函数			
		块		
			运算算子	
			运算算子	
		块		
			运算算子	
			运算算子	

图 2-20 运算嵌套关系架构

算子类的实例可能附有一系列附加函数,函数为 MLIR 中的嵌套结构提供了实现机制。一个函数包含一系列块,一个块包含一系列算子(算子中可能又包含函数),与属性一样,函数的语义由其附加的算子定义,但是函数内部的块(如果有多个)可形成控制流图(CFG)。

2.8.4 开发中用到的具体数据结构

下面介绍几个常用的 MLIR 的数据结构类。

1. MLIR：：Dialect

每个 MLIR：：Dialect 类都必须实现一个初始化钩子,以添加属性、操作、类型、附加任何所需的接口,或为构造时应该发生的方言执行任何其他必要的初始化。此钩子是为要定义的每种方言声明的,代码如下:

```
//第 2 章/mlir_dialect_init.c
void MyDialect::initialize() {
//在这里定义方言初始化逻辑
}
```

方言被定义在 MLIR/include/MLIR/IR/Dialect.h 文件中,当实现自定义方言时要添加 MLIR：：Dialect 类,代码如下:

```
//第 2 章/mlir_dialect_mhlo.c
//例如 MHLO 方言的实现
MhloDialect::MhloDialect(MLIRContext * context)
: Dialect(getDialectNamespace(), context, TypeID::get()) {
addOperations <
#define GET_OP_LIST
# include "MLIR-hlo/Dialect/mhlo/IR/hlo_ops.cc.inc"
>();
addInterfaces();
addInterfaces();
addTypes < TokenType, AsyncBundleType >();
```

```
addAttributes <
# define GET_ATTRDEF_LIST
# include "MLIR - hlo/Dialect/mhlo/IR/hlo_ops_attrs.cc.inc"
>();
context - > loadDialecttensor::tensorDialect();
}
//注意这两行的意思
# define GET_OP_LIST
# include "MLIR - hlo/Dialect/mhlo/IR/hlo_ops.cc.inc"
```

在方言类中重要的接口,代码如下:

```
//第 2 章/mlir_dialect_mhlo_1.c
class Dialect {
template < typename... Args >
void addOperations() {
}
template
void addAttribute() {
}
template
void addType() {
}
};
```

2. MLIR∷Operation、MLIR∷Op 与 MLIR∷ModuleOpMLIR∷FunctionOp

根据 UML 类图可知,MLIR∷ModuleOp 和 MLIR∷FunctionOp 都继承自 MLIR∷Op。

在 MLIR 中,由运算与算子两个类来完成运算的数据结构表示,运算类被定义在 MLIR/include/MLIR/IR/Operation.h 文件中,算子类被定义在 MLIR/include/MLIR/IR/OpBase.td 中文件。MLIR∷Operation 给 MLIR∷Op 对象提供接口。MLIR∷Op 是各种运算类(例如 convolutionOp)的基类,当定义一个运算时,实际上是在提供一个运算类的接口,代码中 MLIR∷Operation 是通用定义,包含通用的接口与属性。convolutionOp 等是特定定义,前者可以通过 llvm∷dyn_cast(动态)或 llvm∷cast(静态)转换成后者。后者通过 getOperation 转换成前者,代码如下:

```
//第 2 章/mlir_dialect_processConstantOp.c
void processConstantOp(MLIR::Operation * operation)
{
ConstantOp op = llvm::dyn_cast(operation);
//此操作不是 ConstantOp 的实例
//获取由智能指针包装的内部操作实例
MLIR::Operation internalOperation = op.getOperation();
}
```

MLIR∷Op 的基类之一的 MLIR∷OpState 的私有成员变量包含一个运算对象,从而可以实现上述转换,OpState 类被定义在 MLIR/include/MLIR/IR/OpDefinition.h 文件

中,代码如下:

```
//第 2 章/mlir_dialect_OpState.c
class OpState {
public:
//这将被隐式地转换为操作
operator Operation * () const { return state; }
private:
Operation * state;
};
template < typenameConcreteType, template class... Traits >
class Op: public OpState, public Traits... {
    ......
};
```

算子类公有继承 OpState 与 Traits,而且 Traits 是可变参数模板类,所以属性类可以根据需要在定义算子类时,只要硬件环境允许,一般添加算子数量不受限制,如卷积类继承自非常多的属性类,需要编译 MHLO 方言,源代码地址: https://github. com/TensorFlow/MLIR-hlo。

3. MLIR∷Value

MLIR∷Value 可以理解成操作数、参数等,如%arg0、%1。

开发中 MLIR∷Value 中常用的接口,代码如下:

```
//第 2 章/mlir_dialect_getType.c
Type getType() const;
MLIRContext * getContext() const { return getType().getContext(); }
Location getLoc() const;
Region * getParentRegion();
Block * getParentBlock();
void dump();
```

4. MLIR∷Type

Type 可以理解成 Value 的类型,如 Type 例子中的 tensor $<*$ xf64 $>$、tensor $< 2 \times 3 \times$ f64 $>$等,对应的是张量 Type,而张量 Type 继承自 MLIR∷Type。

开发 MLIR∷Type 常用的接口,代码如下:

```
//第 2 章/mlir_dialect_Type.c
template bool isa() const;
template < typename First, typename Second, typename... Rest > bool isa() const;
template U dyn_cast() const;
template U dyn_cast_or_null() const;
template U cast() const;
bool isIndex() const;
bool isF16() const;
bool isF32() const;
bool isF64() const;
```

5．MLIR∷Attribute

属性类型有以下两种属性。

（1）OptionalAttr：可选属性。

（2）DefaultValuedAttr：默认属性。

属性有以下几种类型。

（1）无符号整型：UI64Attr、UI32Attr、UI16Attr、UI8Attr、UI1Attr。

（2）有符号整型：SI64Attr、SI32Attr、SI16Attr、SI8Attr、SI1Attr。

（3）浮点型：F32Attr、F64Attr。

（4）字符串型：StrAttr。

（5）布尔型：BoolAttr。

（6）数组型：BoolArrayAttr、StrArrayAttr、I32ArrayAttr、F32ArrayAttr。

（7）字典型：DictionaryAttr。

6．MLIR∷Region

区域（Region）是在控制流中存在的概念，一个区域包含1个或多个块（Block），第1个块的参数，也是区域的参数，如 convolutionOp 这种算子类没有区域，MLIR∷ModuleOp 会存在一个区域。

7．MLIR∷Block

块的系列运算的融合，如 convolutionOp 这种操作类没有块，funcOp 方法会有一个块。执行 convolutionOp 类中的方法 getParentOp()，得到的是 funcOp 方法。

开发中 MLIR∷Block 中常用的接口，代码如下：

```
//第 2 章/mlir_dialect_conv_block.c
Region * getParent() const;
//返回包含此块的最近的相关运算
Operation * getParentOp();
//如果此块是父区域中的入口块,则返回
bool isEntryBlock();
//在指定块的正前方插入此块(该块不得已位于区域中)
void insertBefore(Block * block);
//取消此块与其当前区域的链接,并将其插入特定块的正前方
void moveBefore(Block * block);
//取消此块与其父区域的链接并将其删除
void erase();
unsigned getNumArguments() { return arguments.size(); }
BlockArgumentgetArgument(unsigned i) { return arguments[i]; }
iterator begin() { return operations.begin(); }
iterator end() { return operations.end(); }
Operation &back() { return operations.back(); }
Operation &front() { return operations.front(); }
```

8. Traits 基类特征

Traits 基类特征萃取技术,特征提取被传入对象对应的返回类型,让同一个接口实现对应的功能,MLIR 中的 Traits 基类是 TraitBase < ConcreteType,TraitType >,子类有这几种:AttributeTrait、OpTrait、TypeTrait 等,其中 ConcreteType 对应绑定到特征基类特征的实体类,TraitType 对应特征类。

这个基类特征实现起来很复杂,通过类模板实现泛型编程,实现一些每个运算都可能会用到的功能,运算定义时直接继承,避免每个运算都实现类似的代码,造成代码大量冗余。

2.9　MLIR 出现的背景与提供的解决方案

2.9.1　背景与演进概述

本节主要从两个角度去讨论 MLIR。

(1) MLIR 出现的背景:模型算法越来越复杂,计算量越来越大。

(2) 方言的演进:方言解决什么问题,需要什么基本模块,基本模块需要哪些扩展。

算法模型的发展带来两个问题:

(1) 算子越来越多,越来越复杂。

(2) 计算量越来越大。

为了解决这两个问题,需要从两个方面去解决。

(1) 软件方面:各个框架都需要增加更多的算子,方便模型研究人员去使用与验证算法。

(2) 硬件方面:需要算力更高的硬件去满足模型训练的需求,为使能硬件,需要软件开发人员去优化框架架构、计算、软件生态,弥补框架与硬件之间的差距。

以上便是算法模型发展带来的问题,可以采用以下方案解决这两个问题。

对第一点,进行框架适配,各大框架都有一套自己的选项标准,以至于出现了 ONNX,想要统一这个标准。软件层面主要面临两大问题:

(1) 如何方便算法人员使用框架。

(2) 不同框架的模型如何转换。

对于(1),算法人员一般使用 Python,对应的框架也都有 Python 接口,这里不讨论。对于(2),不同框架之间,目前大部分情况是把 ONNX 作为中间接口,例如 TensorFlow <-> ONNX <-> PyTorch。

有了 ONNX,问题貌似就解决了,不需要 MLIR 了。这里,假设所有框架都统一了,只有一种框架,也就不需要 ONNX 了,是否还需要一套中间模块?

同样需要一套中间模块,原因是随着计算量的增加,除了英伟达 GPU,也出现了一批由创业公司提供的 AI 芯片,每家芯片都有自己不同的属性,为了使能硬件,可以像英伟达那样实现一套库,提供一套 API。这种方式带来的问题是需要大量的人力投入,不适合创业公司。

　　总之,MLIR 出现的核心背景就是:提供一套中间模块(IR,后面不再用 IR 来描述,以模块来描述更容易理解),这个中间模块主要有以下两个作用。

　　(1) 对接不同的软件框架。

　　(2) 对接软件框架与硬件芯片。

　　进一步思考总结,对接软硬件,主要是为了对接选项。

2.9.2　解决方案

　　为了更好地解决 2.9.1 节中提到的转换问题,MLIR 提供的解决方案是方言与方言转换,方言用来抽象运算集,如图 2-21 所示。

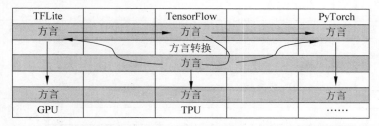

图 2-21　MLIR 提供的解决方案是方言与方言转换,方言用来抽象运算集

　　方言为了能达到对框架与硬件的抽象,提供了类型、属性、运算模块,这三者缺一不可,这是 MLIR 最基本的模块。

　　方言转换为了能达到转换的目的,提供以下模块:转换目标、转换模式、类型转换器。这里前两个模块是最基本的模块,一个用来表示进行转换的两种方言,另一个用来匹配符合转换的运算,其实这 3 个模块也不一定是必需的,只要能完成转换的功能即可。

　　以上方言与方言转换便是 MLIR 最基础的两个模块。

　　为了进一步丰富方言的表达功能,MLIR 提供了变化模块,用来提供方言内部算子的转换变形。同时 MLIR 给方言提供了规范化模块,也用于实现内部转换。

　　MLIR 模块的方言转换关系,如图 2-22 所示。

图 2-22　MLIR 模块的方言转换关系

　　接着为了增加对方言与运算进行标准化与功能扩展,MLIR 增加了限制接口与特性,方便对运算进行限制与扩展,如图 2-23 所示。

　　到目前为止,还缺少对运算的描述,运算作为方言的核心元素,提供了对算子的抽象,引入两个模块:Region 与 Block。同时,为了对在哪里做转换与对方言转换进行管理,MLIR 开发了 Pass 模块。

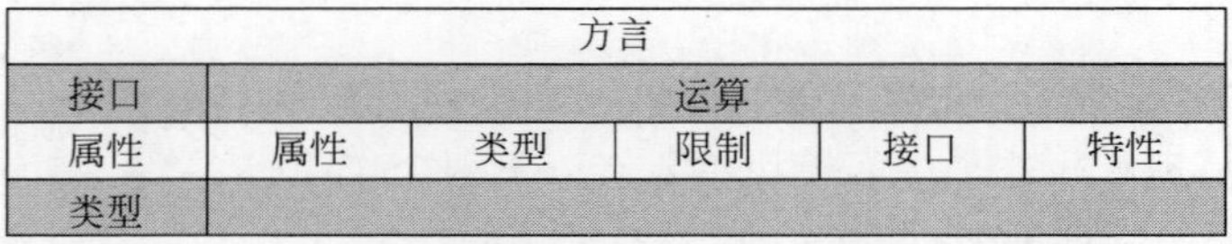

方言					
接口	运算				
属性	属性	类型	限制	接口	特性
类型					

图 2-23 对方言与运算进行标准化与功能扩展

到此为止,MLIR 的基本功能就已经完备了。

为了统一管理 MLIR 的多个方言模块,让各种方言能更好地进行转换,MLIR 提供了两个 TableGen 模块,即 ODS 与 DRR。

(1) ODS:统一方言、运行等方言内部类的创建。

(2) DRR:统一执行规范化、转换运算,即进行模式重写器的管理(除此之外,也提供了对 Pass 的管理),如图 2-24 所示。

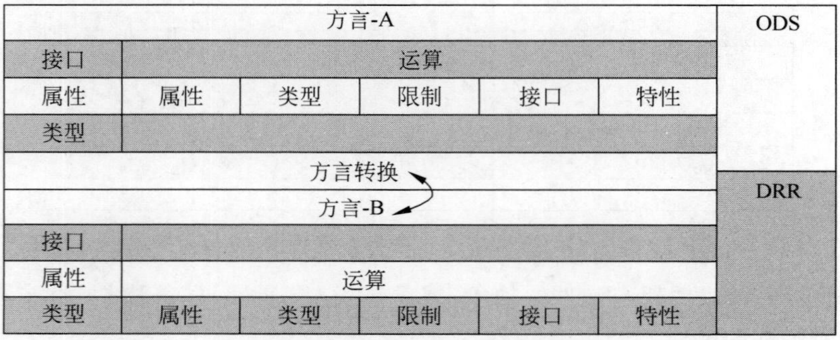

方言-A						ODS
接口	运算					
属性	属性	类型	限制	接口	特性	
类型						
方言转换						DRR
方言-B						
接口						
属性	运算					
类型	属性	类型	限制	接口	特性	

图 2-24 方言与 ODS 及 DRR 的关系

图 2-24 上未标示区域、块、变化与 Pass。

以上便是 MLIR 的最基础的功能,但只提供方言与方言的转换,解决不了实际应用问题。好比 C++语法与 STL 库,以上这些模块可以比作 C++语法,描述了如何采用 MLIR 来实现方言与方言的转换,但所实现的方言提供哪些功能,以及如何去弥补软硬件之间的差距,进而设计一套合适的架构,则是 MLIR 的另一大贡献。MLIR 提供了一些基础的方言,方便开发人员去使用,这些方言各有侧重。

最后,总结学习 MLIR 的过程如下。

(1) MLIR 基本模块概括如下。

① 方言、属性、类型、运算:该怎么设计类。

② 在方言转换中,实现前 4 个模块(方言、属性、类型、运算)上,如何实现方言转换。

(2) 接口、限制、特征:怎么增加这些功能。

(3) 转换调节。

(4) 范围、块:如何对运算进行抽象,提取出区域与块的概念。

(5) Pass 过程。

(6) ODS 与 DRR 过程。

2.10 机器学习编译器：MLIR 方言体系

在编译器与 IR 的体系(LLVM IR、SPIR-V 与 MLIR)中，既描述对编译器与中间表示(IR)演进趋势的整体理解，也讨论 LLVM IR、SPIR-V、MLIR 模块功能与设计。本节对 MLIR 进一步展开，分析一下机器学习相关的方言体系。值得注意的是，MLIR 是一个编译器基础设施，可以用来编写各种领域的专用编译器，并不限于机器学习。不过机器学习确实是 MLIR 最活跃的开发与应用领域，尤其是转换各种机器学习模型与支持各种异构硬件领域。

2.10.1 基础组件

编译器的一大优势是可组合性。如果功能甲、乙、丙分别得到了实现，则它们的各种组合也自然而然会得到支持。这种特性是编译器与算子库的核心区别之一。在算子库中，不同的组合可能需要经由完全不同的手写代码来实现。通过把指数级问题变成线性问题，编译器长期而言可以缩减大量的工程投入。

为实现这种可组合性，需要先分解问题，再开发适宜的基础组件。在中间表示中，一般把这些基础组件定义成各种操作，但对机器学习而言，仅用操作功能很难组织出结构清晰且高效的软件栈，因为输入模型与生成代码之间存在着巨大的语义鸿沟。除此之外，输入模型与目标硬件种类繁多，有着各式各样的需求。为此，MLIR 通过方言机制实现了更高层次的基础组件。

一种方言基本可以理解为一个命名空间。在这个命名空间中，可以定义一系列互相协作的操作，以及这些操作所需的类型及属性等。特定的机器学习编译器，只需组合现有的方言，并加以扩展或者定制，其中，MLIR 方言有几个重要特性需要介绍。

1. 内嵌结构的操作

无论是表示还是转换，操作都是编译器中的原子性组件。可以把操作放到基础块中，然后把基础块放到函数中，但这只是浅浅的两层结构。语义其实还是依赖于每个单独的操作，模式匹配依然发生在一个或者一组松散的操作上。想要定制已有操作，或者对几个操作进行强结合，以便给模式匹配设定清晰边界，依旧很困难。MLIR 中操作的一个突出特性是，可以通过区域来内嵌结构。MLIR 中很多可以添加负载的结构化操作依赖于这种特性。这些结构化操作本身又定义某种结构性语义，例如控制流。具体的计算性语义则来自添加的负载操作。结构化操作与负载操作相互组合、相互扩展。一个突出的例子是 linalg.generic 算子。当然函数与模块其实都是这种结构化操作。区域给负载操作设置了明确的边界，这有助于简化中间表示转换时所需的模式匹配。

2. 代表抽象层次的类型

操作归根到底只是针对某种类型的值所进行的某种计算。类型才是抽象层次的代表，例如,张量、缓存、标量都可以支持加、减、乘、除等各种操作。这些操作在本质上并没有多少区别,但它们明显属于不同的抽象层次。张量存在于机器学习框架,或者编程模型这一类高层次抽象中。缓存存在于执行系统与内存体系这一类层次抽象中。标量存在于执行芯片与寄存器这一类底层抽象中。

一种方言可以自由地定义各种类型。MLIR 的核心基础设施会无差别地对待,同时用统一的机制支持来自不同方言的类型,例如,类型转换就是通用的转换类型的机制。方言 A 既可以重用来自方言 B 的类型,也可以对其进一步地进行扩展与组合,例如将基础类型放入容器类型中。一种方言也可以定义规则,以便实现自身类型与其他方言类型的相互转换。把这些规则加入类型转换器中后,所有的规则便会相互组合,由此类型转换机制会自行找出转换通路来实现转换。不过,相较于操作的组合与转换,类型的组合与转换通常有更多限制,也更加复杂,毕竟类型的匹配奠定了操作衔接的基础。

3. 不同建模粒度的方言

通过定义、组织操作、类型构建这 3 种方法,使方言给编译器提供了粗粒度高层次的建模方式。如果两种方言所涉及的类型相同,则它们基本属于统一抽象层次。对涉及不同类型的方言进行转换,本质上则是转换不同的抽象层次。

为了简化实现,一般将高层次抽象递降到低层次抽象。递降的过程通常会对某种形式的问题进行分解或者分配资源,以便逐渐贴近底层硬件。问题分解的例子有平铺、向量化等。资源分配的例子有缓存化、寄存器分配等,即便如此,递降依然不是一个简单的问题,因为不同的抽象层次有不同的目的,以及对正确性与性能的不同理解,例如编程模型层考虑的是代码的表示能力与简洁性,很少涉及具体硬件特性,而硬件层考虑的是资源的最佳使用,很少考虑易于编程,因此,在诸多 MLIR 机制中,方言转换可能是最复杂的也就不奇怪了。

2.10.2 方言体系

以操作与类型的可组合性及可扩展性为基础,方言可以作为组合机器学习编译器的高层次基础组件。之前的讨论偏抽象,接下来会具体地介绍现有的方言,并把它们放到统一的流程中。鉴于这里的目的是提供宏观的理解,讨论只涉及主要的部分,而非对所有方言进行详细分析。首先看一下问题空间并且定义讨论的边界。机器学习编译器面临深度与广度的双重挑战。

(1) 在最上层,模型通常是基于某种用 Python 编写的框架。输入程序,或者说输入编程模型,通常是对高维张量进行操作,而在最底层,模型的主要计算部分通常是由某种具有向量或者 SIMD 单元的加速器执行的。底层硬件,或者说机器模型,只提供低维(通常是一维或者二维)低维向量或者标量的指令。

(2) 现在有各种各样的框架可以用于编写机器学习模型,同样有许许多多硬件可以执行它们。硬件可能会提供不同的计算与内存组织结构。在 CPU、GPU 及各种加速器中,基于平铺的架构是较常见的一种。整个模型的执行,需要操作各种控制流与同步机制,在这方面 GPU 或者一般的加速器通常乏善可陈，所以 CPU 依然处于进行调度协调的中心。

真正的端到端的机器学习编译器需要将输入模型同时转换成运行在加速器上的算子核，以及运行在 CPU 上的同步逻辑调度。MLIR 生态中两部分都有其对应的方言体系。这里侧重的是算子代码生成。调度同步相关的方言（例如 MLIR 中的异步方言与 IREE 中的流方言）与传统运行时系统的功能相关。从类型的角度来讲，恰当分层的软件栈需要支持对张量、缓存、向量、标量等进行建模，以及一步步分解问题与递降抽象层次。从操作的角度，需要计算与控制流。控制流既可以是显式的基础块跳转，也可以内含于结构化操作之中。通过这些角度，可将以下要讨论的方言展示在同一流程中，如图 2-25 所示。

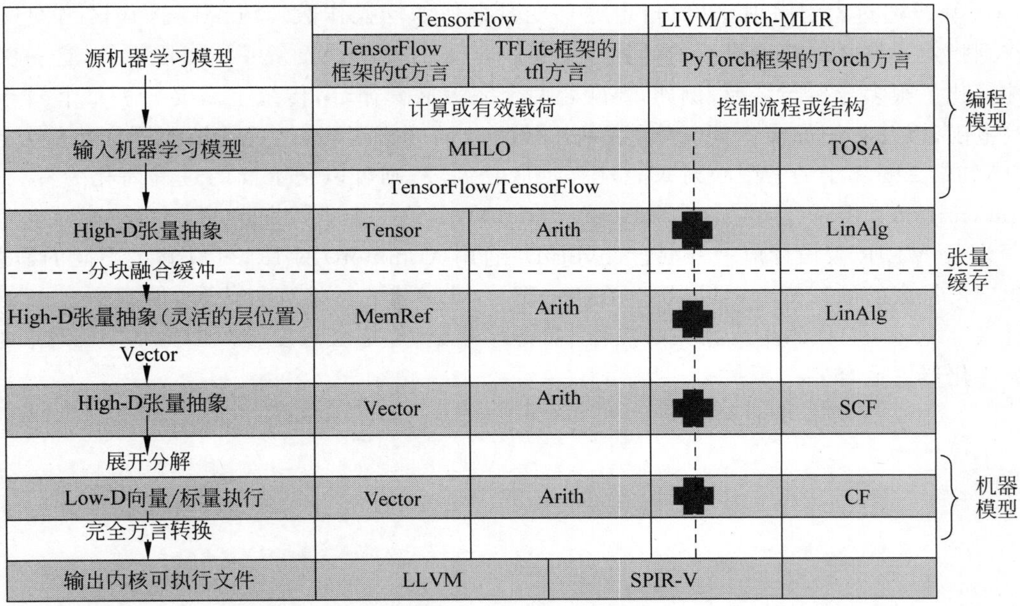

源机器学习模型	TensorFlow		LIVM/Torch-MLIR	
	TensorFlow框架的tf方言	TFLite框架的tfl方言	PyTorch框架的Torch方言	
	计算或有效载荷		控制流程或结构	编程模型
输入机器学习模型	MHLO			TOSA
	TensorFlow/TensorFlow			
High-D张量抽象	Tensor	Arith	✚	LinAlg
----分块融合缓冲----				张量缓存
High-D张量抽象（灵活的层位置）	MemRef	Arith	✚	LinAlg
Vector				
High-D张量抽象	Vector	Arith	✚	SCF
展开分解				
Low-D向量/标量执行	Vector	Arith	✚	CF
完全方言转换				机器模型
输出内核可执行文件	LLVM		SPIR-V	

图 2-25　把方言展示在同一流程中

高层用于描述模型的方言是自顶向下的，原始模型是用某一框架来表示的。原始模型通过直接转换成这个框架相对应的方言（例如 TensorFlow 的 tf 方言，TFLite 的 tfl 方言，PyTorch 的 Torch 方言），再将方言导入（import）到 MLIR 系统中。这些对应于具体框架的方言的目的是准确地表示原模型的结构与语义，因为这种紧密的联系，通常存在于相应框架的代码库中。面对深度与广度的双重挑战，复杂度可控的编译器栈需要具有沙漏的结构。在模型导入之后，需要将各种框架转换成统一的用于表示模型的方言，以便作为接下来的递降过程的输入。MLIR 在这一层的支持还在迅速演进中，将来希望能够看到一系列（存在于一种或者多种方言中）协调的定义，用于完整地表示来自各种框架的各种模型，并且提供所需的兼容性支持。这一层有 MHLO 方言与 TOSA 方言。前者由 XLA 而生，这是 TensorFlow 框架与 MLIR 的桥梁。后者是 TOSA 规范的具体实现。TOSA 规范明确地定义了很多计算的数值要求，被越来越多的框架转换所采用。

中间层用于递降的高层方言与低层方言,并且通常处于 MLIR 系统的边界,所以需要准确地描述非 MLIR 的标准。中间层的方言没有这样的限制,所以中间层的方言具有更大的设计空间与更高的设计灵活性。传统的中间表示,如 LLVM IR 或者 SPIR-V,通常是完整的。它们包含所需的所有指令来表示整个 CPU 或者 GPU 程序。相较而言,中间层的方言则可以认为是部分中间表示。这种组织结构有助于解耦与提高可组合性,可以通过混用这一层的不同方言来表示原始模型,同时不同方言可以独立发展演进。这些方言有的用来表示计算或者负载,有的则表示控制流或者某种结构。

LinAlg 方言是用以表示结构的重要方言之一。LinAlg 算子的本质是优化嵌套循环。LinAlg 算子通过索引映射,以便指定循环变量如何访问操作数。LinAlg 操作区内的负载操作则指定了循环内部所进行的计算。完美嵌套循环在 LinAlg 算子中是隐性的,这一核心特性简化了很多分析与转换,例如,要融合两个完美嵌套循环,传统上需要分析每个循环变量的范围,以及它们如何访问元素,这是比较复杂的分析逻辑,之后的转换同样比较复杂。如果用 LinAlg 算子的索引映射来隐性表示嵌套循环,则可以把上面的过程简化为 inverse (producerIndexMap).compose(consumerIndexMap)这一个步骤完成。

总之,MLIR 被设计成一种混合(hybrid)、通用(common)的 IR,可以满足不同的需要,还能支持特定的硬件指令,可以统一在 MLIR 上对问题进行处理与优化,但它不会去支持低层级(low-level)代码生成相关的操作(如寄存器分配、指令调度等),因为 LLVM 这种低层级优化器更适合。

MLIR 编译器功能模块

3.1 深度学习 AI 编译器 MLIR

3.1.1 MLIR 实现方式

MLIR 的代码实现方式如图 3-1 所示。

图 3-1 MLIR 的代码实现方式

3.1.2 MLIR 基本概念

ModuleOp、FuncOp、Block 的调用关系如图 3-2 所示。

介绍 MLIR 的几个基本概念，包括操作、值、数据类型、操作属性，如图 3-3 所示。

其中，操作类参数描述，如图 3-4 所示。

MLIR 可以定义特定操作类的属性，包括值、数据类型、操作属性等，如图 3-5 所示。

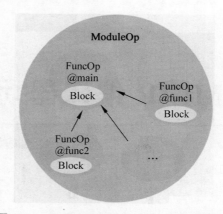

图 3-2　ModuleOp、FuncOp、Block 的调用关系

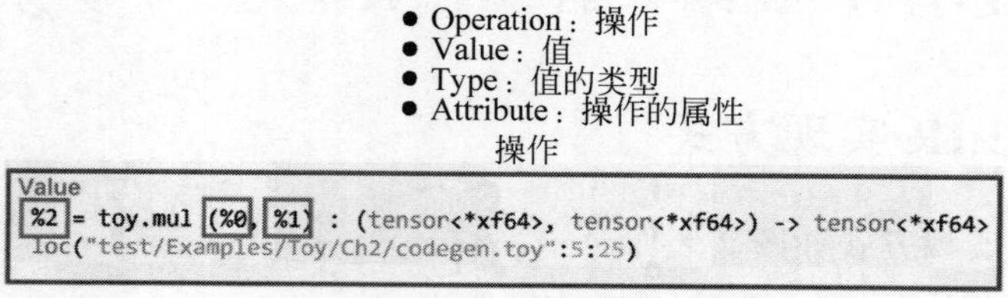

- Operation：操作
- Value：值
- Type：值的类型
- Attribute：操作的属性
  操作

```
Value
%2 = toy.mul (%0, %1) : (tensor<*xf64>, tensor<*xf64>) -> tensor<*xf64>
loc("test/Examples/Toy/Ch2/codegen.toy":5:25)
```

图 3-3　MLIR 中的几个概念描述

图 3-4　MLIR 操作类参数描述

3.1.3　Op 定义方式

MLIR 在 C++ 重定义及 ODS 操作定义规范，如图 3-6 所示。

图 3-5　MLIR 特定定义操作类属性

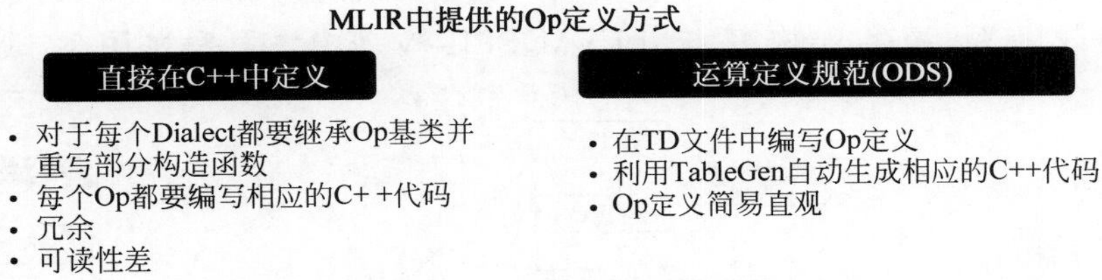

MLIR中提供的Op定义方式

直接在C++中定义	运算定义规范(ODS)
• 对于每个Dialect都要继承Op基类并重写部分构造函数 • 每个Op都要编写相应的C++代码 • 冗余 • 可读性差	• 在TD文件中编写Op定义 • 利用TableGen自动生成相应的C++代码 • Op定义简易直观

图 3-6　MLIR 在 C++ 重定义及 ODS 操作定义规范

3.2　CodeGen 方言介绍

本节主要介绍 CodeGen 过程中使用的 Dialect(方言)，以及对设计演变的一些观察。

3.2.1　MLIR 中 CodeGen 概述

对 MLIR 基础架构中 CodeGen 进行概述，特别是 LLVM 项目代码库中可用的部分（upstream 或 intree）。虽然偶尔会提到 LLVM 项目代码库之外的 MLIR 用户，但没有被深入分析，只是为了说明而引用，主要讨论 MLIR CodeGen 基础架构。

MLIR 中与多个 CodeGen 相关的方言，大致可以沿着两个维度进行：张量/缓存与有效载荷/结构。

一种方言在张量/缓存维度上，表明了数据的抽象是深度学习框架中的张量，还是传统的底层编译器所期望的内存数据缓存。张量被视为不可变的值，不一定与内存有关，对张量的操作通常也不会有副作用。这些操作之间的数据流，可以用传统静态单一赋值(SSA)形式来表示。这是使 MLIR 成为机器学习程序强大的转换工具的一个方面，它允许对张量操作进行简单重写。另一方面,缓存是可变的,可能会被多个目标使用,例如,多个目标可能指向同一个底层内存。数据流只能通过特定的依赖关系与重叠分析(Aliasing Analyses)来提取。张量的抽象与缓存的抽象之间的转换是通过缓存过程来完成的,缓存过程逐步将张量与缓存关联起来,并最终替换它们。一些方言,如线性代数(LinAlg)标准,包含对张量与缓存的操作。一些 LinAlg 操作甚至可以同时对两者进行操作。

　　一种方言在有效载荷/结构维度上的位置,表明了它是描述应该执行什么计算负载,还是应该如何执行结构。大多数标准方言中的数学运算指定了要执行的计算方法,例如,反正切计算,而没有进一步的细节。另外,SCF 方言定义了所包含的计算是如何执行的,例如,重复执行直到满足某个运行时条件,而不限制条件是什么,以及执行什么计算。类似地,异步方言表示适用于不同负载级别的通用执行模型。

　　维度上的区分没有明确的界限,特别是在高级抽象层次上。许多操作至少部分地指定了结构,例如,向量方言操作意味着 SIMD 执行模型。在编译过程中,如何执行的说明部分会变得更加详细与低级。同时,抽象堆栈的低层级倾向于将结构操作与负载操作分离开来,以便只转换前者,同时只对负载保持抽象理解,例如,访问的数据或估计的成本。MLIR 中各种方言、负载、张量、缓存、结构、系统、LLVM、SPIR-V 等模块关系,如图 3-7 所示。

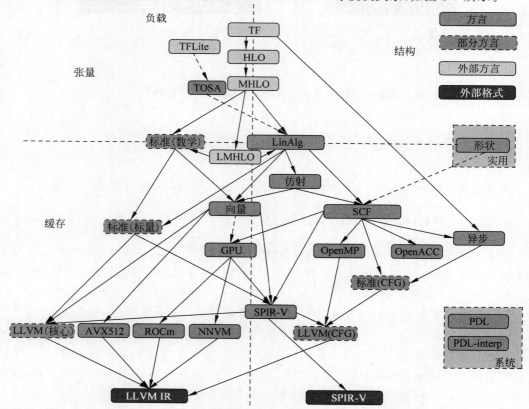

图 3-7　MLIR 中各种方言、负载、张量、缓存、结构、系统、LLVM、SPIR-V 等模块关系

3.2.2 兴趣方言

MLIR CodeGen 生成的流程要经过一系列中间步骤,这些步骤的特点是使用最新的方言。方言可以根据抽象级别,粗略地组织成一个堆栈。将表示从高级抽象转换为低级抽象,即下译,通常是直接下译,而相反的过程一般不成立,如图 3-8 所示。

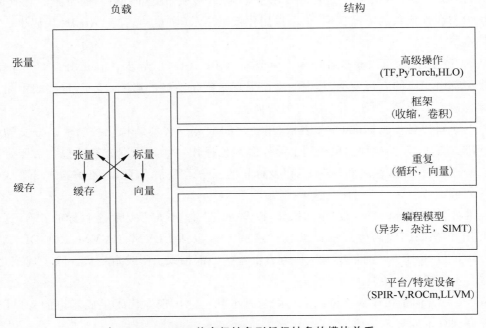

图 3-8 MLIR 从高级抽象到低级抽象的模块关系

大多数管道通过线性代数方言进入内树形方言的基础架构,LinAlg 方言表示对数据进行结构化计算。这种方言专门支持各种转换,方言的操作既支持张量操作数,也支持缓存操作数,缓存过程可以在不改变操作本身的情况下进行。此外,LinAlg 提供了具有特定负载的命名操作,如矩阵乘法与卷积,以及只定义结构的通用操作。这两种形式之间可以进行转换。LinAlg 方言操作的固有迭代结构,可转换为向量操作,以及围绕向量或标量操作的(仿射方言)循环。

异步方言捕获了一个通用的异步编程模型,可能出现在不同的级别上。在较高的级别上,用于跨设备与设备内部组织大型计算块。在较低的级别上,可以包装原语指令序列。

向量方言(注意,向量方言类型属于内置方言,可以在向量方言之外使用)是 SIMD(或 SIMT)执行模型的中级抽象。利用 MLIR 的多维向量类型,使用不同特定平台的低级方言。可通过线程显式表示,将向量抽象用于目标 GPU 设备(SIMT)。

仿射方言是 MLIR 对多面体编译的一种尝试。它封装了相关编程模型的限制,并定义了相应的操作,即仿射循环、条件假设等控制流结构与仿射对应的内存操作。它的主要目标是实现多面体变换,如自动并行化、用于局部改进的循环融合与平铺,以及 MLIR 中的循环向量化。

SCF 方言(结构化控制流方言)包含了在比控制流图(CFG)分支更高级别的控制流,例如,(并行)for 与 while 循环。这种方言用于表示(或转换)计算的结构,而不影响有效负载。这是仿射与线性代数的下译目标,也可以用作低级表示(如 C 语言)到 MLIR 代码生成基础架构的接口。

从 SCF 方言中,可以获得各种编程模型,即 GPU/SIMT、异步、OpenMP 与 OpenACC。每个模型都由相应的方言表示,其中的操作很少受优化转换的影响,然而,这些表示是实现特定编程模型的转换,例如,异步方言的转换。

SCF 也可以转换为标准 CFG 表示,用块之间的分支替换结构化控制流。分支操作包含在标准方言中,以及各种抽象级别上的许多其他操作,例如,标准方言还包含对张量与向量的点操作,缓存与张量之间的转换,以及标量的三角运算等,因此,标准方言被分裂成多个定义的方言。

标准方言的部分(标量与向量的操作,以及分支操作)被转换为特定目标的方言,这些方言主要用作 MLIR 代码生成基础架构。这些方言包括 LLVM、NVVM、ROCDL、AVX、Neon、SVE 与 SPIR-V 方言,所有这些方言都包括外部格式、IR 或指令集。除了规范化外,这些方言不需要进行转换。

Shape 方言用于描述独立负载结构的数据形状。它出现在代码生成管道的入口层,通常会下译到算术或规范化地址。

PDL(模式描述语言)与 PDLInterp 方言,用作下一代 MLIR 的基础架构,因此,它们从不出现在 CodeGen 管道中,但在描述其操作时,可能是必要的。

3.2.3　现有管道 TensorFlow 内核生成器

TensorFlow 内核生成器项目,从 TensorFlow(TF)方言开始,最近已经转向 MHLO(Meta HLO,由于隐式广播移除等特性,更适合编译,并支持动态形状,其中 HLO 是高级优化器表示,源自 XLA),而不是 LMHLO(后期 MHLO,与 MHLO 相同,但在缓存而不是张量上)。在线性代数上调用缓存前,先执行融合操作。循环转换(如平铺)发生在 SCF 级别,然后转换为特定的 GPU 方言,而有效负载操作转换为 LLVM 方言。现在已经退役的原型,已经尝试针对缓存上的 LinAlg,使用 LMHLO 方言,并在 SCF 上执行所有转换,其中 SCF 可能比 TensorFlow 抽象更复杂。在生成多个 TensorFlow 内核时,将会使用异步方言来分组计算。TensorFlow 内核生成器架构,如图 3-9 所示。

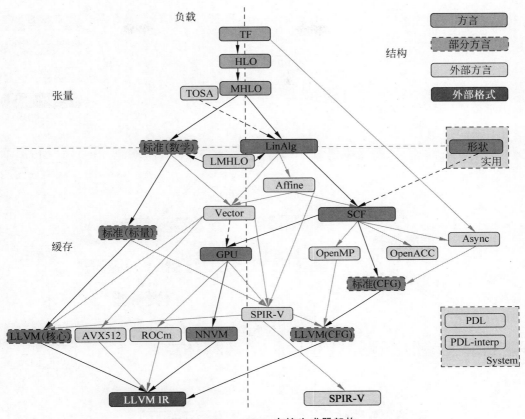

图 3-9　TensorFlow 内核生成器架构

3.2.4　IREE 编译器（LLVM 目标）

IREE 有它自身的高级表示，它有一组方言，从代码生成来讲，这些方言在张量上不断进化。这种中级表示执行环境的方言，主要用于组织计算的有效载荷，可表示为 MHLO、TOSA、缓存上的 LinAlg 等。大多数转换发生在 LinAlg 中，要么是张量级，要么是缓存级。可通过向量方言，执行文件的首选路径进行特定转换。当从 LinAlg 下译时，SCF 可用向量操作的控制流，但对这些操作不执行任何转换。SCF 本质上不再进行结构优化。向量方言可以逐步下译为简单的抽象，直到最终的 LLVM 方言，如图 3-10 所示。

3.2.5　IREE 编译器（SPIR-V 目标）

SPIR-V（标准可移植中间表示，Khronos 组标准）是 IREE 编译器的主要目标。顶层流程类似于 LLVM IR 的流程，大多数转换发生在张量与向量层的 LinAlg 上。将较低的转换

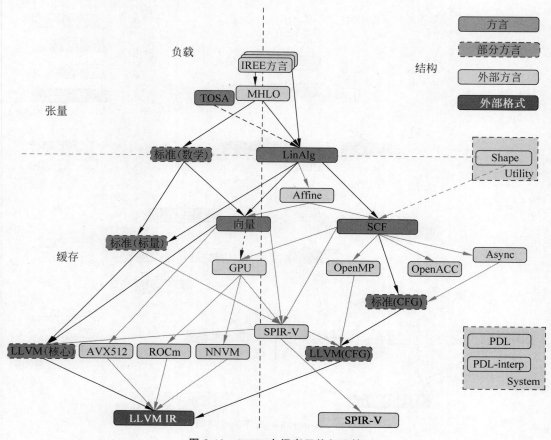

图 3-10　IREE 中间表示执行环境

直接转到具有丰富操作集的 SPIR-V,该操作集跨越多个抽象级别:高级操作、结构化控制流与类指令的原语。该流程通过 GPU 方言进行设备操作,如标识符提取,并使用 IREE 的运行时来管理 GPU 内核。

允许 IREE 从向量方言转换为 GPU 方言,将 GPU 线程用作向量通道(在 warp 或 block 级别)。有些转换可以直接从 LinAlg 与向量方言转换到 SPIR-V,绕过中间阶段,但可能会逐渐用下译方法替代。

标准可移植中间表示法 SPIR-V 如图 3-11 所示。

3.2.6　多面体编译器

从 HLO 开始,绕过 LinAlg 的多面体编译流,可以通过转换 LMHLO 的仿射方言或任何其他缓存操作来实现。大多数转换发生在仿射方言上,这是多面体转换的主要抽象,然后代码被下译到 SCF 控制流,并进行标准内存操作,最后被转换为特定平台的抽象,如

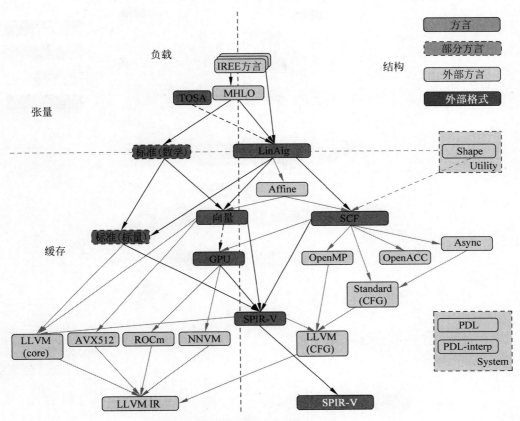

图 3-11 IREE 编译器（SPIR-V 目标）

OpenMP 或 GPU。多面体编译器如图 3-12 所示。

多面体模型还支持早期的向量化，从仿射控制流构造到向量方言，而不是循环向量化。对于多面体编译器来讲，可使用低级抽象（如 C 编程语言）表示的代码。

3.3 MLIR 编译器 DSL 技术

3.3.1 DSL 领域特定语言介绍

DSL（Domain Specific Language）是针对某一领域，具有受限表达性的一种计算机程序设计语言。常用于聚焦指定的领域或问题，这就要求 DSL 具备强大的表现力，同时要求使用简单。说到 DSL，大家也会自然而然地想到通用语言（如 Java、C 等）。

为什么没有一种语言同时兼具简洁与业务表达能力友好呢？

从信息论本质上来讨论这个问题，每种语言的程序都可以抽象为一个字符串，每个字符串由有限数量的合法字符组成，它在运行时会实现某个功能，因而可以看作一种需求的信源

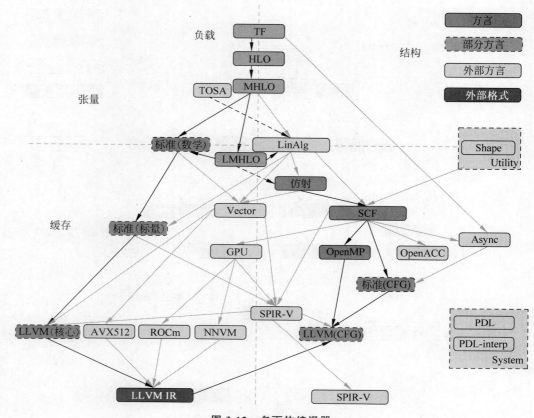

图 3-12　多面体编译器

编码。每种需求可以映射到一个或多个正确的程序,但一个程序肯定只对应一种需求,因而程序包含的信息熵不低于需求的信息熵,而程序中不仅需要描述需求的信息,还需要包含可读性与辨识度,静态语言还需要静态检查等特定信息。

3.3.2　DSL 分类

最常见的分类方法是按照 DSL 的实现途径来分类。DSL 可分为内部与外部两大类,内部与外部区分,取决于 DSL 是否将一种现存语言,作为宿主语言构建自身的实现。

1. 内部 DSL

内部 DSL 也称内嵌式 DSL。因为它们的实现已被嵌入宿主语言中,与之合为一体。内部 DSL 将一种现有的编程语言作为宿主语言,基于基础设施建立专门面向特定领域的各种语义,例如,Kotlin DSL、Groovy DSL 等。

2. 外部 DSL

外部 DSL 也称独立 DSL。因为它们是从零开始建立起来的独立语言,而不是基于任何现有宿主语言的设施而构建的。外部 DSL 是从零开发的 DSL,在词法分析、解析技术、解释、编译、代码生成等方面拥有独立的设施。开发外部 DSL 近似于从零开始实现一种拥有独特语法与语义的全新语言。构建工具 make、语法分析器生成工具 YACC、词法分析工具 LEX 等都是常见的外部 DSL,例如,正则表达式、XML、SQL、JSON、Markdown 等。外部 DSL 构建流程,如图 3-13 所示。

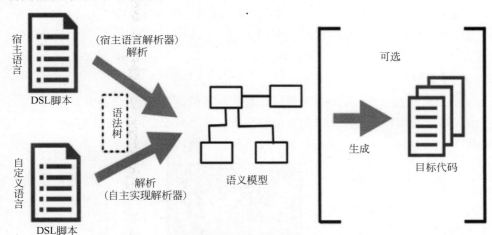

图 3-13 外部 DSL 构建流程

3.3.3 DSL 示例

1. 内部 DSL

HTML 是通过自然语言编写的,而在 Groovy DSL 中,通过 DSL 可以用易读的写法生成 XML,代码如下:

```
//第 3 章/mlir_groovy_dsl_xml.xml
import groovy.xml.MarkupBuilder
def s = new StringWriter()
def xml = new MarkupBuilder(s)
xml.html{
    head{
        title("Hello")
        script(ahref:'https://xxxx.com/Vue.js') -
    }
    body{
        p("Excited")
    }
}
println s.toString()
< html >
  < head >
    < title > Hello </title >
```

```
    < script ahref = 'https://xxxx.com/Vue.js' />
  </head >
  < body >
    < p > Excited</p >
  </body >
</html >
```

这里相对于 Groovy 这样的动态语言，不同的就是 xml.html 这个并不存在的方法，居然可以通过编译并运行，它内部重写了调用方法，并进行闭包遍历，少写了许多 POJO 对象，效率更高。

2. 外部 DSL

以 plantUML 为例，外部 DSL 不受限于宿主语言的语法，对用户很友好，尤其是对于不懂宿主语言语法的用户，但外部 DSL 的自定义语法需要有配套的语法分析器。常见的语法分析器有 YACC、ANTLR 等。外部 DSL 构建流程示例，如图 3-14 所示。

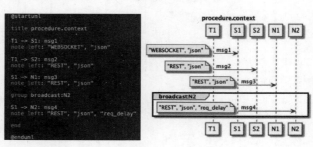

图 3-14　外部 DSL 构建流程示例

3.3.4　DSL 与 DDD（领域驱动）

DDD 与 DSL 的融合有 3 点：面向领域、模型的组装方式、分层架构演进。DSL 可以看作在领域模型上的一层外壳，可以显著地增强领域模型的能力。DDD 与 DSL 领域图例，如图 3-15 所示。

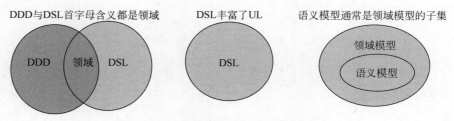

图 3-15　DDD 与 DSL 领域图例

它的价值主要有两个，一是提升了开发人员的生产力，二是增进了开发人员与领域专家的沟通。外部 DSL 就是对领域模型的一种集成方式。DDD 与 DSL 领域关系图例，如图 3-16 所示。

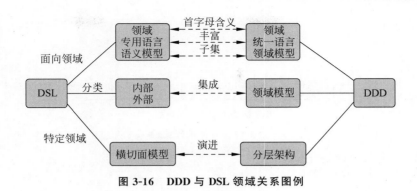

图 3-16　DDD 与 DSL 领域关系图例

3.3.5　DSL 信息量排查

在信息量不变的情况下,代码行数越少,它的隐藏信息量就越多,如何排查、定位、扩展呢? 成为一个好的 DSL 难点如下:

(1) DSL 只是一种声明式的编程语言,无法承载大量业务。

(2) DSL 语句与编译生成的字节码的过程是黑盒的,对内部工作不明朗。如果报错,则不但堆栈行数无法与源码对应上,而且无法断点或者显示日志。

(3) DSL 对设计者要求高,需要对一个领域有通透的理解,设计时要克制增加各种特性,DSL 还要文档齐全,支撑充分,甚至要开源以帮助使用者定位。

DSL 包含以下 3 个关键元素。

(1) 语言性:DSL 是一种程序设计语言,因此它必须具备连贯的表达能力。不管是一个表达式,还是多个表达式组合在一起。

(2) 受限的表达性:通用程序设计语言提供广泛的能力,支持各种数据、控制,以及抽象结构。

这些能力很有用,但也会让语言难于学习与使用。DSL 只支持特定领域所需的特性的最小集。尽管 DSL 无法构建一个完整的系统,但可解决系统某一方面的问题。

(3) 针对领域:只有在一个明确的小领域下,这种能力有限的语言才会有用。这个领域才使这种语言值得使用。

3.3.6　方言流程结构

Dialect 将所有的 IR 放在了同一个命名空间中,分别对每个 IR 定义对应的产生式及绑定相应的操作,从而生成一个 MLIR 模型。整个编译过程,从源语言生成 AST,借助 Dialect 遍历 AST,产生 MLIR 的表达式,此处可对多层 IR 通过底层 Pass 依次进行分析,最后经过 MLIR 分析器,生成目标语言,如图 3-17 所示。

MLIR 表达式由操作结果名称、Dialect 命名空间、操作名、参数列表、输入参数类型、输出类型与操作在源文件中的位置组成,如图 3-18 所示。

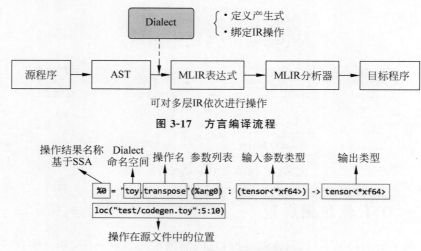

图 3-17　方言编译流程

图 3-18　MLIR 表达式功能模块结构

（1）AST：源代码语法结构的一种抽象表示。它以树状的形式表示编程语言的语法结构，树上的每个节点都表示源代码中的一种结构。

（2）ODS：基于 TableGen 规范构造。

3.3.7　MLIR ODS 要点总结

MLIR 是通过方言来统一各种不同级别的 IR，即负责定义各种 Operation（算子），然后对方言与操作进行定义，又是通过 TableGen 规范构造的，通过 TableGen 驱动 MLIR 的操作定义，也被称作 ODS。

1. 为什么要使用 ODS 来定义操作

在 MLIR 中要定义操作支持，用 C++直接定义与基于 ODS 框架定义两种方法。使用 C++直接定义要求继承基类操作的一些构造方法并重写，对于每个操作都要写一段 C++代码。这样做会造成整个系统的操作定义部分非常冗余，产生大量可重复代码，并且可读性也会比较差。如果基于 ODS 来定义操作，则只需将操作定义按照 ODS 的规范统一写到一个 TD 文件中，然后使用 MLIR 提供的代码生成工具，自动生成操作的 C++定义，这种完全自动 CodeGen 的方式，很好地实现了操作定义，并且需要用户开发的模块（也就是 ODS 的语法规范）更加直观。

ODS 是 MLIR 定义操作的不二选择，因此有必要学习 ODS 的语法规范。

2. TableGen 语法

一个 TableGen 文件（以 . td 结尾）包含以下一些语法。

（1）TableGen 类：类似于 C++的类，可以作为模板或者基类去派生子类。

（2）TableGen 定义：类似于 C++的对象。以用一个 TableGen 类的优化来声明，例如，def MyDef：MyClass <...>;，也可以单独使用 def MyDef;。既不能用作模板，也不能作为基类去派生子类。

（3）TableGen 包是一种专门用于有向无环图元素的类型。一个包类型带有一个操作符与 0 个或者多个参数。语法形如（operator arg0，arg1，argN），其中 operator 可以是任意的 TableGen 定义。参数可以是任何变量，包括包本身。可以将名称附加到操作符与参数上，如（MyOp：$ op_name MyArg：$ arg_name）。

3. 操作定义

MLIR 定义了几个公共的结构，用于帮助定义操作，并通过 TableGen backend：OpDefinitionsGen 提供它们的语义。这些公共结构在文件 OpBase.td 中定义，主要包括以下几类。

（1）操作类：这是定义操作时使用的主要结构。

（2）方言类：归属于同一个逻辑组的操作会被配置在同一种方言下。方言包含了方言等级信息。

（3）OpTrait 类及其子类：它们用于指定操作的特殊属性与约束，包括操作是否具有副本、操作的输出是否与输入具有相同的形状等。

（4）输入/输出标记：这是 OpDefinitionsGen 后端内置的两个特殊标记，分别引导操作数（operands）、属性（attributes）、结果（results）的定义。

（5）TypeConstraint 类及其子类：用于指定对操作数（operands）或结果（results）的约束。一个值得注意的子类是 Type，它代表通用 C++ 类型的约束。

（6）AttrConstraint 类及其子类：用于指定对属性（attributes）的约束。一个值得注意的子类是 Attr，它代表值为通用类型的属性的约束。

一个操作是通过优化操作类定义的，优化后的操作类包含它需要的所有字段的具体内容，例如，tf.AvgPool 定义，代码如下：

```
//第 3 章/mlir_tf_avgpool.c
def TF_AvgPoolOp: TF_Op<"AvgPool", [NoSideEffect]> {
  let summary = "对输入执行平均池化操作";

  let description = [{
    //输出中的每个条目都是相应 ksize 大小窗口值的平均值
  }];

  let arguments = (ins
    TF_Fptensor: $ value,

    Confined< I64ArrayAttr, [ArrayMinCount< 4 >]>: $ ksize,
    Confined< I64ArrayAttr, [ArrayMinCount< 4 >]>: $ strides,
    TF_AnyStrAttrOf <["SAME", "VALID"]>: $ padding,
    DefaultValuedAttr< TF_convertDataFormatAttr, "NHWC">: $ data_format
  );

  let results = (outs
```

```
    TF_Fptensor: $ output
  );

    TF_DerivedOperandTypeAttr T = TF_DerivedOperandTypeAttr < 0 >;
}
```

下面描述定义操作所需的所有字段。有关支持的字段的完整列表,可参阅操作类的定义(也就是 OpBase.td)。

(1) 操作名称。例如 TensorFlow 方言中的 tf.Add。

(2) 操作文档。操作的文档描述,包含归纳与描述两种。

(3) 操作参数。一个操作有两种参数,一种是 operands,即操作数;另一种是 attributes,即属性参数,其中属性参数又分为自然属性与派生属性两种,自然属性必须指定卷积的输出通道数,派生属性需要指定输出张量的形状。

操作数与操作属性都在包类型的参数中被指定,以输入操作标记 ins 引导,代码如下:

```
//第 3 章/mlir_tf_dialect_op.c
let arguments = (ins
  < type − constraint >: $ < operand − name >,
 …
  < attr − constraint >: $ < attr − name >,
 …
);
```

这里< type-constraint >是一个来自 TypeConstraint 类层次的 TableGen 定义。与此类似,< attr-constraint >是一个来自 AttrConstraint 类层次的 TableGen 定义。

(4) 可变操作数。定义一个可变操作数,需要用 Variadic <…>把 TypeConstraint 包起来。通常,操作没有可变操作数或者只有一个可变操作数。对于后一种情况,可以通过静态可变操作数的定义很容易地推导出动态可变操作数,但是,如果一个操作有多个可变长度操作数(可选的或可变长度的),在没有来自该操作的进一步信息的情况下,就不可能将动态操作数归因于相应的静态可变长度操作数定义,因此,需要用 SameVariadicOperandSize 或 AttrSizedOperandSegments 特征来表明所有的可变长度操作数对应的动态值。

(5) 可选操作数。定义一个可选操作数,需要用 Optional <…>把 TypeConstraint 包起来。解释与可变操作数一样。

(6) 可选属性。定义一个可选属性,需要使用 OptionalAttr <…>把 AttrConstraint 包起来。

(7) 带默认值的可选属性。使用 DefaultValuedAttr <…,"…">把 AttrConstraint 包起来。DefaultValuedAttr 的第 2 个参数应该是包含 C++默认值的字符串,例如,一个单精度浮点默认值需要被指定为 0.5f,一个整型数组的默认值需要被指定为{1,2,3}。

(8) 限制属性(Confining Attributes)。限定作为一种通用机制被提供,以帮助对值类型带来的属性约束进行进一步建模。可以通过限定方法,将较为原始的约束组合成复杂约束,例如,一个 32 位的整型的最小值为 10,可以被表示为 Confined < I32Attr,[IntMinValue

＜10＞]＞。还有一些其他的例子，例如 IntMinValue ＜ N ＞：指定一个大于或等于 N 的整型属性等。

（9）操作结果。类似操作数，结果使用 tag 类型的 results 声明，使用 outs 引导，代码如下：

```
//第3章/mlir_tag_results.c
let results = (outs
  <type-constraint>: $ <result-name>,
  ...
);
```

（10）Op 的特征与约束（Operation Traits and Constraints）。特征是影响语法或语义的操作属性。MLIR C++的各种特征保存在 MLIR::OpTrait 命名空间中。操作的特征、接口或者约束，当涉及多个操作数、属性、结果时，要作为操作类的第 2 个模板参数传入。它们都需要继承 OpTrait 类。

4. 操作自动生成的默认构建方法

定义了操作之后，怎么构建呢？每个操作都会基于操作的参数与操作的返回值自动生成一些构建，例如，给出操作定义，代码如下：

```
//第 3 章/mlir_build_operation.c
def MyOp:... {
  let arguments = (ins
    I32: $ i32_operand,
    F32: $ f32_operand,
    ...,

    I32Attr: $ i32_attr,
    F32Attr: $ f32_attr,
    ...
  );

  let results = (outs
    I32: $ i32_result,
    F32: $ f32_result,
    ...
  );
}
//下面的 builders 被产生
//所有结果类型、操作数、属性都集合为一个聚合参数
static void build(OpBuilder &odsBuilder, OperationState &odsState,
                  ArrayRef < Type > resultTypes,
                  ValueRange operands,
                  ArrayRef < NamedAttribute > attributes);

//每个结果类型、操作数、属性都是一个独立的参数。属性参数为 MLIR::Attribute 类型
static void build(OpBuilder &odsBuilder, OperationState &odsState,
```

```
                    Type i32_result, Type f32_result,...,
                    Value i32_operand, Value f32_operand,...,
                    IntegerAttr i32_attr, FloatAttr f32_attr,...);

//每个结果类型、操作数、属性都是一个独立的参数
//属性参数是未经 MLIR::Attribute 实例包装的原始值
static void build(OpBuilder &odsBuilder, OperationState &odsState,
                    Type i32_result, Type f32_result,...,
                    Value i32_operand, Value f32_operand,...,
                    APInt i32_attr, StringRef f32_attr,...);

//每个操作数属性都是一个独立的参数,但是结果全部集合为一个聚合类型
static void build(OpBuilder &odsBuilder, OperationState &odsState,
                    ArrayRef < Type > resultTypes,
                    Value i32_operand, Value f32_operand,...,
                    IntegerAttr i32_attr, FloatAttr f32_attr,...);

//这个构建器只有在返回值类型能够被推断出的情况下才会生成
static void build(OpBuilder &odsBuilder, OperationState &odsState,
                    ValueRange operands, ArrayRef < NamedAttribute > attributes);

//即根据具体操作手动指定的构建器
```

上面的代码注释,已经解释了这些 builder 的不同之处,并且可能还存在一些其他的 builder。

5. 自定义 builder 方法

假设上面生成的 C++代码中构造方法没有所期待的,这时就需要自定义 build 方法,示例代码如下:

```
//第 3 章/mlir_builder_operation.c
def MyOp: Op <"my_op", [ ]> {
  let arguments = (ins F32Attr: $ attr);

  let builders = [
    OpBuilder <(ins "float": $ val)>
  ];
}
```

builders 字段是添加到操作类的自定义构建器列表。在这个例子中,提供了一个方便的 builder,它接受浮点值而不是属性。在使用 TableGen dag 的 ODS 中,许多函数声明使用 ins 前缀。紧随其后的是用逗号分隔的列表,列表的每项都是类型与带 $ 前缀的名字的组合。上述定义将会转换成 builder 格式,代码如下:

```
//第 3 章/mlir_builder_build.c
class MyOp: / * ... * / {
  / * ... * /
  static void build(::MLIR::OpBuilder &builder, ::MLIR::OperationState &state,
                    float val);
};
```

　　注意,这个 builder 有两个特定的前置参数。这些参数对于构建操作很有用。为了能够通过该方法构建操作,必须向 state 填充该操作的属性、操作数、域与返回值类型。builder 可以用于构建属于 Op 的任意 IR 对象,例如类型或嵌套操作。当类型与名字转换为 C++ 代码时,它们应该是有效的 C++ 结构,一种类型(在 Op 的命名空间中)与一个标识符(例如,class 不是一个有效标识符)。可以在 ODS 中直接提供 builder 的实现,使用 TableGen 块,代码如下:

```
//第 3 章/mlir_builder_arguments.c
def MyOp: Op<"my_op", []> {
  let arguments = (ins F32Attr: $ attr);

  let builders = [
    OpBuilder<(ins "float": $ val), [{
      $ _state.addAttribute("attr", $ _builder.getF32FloatAttr(val));
    }]>
  ];
}
```

　　$ _builder 与 $ _state 这两个特殊参数等效于 builder 与 state。ins 部分中的参数可以被直接使用,例如 val。builder 的 C++ 代码实现会通过替换 ODS 中的特殊变量来完成,要保证 builder ODS 实现的其他部分是有效的 C++ 结构。虽然对代码大小没有限制,但鼓励只在 ODS 中内联较短定义的 builder,而将定义较长的 builder 放在 C++ 文件中。最后,如果某些参数需要默认值,则可以使用 CArg 定义它们以包装类型与此值,代码如下:

```
//第 3 章/mlir_builder_MyOp.c
def MyOp: Op<"my_op", []> {
  let arguments = (ins F32Attr: $ attr);

  let builders = [
    OpBuilder<(ins CArg<"float", "0.5f">: $ val), [{
      $ _state.addAttribute("attr", $ _builder.getF32FloatAttr(val));
    }]>
  ];
}
```

　　在转换后的 C++ 代码中,默认参数只在声明中出现,而不会在定义中出现,这符合 C++ 的要求,代码如下:

```
//第 3 章/mlir_builder_MyOp.c
//头文件
class MyOp: /* ... */ {
  /* ... */
  static void build(::MLIR::OpBuilder &builder, ::MLIR::OperationState &state,
                    float val = 0.5f);
};
```

```
//源文件
MyOp::build(::MLIR::OpBuilder &builder,::MLIR::OperationState &state,
            float val) {
    state.addAttribute("attr", builder.getF32FloatAttr(val));
}
```

6. 声明指令格式（Declarative Assembly Format）

操作的声明指令格式可以在与操作的操作数、属性等匹配的声明性字符串中指定。具有表达需要解析以构建操作的附加信息能力,代码如下:

```
//第 3 章/mlir_declare_aassembly_format.c
def CallOp: Std_Op<"call",...> {
    let arguments = (ins FlatSymbolRefAttr: $ callee, Variadic < AnyType >: $ args);
    let results = (outs Variadic < AnyType >);

    let assemblyFormat = [{
        $ callee `(` $ args `)` `attr – dict `:` functional – type( $ args, results)
    }];
}
```

声明指令格式主要由 3 部分组成。

（1）Directives 指令:指令是一种带有可选参数的内置函数。可用的指令有 attr-dict、attr-dict-with-keyword、operands、ref 等。

（2）字面值（Literals）:字面值是封装起来的键值或者标点符号。下列是有效的标点符号集合:`:`、`,`、`=`、`<`、`>`、`(`、`)`、`{`、`}`、`[`、`]`、`->`、`?`、`+`、`*`。`\n`标点符号有另起一行的效果,代码如下:

```
//第 3 章/mlir_literals_aassembly_format.c
let assemblyFormat = [{
    `{` `\n` ` ` ` ` `这是新的一行` `\n` `}` `attr – dict
}];
% results = my.operation {
    this_is_on_a_newline
}
```

内容为空的字面量可用于删除隐式插入某些字面量元素后的空格,例如)或者]等。举个例子,]可能出现在输出的末尾,但它并不是格式中的最后一个元素,在这个例子里可以使用]删除后续的空格。

（3）变量:变量是注册在操作上的实体,例如操作的参数（属性或操作数）、域、结果、后继者等。在 CallOp 中,变量代表 $ callee 与 $ args。属性变量将显示其各自的值类型。除非其值的类型可以构造,在这种情况下,属性变量的值类型可以省略。

7. 自定义指令与可选组

声明指令格式规范在格式化一个操作时,能够满足大部分普通场景的需求。对于那些想要在格式中指定操作的某一部分的 Op,声明式语法是不支持的,这时可以尝试使用自定义指令。

在某些情况下,操作可能具有可选信息,例如,属性或一组空的可变参数操作数。在这些情况下,可以根据此信息的存在将汇编格式的一部分标记为可选。

8．类型推断

格式的一项要求是操作数与结果的类型必须始终存在。在某些情况下,可以通过类型约束或其他可用信息来推断变量的类型。在这些情况下,可以从格式中省略该变量的类型。

（1）可构建类型：一些类型约束可能只有一种表示,允许它们直接构建,例如,I32 或 Index 类型。ODS 中的类型可以通过设置 builderCall 字段,或从 BuildableType 类继承,以此来将自己标记为可构建。

（2）特征等价约束：有许多操作具有在操作上注册为已知类型相等特征的约束,例如,选择操作的真、假与结果值,通常具有相同的类型。汇编格式可以检查这些等价的约束,以辨别缺失变量的类型。当前支持的特征有 AllTypesMatch、TypesMatchWith、SameTypeOperands 与 SameOperandsAndResultType。

（3）InferTypeOpInterface：实现 InferTypeOpInterface 的操作可以在其汇编格式中省略其结果类型,因为可以从操作数中推断出结果类型。

（4）hasCanonicalizer：此布尔字段指示是否已为此操作定义规范化模式。如果它是 1,则::getCanonicalizationPatterns()应该被定义。

（5）hasCanonicalizeMethod：当将此布尔字段设置为 true 时,表示操作为简单的 matchAndRewrite 样式规范化模式实现了 canonicalize 方法。如果 hasCanonicalizer 为 0,则实现::getCanonicalizationPatterns()来调用此函数。

（6）hasFolder：此布尔字段指示是否已为此操作定义了通用折叠规则。如果它是 1,则::fold()应该被定义。

9．特定声明

表驱动操作定义的目标之一是为每个操作自动生成尽可能多的逻辑与方法。虽然如此,总会有无法涵盖的长尾案例。对于这种情况,可以使用 extraClassDeclaration。extraClassDeclaration 中的代码将被逐字复制到生成的 C++ 操作类。

注意,extraClassDeclaration 采用的是一种针对高级用户的长尾案例的机制。对于尚未实施的广泛适用的情况,改善基础设施是可取的。

10．生成 C++ 代码

处理操作定义规范文件(.td 文件)并生成两个包含相应 C++ 代码的文件：一个用于声明,另一个用于定义。前者通过-gen-op-decls 命令行选项生成,而后者通过-gen-op-defs 选项生成,代码如下：

```
//第 3 章/mlir_define_generator_format.c
OpDefinitionsGen (
https://github.com/llvm/llvm - project/blob/main/MLIR/tools/MLIR - tblgen/OpDefinitionsGen.
cppgithub.com/llvm/llvm - project/blob/main/MLIR/tools/MLIR - tblgen/OpDefinitionsGen.cpp
)
```

定义文件包含所有的操作方法定义,可以通过定义 GET_OP_CLASSES 来包含与启用相应的操作。对于每个操作,OpDefinitionsGen 会生成一个操作类及一个操作数适配器类(operand adaptor class)。此外,它还包含一个以逗号分隔的所有已定义操作的列表,可以通过定义 GET_OP_LIST 来包含与启用这些操作。

1) 类名与名字空间

对于每个操作,其生成的 C++ 类名是使用 TableGen 定义为前缀的名字,并删除了方言前缀。第 1 个_用作分隔符,例如,对于 def TF_AddOp,C++ 类名会是 AddOp。移除了 TensorFlow 前缀,因为它是多个操作的作用域,其他方言也可以定义自己的 AddOps。

生成的 C++ 类的类名将来自方言的 cppNamespace 字段。举个例子,如果一种方言的命名空间是 A∷B,则该 Dialect 的 Op 将被配置在 namespace A { namespace B {...} }。如果方言没有指定 cppNamespace,就使用方言的名称作为命名空间。这意味着生成的 C++ 类的名称不一定与操作名称中的操作名称完全匹配。这是为了允许灵活命名以满足编码风格的要求。

2) 操作数适配器

对于每个操作,MLIR 会自动生成一个操作数适配器。这个类解决了访问作为列表值提供的操作数,而不使用大数常量的问题。操作数适配器引用一个 Value 数组,并提供与操作类中名称相同的方法来访问它们,例如,对于二元算术运算,它可以提供 .lhs() 来访问第 1 个操作数与提供 .rhs() 来访问第 2 个操作数。操作数适配器类与操作类位于同一命名空间中,类的名称由操作类的名称后面接一个适配器组成。

操作数适配器也可以用于处理操作的函数模板,代码如下:

```c
//第 3 章/mlir_define_adaptor_operation.c
template < typename BinaryOpTy >
std::pair < Value, Value > zip(BinaryOpTy &&op) {
  return std::make_pair(op.lhs(), op.rhs());;
}

void process(AddOp op, ArrayRef < Value > newOperands) {
  zip(op);
  zip(Adaptor < AddOp >(newOperands));
  / * ... * /
}
```

在 OneFlow 中,可以看到生成的 UserOpAdaptor 代码。里面提供了一系列接口,可以访问操作的操作数及相关属性,代码如下:

```c
//第 3 章/mlir_define_adaptor_operation.c
// === ---------------------------------------------------------=== //
//∷MLIR∷oneflow∷UserOp declarations
// === ---------------------------------------------------------=== //

class UserOpAdaptor {
public:
```

```
  UserOpAdaptor(::MLIR::ValueRange values,::MLIR::DictionaryAttr attrs,::MLIR::RegionRange
regions = {});
  UserOpAdaptor(UserOp &op);
::MLIR::ValueRange getOperands();
  std::pair < unsigned, unsigned > getODSOperandIndexAndLength(unsigned index);
::MLIR::ValueRange getODSOperands(unsigned index);
::MLIR::ValueRange data_input();
::MLIR::ValueRange ctrl_inputs();
::MLIR::DictionaryAttr getAttributes();
::MLIR::StringAttr op_name();
::MLIR::BoolAttr trainable();
::MLIR::StringAttr device_tag();
::MLIR::ArrayAttr device_name();
::MLIR::IntegerAttr scope_symbol_id();
::MLIR::ArrayAttr hierarchy();
::MLIR::DenseIntElementsAttr operand_segment_sizes();
::MLIR::DenseIntElementsAttr result_segment_sizes();
::MLIR::StringAttr op_type_name();
::MLIR::ArrayAttr input_lbn_segment_keys();
::MLIR::ArrayAttr input_lbn_segment_sizes();
::MLIR::ArrayAttr output_lbn_segment_keys();
::MLIR::ArrayAttr output_lbn_segment_sizes();
::MLIR::ArrayAttr output_lbns();
::MLIR::LogicalResult verify(::MLIR::Location loc);

private:
::MLIR::ValueRange odsOperands;
::MLIR::DictionaryAttr odsAttrs;
::MLIR::RegionRange odsRegions;
};
```

11. 约束

约束(Constraint)是表驱动操作定义中的一个核心概念：操作验证与图操作匹配都基于满足约束条件,因此,操作定义与重写规则都直接涉及写入约束。MLIR 在 OpBase.td 文件中定义了 Constraint 基类。一个操作的约束可以覆盖不同的范围,可能是以下几种类型：

（1）仅关注单个属性,例如大于 5 的 32 位整数。

（2）多个操作数与结果,例如,第 1 个结果的形状必须与第 1 个操作数(可理解为张量)相同。

（3）操作本身固有的。将它们分别称为单实体约束、多实体约束与特征。

12. MLIR 三要素

MLIR 包括以下三要素：

（1）MLIRGen 模块到生产线的履带：遍历抽象语法树(AST),据 AST 各节点的类型,递归调用子函数,子函数内部再根据不同情况进行相应操作。

（2）Dialect 模块到生产线的机械臂：负责定义各种操作与分析,同时还具备可扩展性。

（3）TableGen 模块到生产线的零件：一种声明性编程语言，用于描述 MLIR 中操作的各种操作的类的定义，在源代码中它以. td 文件的形式存在，在编译时会自动生成 C++的相应文件，给 Dialect 模块文件提供支持。

3.3.8　DSL 技术示例代码演示

NVIDIA WSL 环境搭建。在 Power Shell 中查看 WSL2 信息，代码如下：

```
//第 3 章/power_shell_wsl2.xml
PS C:\Users\Lenovo> wsl cat /proc/version
Linux version 5.15.90.1 - microsoft - standard - WSL2 (oe - user@oe - host) (x86_64 - msft -
linux - gcc (GCC) 9.3.0, GNU ld (GNU Binutils) 2.34.0.20200220) #1 SMP Fri Jan 27 02:56:13 UTC
2024
PS C:\Users\Lenovo> wsl -- list -- verbose
  NAME          STATE          VERSION
* Ubuntu        Running           2
```

1. 环境准备

预设环境脚本，代码如下：

```
//第 3 章/uname_nNVIDIA_pprocess.xml
$ uname - a
Linux LAPTOP - 3SUHS40U 5.15.90.1 - microsoft - standard - WSL2 #1 SMP Fri Jan 27 02:56:13 UTC
2024 x86_64 x86_64 x86_64 GNU/Linux

$ nvidia - smi.exe
Sun Apr 3 10:58:42 2024
+-----------------------------------------------------------------------------+
| nvidia - SMI 457.49       Driver Version: 457.49       CUDA Version: 11.1    |
|-------------------------------+----------------------+----------------------+
| GPU  Name           TCC/WDDM | Bus - Id        Disp.A | Volatile Uncorr. ECC |
| Fan  Temp  Perf  Pwr:Usage/Cap|         Memory - Usage | GPU - Util  Compute M. |
|                               |                      |               MIG M. |
|===============================+======================+======================|
|   0  GeForce RTX 2060    WDDM | 00000000:01:00.0  On |                  N/A |
| N/A  47C   P8    7W /  N/A |    912MiB /  6144MiB |      5%       Default |
|                               |                      |                  N/A |
+-------------------------------+----------------------+----------------------+

+-----------------------------------------------------------------------------+
| Processes:                                                                  |
|  GPU   GI   CI        PID   Type   Process name                  GPU Memory |
|        ID   ID                                                   Usage      |
|=============================================================================|
|    0   N/A  N/A      1784    C + G   ...y\ShellExperienceHost.exe    N/A      |
|    0   N/A  N/A      1884    C + G   Insufficient Permissions        N/A      |
|    0   N/A  N/A      8344    C + G   ...wekyb3d8bbwe\Video.UI.exe    N/A      |
+-----------------------------------------------------------------------------+
```

GPU 设备各种参数查询结果,如图 3-19 所示。

```
+-----------------------------------------------------------------------+
| NVIDIA-SMI 457.49       Driver Version: 457.49      CUDA Version: 11.1 |
|-------------------------------+----------------------+----------------|
| GPU  Name         TCC/WDDM | Bus-Id        Disp.A | Volatile Uncorr. ECC |
| Fan  Temp  Perf  Pwr:Usage/Cap|              Memory-Usage | GPU-Util  Compute M. |
|                            |                      |               MIG M. |
|===============================+======================+====================|
|   0  GeForce RTX 2060   WDDM | 00000000:01:00.0  On |                  N/A |
| N/A   47C    P8     7W /  N/A |   912MiB /  6144MiB |      5%      Default |
|                            |                      |                  N/A |
+-------------------------------+----------------------+----------------+


+-----------------------------------------------------------------------+
| Processes:                                                            |
|  GPU   GI   CI       PID   Type   Process name              GPU Memory |
|        ID   ID                                              Usage      |
|=======================================================================|
|    0   N/A  N/A     1784    C+G   ...y\ShellExperienceHost.exe   N/A   |
|    0   N/A  N/A     1884    C+G   Insufficient Permissions       N/A   |
|    0   N/A  N/A     8344    C+G   ...wekyb3d8bbwe\Video.UI.exe   N/A   |
+-----------------------------------------------------------------------+
```

图 3-19　GPU 设备各种参数查询结果

先使用 sudo apt-get install 命令进行安装,再用 cmake build 命令进行编译,脚本代码如下:

```
//第 3 章/sudo_apt_get_install.xml
sudo apt - get install clang lld
sudo apt - get install cmake
sudo apt - get install re2c
git clone https://github.com/ninja - build/ninja.git
cd ninja/
git branch - r
git checkout release
cmake - Bbuild - cmake
cmake -- build build - cmake
./build - cmake/ninja_test
cd build - cmake/
sudo make install
cd -
```

2. 编译 llvm-project

MLIR 项目安装方式,脚本代码如下:

```
//第 3 章/mlir_llvm_get_install.xml
git clone https://github.com/llvm/llvm - project.git
mkdir llvm - project/build
cd llvm - project/build
cmake - G Ninja../llvm \
    - DLLVM_ENABLE_PROJECTS = MLIR \
    - DLLVM_BUILD_EXAMPLES = ON \
```

```
  - DLLVM_TARGETS_TO_BUILD = "Native; NVPTX; AMDGPU" \
  - DCMAKE_BUILD_TYPE = Release \
  - DLLVM_ENABLE_ASSERTIONS = ON
```

使用 Clang 与 LLD 可以加快构建速度,代码如下:

```
//第 3 章/mlir_llvm_get_install_1.xml
# - DCMAKE_C_COMPILER = clang - DCMAKE_C X_COMPILER = clang++ - DLLVM_ENABLE_LLD = ON
```

CCache 可以进一步地加快重建速度,代码如下:

```
//第 3 章/mlir_llvm_get_install_2.xml
  - DLLVM_CCACHE_BUILD = ON
```

可选,使用 ASAN/UBSAN 可以在开发早期发现错误,启用的代码如下:

```
//第 3 章/mlir_llvm_get_install_3.xml
# - DLLVM_USE_SANITIZER = "Address;Undefined"
# 也可以选择启用集成测试
# - DMLIR_INCLUDE_INTEGRATION_TESTS = ON
cmake -- build. -- target check - MLIR
```

使用编译命令,命令如下:

```
//第 3 章/mlir_llvm_get_install.xml
cmake - G Ninja../llvm \
  - DLLVM_ENABLE_PROJECTS = MLIR \
  - DLLVM_BUILD_EXAMPLES = ON \
  - DLLVM_TARGETS_TO_BUILD = "host" \
  - DCMAKE_BUILD_TYPE = Release \
  - DLLVM_ENABLE_ASSERTIONS = ON \
  - DCMAKE_C_COMPILER = clang - DCMAKE_CXX_COMPILER = clang++ - DLLVM_ENABLE_LLD = ON \
  - DLLVM_CCACHE_BUILD = OFF \
  - DLLVM_USE_SANITIZER = "Address;Undefined" \
  - DMLIR_INCLUDE_INTEGRATION_TESTS = ON

cmake -- build. -- target check - MLIR
Testing Time: 234.88s
  Unsupported:  143
  Passed: 1911
```

3. 测试解析

整个 MLIR 的编译流程,如图 3-20 所示。

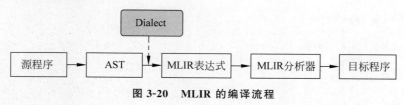

图 3-20　MLIR 的编译流程

MLIR 中 codegen. toy 文件的示例,代码如下:

```
//第 3 章/mlir_ccodegen.toy
# RUN: toyc - ch2 % s - emit = MLIR 2 > &1 | FileCheck % s
# 对未知形状参数进行操作的用户定义的泛型函数
def multiply_transpose(a, b) {
  return transpose(a) * transpose(b);
}

def main() {
  var a < 2, 3 > = [[1, 2, 3], [4, 5, 6]];
  var b < 2, 3 > = [1, 2, 3, 4, 5, 6];
  var c = multiply_transpose(a, b);
  var d = multiply_transpose(b, a);
  print(d);
}

# CHECK - LABEL: toy.func @multiply_transpose(
# CHECK - SAME:                                      [[VAL_0:%.*]]: tensor < * xf64 >, [[VAL_
1:%.*]]: tensor < * xf64 >) -> tensor < * xf64 >
# CHECK:          [[VAL_2:%.*]] = toy.transpose([[VAL_0]]: tensor < * xf64 >) to tensor
< * xf64 >
# CHECK - NEXT:    [[VAL_3:%.*]] = toy.transpose([[VAL_1]]: tensor < * xf64 >) to tensor
< * xf64 >
# CHECK - NEXT:    [[VAL_4:%.*]] = toy.mul [[VAL_2]], [[VAL_3]]:  tensor < * xf64 >
# CHECK - NEXT:    toy.return [[VAL_4]]: tensor < * xf64 >

# CHECK - LABEL: toy.func @main()
# CHECK - NEXT:    [[VAL_5:%.*]] = toy.constant dense <{{\[\[}}1.000000e + 00, 2.000000e + 00,
3.000000e + 00], [4.000000e + 00, 5.000000e + 00, 6.000000e + 00]]>: tensor < 2 × 3 × f64 >
# CHECK - NEXT:    [[VAL_6:%.*]] = toy.reshape([[VAL_5]]: tensor < 2 × 3 × f64 >) to tensor
< 2 × 3 × f64 >
# CHECK - NEXT:    [[VAL_7:%.*]] = toy.constant dense <[1.000000e + 00, 2.000000e + 00,
3.000000e + 00, 4.000000e + 00, 5.000000e + 00, 6.000000e + 00]>: tensor < 6 × f64 >
# CHECK - NEXT:    [[VAL_8:%.*]] = toy.reshape([[VAL_7]]: tensor < 6 × f64 >) to tensor < 2 × 3 ×
f64 >
# CHECK - NEXT:    [[VAL_9:%.*]] = toy.generic_call @multiply_transpose([[VAL_6]],
[[VAL_8]]): (tensor < 2 × 3 × f64 >, tensor < 2 × 3 × f64 >) -> tensor < * xf64 >
# CHECK - NEXT:    [[VAL_10:%.*]] = toy.generic_call @multiply_transpose([[VAL_8]],
[[VAL_6]]): (tensor < 2 × 3 × f64 >, tensor < 2 × 3 × f64 >) -> tensor < * xf64 >
# CHECK - NEXT:    toy.print [[VAL_10]]: tensor < * xf64 >
# CHECK - NEXT:    toy.return
```

MLIR 将源程序生成抽象语法树,代码如下:

```
//第 3 章/mlir_sourcecode_to_ast.c
  Module:
    Function
      Proto 'multiply_transpose' @../MLIR/test/Examples/Toy/codegen.toy:4:1
      Params: [a, b]
```

```
        Block {
          Return
            BinOp: * @../MLIR/test/Examples/Toy/codegen.toy:5:25
              Call 'transpose' [ @../MLIR/test/Examples/Toy/codegen.toy:5:10
                var: a @../MLIR/test/Examples/Toy/codegen.toy:5:20
              ]
              Call 'transpose' [ @../MLIR/test/Examples/Toy/codegen.toy:5:25
                var: b @../MLIR/test/Examples/Toy/codegen.toy:5:35
              ]
        } //Block
    Function
      Proto 'main' @../MLIR/test/Examples/Toy/codegen.toy:8:1
      Params: []
      Block {
        VarDecl a < 2, 3 > @../MLIR/test/Examples/Toy/codegen.toy:9:3
          Literal: < 2, 3 >[ < 3 >[ 1.000000e + 00, 2.000000e + 00, 3.000000e + 00], < 3 >
[ 4.000000e + 00, 5.000000e + 00, 6.000000e + 00]] @../MLIR/test/Examples/Toy/codegen.toy:
9:17
        VarDecl b < 2, 3 > @../MLIR/test/Examples/Toy/codegen.toy:10:3
          Literal: < 6 >[ 1.000000e + 00, 2.000000e + 00, 3.000000e + 00, 4.000000e + 00,
5.000000e + 00, 6.000000e + 00] @../MLIR/test/Examples/Toy/codegen.toy:10:17
        VarDecl c <> @../MLIR/test/Examples/Toy/codegen.toy:11:3
          Call 'multiply_transpose' [ @../MLIR/test/Examples/Toy/codegen.toy:11:11
            var: a @../MLIR/test/Examples/Toy/codegen.toy:11:30
            var: b @../MLIR/test/Examples/Toy/codegen.toy:11:33
          ]
        VarDecl d <> @../MLIR/test/Examples/Toy/codegen.toy:12:3
          Call 'multiply_transpose' [ @../MLIR/test/Examples/Toy/codegen.toy:12:11
            var: b @../MLIR/test/Examples/Toy/codegen.toy:12:30
            var: a @../MLIR/test/Examples/Toy/codegen.toy:12:33
          ]
        Print [ @../MLIR/test/Examples/Toy/codegen.toy:13:3
          var: d @../MLIR/test/Examples/Toy/codegen.toy:13:9
        ]
      } //Block
```

将抽象语法树生成 MLIR 表达式，代码如下：

```
//第3章/mlir_ast_to_ir.c
module {
  toy.func @multiply_transpose( % arg0: tensor < * xf64 > loc("../MLIR/test/Examples/Toy/
codegen.toy":4:1), % arg1: tensor < * xf64 > loc("../MLIR/test/Examples/Toy/codegen.toy":4:
1)) -> tensor < * xf64 > {
    % 0 = toy.transpose( % arg0: tensor < * xf64 >) to tensor < * xf64 > loc("../MLIR/test/
Examples/Toy/codegen.toy":5:10)
    % 1 = toy.transpose( % arg1: tensor < * xf64 >) to tensor < * xf64 > loc("../MLIR/test/
Examples/Toy/codegen.toy":5:25)
    % 2 = toy.mul % 0, % 1: tensor < * xf64 > loc("../MLIR/test/Examples/Toy/codegen.toy":5:25)
    toy.return % 2: tensor < * xf64 > loc("../MLIR/test/Examples/Toy/codegen.toy":5:3)
  } loc("../MLIR/test/Examples/Toy/codegen.toy":4:1)
```

```
toy. func @main() {
    %0 = toy. constant dense<[[1.000000e + 00, 2.000000e + 00, 3.000000e + 00], [4.000000e + 00,
5.000000e + 00, 6.000000e + 00]]>: tensor < 2 × 3 × f64 > loc ("../MLIR/test/Examples/Toy/
codegen. toy":9:17)
    %1 = toy. reshape( %0: tensor < 2 × 3 × f64 >) to tensor < 2 × 3 × f64 > loc("../MLIR/test/
Examples/Toy/codegen. toy":9:3)
    %2 = toy. constant dense<[1.000000e + 00, 2.000000e + 00, 3.000000e + 00, 4.000000e +
00, 5.000000e + 00, 6.000000e + 00]>: tensor < 6 × f64 > loc ("../MLIR/test/Examples/Toy/
codegen. toy":10:17)
    %3 = toy. reshape( %2: tensor < 6 × f64 >) to tensor < 2 × 3 × f64 > loc("../MLIR/test/
Examples/Toy/codegen. toy":10:3)
    %4 = toy. generic_call @multiply_transpose( %1, %3): (tensor < 2 × 3 × f64 >, tensor < 2 ×
3 × f64 >) -> tensor < * xf64 > loc("../MLIR/test/Examples/Toy/codegen. toy":11:11)
    %5 = toy. generic_call @multiply_transpose( %3, %1): (tensor < 2 × 3 × f64 >, tensor < 2 ×
3 × f64 >) -> tensor < * xf64 > loc("../MLIR/test/Examples/Toy/codegen. toy":12:11)
    toy. print %5: tensor < * xf64 > loc("../MLIR/test/Examples/Toy/codegen. toy":13:3)
    toy. return loc("../MLIR/test/Examples/Toy/codegen. toy":8:1)
} loc("../MLIR/test/Examples/Toy/codegen. toy":8:1)
```

3.3.9　MLIR 源码工程操作分析

在 LLVM 工程中，ops. td 文件用于定义各种操作的类，在 Dialect. cpp 文件中定义操作与分析，MLIRGen. cpp 文件便于使用抽象语法树进行相应操作，如图 3-21 所示。

图 3-21　LLVM 中 ops. td、Dialect. cpp、MLIRGen. cpp 这 3 个文件的功能分析

MLIR 源文件、MLIRGen 模块、Dialect 模块调用关系图例，如图 3-22 所示。

1. MLIRGen 模块

MLIRGen 模块根据 AST 各节点的类型递归地调用子函数与子函数内部，再根据不同情况进行相应操作，代码如下：

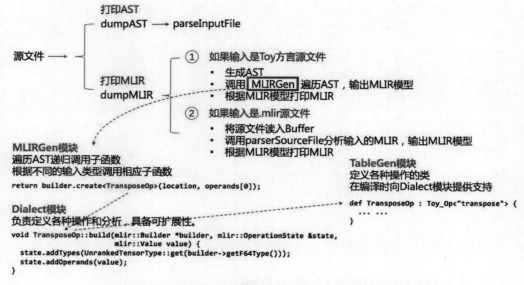

图 3-22　MLIR 源文件、MLIRGen 模块、Dialect 模块调用关系图例

```
//第 3 章/mlir_gen_ast.c
//发出一个调用表达式。它为转置内建函数发出特定的操作,其他标识符被假定为用户定义的函数
  MLIR::Value MLIRGen(CallExprAST &call) {
    llvm::StringRef callee = call.getCallee();
    auto location = loc(call.loc());

    //首先对操作数进行代码生成
    SmallVector < MLIR::Value, 4 > operands;
    for (auto &expr: call.getArgs()) {
      auto arg = MLIRGen( * expr);
      if (!arg)
        return nullptr;
      operands. push_back(arg);
    }

    //内置调用具有自定义操作,这意味着这是一个直接的发射
    if (callee == "transpose") {
      if (call.getArgs().size() != 1) {
        emitError(location, "MLIR 代码生成出现一个错误: toy.transpose "
                            "不接受多个参数");
        return nullptr;
      }
      return builder.create < TransposeOp >(location, operands[0]);
    }

    //否则这是对用户定义函数的调用。对用户定义函数的调用被映射到自定义调用
    return builder.create < GenericCallOp >(location, callee, operands);
  }
```

2. Dialect 模块

Dialect 模块负责定义各种操作与分析，同时还具备可扩展性。对于转置操作来讲，Dialect 模块负责给这个转置操作添加相应的类型与操作数的值，代码如下：

```c
//第 3 章/mlir_TransposeOp_build.c
// === -------------------------------------------------------------- === //
//TransposeOp
// === -------------------------------------------------------------- === //

void TransposeOp::build(MLIR::OpBuilder &builder, MLIR::OperationState &state,
                        MLIR::Value value) {
  state.addTypes(UnrankedtensorType::get(builder.getF64Type()));
  state.addOperands(value);
}
```

3. TableGen 模块

ODS 框架是基于 TableGen 规范构造的。用于描述 MLIR 中操作的类的定义，在源代码中它以 .td 文件的形式存在，在编译时会自动生成 C++ 的相应文件，给方言模块文件提供支持。

如果使用手动编写的方式，则在针对不同编译目标时，需要在一系列不同文件中编写一些相同的代码，这就造成了冗余开发，而使用 TableGen，只需修改 .td 文件，便可实现批量修改，也就解决了上述问题。

在 Toy 方言程序例子中，.td 文件是由什么组成的，而 TableGen 又是怎么发挥作用的，按如下三步来解析，如图 3-23 所示。

图 3-23　MLIR 源文件、MLIRGen 模块、Dialect 模块调用关系图例

1）定义一个与 Toy 方言的链接

在.td 文件中定义一个 TableGen 与 Dialect 的链接，它负责把在 Dialect 中定义的所有操作整合起来，在 MLIR\examples\toy\Ch2\include\toy\Ops.td 文件中的代码如下：

```c
//第3章/mlir_toy_ops.c
//在 ODS 框架中提供 Toy 方言的定义，以便可以定义操作
def Toy_Dialect: Dialect {
  let name = "toy";
  let cppNamespace = "::MLIR::toy";
}
```

2）创建一个 Toy 方言操作的基类

构造所有 Dialect 操作的基类 Toy 操作，所有的操作类都将基于此类进行构造，保存在 MLIR\examples\toy\Ch2\include\toy\Ops.td 文件中。Toy 方言操作的基类，此操作继承自 OpBase.td 中的基本操作类，代码如下：

```c
//第3章/mlir_Ops_toy.c
//操作的父方言
//操作的助记符，或不带方言前缀的名称
//操作特征列表
class Toy_Op < string mnemonic, list < Trait > traits = [ ]>:
    Op < Toy_Dialect, mnemonic, traits >;
```

3）Toy 方言各种操作的类

所有定义的操作的类都继承自上述基类，以 MLIR\examples\toy\Ch2\include\toy\Ops.td 文件代码中的 TransposeOp 为例，使用 TableGen 的规则定义参数、值、构建、验证等元素，代码如下：

```c
//第3章/mlir_tablegen_toy.c
def TransposeOp: Toy_Op <"transpose"> {
  let summary = "转置操作";

  let arguments = (ins F64tensor: $ input);
  let results = (outs F64tensor);

  let assemblyFormat = [{
    `(` $ input `:` type( $ input) `)` attr – dict `to` type(results)
  }];

  //允许从输入操作数构建 TransposeOp
  let builders = [
    OpBuilder <(ins "Value": $ input)>
  ];

  //调用一个静态验证方法来验证此转置操作
  let hasVerifier = 1;
}
```

4）生成 C++代码

在编写完 TableGen 描述之后，可以使用 MLIR-tblgen 工具来生成 C++代码，在编译时，TableGen 将会发挥作用，把.td 文件生成为 C++文件，而上述生成的代码将给 Dialect 模块提供支持，代码如下：

```
//第3章/mlir_tablegen_toy.c
llvm - project/build $ bin/MLIR - tblgen - gen - op - defs../MLIR/examples/toy/include/toy/
Ops.td -I../MLIR/include/ > toy_chn2.cpp
```

3.4　调用堆栈、堆栈帧与程序计数器

3.4.1　堆栈调用

在程序执行期间，机器维护指向正在执行的指令的指针。它被称为程序计数器或指令指针。

当调用一种方法时，程序计数器被设置为被调用函数（被调用者）上的第 1 条指令。一旦子方法完成执行，程序就需要知道如何返回调用原点。

该信息通常使用调用堆栈的概念来维护，程序及其右侧的调用堆栈如图 3-24 所示。

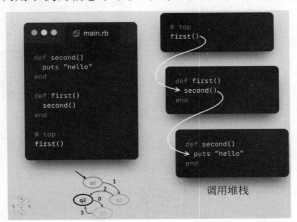

图 3-24　main. rb、top、first、second 堆栈调用示例

调用堆栈由堆栈帧组成。每当在调用函数时都会创建一个新的堆栈帧并将其推送到堆栈上。当被调用的函数返回时，堆栈帧将弹出。

在每点上，调用堆栈都表示实际的堆栈跟踪。

调用堆栈的最顶部表示整个文件的范围，后面是第 1 个函数的堆栈帧，再后面是第 2 个函数，以此类推。在 Ruby 中，top 函数/文件作用域被简称为 top。

3.4.2　堆叠异常处理

现在,假设将一些信息从第 2 个函数传递到 top 时发生了一些错误或异常情况,此特定程序状态需要一些特殊处理。

有几种有限的方法来处理这种情况:要么返回一些特殊的值 up(因此,调用堆栈上的每个函数都应该知道这一点),要么可以使用一些全局变量与调用方通信(例如,C 语言中的 errno),这会再次通过调用堆栈干扰业务逻辑。

更优雅地处理这个问题的一种方法是使用特定的语言结构——异常。

可以抛出/引发异常,然后在 top 添加特殊处理,而不是干扰整个调用堆栈,如图 3-25 所示。

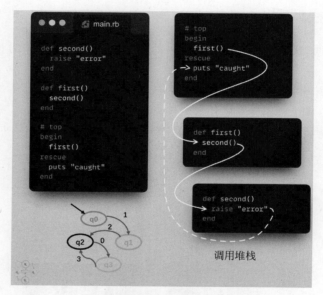

图 3-25　堆栈调用异常处理示例

如何实现这个功能? 为了回答这个问题,先了解需要发生什么。

在调用 top 的第 1 个函数之前,程序处于某种特定状态。现在,程序在第 2 个函数中的处理错误行附近处于另一种特定状态。

需要以某种方式恢复第 1 次调用之前的状态,并在 top 的 rescue 之后继续执行(通过相应地更改程序计数器实现)。

从概念上讲,可以在调用第 1 种方法并稍后恢复它之前保存机器状态。问题是存储整个机器的状态开销太大,并且存储了超出所需的成本,从而增加了开销。

相反,可以将维护程序的任务分派给实际的程序开发人员。

大多数语言提供了处理此问题的有用功能。

(1)Ruby 有明确的确保块。

（2）Java 有明确的 finally 语句。

（3）C++具有 RAII 与隐式析构函数。

（4）C 有 setjmp/longjmp，但只讨论有用的特性。

以下是 Ruby 的工作原理。

每当抛出异常时，程序都会调用堆栈，并从这些终结器执行代码，直到到达异常处理程序为止，此过程称为堆栈展平。

这里是一个更新的例子，在堆栈展开期间显式地恢复状态。

如果不执行确保块的代码，则假设的锁将永远不会被释放，从而以可怕的方式破坏程序，如图 3-26 所示。

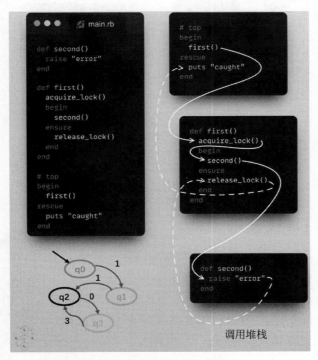

图 3-26　堆栈调用异常处理恢复状态示例

1. Ruby 中的异常

现在可以讨论 Ruby 中不同类型的异常，有 3 种不同的类型：

（1）实际引发的异常。

（2）break 语句。

（3）return 声明。

break 与 return 语句在处理上下文中使用时都具有特殊意义。

下面用示例详细说明这 3 个方面。

2. 正常例外情况

实际的异常会进入堆栈,调用终结器直到找到异常处理程序。
这些都是大家熟悉的正常例外情况,如图 3-27 所示。

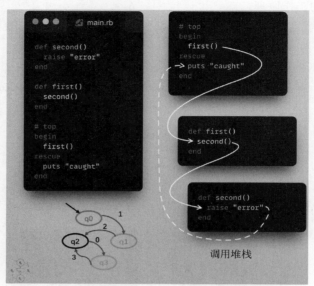

图 3-27　堆栈调用正常例外处理示例

3.4.3　返回堆栈调用

return 语句的行为不同,这取决于它们所属的词法范围。
举一个小示例,在屏幕上输出内容,如图 3-28 所示。
return 是从块内调用的。本来期望 x * 4 从块返回,但实际
上,它是从封闭函数(词法范围)返回的,如图 3-29 所示。
x * 4 从 f 返回,而不是从块返回。
代码的输出如下:

```
2: 8
```

而不是:

```
1: 8
2: 42
breaks
```

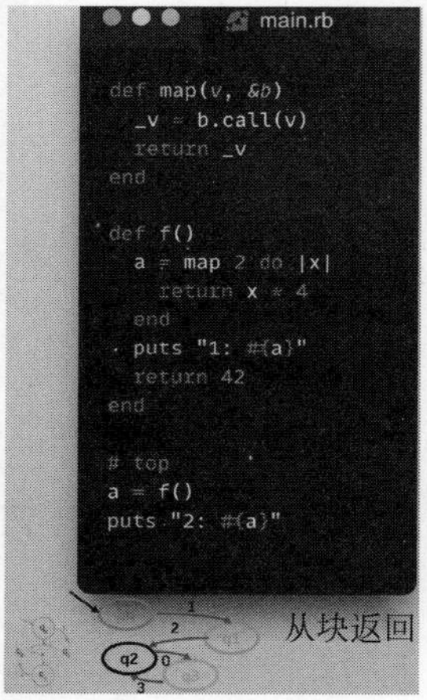

图 3-28　从块返回处理示例

与返回类似,breaks 允许从封闭函数返回,但方式略有不同。
举个很复杂的例子,如图 3-30 所示。
如图 3-30 所示,各个模块的关系解析如下:

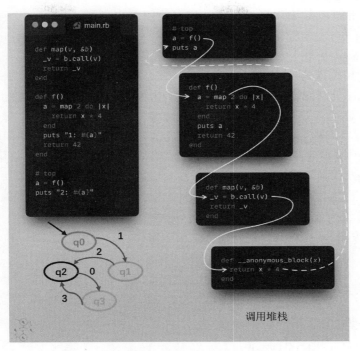

图 3-29　从封闭函数（词法范围）返回堆栈调用示例

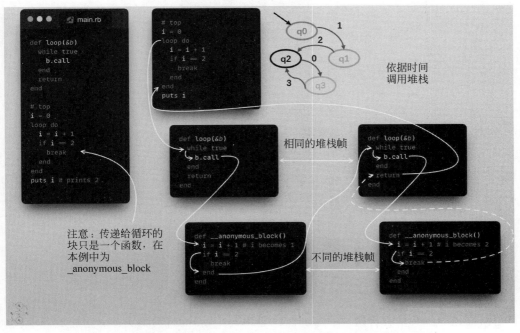

图 3-30　从封闭函数（词法范围）返回堆栈调用，但方式略有不同示例

（1）top 调用循环函数并将块传递给它。块只是引擎盖下的另一个函数。在这里作为__anonymous_block 单独呈现。

（2）Runtime 为循环创建一个新的堆栈帧，并将其放在调用堆栈上。

（3）循环调用传递的块（__anonymous_block）。

（4）Runtime 为__anonymous_block 创建新的堆栈帧，并将其放在堆栈上。

（5）__anonymous_block 递增 i，检查是否相等，然后返回循环。

（6）Runtime 从调用堆栈中删除__anonymous_block 堆栈帧。

（7）循环堆栈帧保留在调用堆栈上，实现真正循环调用__anonymous_block 的下一次迭代。

（8）运行时为__anonymous_block 创建新的堆栈帧，并将其放在堆栈上。

（9）__anonymous_block 递增 i，检查是否相等，并调用 break。

（10）break 启动堆栈展开并从封闭函数（循环）返回，可参见虚线。

（11）循环返回，从而在值为真时绕过无休止循环。

（12）break 构造。

3.4.4　异常中断与应用

1. 异常中断

异常中断实现，如图 3-31 所示。

图 3-31　异常中断实现

2. 应用实施

上面描述的所有语言构造（块中的异常、返回与中断）的行为都类似：它们展开堆栈（在向上的过程中调用终结器）并在某个定义明确的点停止。

它们在原始 Ruby 运行时中的实现略有不同。尽管如此,还是将它们全部作为异常来实现,返回与中断是特殊的异常:需要携带一个值并存储关于停止位置解除过程的信息。

考虑安全 rescue 着陆场景实现示例,如图 3-32 所示。

图 3-32　安全 rescue 着陆场景实现示例

rescue 与确保后的障碍物称为着陆台。

此示例有两种着陆台:捕获与清理(确保)。捕获是有条件的着陆台:只有当异常类型与其类型匹配时,才会执行捕获操作。注意最后一个 rescue,它没有附加任何类型,所以它只会捕获任何异常。

相反,清理是无条件的——它们将始终运行,但也会将异常转发到调用堆栈上的下一个函数。

在这个例子中的另一个重要细节是第 2 个 rescue,它使用函数参数作为类型。也就是说,着陆台的类型只有在运行时才知道,它可以是任何东西。

例如,在 C++ 中,所有的 catch 类型都必须预先知道,并且编译器会发出特殊的运行时类型信息(RTTI)。再强调一遍,IMO 应该是编译时间类型信息,但它是 C++。

因此,Ruby 虚拟机总是进入每个着陆台。对于捕获,它首先(在运行时)检查异常类型是否与平台的类型匹配,如果匹配,则将异常标记为捕获,并继续执行平台。如果异常类型不匹配,则会立即重新抛出异常,以便下一个着陆台可以尝试接住它。

3. MLIR 框架上构建异常

在 MLIR 框架上建模异常,但这需要更多的时间,主要原因有以下几个:

(1)由于异常的工作方式(一些寄存器必须溢出堆栈),最初立即构建 SSA 的方法不起作用,所以方言发生了一些变化,需要对它们进行一些清理。

(2)目前对它们建模的方式更像是一种破解,只是因为有某些规则,所以它还不是一个可靠的模型。

(3)添加了 JIT 支持(对 Kernel.eval),并需要进行一些调整,以便异常在实时评估中起作用。

MLIR 方言技术

4.1 定义方言

4.1.1 定义方言概述

在最基本的层面上,在 MLIR 中定义方言就像专门化 C++方言类一样简单。MLIR 通过 TableGen 提供了一个强大的声明式规范机制。一种通用语言,具有维护领域特定信息记录的工具。它通过自动生成所有必要的样板 C++代码简化了定义过程,显著地减少了更改方言定义时的维护负担,还提供了特定的工具(如文档生成)。鉴于上述情况,声明性规范是定义新方言的预期机制,也是本文档中详细介绍的方法。在继续讲解之前,强烈建议用户查看 TableGen 程序员参考资料,了解其语法与结构。

下面展示一个简单的方言定义示例。通常建议在不同的 .td 文件中根据方言的属性、操作、类型与其他子组件定义方言类,以便在各种不同的方言组件之间建立适当的分层。它还防止了可能无意中为某些构造生成多个定义的情况。此建议扩展到所有 MLIR 构造,简单的方言定义示例,代码如下:

```
//第 4 章/mlir_tablegen_dialect.c
//包括定义方言所必需的表生成结构的定义
include "MLIR/IR/DialectBase.td"

//这里有一种方言的简单定义
def MyDialect: Dialect {
  let summary = "方言的一行简短描述。";
  let description = [{
                     方言非常重要。更详细的描述是方言
                     记录了有关文档的所有重要信息。
  }];
//这是方言的名称空间,它用于封装方言的子组件
//例如操作("my_dialect.foo my_dialect.foo")。
  let name = "my_dialect";
```

```
//方言及其子组件所在的 C++ 命名空间
  let cppNamespace = "::my_dialect";
}
```

上面展示了一个非常简单的方言描述,但方言还有很多其他功能,可能需要也可能不需要使用。

1. 初始化

每种方言都必须实现一个初始化钩子,以添加属性、操作、类型,附加任何所需的接口,或者为方言执行任何其他必要的初始化,这些初始化应该在构造时发生。这个钩子是为每个要定义的方言声明的,代码如下:

```
//第 4 章/mlir_initialize_dialect.c
void MyDialect::initialize() {
  //方言初始化逻辑应该在这里定义
}
```

2. 文档

摘要与描述字段允许提供方言的用户文档。摘要字段需要一个简单的单行字符串,描述字段用于长而广泛的文档。此文档可用于生成方言的下译文档,并由上游 MLIR 方言使用。

3. 类名称

生成的 C++ 类的名称与 TableGen 方言定义的名称相同,但去掉了任何一个字符。这意味着,如果将方言命名为 Foo_dialect,则生成的 C++ 类将是 FooDialect。在上面的例子中,将得到一个名为 MyDialect 的 C++ 方言。

4. C++ 命名空间

方言的 C++ 类及其所有子组件所在的命名空间,由 cppNamespace 字段指定。在默认情况下,使用方言的名称作为唯一的命名空间。若要避免放置在任何命名空间中,则应使用""。如果要指定嵌套的命名空间,则应使用"::"作为命名空间之间的分隔符,例如,给定"A::B",C++ 类将放置在：namespace A{namespace B{<classes>}}内。

注意,这里需要与方言的 C++ 代码配合使用。根据生成文件的包含方式,可能需要指定完整的命名空间路径或部分路径。通常,最好尽可能地使用完整的名称空间。这使不同名称空间与项目中的方言更容易相互交互。

5. C++ 访问器生成

当为方言及其组件(属性、操作、类型等)生成访问符时,分别用 get 与 set 作为名称的前缀,并将 snake_style 名称转换为驼峰式(前缀为 UpperCamel,单个变量名称为 lowerCamel),例如,需要定义一个操作,代码如下:

```
//第 4 章/mlir_tablegen_dialect.c
def MyOp: MyDialect<"op"> {
```

```
    let arguments = (ins StrAttr: $ value, StrAttr: $ other_value);
}
//将为 value 与 other_value 属性生成如下访问器
StringAttr MyOp::getValue();
void MyOp::setValue(StringAttr newValue);

StringAttr MyOp::getOtherValue();
void MyOp::setOtherValue(StringAttr newValue);
```

6. 从属方言

MLIR 有一个非常大的生态系统,并且包含服务于许多不同目的的方言。鉴于上述情况,方言可能希望重用其他方言的某些组件,这是很常见的。在规范化过程中从这些方言生成操作,以及重用属性或类型等。当一种方言依赖于另一种方言时,即当它构建与/或通常依赖于其他方言的组件时,应明确记录方言依赖性。显式依赖确保依赖方言与方言一起加载。方言依赖关系可以使用 dependentDialects 方言字段进行记录,代码如下:

```
//第 4 章/mlir_dependent_dialect.c
def MyDialect: Dialect {
    //将算术方言和 Func 方言注册为 MyDialect 的依赖项
    let dependentDialects = [
        "arith::ArithDialect",
        "func::FuncDialect"
    ];
}
```

7. 特定声明

声明性方言定义试图自动生成尽可能多的逻辑与方法,但总会有一些长尾案例无法涵盖,可以使用 extraClassDeclaration 来解决此问题。extraClassDeclaration 字段中的代码将被直接复制到生成的 C++方言类中。

注意,extraClassDeclaration 是一种针对超级用户长尾情况的机制。对于尚未广泛应用的案例,最好改进基础设施。

(1) hasConstantMaterializer:从属性中实例化常量。

此字段用于实现属性值与类型的常量运算。这通常用于折叠此方言中的一个操作,并且应该生成一个常量操作。hasConstantMaterializer 用于启用物化,并在方言上声明物化实例钩子。这个钩子接受一个通常由折叠返回的 Attribute 值,并生成一个实例化该值的类常量操作。

(2) 可以在源文件中定义常量物化逻辑。

钩子从给定的属性值中使用所需的结果类型来实现单个常量运算。此方法应使用提供的生成器创建操作,而不更改插入位置。生成的操作应为常量。一旦成功,这个钩子应该返回为表示常数值而生成的操作,代码如下:

```
//第 4 章/mlir_materializeConstant_dialect.c
//应该在失败时返回 nullptr
```

```
Operation * MyDialect::materializeConstant(OpBuilder &builder, Attribute value, Type type,
Location loc) {
  ...
}
hasNonDefaultDestructor: Providing a custom destructor
```

当方言类具有自定义析构函数时，即当方言有一些特殊逻辑要在～MyDialect 中运行时，应使用此字段。在这种情况下，仅为 Dialect 类生成析构函数的声明。

4.1.2　可丢弃属性验证

如 MLIR 语言参考所述，可丢弃属性是一种属性类型，其语义由名称前缀为属性名称的方言定义，例如，如果一个操作有一个名为 gpu.contained_module 的属性，则 GPU 方言将定义该属性的语义与不变量，例如何时何地有效地使用。为了钩住以方言为前缀的属性的验证，可以使用方言上的几个钩子。

1. hasOperationAttrVerify

此字段生成钩子，用于验证何时在操作的属性字典中使用了此方言的可丢弃属性。此钩子的形式，代码如下：

```
//第 4 章/mlir_verifyOperationAttribute.c
//验证给定属性的使用情况，该属性的名称以 op 字典中使用的该方言的命名空间为前缀
LogicalResult MyDialect::verifyOperationAttribute(Operation * op, NamedAttribute attribute);
```

2. hasRegionArgAttrVerifyS

该字段生成钩子，用于验证何时在区域条目块参数的属性字典中使用了该方言的可丢弃属性。注意，区域条目块的块参数本身不具有属性字典，但某些操作可能提供与区域的参数相对应的特殊字典属性，例如，实现 FunctionOpInterface 的操作，可能在操作上具有与函数的入口块的参数相对应的属性字典。在这些情况下，这些操作将在方言上调用这个钩子，以确保属性得到验证。方言实现所需的钩子，代码如下：

```
//第 4 章/mlir_verifyRegionArgAttribute.c
//验证给定属性的使用情况，该属性的名称以该方言的命名空间为前缀，该属性用于区域
//条目块参数的属性字典
//注意：如上所述，当一个区域条目块具有字典时，由单独的操作来定义
LogicalResult MyDialect:: verifyRegionArgAttribute (Operation * op, unsigned regionIndex,
unsigned argIndex, NamedAttribute attribute);
```

3. 操作接口回退

有些方言有一个开放的生态系统，并没有注册所有可能的操作。在这种情况下，仍然可以为实现这些操作的 OpInterface 提供支持。当操作未注册或未提供接口的实现时，查询将回退到方言本身。hasOperationInterfaceFallback 字段可用于声明操作的此回退，代码如下：

```
//第4章/mlir_getRegisteredInterfaceForOp.c
//为具有给定名称的操作返回具有给定 typeId 的接口模型
void * MyDialect::getRegisteredInterfaceForOp(TypeID typeID, StringAttr opName);
```

4.1.3 默认属性与类型分析器输出

当方言注册 Attribute 或 Type 时,它还必须覆盖相应的 Dialect::parseAttribute/Dialect::printAttribute 或 Dialect::parseType/Dialect::printType 方法。在这些情况下,方言必须显式地处理方言中的每个单独属性或类型的解析与输出,但是,如果方言的所有属性与类型都提供助记符,则可以通过 useDefaultAttributePrinterParser 与 useDefaultTypePrinterParse 字段自动生成这些方法。在默认情况下,会将这些字段设置为1,表示已启用,这意味着如果方言需要显式地处理其属性与类型的解析器输出,则应根据需要将其设置为0。

1. 方言范围内的规范化模式

通常,规范化模式会执行特定方言中的单个操作,然而,在某些情况下会提示将规范化模式添加到方言级别,例如,如果一种方言定义了一个在接口或特征上操作的规范化模式,则只添加一次该模式可能是有益的,而不是重复实现该接口的每个操作。为了能够生成这个钩子,可以使用 hasCanonicalizer 字段。这将在方言上声明 getCanonicalizationPatterns 方法,代码如下:

```
//第4章/mlir_getCanonicalizationPatterns.c
//返回此方言的规范化模式
void MyDialect::getCanonicalizationPatterns(RewritePatternSet &results) const;
```

2. 为方言属性与类型定义字节码格式

在默认情况下,方言属性与类型的字节码序列化使用常规文本格式。可以为方言中的属性与类型定义更紧凑的字节码格式,方法是定义 BytecodeDialectInterface 并将其附加到方言。为字节码方言接口生成读写器,可使先用 ODS 的-gen-bytecode 生成字节码方言接口,再为该接口生成读写器。

可以用方言 Foo 定义类型的输出与解析,代码如下:

```
//第4章/mlir_BytecodeDialectInterface.c
include "MLIR/IR/BytecodeBase.td"

let cType = "MemRefType" in {
//用伪代码编写,显示下译的编码
//MemRefType {
//shape: svarint[],
//elementType: Type,
//layout: Attribute
//}
//
//枚举值
//kMemRefType = 1,
```

```
//
//ODS 生成器中的相应定义
def MemRefType: DialectType <(type
  Array < SignedVarInt >: $ shape,
  Type: $ elementType,
  MemRefLayout: $ layout
)> {
  let printer 谓词 = "! $ _val.getMemorySpace()";
}

//MemRefTypeWithMemSpace {
//memorySpace: Attribute,
//shape: svarint[],
//elementType: Type,
//layout: Attribute
//}
//具有非默认内存空间的 MemRefType 变体
//kMemRefTypeWithMemSpace = 2,
def MemRefTypeWithMemSpace: DialectType <(type
  Attribute: $ memorySpace,
  Array < SignedVarInt >: $ shape,
  Type: $ elementType,
  MemRefLayout: $ layout
)> {
  let printer 谓词 = "!! $ _val.getMemorySpace()";
  //注意:序列化的顺序与生成器的顺序不匹配
  let cBuilder = "get < $ _resultType >(context, shape, elementType, layout, memorySpace)";
}
}

def FooDialectTypes: DialectTypes <"Foo"> {
  let elems = [
    ReservedOrDead,                //已分配索引 0
    MemRefType,                    //已分配索引 1
    MemRefTypeWithMemSpace,        //已分配索引 2
    ...
  ];
}
...
```

最外层的 cType,使用两种不同的变体编码一个 C++类型。

不同的 DialectType 实例,在输出时通过输出谓词进行区分,同时解析不同的变体已经编码,并调用了不同的构建器函数。

自定义 cBuilder 被指定为其在字节码中的磁盘布局方式,与该类型的构建方法的参数顺序不匹配。

常见的方言字节码读写原子,如 VarInt、SVarInt、Blo 都是在 BytecodeBase 中定义的,同时也可以通过自定义形式或通过 CompositeBytecode 实例进行组合定义。

ReservedOrDead 是一个特殊的关键字,用于指示未生成读/写或调度代码的跳过枚举实例。
数组是一种辅助方法,在输出过程中,它会对列表进行序列化(例如,后面跟着所述项目数的
变化)或解析。

生成的代码由 4 个独立的方法组成,可以使用这些方法定义字节码方言接口,代码
如下:

```c
//第 4 章/mlir_read_write_attribute.c
# include "MLIR/Dialect/Foo/FooDialectBytecode.cpp.inc"

struct FooDialectBytecodeInterface: public BytecodeDialectInterface {
  FooDialectBytecodeInterface(Dialect * dialect)
    : BytecodeDialectInterface(dialect) {}

  // === -------------------------------------------------------------=== //
  //属性

  Attribute readAttribute(DialectBytecodeReader &reader) const override {
    return::readAttribute(getContext(), reader);
  }

  LogicalResult writeAttribute(Attribute attr,
                               DialectBytecodeWriter &writer) const override {
    return::writeAttribute(attr, writer);
  }

  // === -------------------------------------------------------------=== //
  //类型

  Type readType(DialectBytecodeReader &reader) const override {
    return::readType(getContext(), reader);
  }

  LogicalResult writeType(Type type,
                          DialectBytecodeWriter &writer) const override {
    return::writeType(type, writer);
  }
};
```

同时定义相应的构建规则来调用生成器(-gen-bytecode -bytecode-dialect＝"Quant")。

3. 定义可扩展方言

介绍可扩展方言的设计与 API。可扩展方言是指可以使用运行时定义的新操作与类型
进行扩展的方言。这允许用户通过元编程或从另一种语言定义方言,而无须重新编译 C++
代码。

在 C++ 中定义的方言,可以在运行时通过继承 MLIR::ExtensibleDialect,而不是
MLIR::Dialect 来使用新的操作、类型等进行扩展(注意,ExtensibleDialect 继承自 Dialect)。

ExtensibleDialect 类包含在运行时扩展方言所需的字段与方法,代码如下:

```
//第 4 章/mlir_ExtensibleDialect.c
class MyDialect: public MLIR::ExtensibleDialect {
    ...
}
//对于 TableGen 中定义的方言,这是通过将 isExtensible 标志设置为 1 来完成的
def Test_Dialect: Dialect {
  let isExtensible = 1;
  ...
}
//可扩展方言可以使用 llvm::dyn_cast 或 llvm::cast
if (auto extensibleDialect = llvm::dyn_cast < ExtensibleDialect >(dialect)) {
    ...
}
```

4. 定义动态方言

动态方言是可扩展的方言,可以在运行时定义。它们仅填充动态操作、类型与属性。可以使用 insertDynamic 在 DialectRegistry 中注册,代码如下:

```
//第 4 章/mlir_populateDialect.c
auto populateDialect = [](MLIRContext * ctx, DynamicDialect * dialect) {
//在创建和加载动态方言时将运行的代码
//例如,这是注册方言的动态操作、类型和属性的地方
 ...
}

registry. insertDynamic("dialectName", populateDialect);
//一旦在 MLIRContext 中注册了动态方言,就可以使用 getOrLoadDialect 进行检索
Dialect * dialect = ctx -> getOrLoadDialect("dialectName");
```

4.1.4　在运行时定义操作

DynamicOpDefinition 类表示在运行时定义的操作的定义。它是使用 DynamicOpDefinition::get 函数创建的。在运行时定义的操作必须提供名称、注册的方言及操作验证器。可以选择性地定义自定义解析器输出、折叠钩子等,代码如下:

```
//第 4 章/mlir_populateDialect.c
//操作名称,不带方言名称前缀
StringRef name = "my_operation_name";

//定义操作的方言
Dialect * dialect = ctx -> getOrLoadDialect < MyDialect >();

//操作验证器定义
AbstractOperation::VerifyInvariantsFn verifyFn = [](Operation * op) {
    //操作验证的逻辑
```

```
    ...
}

//分析器函数定义
AbstractOperation::ParseAssemblyFn parseFn =
    [](OpAsmParser &parser, OperationState &state) {
        //在名称已解析的情况下,解析该操作
        ...
};

//输出功能
auto printFn = [](Operation * op, OpAsmPrinter &printer) {
        printer << op->getName();
        //在名称已打印的情况下,打印该操作
        ...
};

//通用文件夹实现,可参阅 AbstractOperation::foldHook 了解更多信息
auto foldHookFn = [](Operation * op, ArrayRef<Attribute> operands,
                                    SmallVectorImpl<OpFoldResult> &result) {
    ...
};

//返回操作重写的任何规范化模式
//支持,以供规范化过程使用
auto getCanonicalizationPatterns =
        [](RewritePatternSet &results, MLIRContext * context) {
    ...
}

//操作的定义
std::unique_ptr<DynamicOpDefinition> opDef =
    DynamicOpDefinition::get(name, dialect, std::move(verifyFn),
        std::move(parseFn), std::move(printFn), std::move(foldHookFn),
        std::move(getCanonicalizationPatterns));
//一旦定义了操作,就可以由 ExtensibleDialect 注册
extensibleDialect->registerDynamicOperation(std::move(opDef));
//注意,指定给操作的方言应该是注册操作的方言
```

1. 使用在运行时定义的操作

可以使用它们的名称在运行时定义的操作上进行匹配,代码如下:

```
//第 4 章/mlir_OperationState.c
if (op->getName().getStringRef() == "my_dialect.my_dynamic_op") {
    ...
}
//可以通过操作名称实例化 OperationState,并将其与重写器(例如 PatternWriter)一起使用,来创
//建运行时定义的操作
OperationState state(location, "my_dialect.my_dynamic_op",
```

```
                operands, resultTypes, attributes);

rewriter.createOperation(state);
```

2. 在运行时定义类型

与 C++或 TableGen 中定义的类型相反,在运行时定义的类型只能将 Attribute 列表作为参数。

与操作类似,类型是在运行时使用类 DynamicTypeDefinition 定义的,该类是使用 DynamicTypeDefinition::get 函数创建的。类型定义需要一个名称、注册该类型的方言与一个参数验证器。可以为参数定义可选的定制解析器输出(假设类型名称已经解析/输出),代码如下:

```
//第 4 章/mlir_DynamicTypeDefinition.c
//类型名称,不带方言名称前缀
StringRef name = "my_type_name";

//定义类型的方言
Dialect * dialect = ctx->getOrLoadDialect<MyDialect>();

//类型验证器
//在运行时定义的类型具有作为参数的属性列表
auto verifier = [](function_ref<InFlightDiagnostic()> emitError,
                   ArrayRef<Attribute> args) {
  ...
};

//类型参数分析器
auto parser = [](DialectAsmParser &parser,
                 llvm::SmallVectorImpl<Attribute> &parsedParams) {
  ...
};

//类型参数输出
auto printer = [](DialectAsmPrinter &printer, ArrayRef<Attribute> params) {
  ...
};

std::unique_ptr<DynamicTypeDefinition> typeDef =
    DynamicTypeDefinition::get(std::move(name), std::move(dialect),
                               std::move(verifier), std::move(printer),
                               std::move(parser));
//如果输出与解析器被提交,则会使用以下格式生成默认的解析器与输出
//!dialect.typename<arg1, arg2,..., argN>
//然后可以通过 ExtensibleDialect 注册该类型
dialect->registerDynamicType(std::move(typeDef));
//分析在运行时以可扩展方言定义的类型
//TableGen 生成的 parseType 方法可以解析运行时定义的类型,不过 overriden
```

```
//parseType 需要为它们添加必要的支持
Type MyDialect::parseType(DialectAsmParser &parser) const {
  ...

    //类型名称
    StringRef typeTag;
    if (failed(parser.parseKeyword(&typeTag)))
        return Type();

    //尝试使用 typeTag 名称解析动态类型
    Type dynType;
    auto parseResult = parseOptionalDynamicType(typeTag, parser, dynType);
    if (parseResult.has_value()) {
        if (succeeded(parseResult.getValue()))
            return dynType;
        return Type();
    }

  ...
}
```

3. 使用在运行时定义的类型

动态类型是 DynamicType 的实例。可以使用 DynamicType::get 与 ExtensibleDialect::lookupTypeDefinition 获取动态类型,代码如下:

```
//第 4 章/mlir_lookupTypeDefinition.c
auto typeDef = extensibleDialect->lookupTypeDefinition("my_dynamic_type");
ArrayRef<Attribute> params = ...;
auto type = DynamicType::get(typeDef, params);
//可以将运行时定义的已知类型强制转换为 DynamicType
auto dynType = type.cast<DynamicType>();
auto typeDef = dynType.getTypeDef();
auto args = dynType.getParams();
```

4. 在运行时定义属性

与在运行时定义的类型类似,在运行时中定义的属性,只能有一个 Attribute 列表作为参数。可以为参数定义可选的自定义解析器与输出(假设属性名称已经解析/输出),代码如下:

```
//第 4 章/mlir_DynamicAttrDefinition.c
//属性名称,不带方言名称前缀
StringRef name = "my_attribute_name";

//定义属性的方言
Dialect* dialect = ctx->getOrLoadDialect<MyDialect>();

//属性验证器
//在运行时定义的属性具有作为参数的属性列表
```

```
auto verifier = [](function_ref<InFlightDiagnostic()> emitError,
                   ArrayRef<Attribute> args) {
    ...
};

//属性参数解析器
auto parser = [](DialectAsmParser &parser,
                 llvm::SmallVectorImpl<Attribute> &parsedParams) {
    ...
};

//属性参数输出
auto printer = [](DialectAsmPrinter &printer, ArrayRef<Attribute> params) {
    ...
};

std::unique_ptr<DynamicAttrDefinition> attrDef =
    DynamicAttrDefinition::get(std::move(name), std::move(dialect),
                               std::move(verifier), std::move(printer),
                               std::move(parser));
//如果输出与解析器被提交,则会使用以下格式生成默认的解析器与输
//出!dialect.attrname<arg1, arg2,..., argN>
//然后该属性可以由ExtensibleDialect注册
dialect->registerDynamicAttr(std::move(typeDef));
```

5. 分析在运行时以可扩展方言定义的属性

TableGen 生成的 parseAttribute 方法可以解析运行时定义的属性,不过 overriden parseAttribute 的方法需要为它们添加必要的支持,代码如下:

```
//第4章/mlir_parseAttribute.c
Attribute MyDialect::parseAttribute(DialectAsmParser &parser,
                                    Type type) const override {
    ...
    //属性名称
    StringRef attrTag;
    if (failed(parser.parseKeyword(&attrTag)))
        return Attribute();

    //尝试分析名称为attrTag的动态属性
    Attribute dynAttr;
    auto parseResult = parseOptionalDynamicAttr(attrTag, parser, dynAttr);
    if (parseResult.has_value()) {
        if (succeeded(*parseResult))
            return dynAttr;
        return Attribute();
    }
}
```

6. 使用在运行时定义的属性

与类型类似,在运行时定义的属性是 DynamicAttr 的实例。可以使用 DynamicAttr::get 与 ExtensibleDialect::lookupAttrDefinition 获取动态属性,代码如下:

```
//第 4 章/mlir_extensibleDialect.c
auto attrDef = extensibleDialect->lookupAttrDefinition("my_dynamic_attr");
ArrayRef<Attribute> params = ...;
auto attr = DynamicAttr::get(attrDef, params);
```

还可以将已知在运行时定义的 Attribute 强制转换为 DynamicAttr,代码如下:

```
//第 4 章/mlir_extensibleDialect_1.c
auto dynAttr = attr.cast<DynamicAttr>();
auto attrDef = dynAttr.getAttrDef();
auto args = dynAttr.getParams();
```

4.2 可扩展方言的实现细节

1. 可扩展方言

可扩展方言的作用是拥有定义的操作与类型所需的数据。它们还包含必要的访问器,以便轻松地访问它们。

为了将方言转换回可扩展方言,需将 IsExtensibleDialect 接口实现为所有可扩展方言。强制转换是通过检查方言是否实现 IsExtensibleDialect 来完成的。

2. 操作表示与注册

操作在 MLIR 中使用 AbstractOperation 类表示。在方言中注册的方式与在 C++ 中定义的操作注册的方式相同,即调用 AbstractOperation::insert。唯一的区别是需要为每个操作创建一个新的 TypeID,因为操作不是由 C++ 类表示的。这是使用 TypeIDAllocater 完成的,它可以在运行时分配一个新的唯一 TypeID。

3. 类型表示与注册

与操作不同,类型需要定义一个负责处理类型参数的 C++ 存储类。类型还需要定义另一个 C++ 类来访问该存储。DynamicTypeStorage 定义了在运行时定义的类型的存储,DynamicType 提供了对存储的访问,以及定义有用的函数。DynamicTypeStorage 包含属性类型参数的列表,以及指向类型定义的指针。

类型是使用 Dialect::addType 方法注册的,该方法需要使用 TypeIDAllocater 生成的 TypeID。类型 uniquer 还使用给定的 TypeID 注册类型。可以重用具有不同 TypeID 的单个 DynamicType 来表示运行时定义的不同类型。

由于在运行时定义的不同类型具有不同的 TypeID,所以无法使用 TypeID 将 Type 强制转换为 DynamicType。与 Dialect 类似,所有 DynamicType 都定义了一个 IsDynamicTypeTrait,因此将 Type 转换为 DynamicType,可以归结为查询 IsDynamicTypeTrait 特性。

4.2.1 使用 Toy 语言接入 MLIR,最终转换为 LLVM IR

使用 Toy 语言接入 MLIR,最终转换为 LLVM IR,具体的流程为输入.toy 源文件→

AST→MLIRGen(遍历 AST 生成 MLIR 表达式)→Transformation(变形消除冗余)→下译→LLVM IR/JIT 编译引擎。

1．MLIR 方言接口

MLIR 方言接口收集流程示例，如图 4-1 所示。

2．编译相关工具链

编译 LLVM-MLIR 工具链，复制出仓，代码如下：

```
//第 4 章/mlir_build.c
    $ git clone <https://github.com/llvm/llvm-project.git>
```

配置一下，代码如下：

```
//第 4 章/mlir_build_1.c
 $ mkdir llvm-project/build
  $ cd llvm-project/build
  $ cmake -G Ninja../llvm \\
       -DLLVM_ENABLE_PROJECTS = MLIR \\
       -DLLVM_BUILD_EXAMPLES = ON \\
       -DLLVM_TARGETS_TO_BUILD = "X86;NVPTX;AMDGPU" \\
       -DCMAKE_BUILD_TYPE = Release \\
       -DLLVM_ENABLE_ASSERTIONS = ON \\
```

构建一下，代码如下：

```
//第 4 章/mlir_build_2.c
    $ cmake -- build. -- target check-MLIR
```

构建结束后，工具链保存在 llvm-project/build/bin 路径下。

进入工具链所在文件夹 cd llvm-project/build/bin。为了方便索引函数，可以在 cmake 配置中加上-DCMAKE_EXPORT_COMPILE_COMMANDS = ON。生成的 compile_commands.json 文件保存在 llvm-project/build 目录下，将其复制到 llvm-project 目录即可。

3．配置 VS Code 的 clangd 插件

使用命令 ctrl + p input clangd，先单击下载语言服务器，然后添加 settings.json，按快捷键 Ctrl + P 打开工作区，设置 JSON 进行粘贴，代码如下：

```
//第 4 章/mlir_arguments.c
{
    "clangd.arguments": [
        "-- header-insertion = never",
        "-- compile-commands-dir = ${workspaceFolder}/",
        "-- query-driver = **",
    ]
}
```

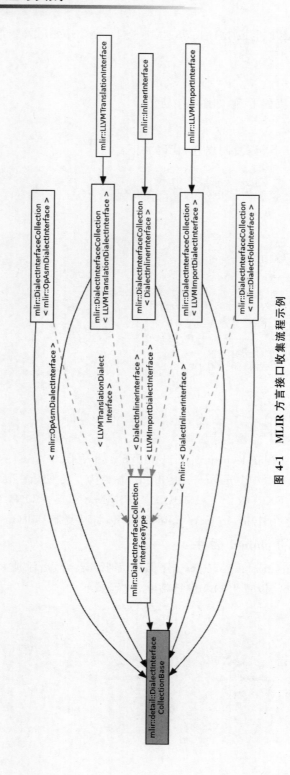

图 4-1 MLIR 方言接口收集流程示例

4.2.2　指定自定义汇编格式

输入代码转换为 AST，代码如下：

```
//第4章/mlir_ast_multiply_transpose.c
inputast.toy
def multiply_transpose(a, b){
    return transpose(a) * transpose(b);
}
def main() {
  var a<2, 3> = [[1, 2, 3], [4, 5, 6]];
  var b<2, 3> = [1, 2, 3, 4, 5, 6];
  var c = multiply_transpose(a, b);
  print(c);
}
run ./toyc - ch1 .. /.. /MLIR/test/Examples/Toy/ast.toy -- emit = ast
Module:
  Function
    Proto 'multiply_transpose' @test/Examples/Toy/ast.toy:4:1'
    Params: [a, b]
    Block {
      Return
        BinOp: * @test/Examples/Toy/ast.toy:5:25
          Call 'transpose' [ @test/Examples/Toy/ast.toy:5:10
            var: a @test/Examples/Toy/ast.toy:5:20
          ]
          Call 'transpose' [ @test/Examples/Toy/ast.toy:5:25
            var: b @test/Examples/Toy/ast.toy:5:35
          ]
    } //Block
  ... //main 函数的 AST 未写出
```

MLIRGen 模块会遍历 AST，递归调用子函数，构建操作，一种方言中可以有很多操作，如图 4-2 所示。

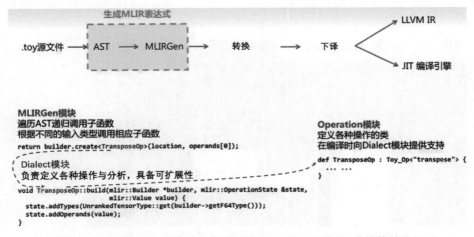

图 4-2　toy 源文件到下译、**MLIRGen** 模块、**Dialect** 模块、操作模块的流程

使用命令 run ./toyc-ch2 ../../MLIR/test/Examples/Toy/ast.toy --emit＝MLIR 可以运行 ast.toy 代码,其中,ast.toy 中的转置矩阵代码如下:

```
//第 4 章/mlir_ast_toy_transpose.c
module {
  toy.func @multiply_transpose(%arg0: tensor<*xf64>, %arg1: tensor<*xf64>) ->
tensor<*xf64> {
    %0 = toy.transpose(%arg0: tensor<*xf64>) to tensor<*xf64>
    %1 = toy.transpose(%arg1: tensor<*xf64>) to tensor<*xf64>
    %2 = toy.mul %0, %1: tensor<*xf64>
    toy.return %2: tensor<*xf64>
  }
  toy.func @main() {
    %0 = toy.constant dense<[[1.000000e+00, 2.000000e+00, 3.000000e+00], [4.000000e+00,
5.000000e+00, 6.000000e+00]]>: tensor<2×3×f64>
    %1 = toy.constant dense<[1.000000e+00, 2.000000e+00, 3.000000e+00, 4.000000e+
00, 5.000000e+00, 6.000000e+00]>: tensor<6×f64>
    %2 = toy.reshape(%1: tensor<6×f64>) to tensor<2×3×f64>
    %3 = toy.generic_call @multiply_transpose(%0, %2): (tensor<2×3×f64>, tensor<2×
3×f64>) -> tensor<*xf64>
    %4 = toy.generic_call @multiply_transpose(%2, %0): (tensor<2×3×f64>, tensor<2×
3×f64>) -> tensor<*xf64>
    %5 = toy.generic_call @multiply_transpose(%2, %3): (tensor<2×3×f64>, tensor<*
xf64>) -> tensor<*xf64>
    %6 = toy.transpose(%0: tensor<2×3×f64>) to tensor<*xf64>
    %7 = toy.generic_call @multiply_transpose(%6, %3): (tensor<*xf64>, tensor<*
xf64>) -> tensor<*xf64>
    toy.return
  }
}
```

4.3 优化 MLIR 表达式

生成的 MLIR 表达式往往存在冗余操作,代码如下:

```
//第 4 章/mlir_func_multiply_transpose.c
toy.func @multiply_transpose(%arg0: tensor<*xf64>, %arg1:
def transpose_transpose(x) {
  return transpose(transpose(x));
}

def main() {
  var a<2, 3> = [[1, 2, 3], [4, 5, 6]];
  var b = transpose_transpose(a);
  print(b);
}
```

转换为 MLIR 表达式。transpose_transpose 函数转换成的 MLIR 表达式,调用了两次

toy. transpose,代码如下:

```
//第4章/mlir_func_toy.transpose.c
module {
  toy.func @transpose_transpose( % arg0: tensor < * xf64 >) - > tensor < * xf64 > {
    % 0 = toy.transpose( % arg0: tensor < * xf64 >) to tensor < * xf64 >
    % 1 = toy.transpose( % 0: tensor < * xf64 >) to tensor < * xf64 >
    toy. return % 1: tensor < * xf64 >
  }
  toy. func @main() {
    % 0 = toy. constant dense <[[1.000000e + 00, 2.000000e + 00, 3.000000e + 00], [4.000000e + 00,
5.000000e + 00, 6.000000e + 00]]>: tensor < 2 × 3 × f64 >
    % 1 = toy. reshape( % 0: tensor < 2 × 3 × f64 >) to tensor < 2 × 3 × f64 >
    % 2 = toy. generic_call @transpose_transpose( % 1): (tensor < 2 × 3 × f64 >) - > tensor < *
xf64 >
    toy. print % 2: tensor < * xf64 >
    toy. return
  }
}
```

为了提升程序性能,就需要对表达式进行转换变形。MLIR 提供以下两种方式进行模式匹配转换:

(1) 使用 C++ 手动编写代码,进行表达式的匹配与重写。

(2) 使用基于规则的模式匹配与重写的声明式规则(DRR)实现,但该方法要求使用 ODS 定义操作。

toy 源文件到下译、MLIRGen 模块、Pass 管理器模块、转换模块的流程,如图 4-3 所示。

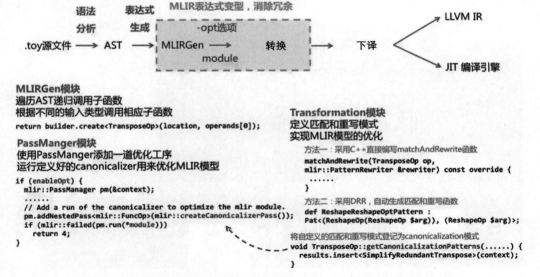

图 4-3　toy 源文件到下译、MLIRGen 模块、Pass 管理器模块、转换模块的流程

4.3.1 手动匹配重写

MLIR 进行手动 Toy 匹配与重写。

第 1 步,直接使用 C++写出匹配与重写的代码。在 ToyCombine.cpp 文件中分析一个示例,默认位置为 llvm-project/MLIR/examples/toy/MLIR/ToyCombine.cpp,代码如下:

```
//第 4 章/mlir_SimplifyRedundantTranspose.c
struct struct SimplifyRedundantTranspose: public MLIR::OpRewritePattern<TransposeOp>{
  //匹配该 IR 中所有的 toy.transpose,根据 benefit 的值来决定优先级
  SimplifyRedundantTranspose(MLIR::MLIRContext * context)
    : OpRewritePattern<TransposeOp>(context, /* benefit = */1) {}
  //尝试匹配并重写
  MLIR::LogicalResult matchAndRewrite(TransposeOp op, MLIR::PatternRewriter &rewriter)const
override{
    //获取当前 transpose 的操作数
    MLIR::Value transposeinput = op.getOperand();
    //获取该操作数对应的 op
    TransposeOp transposeinputOp = transposeinput.getDefiningOp<TransposeOp>();
    //如果没有对应的 op,则返回失败
    if(!transposeinputOp) return failure();
    //反之替换
    rewriter.replaceOp(op, {TransposeOp.getOperand()});
    return success();
  }
}
```

第 2 步,将自定义的匹配与重写模式注册为规范化模式,使后续可以使用 toyc.cpp 文件中的一个示例,默认位置为 llvm-project/MLIR/examples/toy/MLIR/ToyCombine.cpp。

将自定义的匹配与重写模式注册为规范化模式,代码如下:

```
//第 4 章/mlir_getCanonicalizationPatterns.c
void TransposeOp::getCanonicalizationPatterns(RewritePatternSet &results, MLIRContext *
context){
  results.add<SimplifyRedundantTranspose>(context);
}
```

第 3 步,在 Ops.td 文件中设置相应选项,在 Ops.td 文件中分析一个示例,默认位置为 llvm-project/MLIR/examples/toy/include/toy/Ops.td,代码如下:

```
//第 4 章/mlir_Toy_Op.c
def TransposeOp: Toy_Op<"transpose", [Pure]> {
  //MLIR 在优化代码时较为保守,可能会保留一些无效操作
  //设置[Pure] 可解决这一问题
...
  //确保启用规范化框架,应用 canonicalization pass
  let hasCanonicalizer = 1;
...
```

第 4 步,更新主文件以添加 optimization pipeline。在 toyc.cpp 文件中分析一个示例,默认位置为../MLIR/examples/toy/toyc.cpp,代码如下:

```
//第 4 章/mlir_optimization.c
if (enableOpt) {//enableOpt 是从命令行输入的编译选项
  //使用 PassManager 模块添加优化一道优化工序
  if (MLIR::failed(MLIR::applyPassManagerCLOptions(pm)))
    return 4;
  //createCanonicalizerPass 创建并使用规范化框架
  pm.addNestedPass < MLIR::toy::FuncOp>(MLIR::createCanonicalizerPass());
  //运行定义好的 canonicalizer 来优化 MLIR 表达式
  if (MLIR::failed(pm.run( * module)))
    return 4;
}
//使用 - opt 开启优化,对比 transpose_transpose 函数转换为 MLIR 表达式变化
./toyc - ch3../../MLIR/test/Examples/Toy/transpose_transpose.toy -- emit = MLIR - opt
toy.func @transpose_transpose( % arg0: tensor < * xf64 >) - > tensor < * xf64 > {
    toy.return % arg0: tensor < * xf64 >
  }
//对比./toyc - ch3../../MLIR/test/Examples/Toy/transpose_transpose.toy -- emit = MLIR
toy.func @transpose_transpose( % arg0: tensor < * xf64 >) - > tensor < * xf64 > {
    % 0 = toy.transpose( % arg0: tensor < * xf64 >) to tensor < * xf64 >
    % 1 = toy.transpose( % 0: tensor < * xf64 >) to tensor < * xf64 >
    toy.return % 1: tensor < * xf64 >
  }
```

4.3.2 采用 DRR 自动生成匹配与重写函数

DRR(Declarative,Rule-based Pattern-match and Rewrite)是一种基于 DAG(Directed Acyclic Graph)的声明性重写器,提供 table-base 的模式匹配与规则重写句法。类似于 ODS 框架,只需使用一定的声明性描述,就可以自动生成匹配与规则重写程序。

生成的 MLIR 表达式,存在许多冗余的 reshape 操作,以消除冗余的 reshape 操作为例,说明第 2 种模式匹配转换方法,代码如下:

```
//第 4 章/mlir_reshape_ddr_match.c
def main() {
  var a < 2,1 > = [1, 2];
  var b < 2,1 > = a;
  var c < 2,1 > = b;
  print(c);
}
//转换为没经过优化的 MLIR 表达式
module {
  toy.func @main() {
    % 0 = toy.constant dense <[1.000000e + 00, 2.000000e + 00]>: tensor < 2 × f64 >
    % 1 = toy.reshape( % 0: tensor < 2 × f64 >) to tensor < 2 × 1 × f64 >
    % 2 = toy.reshape( % 1: tensor < 2 × 1 × f64 >) to tensor < 2 × 1 × f64 >
```

```
    %3 = toy.reshape( %2: tensor < 2 × 1 × f64 >) to tensor < 2 × 1 × f64 >
    toy.print %3: tensor < 2 × 1 × f64 >
    toy.return
  }
}
```

4.3.3　三种重写格式

现在来分析 ToyCombine. td，默认位置为 llvm-project/MLIR/examples/toy/MLIR/ToyCombine. td，代码如下：

```
//第 4 章/mlir_Reshape.c
//Reshape(Reshape(x)) = Reshape(x)
def ReshapeReshapeOptPattern: Pat <(ReshapeOp(ReshapeOp $ arg)), (ReshapeOp $ arg)>;
```

使用 NativeCodeCall（可以通过调用 C++helper function）或使用内联 C++进行更复杂的转换，代码如下：

```
//第 4 章/mlir_NativeCodeCall.c
//Reshape(Constant(x)) = x'
def ReshapeConstant: NativeCodeCall <" $ 0.reshape(::llvm::cast < ShapedType >( $ 1.getType()))">;
def FoldConstantReshapeOptPattern: Pat <(ReshapeOp: $ res (ConstantOp $ arg)), (ConstantOp
(ReshapeConstant $ arg, $ res))>;
```

DRR 提供了一种添加参数约束的方法，以应对发生在某些特定条件下的情况的改写。当输入形状与输出形状相同时，才消除该 reshape 操作，代码如下：

```
//第 4 章/mlir_Constraint.c
def TypesAreIdentical: Constraint < CPred <" $ 0.getType() == $ 1.getType()">>;
 def RedundantReshapeOptPattern: Pat <(ReshapeOp: $ res $ arg), (replaceWithValue $ arg),
[(TypesAreIdentical $ res, $ arg)]>;
```

再使用下面的语句自动生成 C++代码（虽然在本地运行会报错），代码如下：

```
//第 4 章/mlir_Constraint_1.c
$ {build_root}/bin/MLIR - tblgen -- gen - rewriters
${MLIR_src_root}/examples/toy/MLIR/ToyCombine.td - I
${MLIR_src_root}/include/
```

此时在 llvm-project/build/bin/文件夹下. /MLIR-tblgen --gen-rewriters. . /. . /MLIR/Examples/Toy/MLIR/ToyCombine. td -I. /. . /MLIR/include/执 行. /toyc-ch3. . /. . /MLIR/test/Examples/Toy/trivial_reshape. toy --emit＝MLIR -opt，得到优化后的 MLIR 表达式，代码如下：

```
//第 4 章/mlir_Constraint.c
module {
  toy.func @main() {
    %0 = toy.constant dense <[[1.000000e + 00], [2.000000e + 00]]>: tensor < 2 × 1 × f64 >
```

```
    toy.print %0: tensor<2×1×f64>
    toy.return
  }
}
```

4.4　通用的转换接口

通过方言，MLIR 可以表示多种不同等级的抽象。尽管这些不同的方言表示不同的抽象，但某些操作的算法机制十分相似，为了减少代码重复，让每种方言创建时都可以复用一些操作，MLIR 提供了一组通用的转换与分析。

（1）为了使代码的执行速度更快，对函数进行内联（inline）操作。

（2）为了使代码生成阶段更方便，需要进行形状推断，确定所有张量的 shape。

toy 源文件到下译、Pass 管理器模块、内联 Pass、形状推理 Pass 的流程如图 4-4 所示。

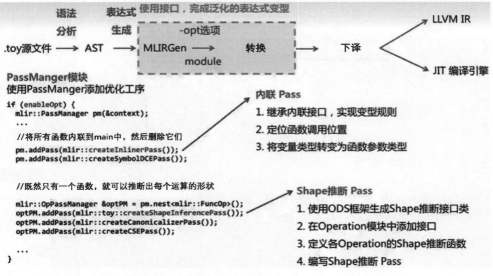

图 4-4　toy 源文件到下译、Pass 管理器模块、内联 Pass、形状推理 Pass 的流程

MLIR 内联形状，代码如下：

```
//第4章/mlir_inline_shape.c
input(/MLIR/test/Examples/Toy/codegen.toy)
def multiply_transpose(a, b) {
  return transpose(a) * transpose(b);
}


def main() {
  var a<2, 3> = [[1, 2, 3], [4, 5, 6]];
  var b<2, 3> = [1, 2, 3, 4, 5, 6];
```

```
    var c = multiply_transpose(a, b);
    var d = multiply_transpose(b, a);
    print(d);
}
//先输出经过 reshape 优化后的 MLIR 表达式
(./toyc-ch3../../MLIR/test/Examples/Toy/codegen.toy --emit=MLIR-opt)
module {
    toy.func @multiply_transpose(%arg0: tensor<*xf64>, %arg1: tensor<*xf64>) ->
tensor<*xf64> {
        %0 = toy.transpose(%arg0: tensor<*xf64>) to tensor<*xf64>
        %1 = toy.transpose(%arg1: tensor<*xf64>) to tensor<*xf64>
        %2 = toy.mul %0, %1: tensor<*xf64>
        toy.return %2: tensor<*xf64>
    }
    toy.func @main() {
        %0 = toy.constant dense<[[1.000000e+00, 2.000000e+00, 3.000000e+00], [4.000000e+00,
5.000000e+00, 6.000000e+00]]>: tensor<2×3×f64>
        %1 = toy.constant dense<[[1.000000e+00, 2.000000e+00, 3.000000e+00], [4.000000e+00,
5.000000e+00, 6.000000e+00]]>: tensor<2×3×f64>
        %2 = toy.generic_call @multiply_transpose(%0, %1): (tensor<2×3×f64>, tensor<2×
3×f64>) -> tensor<*xf64>
        %3 = toy.generic_call @multiply_transpose(%1, %0): (tensor<2×3×f64>, tensor<2×
3×f64>) -> tensor<*xf64>
        toy.print %3: tensor<*xf64>
        toy.return
    }
}
```

4.4.1 函数内联

内联会将函数展开,把函数的代码复制到每个调用处,以解决一些频繁调用的函数大量消耗栈空间(栈内存)的问题。使用该优化方法后,编译器会将简单函数内嵌到调用处,以储存空间为代价换取运行速度。

首先,需要一个专属于 Toy 的内联函数接口,MLIR 中已经提供了相应的内联函数接口模板 DialectInlinerInterface,只需在 Toy 方言中继承这一类,以此来编写 Toy 中的内联函数接口,代码如下:

```
//第 4 章/mlir_DialectInlinerInterface.c
struct ToyInlinerInterface: public DialectInlinerInterface {
  using DialectInlinerInterface::DialectInlinerInterface;

  // === ----------------------------------------------------------------=== //
  //分析钩子
  // === ----------------------------------------------------------------=== //

  //Toy 方言中所有 callop、op、functions 操作能够 inline
```

```
    bool isLegalToInline(Operation * call, Operation * callable, bool wouldBeCloned) const
final {
        return true;
    }
    bool isLegalToInline(Operation * , Region * , bool, IRMapping &) const final {
        return true;
    }
    bool isLegalToInline(Region * , Region * , bool, IRMapping &) const final {
        return true;
    }

    // === ------------------------------------------------------------ === //
    //转换钩子
    // === ------------------------------------------------------------ === //

    void handleTerminator(Operation * op, ArrayRef < Value > valuesToRepl) const final {
        //此处只对 toy.return 进行处理
        auto returnOp = cast < ReturnOp >(op);

        assert(returnOp.getNumOperands() == valuesToRepl.size());
        for (const auto &it: llvm::enumerate(returnOp.getOperands()))
            valuesToRepl[it.index()].replaceAllUsesWith(it.value());
    }
};
```

该内联操作会忽略未被引用的函数操作,此外,还需要规定其处理的函数范围(除了主函数)。
在 MLIRGen.cpp 文件中分析一个示例,默认位置为 llvm-project/MLIR/examples/
toy/MLIR/MLIRGen.cpp,代码如下:

```
//第4章/mlir_MLIRGen.c
llvm - project/MLIR/examples/toy/MLIR/MLIRGen.cpp
MLIR::toy::FuncOp MLIRGen(FunctionAST &funcAST) {
 ...
    //如果此函数不是 main 函数,则需要将可见性设置为 private
    if (funcAST.getProto() - > getName() != "main")
        function.setPrivate();
    return function;
}
```

其次,需要在 Toy 方言中注册内联接口。在 Dialect.cpp 文件中分析一个示例,默认位
置为 llvm-project/MLIR/examples/toy/MLIR/Dialect.cpp,代码如下:

```
//第4章/mlir_initialize.c
void ToyDialect::initialize() {
    addInterfaces < ToyInlinerInterface >();
}
```

然后需要定位函数调用的位置。由于内联操作都是对调用函数进行操作的,所以需要
让内联器(inliner)知道 Toy 方言 IR 中 toy.generic_call 代表调用。这里需要实现将

CallOpInterface 添加到 GenericCallOp。

在 Ops. td 文件中分析一个示例,默认位置为 llvm-project/MLIR/examples/toy/include/toy/Ops. td,代码如下:

```
//第 4 章/mlir_Toy_OpNew.c
//使用 CallOpInterface 可以将操作标记为调用
include "MLIR/Interfaces/CallInterfaces.td"
...
//将其加入 GenericCallOp 的 traits 列表中
def FuncOp: Toy_Op<"func",
    [DeclareOpInterfaceMethods<CallableOpInterface>]> {
 ...
}

def GenericCallOp: Toy_Op<"generic_call",
    [DeclareOpInterfaceMethods<CallOpInterface>]> {
 ...
}
```

在上面的程序中,使用 DeclareOpInterfaceMethods 指令,在 GenericCallOp 类中声明接口的使用方法,还需要提供 GenericCallOp 的定义。

现在看 Dialect. cpp 文件中的一个示例,默认位置为 llvm-project/MLIR/examples/toy/MLIR/Dialect. cpp,代码如下:

```
//第 4 章/mlir_Toy_getCallableRegion.c
//返回函数操作中可调用区域
Region *FuncOp::getCallableRegion() { return &getBody(); }
//返回结果类型
ArrayRef<Type> FuncOp::getCallableResults() { return getType().getResults(); }

//返回所有参数的属性,如果没有,则返回 null
ArrayAttr FuncOp::getCallableArgAttrs() {
  return getArgAttrs().value_or(nullptr);
}

//返回所有结果的属性,如果没有,则返回 null
ArrayAttr FuncOp::getCallableResAttrs() {
  return getResAttrs().value_or(nullptr);
}

//返回被调用者
CallInterfaceCallable GenericCallOp::getCallableForCallee() {
  return getAttrOfType<SymbolRefAttr>("callee");
}

//设置 generic call op 的被调用者
void GenericCallOp::setCalleeFromCallable(CallInterfaceCallable callee) {
```

```
( * this) - > setAttr("callee", callee.get < SymbolRefAttr >());
}

//获得被调用函数的操作数
Operation::operand_range GenericCallOp::getArgOperands() { return getinputs(); }
```

在调用时实参与形参的类型可能不同,所以需要添加一个显式的类型转换(Explicit Cast),因此,需要在 Toy 方言中添加 cast 操作并设置调用接口。

在 Ops. td 文件中分析一个示例,默认位置为 llvm-project/MLIR/examples/toy/include/toy/Ops.td,代码如下:

```
//第 4 章/mlir_inline_toy.c
def CastOp: Toy_Op <"cast", [ DeclareOpInterfaceMethods < CastOpInterface >,
    NoMemoryEffect, SameOperandsAndResultShape]
 > {
 let summary = "形状投射操作";
 let description = [{
    强制转换操作将张量从一种类型转换为等效类型,而不更改任何数据元素。源类型和目标类型
 必须都是具有相同元素类型的张量类型。如果两者都进行了排名,则需要形状匹配。如果转换为不
 匹配的常量维度,则该操作无效。
 }];

 let arguments = (ins F64tensor: $ input);
 let results = (outs F64tensor: $ output);
 let assemblyFormat = " $ input attr - dict `:` type( $ input) `to` type( $ output)";
}
```

上述代码将 CastOpInterface 加入了 traits 列表中,还需要使用 areCastCompatible 来定义进入此接口的方法(hook into this interface)。

在 Dialect. cpp 文件中分析一个示例,默认位置为 llvm-project/MLIR/examples/oy/MLIR/Dialect.cpp,代码如下:

```
//第 4 章/mlir_inline_CastOp.c
//该程序限定了能够进行 Explicit Cast 的条件
bool CastOp::areCastCompatible(TypeRange inputs, TypeRange outputs) {
  if (inputs.size() != 1 || outputs.size() != 1)
    return false;
  tensorType input = llvm::dyn_cast < tensorType >(inputs.front());
  tensorType output = llvm::dyn_cast < tensorType >(outputs.front());
  if (!input || !output || input.getElementType() != output.getElementType())
    return false;
  return !input. hasRank() || !output. hasRank() || input == output;
}
```

然后在定义好的 ToyInlinerInterface 中增加显式强制转换的内容,以保证内联操作顺利执行。

在 Dialect. cpp 文件中分析一个示例,默认位置为 llvm-project/MLIR/examples/toy/

MLIR/Dialect.cpp,代码如下：

```
//第4章/mlir_inline_DialectInlinerInterface.c
//定义 Toy 内联函数接口
struct ToyInlinerInterface: public DialectInlinerInterface {
  ...
  //是否在调用中启用 Explicit Cast
  Operation * materializeCallconversion(OpBuilder &builder, Value input,
                                        Type resultType,
                                        LocationconversionLoc) const final {
    return builder.create<CastOp>(conversionLoc, resultType, input);
  }
};
```

最后将内联优化添加到优化管道中,在 toyc.cpp 文件中分析一个示例,默认位置为 llvm-project/MLIR/examples/toy/toyc.cpp,代码如下：

```
//第4章/mlir_inline_PassManager.c
if (enableOpt) {
    MLIR::PassManager pm(module->getName());
    if (MLIR::failed(MLIR::applyPassManagerCLOptions(pm)))
      return 4;
...
    //将内联优化应用于所有的 function,然后删去其他的 function,只剩下一个 main
    pm.addPass(MLIR::createInlinerPass());
    ...
}
```

运行后可得到经过内联（inline）Pass 后的 Toy 方言,只剩下一个 function（main 函数）,代码如下：

```
//第4章/mlir_inline_toy.func.c
module {
  toy.func @main() {
    %0 = toy.constant dense<[[1.000000e+00, 2.000000e+00, 3.000000e+00], [4.000000e+00,
5.000000e+00, 6.000000e+00]]>: tensor<2×3×f64>
    %1 = toy.constant dense<[[1.000000e+00, 2.000000e+00, 3.000000e+00], [4.000000e+00,
5.000000e+00, 6.000000e+00]]>: tensor<2×3×f64>
    %2 = toy.cast %1: tensor<2×3×f64> to tensor<*xf64>
    %3 = toy.cast %0: tensor<2×3×f64> to tensor<*xf64>
    %4 = toy.transpose(%2: tensor<*xf64>) to tensor<*xf64>
    %5 = toy.transpose(%3: tensor<*xf64>) to tensor<*xf64>
    %6 = toy.mul %4, %5: tensor<*xf64>
    toy.print %6: tensor<*xf64>
    toy.return
  }
}
```

4.4.2 形状推理

目前主函数中存在动态与静态形状的混合,提前确定所有张量的形状,能够使最终生成的代码更加简洁。

首先,使用 ODS 定义 ShapeInference 操作的接口,在 ShapeInferenceInterface.td 文件中分析一个示例,默认位置为 llvm-project/MLIR/examples/toy/include/toy/ShapeInferenceInterface.td,代码如下:

```
//第4章/mlir_OpInterface.c
def ShapeInferenceOpInterface: OpInterface<"ShapeInference"> {
  ...
  let methods = [
    InterfaceMethod<"推断并设置当前操作的输出形状。",
                    "void", "inferShapes">
  ];
}
```

其次,在 Toy 方言中将 ShapeInferenceOp 添加到需要它的操作(就像实现内联 Pass 中的第3步:把 CallOpInterface 添加到 GenericCallOp)。

在 Ops.td 文件中分析一个示例,默认位置为 llvm-project/MLIR/examples/toy/include/toy/Ops.td,代码如下:

```
//第4章/mlir_MulOp_Toy_Op.c
//下面是将形状推断操作(ShapeInferenceOp)添加到乘法操作(MulOp)中
//也可以添加到其他操作中
def MulOp: Toy_Op<"mul",
    [..., DeclareOpInterfaceMethods<ShapeInferenceOpInterface>]> {
  ...
  }
```

然后一些操作就获得了形状推理操作(ShapeInferenceOp)的接口,需要在这些操作中定义对应的形状推断函数,独立定义可以保证 ShapeInferencePass 会独立地作用于该操作。

在 Dialect.cpp 文件中分析一个示例,默认位置为 llvm-project/MLIR/examples/toy/MLIR/Dialect.cpp,代码如下:

```
//第4章/mlir_inferShapes.c
void MulOp::inferShapes() { getResult().setType(getLhs().getType()); }
//所有在上一步中添加了 ShapeInferenceOpInterface 的 op,这一步都需要定义对应的形状推断函数
```

最后,将形状推断优化添加到优化管道中,加载 toyc.cpp 文件中的一个示例,默认位置为 llvm-project/MLIR/examples/toy/toyc.cpp,代码如下:

```
//第4章/mlir_PassManager.c
  if (enableOpt) {
    MLIR::PassManager pm(module->getName());
```

```
      if (MLIR::failed(MLIR::applyPassManagerCLOptions(pm)))
        return 4;
      //将内联优化应用于所有 function,然后删去其他的 function,只剩下一个 main
      pm.addPass(MLIR::createInlinerPass());
      //现在只剩下一个 function(main),可以推断出操作的形状
      MLIR::OpPassManager &optPM = pm.nest < MLIR::FuncOp >();
      //形状推断优化
      optPM.addPass(MLIR::toy::createShapeInferencePass());
      //规范化框架优化(直接调用就行)
      optPM.addPass(MLIR::createCanonicalizerPass());
      //公共子表达式消除(直接调用就行)
      optPM.addPass(MLIR::createCSEPass());
      if (MLIR::failed(pm.run( * module)))
        return 4;
    }
```

经过内联(inline) Pass 与形状(shape)推断 Pass,得到优化后的 main 函数 MLIR 表达式。运行./toyc-ch4../../MLIR/test/Examples/Toy/codegen.toy --emit＝MLIR -opt,代码如下:

```
//第 4 章/mlir_toy.func.c
module {
  toy.func @main() {
    %0 = toy.constant dense <[[1.000000e + 00, 2.000000e + 00, 3.000000e + 00], [4.000000e + 00,
5.000000e + 00, 6.000000e + 00]]>: tensor < 2 × 3 × f64 >
    %1 = toy.transpose( %0: tensor < 2 × 3 × f64 >) to tensor < 3 × 2 × f64 >
    %2 = toy.mul %1, %1: tensor < 3 × 2 × f64 >
    toy.print %2: tensor < 3 × 2 × f64 >
    toy.return
  }
}
```

运行./toyc-ch4../../MLIR/test/Examples/Toy/codegen.toy --emit＝MLIR -opt --MLIR-print-ir-after-all,观察每个 pass 后的 MLIR 表达式,可将优化运用在所有操作中。

上面编写好的 ShapeInferencePass 会针对每个函数进行操作,独立地优化每个函数。如果想将优化操作泛化到全局(run on any isolated operation),则可以使用 MLIR 的 OperationPass 接口。

在 ShapeInferencePass.cpp 文件中分析一个示例,代码如下:

```
//第 4 章/mlir_OperationPass.c
//需要实现全局的 Pass 都要继承并重写
MLIR::OperationPass < FuncOp > runOnOperation()
struct ShapeInferencePass
  : public MLIR::PassWrapper < ShapeInferencePass, OperationPass < toy::FuncOp >> {
  void runOnOperation() override {
    auto f = getOperation();
    ...
```

```
    //算法流程
    //1.将所有需要进行形状推断的操作都加入一个 worklist
    //2.遍历这个 worklist,对于每个操作,从参数类型推断其输出的形状
    //3.直到 worklist 为空
  }
};
//通过函数实例化 ShapeInferencePass
std::unique_ptr<MLIR::Pass> MLIR::toy::createShapeInferencePass() {
  return std::make_unique<ShapeInferencePass>();
}
```

4.5 从 MLIR 表达式进行部分下译

4.5.1 背景知识(下译与方言转换)

在编译器一系列转换程序的过程中,越来越多的高层次的简明信息被打散,转换为低层次的细碎指令,这个过程被称为代码表示递降下译,与之相反的过程被称为代码表示递升。递升远比下译困难,因为需要在庞杂的细节中找出宏观脉络。下译过程主要包括以下特性:

(1)下译过程中越晚执行的转换越有结构劣势,因为缺乏高层次信息。

(2)下译主要是为了更贴近硬件做代码生成与做硬件相关优化。

每次转换遍历(pass)都需要保持原子性,在其内部可能会临时违反源程序语义,但在每个转换遍历之后,中间表示应该是正确的。编译器依赖每个遍历之后的中间表示验证(validation)来保证正确性。

MLIR 中有许多不同的方言,下译过程其实就是在各种方言之间转换,而 MLIR 提供了一套统一的方言转换框架来实现不同方言之间的转换,如图 4-5 所示。

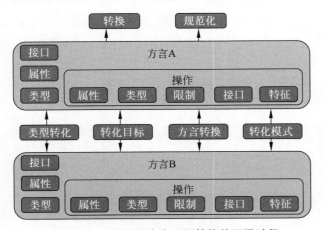

图 4-5 MLIR 不同方言之间转换的下译过程

如果要使用方言转换框架就需要以下 3 个组成部分。

（1）转换目标：对转换目标方言进行合法化（legal），对当前的方言进行非法化（illegal）。主要完成以下 3 件事情，代码如下：

```
//第4章/mlir_AffineDialect.c
//(1)合法方言(目标方言)
target.addLegalDialect<affine::AffineDialect, arith::ArithDialect>();
//将 AffineDialect 与 ArithDialect 添加为合法的目标
//(2)非法方言(如果未转换,则失败)
target.addIllegalDialect<toy::ToyDialect>();
//由于 Toy 方言已经转换走了,所以将其添加为非法的目标
//(3)合法和非法操作
target.addDynamicallyLegalOp<toy::PrintOp>([](toy::PrintOp op);
//将保留操作添加为合法操作
```

（2）转换模式（或者称为重写模式）：前面相当于转换了命名空间，但并没有对其中的操作进行转换，需要对操作进行匹配与重写，将非法操作转换为合法操作，从而实现操作从源方言到目标方言的映射。

（3）类型转换器：当前方言中若存在某些特定的数据类型，则需要转换到目标方言中相应的数据类型。

4.5.2　部分下译

当前方言中若存在某些特定的数据类型，则需要转换到目标方言中相应的数据类型。MLIR 从旧方言表达式到新方言表达式的转化过程，如图 4-6 所示。

图 4-6　MLIR 从旧方言表达式到新方言表达式的转化过程

从一个高抽象级别的方言转换到一个低抽象级别的方言的过程中，可以只下译其中一部分操作，剩下的操作只需升级与其他操作共存。对转换后的 MLIR 表达式进行下译，示例如图 4-7 所示。

变换起点是上一步优化好的 MLIR 表达式，首先由 codegen.toy 获得优化后的 MLIR 表达式，代码如下：

```
//第4章/mlir_codegen_toy.c
//codegen.toy 源码
def multiply_transpose(a, b) {
  return transpose(a) * transpose(b);
}

def main() {
  var a<2, 3> = [[1, 2, 3], [4, 5, 6]];
  var b<2, 3> = [1, 2, 3, 4, 5, 6];
  var c = multiply_transpose(a, b);
```

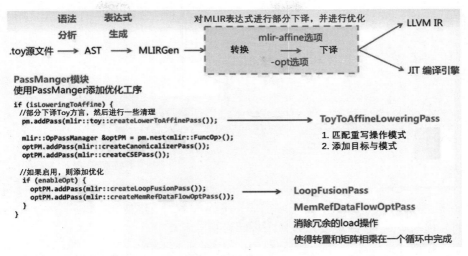

图 4-7 toy 源文件到下译、Pass 管理器模块、Toy 仿射下译 Pass、循环融合 Pass 的流程

```
  var d = multiply_transpose(b, a);
  print(d);
}
```

transformation（内联与形状推断）后的 MLIR 表达式. /toyc-ch4../../MLIR/test/Examples/Toy/codegen. toy --emit ＝ MLIR -opt 或. /toyc-ch5../../MLIR/test/Examples/Toy/codegen. toy --emit＝MLIR-opt，与 Ch5/affine-lower. MLIR 相同，代码如下：

```
//第 4 章/mlir_codegen_toy_1.c
toy. func @main() {
  % 0 = toy. constant dense<[[1.000000e + 00, 2.000000e + 00, 3.000000e + 00], [4.000000e +
00, 5.000000e + 00, 6.000000e + 00]]>: tensor < 2×3×f64>
  % 1 = toy. transpose( % 0: tensor < 2×3×f64 >) to tensor < 3×2×f64 >
  % 2 = toy. mul % 1, % 1: tensor < 3×2×f64 >
  toy. print % 2: tensor < 3×2×f64 >
  toy. return
}
```

第 1 步，定义转换目标（Conversion Target）。为了实现进一步优化，将 Toy 方言中计算密集操作转换为仿射方言与算术方言（这两个都是 MLIR 内置的方言）的组合，但由于仿射方言中没有输出操作，所以需要保留 Toy 方言中的输出操作并进行重写。

在 LowerToAffineLoops. cpp 文件中分析一个示例，默认位置为 llvm-project/MLIR/examples/toy/MLIR/LowerToAffineLoops. cpp，代码如下：

```
//第 4 章/mlir_runOnOperation.c
void ToyToAffineLowerPass::runOnOperation() {
 conversionTarget target(getContext());

  //将`Affine`、`Arith`、`Func`, and `MemRef` Dialect 添加为合法的目标
```

```
target.addLegalDialect < affine::AffineDialect, BuiltinDialect,
                         arith::ArithDialect, func::FuncDialect,
                         memref::MemRefDialect >();
//将 `Toy` Dialect 添加为非法的目标
target.addIllegalDialect < toy::ToyDialect >();

//保留 ToyDialect 中的 print 操作,后续进行重写
target.addDynamicallyLegalOp < toy::PrintOp >([](toy::PrintOp op) {
  return llvm::none_of ( op -> getOperandTypes ( ), [ ] ( Type type) { return llvm::isa
< tensorType >(type); });
});
...
}
```

第 2 步,明确转换模式(Conversion Patterns)。这一步将使用 conversionPattern 实现对操作的匹配与重写,把非法操作转换为合法操作。

下面以转换 ToyDialect 中的转换操作作为示例进行介绍。

在 LowerToAffineLoops. cpp 文件中分析一个 conversionPattern 示例,默认位置为 llvm-project/MLIR/examples/toy/MLIR/LowerToAffineLoops. cpp,代码如下:

```
//第 4 章/mlir_public_conversionPattern.c
struct TransposeOpLower: public conversionPattern {
  TransposeOpLower(MLIRContext * ctx)
      :conversionPattern(toy::TransposeOp::getOperationName(), 1, ctx) {}
  //匹配与重写函数
  LogicalResult
  matchAndRewrite(Operation * op, ArrayRef < Value > operands,
                  conversionPatternRewriter &rewriter) const final {
    auto loc = op -> getLoc();
    //实现将当前的操作 lower 到一组仿射循环
    //memRef 是 AffineDialect 的操作数类型,类似于缓存
    lowerOpToLoops(op, operands, rewriter,
                   [loc](OpBuilder &builder, ValueRange memRefOperands,
                         ValueRange loopIvs) {
                     //TransposeOpAdaptor 是由 ODS 框架执行后自动生成的
                     toy::TransposeOpAdaptor transposeAdaptor(memRefOperands);
                     Value input = transposeAdaptor.getinput();
                     SmallVector < Value, 2 > reverseIvs(llvm::reverse(loopIvs));
                     return builder.create < affine::AffineLoadOp >(loc, input,
                                                                    reverseIvs);
                   });
    return success();
  }
};
```

第 3 步,将第 2 步定义的转换模式(TransposeOpLower)添加到 lower 过程中用到的模式列表。

在 LowerToAffineLoops. cpp 文件中分析一个示例,默认位置为 llvm-project/MLIR/examples/toy/MLIR/LowerToAffineLoops. cpp,代码如下:

```
//第4章/mlir_ToyToAffine.c
//添加一组可以下译 toy 操作的模式
void ToyToAffineLowerPass::runOnOperation() {
  ...
  RewritePatternSet patterns(&getContext());
  patterns.add<..., TransposeOpLower>(&getContext());
}
```

第4步,确定部分下译模式。

方言转换框架提供了两种模式的下译,部分方法与全局方法如下。

(1) 部分方法:当前方言中某些操作在下译中先进行保留(保留部分之前的信息)。

(2) 全局方法:当前方言中全部操作在下译中全部去除(类似于转换到 LLVM IR)。

由于需要保留 Toy 方言中的打印操作并进行重写,所以这里使用部分方法执行。在 LowerToAffineLoops.cpp 文件中分析一个示例,默认位置为 llvm-project/MLIR/examples/toy/MLIR/LowerToAffineLoops.cpp,代码如下:

```
//第4章/mlir_ToyToAffineLowerPass.c
void ToyToAffineLowerPass::runOnOperation() {
  ...
  if (failed(applyPartialconversion(getOperation(), target, std::move(patterns))))
    signalPassFailure();
}
```

第5步,将保留的 toy.print 进行重写,以匹配数据格式。在这一步需要保留 toy.print 的输出格式,并且增加新数据格式支持。

有以下3种实现方法:

(1) 从 bufferload 生成操作,保持操作的定义不变,但涉及完整的复制。

(2) 生成一个在下译的 typetoy.print 上操作的新版本。

(3) 更新下译的 typetoy.print 操作,需要在 dialect 中混合抽象级别。为了简单起见,使用的是第3种实现方法。在 Ops.td 文件中分析一个示例,默认位置为 llvm-project/MLIR/examples/toy/include/toy/Ops.td,代码如下:

```
//第4章/mlir_PrintOp.c
def PrintOp: Toy_Op<"print"> {
  ...
  //之前是 let arguments = (ins F64tensor: $ input);
  //添加对 F64MemRef 类型的输出支持
  let arguments = (ins AnyTypeOf<[F64tensor, F64MemRef]>: $ input);
}
```

第6步,将定义好的下译添加到优化管道中。在 toyc.cpp 文件中分析一个示例,默认位置为 llvm-project/MLIR/examples/toy/toyc.cpp,代码如下:

```
//第4章/mlir_codegen_toy.c
  //使用 PassManager 模块添加优化工序
```

```
  if (isLowerToAffine) { //若命令行中有 - emit = MLIR - affine,则为真
    //对 Toy 方言进行部分 lower
    pm.addPass(MLIR::toy::createLowerToAffinePass());
    //LowerToAffine 优化,规范化框架优化,公共子表达式消除优化
    MLIR::OpPassManager &optPM = pm.nest<MLIR::func::FuncOp>();
    optPM.addPass(MLIR::createCanonicalizerPass());
    optPM.addPass(MLIR::createCSEPass());
    //在管道中添加一些现有的优化,以此来消除产生的一些冗余负载
    if (enableOpt) {
      optPM.addPass(MLIR::affine::createLoopFusionPass());
      optPM.addPass(MLIR::affine::createAffineScalarReplacementPass());
    }
  }
```

执行. /toyc-ch5.. /.. /MLIR/test/Examples/Toy/codegen. toy --emit＝MLIR-affine -opt,得到下译后的结果。

codegen. toy --emit＝MLIR -opt 的结果就是 affine-lower. MLIR。故与运行. /toyc-ch5.. /.. /test/Examples/Toy/affine-lower. MLIR -emit＝MLIR-affine -opt 得到的结果等效,代码如下:

```
//第 4 章/mlir_codegen_toy_func.func.c
module {
  func.func @main() {
    %cst = arith.constant 6.000000e + 00: f64
    %cst_0 = arith.constant 5.000000e + 00: f64
    %cst_1 = arith.constant 4.000000e + 00: f64
    %cst_2 = arith.constant 3.000000e + 00: f64
    %cst_3 = arith.constant 2.000000e + 00: f64
    %cst_4 = arith.constant 1.000000e + 00: f64
    %alloc = memref.alloc(): memref < 3 × 2 × f64 >
    %alloc_5 = memref.alloc(): memref < 2 × 3 × f64 >
    affine.store %cst_4, %alloc_5[0, 0]: memref < 2 × 3 × f64 >
    affine.store %cst_3, %alloc_5[0, 1]: memref < 2 × 3 × f64 >
    affine.store %cst_2, %alloc_5[0, 2]: memref < 2 × 3 × f64 >
    affine.store %cst_1, %alloc_5[1, 0]: memref < 2 × 3 × f64 >
    affine.store %cst_0, %alloc_5[1, 1]: memref < 2 × 3 × f64 >
    affine.store %cst, %alloc_5[1, 2]: memref < 2 × 3 × f64 >
    affine.for %arg0 = 0 to 3 {
      affine.for %arg1 = 0 to 2 {
        %0 = affine.load %alloc_5[%arg1, %arg0]: memref < 2 × 3 × f64 >
        %1 = arith.mulf %0, %0: f64
        affine.store %1, %alloc[%arg0, %arg1]: memref < 3 × 2 × f64 >
      }
    }
    toy.print %alloc: memref < 3 × 2 × f64 >
    memref.dealloc %alloc_5: memref < 2 × 3 × f64 >
    memref.dealloc %alloc: memref < 3 × 2 × f64 >
    return
  }
}
```

4.6　混合方言表达式下译到 LLVM IR

toy 源文件到下译、Pass 管理器模块、MLIR 表达式与 LLVM IR 方言、JIT 编译器执行的流程，如图 4-8 所示。

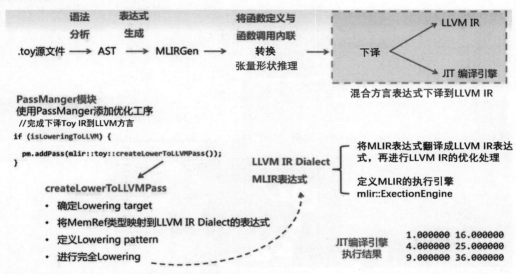

图 4-8　toy 源文件到下译、Pass 管理器模块、MLIR 表达式与 LLVM IR 方言、JIT 编译器执行的流程

已经将 Toy 方言转换为仿射方言、算术方言及包含 Toy 方言中的输出混合操作，需要先全部下译到 LLVM 方言，再下译到 LLVM IR，最后接入 LLVM 后端进行 CodeGen。LLVM 方言属于 MLIR 的方言，LLVM IR 是 LLVM 自己的 IR，代码如下：

```
//第 4 章/mlir_codegen_toy.c
Affine --
                                   ↓
                  Arithmetic + Func --> LLVM (Dialect)
                                   ↑
'toy.print' --> Loop (SCF) --
```

第 1 步，已经下译了除 toy.print 操作之外的所有操作，将 lowertoy.print 下译到一个为每个元素调用 printf 的非仿射循环嵌套。

方言转换框架支持传递下译（Transitive 下译），不需要直接生成 LLVM 方言。通过传递下译，可以应用多种模式来使操作完全合法化。

在 LowerToLLVM.cpp 文件中分析一个示例，默认位置为 llvm-project/MLIR/examples/toy/MLIR/LowerToLLVM.cpp，代码如下：

```
//第 4 章/mlir_FlatSymbolRefAttr.c
static FlatSymbolRefAttr getOrInsertPrintf(PatternRewriter &rewriter, ModuleOp module) {
```

```
auto * context = module.getContext();
if (module.lookupSymbol < LLVM::LLVMFuncOp >("printf"))
  return SymbolRefAttr::get(context, "printf");

//为 printf 创建函数声明 signature * `i32 (i8 *,...)`
auto llvmI32Ty = IntegerType::get(context, 32);
auto llvmI8PtrTy = LLVM::LLVMPointerType::get(IntegerType::get(context, 8));
auto llvmFnType = LLVM::LLVMFunctionType::get(llvmI32Ty, llvmI8PtrTy, / * isVarArg = * /true);

//将 printf 函数插入父模块的主体中
PatternRewriter::InsertionGuard insertGuard(rewriter);
rewriter.setInsertionPointToStart(module.getBody());
rewriter.create < LLVM::LLVMFuncOp >(module.getLoc(), "printf", llvmFnType);
return SymbolRefAttr::get(context, "printf");
}
```

第 2 步,转换目标。除了顶层模块外,需要将所有内容都下译到 LLVM 方言。

在 LowerToLLVM. cpp 文件中分析一个示例,默认位置为 llvm-project/MLIR/examples/toy/MLIR/LowerToLLVM. cpp,代码如下:

```
//第 4 章/mlir_runOnOperation.c
void ToyToLLVMLowerPass::runOnOperation() {
  //首先要定义的是转换目标。这将定义最终的下译目标 LLVM 方言
  LLVMconversionTarget target(getContext());
  target.addLegalOp < ModuleOp >();
  ...
}
```

第 3 步,类型转换。将当前所使用的 MemRef 类型转换为 LLVM 中的表示形式,MLIR 中已经定义好了很多 typeconverter 以供复用。

在 LowerToLLVM. cpp 文件中分析一个示例,默认位置为 llvm-project/MLIR/examples/toy/MLIR/LowerToLLVM. cpp,代码如下:

```
//第 4 章/mlir_typeconverter.c
LLVMTypeconverter typeconverter(&getContext());
```

第 4 步,转换模式。

在 LowerToLLVM. cpp 文件中分析一个示例,默认位置为 llvm-project/MLIR/examples/toy/MLIR/LowerToLLVM. cpp,代码如下:

```
//第 4 章/mlir_populateArithToLLVMconversionPatterns.c
//affine、arith 与 std 方言已经提供了将它们转换为 LLVM 方言所需的模式集
RewritePatternSet patterns(&getContext());
populateAffineToStdconversionPatterns(patterns);
populateSCFToControlFlowconversionPatterns(patterns);
MLIR::arith::populateArithToLLVMconversionPatterns(typeconverter, patterns);
populateFinalizeMemRefToLLVMconversionPatterns(typeconverter, patterns);
cf::populateControlFlowToLLVMconversionPatterns(typeconverter, patterns);
```

```
populateFuncToLLVMconversionPatterns(typeconverter, patterns);

//Toy 方言中仅存的 toy.print 需要独立编写 PrintOpLower
//类似于 4.5.2 节第 2 步中的 TransposeOpLower
patterns.add < PrintOpLower >(&getContext());
```

第 5 步,确定全局下译模式。

在 LowerToLLVM. cpp 文件中分析一个示例,默认位置为 llvm-project/MLIR/ examples/toy/MLIR/LowerToLLVM. cpp,代码如下:

```
//第 4 章/mlir_runOnFunction.c
void ToyToLLVMLowerPass::runOnFunction() {
 ...
  auto module = getOperation();
  if (failed(applyFullconversion(module, target, std::move(patterns))))
    signalPassFailure();
}
```

第 6 步,将定义好的下译添加到优化管道中。

在 toyc. cpp 文件中分析一个示例,默认位置为 llvm-project/MLIR/examples/toy/ toyc. cpp,代码如下:

```
//第 4 章/mlir_pm.addPass.c
if (isLowerToLLVM) {
    //完成从 Toy IR 到 LLVM 方言的下译
    pm.addPass(MLIR::toy::createLowerToLLVMPass());
    //添加 Pass
    pm.addNestedPass < MLIR::LLVM::LLVMFuncOp >(
        MLIR::LLVM::createDIScopeForLLVMFuncOpPass());
  }
```

执行. /toyc-ch6.. /.. /test/Examples/Toy/llvm-lower. MLIR -emit = MLIR-llvm,最终会获得的 LLVM 方言格式的 MLIR 表达式,代码如下:

```
//第 4 章/mlir_pm.module.c
//LLVM IR 方言形式的 MLIR 表达式
 module{
 llvm.func @free(!11vm <"i8 * ">)
 llvm.MLIR.global internal constant @nl("\\0A\\00")
 llvm.MLIR.global internal constant @frmt_spec(" % f\\00")
 llvm.func @printf(!llvm <"i8 * ">,...) -> !llvm.i32
 llvm.func @malloc(!llvm.i64) -> !llvm <"i8 * "> llvm.func @main(){
     % 0 = llvm.MLIR.constant(1.000000e + 00: f64): !llvm.double
     % 1 = llvm.MLIR.constant(2.000000e + 00: f64): !llvm.double
     % 2 = llvm.MLIR.constant(3.000000e + 00: f64): !llvm.double
     ...
  }
```

第 7 步,从 LLVM 方言到 LLVM IR,再到 CodeGen。

现在已经转换到 LLVM 方言,最终需要下译到 LLVM IR,使用 MLIR 内置的转换函数 translateModuleToLLVMIR 即可,然后利用 LLVM 工具链便可完成多后端 CodeGen。

Toy 接入 MLIR 流程本质上还是高级语言的转换流程,但目前 MLIR 在人工智能领域应用较热门,二者的转换前端区别较大,一个是抽象语法树;另一个是计算图 IR (Computation Graph IR)。

4.7　用于机器学习编译器的 MLIR CodeGen 方言

从类型的角度来看,分层堆栈需要对张量、缓存、向量和标量进行适当建模,并提供逐步分解和下译支持。从操作的角度来看,需要有计算与控制流程。控制流既可以显式地作为分支,也可以隐式地作为有效载荷携带操作的固有结构。使用这些作为维度,将各种方言放在低级的层次结构中。从输入 ML Model 开始的转换流程,如图 4-9 所示。

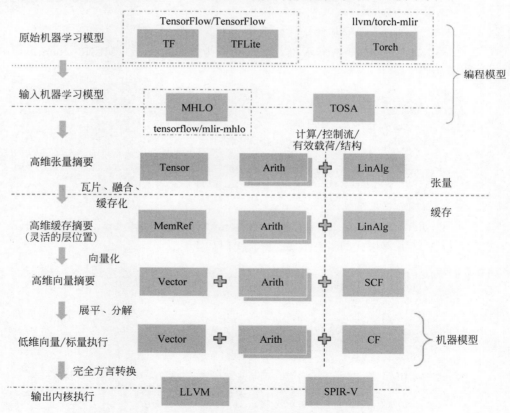

图 4-9　从输入机器学习模型开始的转换流程

TPU-MLIR 开发技术分析

5.1 TPU-MLIR 简介

TPU-MLIR 现在支持 TFLite 与 ONNX 格式。这两种格式的模型可以直接转换为 TPU 可用的 bmodel。如果不是这两种格式呢？事实上，ONNX 提供了一套转换工具，可以将市场上的由主流深度学习框架编写的模型转换为 ONNX 格式，然后继续转换为 bmodel。主流深度学习框架模型转换为 ONNX 格式，然后下译到 MLIR 流程，如图 5-1 所示。

5.1.1 TPU-MLIR 的工作流程

模型转换过程中有时会出现精度损失。TPU-MLIR 支持 int8 对称与非对称量化，结合原开发企业的 Calibration 与 Tune 技术，大大地提高了性能，确保了模型的高精度。此外，TPU-MLIR 还使用了大量的图优化与算子分割优化技术，以确保模型的高效运行。

目前，TPU-MLIR 项目已应用于 SOPHGO 开发的最新一代人工智能处理器 BM1684x，该处理器的高性能 ARM 内核与相应的 SDK，可以实现深度学习算法的快速部署。实现极致性价比，打造下一代 AI 编译器。

如果神经网络模型想要支持 GPU 计算，则需要开发神经网络模型中的运算符的 GPU 版本。如果它需要适应 TPU，则需要为每个运营商开发一个 TPU 版本。在其他场景中，需要适应同一种计算处理器的不同型号的产品。如果每次都需要手动编译，则将是十分费时费力的。

AI 编译器就是为了解决上述问题而设计的。TPU-MLIR 的一系列自动优化工具，可以节省大量的手动优化时间，使在 CPU 上开发的模型能够顺利且经济高效地迁移到 TPU，以实现最终的性价比。

随着 Transformer 等神经网络结构的出现，新算子的数量不断增加。这些算子需要根据后端硬件的特点进行实现、优化与测试，以提高硬件的性能。这也导致运算符的复杂性更高，调整难度更大，并且并非所有运算符都可以由一个工具有效生成。整个人工智能编译器领域仍处于不断完善的状态。

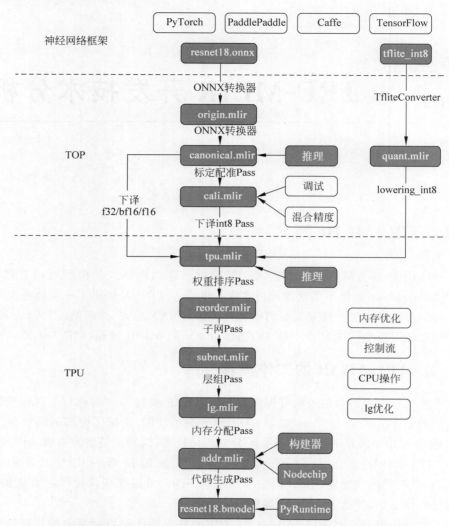

图 5-1　主流深度学习框架模型转换为 ONNX 格式，然后下译到 MLIR 流程

TPU-MLIR 还需要持续的研发投入、AI 处理器支持、代码生成性能优化、运行时调度优化等环节，这些环节还有很大的提升空间。TPU-MLIR 编译器的工作流程如图 5-2 所示。

5.1.2　TPU-MLIR 编译工程

TPU-MLIR 是 AI 芯片的 TPU 编译器工程。该工程提供了一套完整的工具链，其可以将不同框架下预训练的神经网络转换为可以在算能 TPU 上高效运算的文件 bmodel。TPU-MLIR 的整体架构如图 5-3 所示。

目前直接支持的框架有 ONNX、Caffe 与 TFLite，其他框架的模型需要转换成 ONNX 模型。

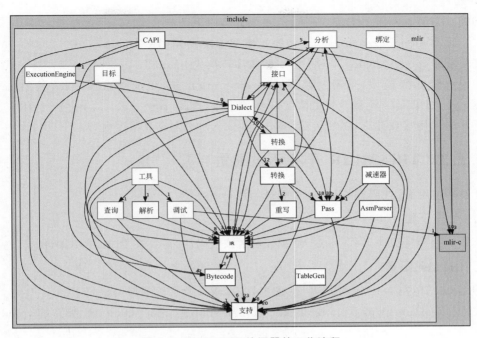

图 5-2 TPU-MLIR 编译器的工作流程

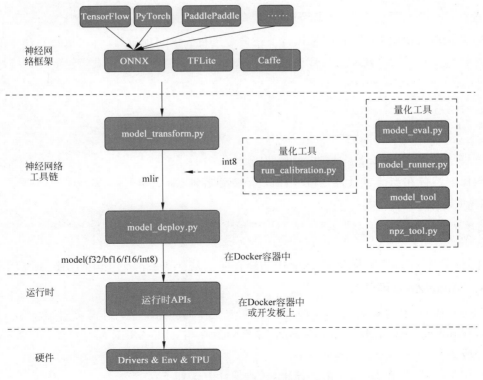

图 5-3 TPU-MLIR 的整体架构

转模型需要在指定的 Docker 执行,主要分为以下两步。

(1) 通过 model_transform.py 将原始模型转换成 MLIR 文件。

(2) 通过 model_deploy.py 将 MLIR 文件转换成 bmodel。

如果要转 int8 模型,则需要调用 run_calibration.py 生成校准表,然后传给 model_deploy.py。如果 int8 模型不满足精度需要,则可以调用 run_qtable.py 生成量化表,用来决定哪些层采用浮点计算,然后传给 model_deploy.py 生成混精度模型。

5.1.3　TPU-MLIR 开发环境配置

开发环境配置,代码在 Docker 中编译与运行。

1. 代码下载

从本书配套资源中下载 TPU-MLIR,复制该代码后,需要在 Docker 中编译。

2. Docker 配置

TPU-MLIR 在 Docker 环境开发,配置好 Docker 就可以编译与运行了。

从 DockerHub https://hub.docker.com/r/sophgo/tpuc_dev 下载所需的镜像,命令如下:

```
//第 5 章/docker_mirror.py
$ docker pull sophgo/tpuc_dev:latest
```

如果是首次使用 Docker,则可执行下述命令进行安装与配置(仅首次执行),命令如下:

```
//第 5 章/docker_install.py
$ sudo apt install docker.io
$ sudo systemctl start docker
$ sudo systemctl enable docker
$ sudo groupadd docker
$ sudo usermod - aG docker $ USER
$ newgrp docker
```

确保安装包在当前目录,然后在当前目录创建容器,命令如下:

```
//第 5 章/docker_container.py
$ docker run -- privileged -- name myname - v $ PWD:/workspace - it sophgo/tpuc_dev:latest
♯myname 只是举个名字的例子, 可指定成个人需要的容器的名称
```

注意,TPU-MLIR 工程在 Docker 中的路径应该是/workspace/tpu-MLIR。

3. ModelZoo(可选)

TPU-MLIR 中自带 yolov5s 模型,如果要运行其他模型,则需要下载 ModelZoo (https://github.com/sophgo/model-zoo)。下载后放在与 TPU-MLIR 同级目录,在 Docker 中的路径应该是/workspace/model-zoo。

操作工作脚本,在 Docker 的容器中,代码编译方式如下:

```
//第 5 章/mlir_model_transform.py
＃代码编译
＃在 Docker 的容器中代码编译方式如下
$ cd tpu - MLIR
$ source. /envsetup.sh
$ ./build.sh
```

回归验证,代码如下:

```
//第 5 章/mlir_push.py
＃本工程包含 yolov5s. onnx 模型,可以直接用来验证
$ pushd regression
$ ./run_model.sh yolov5s
$ popd
```

如果要验证更多网络,则需要依赖 model-zoo,回归时间比较久,代码如下(可选):

```
//第 5 章/mlir_model_transform.py
＃执行时间很长,该步骤可以跳过
$ pushd regression
$ ./run_all.sh
$ popd
```

用户的使用接口,包括转换模型的基本过程,与各类工具的使用方法。

基本操作过程是用 model_transform.py 将模型转换成 MLIR 文件,然后用 model_deploy.py 将 MLIR 转换成对应的 model,命令如下:

```
//第 5 章/mlir_deploy_transform.py
＃对于 MLIR
$ model_transform.py \
    -- model_name resnet \
    -- model_def   resnet.onnx \
    -- test_input resnet_in.npz \
    -- test_result resnet_top_outputs.npz \
    -- MLIR resnet.MLIR

＃对于浮点模型
$ model_deploy.py \
    -- MLIR resnet.MLIR \
    -- quantize F32 \  ＃F16/BF16
    -- chip bm1684x \
    -- test_input resnet_in_f32.npz \
    -- test_reference resnet_top_outputs.npz \
    -- model resnet50_f32.bmodel
```

当用图片作为输入时,需要指定预处理信息,命令如下:

```
//第 5 章/mlir_model_name.py
$ model_transform.py \
    -- model_name resnet \
    -- model_def resnet.onnx \
```

```
-- input_shapes [[1,3,224,224]] \
-- mean 103.939,116.779,123.68 \
-- 缩放 1.0,1.0,1.0 \
-- pixel_format bgr \
-- test_input cat.jpg \
-- test_result resnet_top_outputs.npz \
-- MLIR resnet.MLIR
```

当模型有多输入时,可以传入 1 个 NPZ 文件,或者按顺序传入多个 NPZ 文件,用逗号隔开,命令如下:

```
//第 5 章/mlir_model_somenet.py
$ model_transform.py \
   -- model_name somenet \
   -- model_def  somenet.onnx \
   -- test_input somenet_in.npz \  #a.npy,b.npy,c.npy
   -- test_result somenet_top_outputs.npz \
   -- MLIR somenet.MLIR
```

如果需要转 int8 模型,则需要进行校准,命令如下:

```
//第 5 章/mlir_model_calibration.py
$ run_calibration.py somenet.MLIR \
   -- dataset dataset \
   -- input_num 100 \
   - o somenet_cali_table
```

传入校准表生成模型,命令如下:

```
//第 5 章/mlir_model_deploy_transform.py
$ model_deploy.py \
   -- MLIR resnet.MLIR \
   -- quantize INT8 \
   # -- asymmetric \
   -- calibration_table somenet_cali_table \
   -- chip bm1684x \
   -- test_input somenet_in_f32.npz \
   -- test_reference somenet_top_outputs.npz \
   -- tolerance 0.9,0.7 \
   -- model somenet_int8.bmodel
```

当 int8 模型精度不满足业务要求时,可以尝试使用混合精度,先生成量化表,命令如下:

```
//第 5 章/mlir_model_transform.py
$ run_qtable.py somenet.MLIR \
   -- dataset dataset \
   -- calibration_table somenet_cali_table \
   -- chip bm1684x \
   - o somenet_qtable
```

然后将量化表传入生成模型,命令如下:

```
//第 5 章/mlir_resnet_transform.py
$ model_deploy.py \
   —— MLIR resnet.MLIR \
   —— quantize INT8 \
   —— calibration_table somenet_cali_table \
   —— quantize_table somenet_qtable \
   —— chip bm1684x \
   —— model somenet_mix.bmodel
```

支持 TFLite 模型的转换,命令如下:

```
//第 5 章/mlir_model_transform.py
   # TFLite 转模型举例
$ model_transform.py \
   —— model_name resnet50_tf \
   —— model_def ../resnet50_int8.tflite \
   —— input_shapes [[1,3,224,224]] \
   —— mean 103.939,116.779,123.68 \
   —— 缩放 1.0,1.0,1.0 \
   —— pixel_format bgr \
   —— test_input ../image/dog.jpg \
   —— test_result resnet50_tf_top_outputs.npz \
   —— MLIR resnet50_tf.MLIR

$ model_deploy.py \
   —— MLIR resnet50_tf.MLIR \
   —— quantize INT8 \
   —— asymmetric \
   —— chip bm1684x \
   —— test_input resnet50_tf_in_f32.npz \
   —— test_reference resnet50_tf_top_outputs.npz \
   —— tolerance 0.95,0.85 \
   —— model resnet50_tf_1684x.bmodel
```

支持 Caffe 模型,命令如下:

```
//第 5 章/mlir_model_transform.py
# Caffe 转模型举例
$ model_transform.py \
   —— model_name resnet18_cf \
   —— model_def ../resnet18.prototxt \
   —— model_data ../resnet18.caffemodel \
   —— input_shapes [[1,3,224,224]] \
   —— mean 104,117,123 \
   —— 缩放 1.0,1.0,1.0 \
   —— pixel_format bgr \
   —— test_input ../image/dog.jpg \
   —— test_result resnet50_cf_top_outputs.npz \
—— MLIR resnet50_cf.MLIR
```

5.2 工具参数介绍

1. model_transform. py

用于将各种神经网络模型转换成 MLIR 文件,支持的参数见表 5-1。

表 5-1 model_transform 参数功能

参 数 名	是否必选	说 明
model_name	是	指定模型名称
model_def	是	指定模型定义文件,例如`.onnx`、`.tflite`或`.prototxt`文件
model_data	否	指定模型权重文件,Caffe 模型需要,对应`.caffemodel`文件
input_shapes	否	指定输入的 shape,例如[[1,3,640,640]];二维数组,可以支持多输入情况
resize_dims	否	原始图片需要 resize 之后的尺寸;如果不指定,则 resize 成模型的输入尺寸
keep_aspect_ratio	否	在 resize 时是否保持长宽比,默认值为 False;设置时会对不足部分补 0
mean	否	图像每个通道的均值,默认值为 0.0,0.0,0.0
scale	否	图片每个通道的比值,默认值为 1.0,1.0,1.0
pixel_format	否	图片类型,可以是 rgb、bgr、gray、rgbd 4 种类型
output_names	否	指定输出的名称,如果不指定,则用模型的输出;指定后用该指定名称作为输出
test_input	否	指定输入文件,用于验证,可以是图片、npy 或 npz;可以不指定,如果不指定,则不会进行正确性验证
test_result	否	指定验证后的输出文件
excepts	否	指定需要排除验证的网络层的名称,多个用逗号隔开
MLIR	是	指定输出的 MLIR 文件名称与路径
post_handle_type	否	将后处理融合到模型中,指定后处理类型,例如 yolo、ssd

转换成 MLIR 文件后会生成一个 ${model_name}_in_f32.npz 文件,该文件是后续模型的输入文件。

2. run_calibration. py

用少量的样本进行校准,得到网络模型的校准表,即每层 op 的 threshold/min/max。run_calibration 支持的参数,见表 5-2。

表 5-2 run_calibration 参数功能

参 数 名	是否必选	说 明
(None)	是	指定 MLIR 文件
dataset	否	指定输入样本的目录,该路径存放对应的图片、npz 或 npy
data_list	否	指定样本列表,与 dataset 必须二选一
input_num	否	指定校准数量,如果为 0,则使用全部样本

续表

参 数 名	是否必选	说 明
tune_num	否	指定微调样本数量,默认值为 10
histogram_bin_num	否	直方图 bin 数量,默认值为 2048
o	是	输出校准表文件

校准表的样板,操作信息如下:

```
//第 5 章/mlir_build_run.py
# 生成的时间: 2024 − 04 − 8 10:00:59.743675
# 直方图数目: 2048
# 采样数: 100
# 调试数目: 5
#
# op_name    threshold    min    max
images 1.0000080 0.0000000 1.0000080
122_conv56.4281803 − 102.5830231 97.6811752
124_Mul 38.1586478 − 0.2784646 97.6811752
125_conv56.1447888 − 143.7053833 122.0844193
127_Mul 116.7435987 − 0.2784646 122.0844193
128_conv16.4931355 − 87.9204330 7.2770605
130_Mul 7.2720342 − 0.2784646 7.2720342
......
```

操作信息分为 4 列:第 1 列是张量的名字;第 2 列是阈值(用于对称量化);第 3 列和第 4 列分别是 min 和 max,用于非对称量化。

3. run_qtable.py

使用 run_qtable.py 生成混合精度量化表,相关参数说明,见表 5-3。

表 5-3 run_qtable.py 参数功能

参 数 名	是否必选	说 明
无	是	指定 MLIR 文件
dataset	否	指定输入样本的目录,该路径存放对应的图片、npz 或 npy
data_list	否	指定样本列表,与 dataset 必须二选一
calibration_table	是	输入校准表
chip	是	指定模型将要用到的平台,支持 bm1684x/bm1684/cv183x/cv182x/cv181x/cv180x
input_num	否	指定输入样本数量,默认用 10 个
loss_table	否	输出 Loss 表,默认为 full_loss_table.txt
o	是	输出混合精度量化表

混合精度量化表的样板,操作流程如下:

```
//第 5 章/mlir_mix_mode.py
# 生成时间: 2024 − 04 − 07 21:35:47.981562
# 采样数: 3
```

```
＃全部 int8 损失：- 39.03119206428528
＃chip: bm1684x  mix_mode: F32
＃
＃ op_name   quantize_mode
conv2_1/linear/bn F32
conv2_2/dwise/bn  F32
conv6_1/linear/bn F32
```

操作信息分为 2 列：第 1 列对应 layer 的名称，第 2 列对应量化模式。

同时会生成 Loss 表，默认为 full_loss_table.txt，代码如下：

```
//第 5 章/mlir_mix_mode_Layer_conv.py
＃生成时间：2024 - 04 - 07 22:30:31.912270
＃采样数：3
＃全部 int8 损失：- 39.03119206428528
＃chip: bm1684x  mix_mode: F32
＃
No.0: Layer:conv2_1/linear/bn Loss: - 36.14866065979004
No.1: Layer:conv2_2/dwise/bn  Loss: - 37.15774385134379
No.2: Layer:conv6_1/linear/bn Loss: - 38.44639046986898
No.3: Layer:conv6_2/expand/bn Loss: - 39.7430411974589
No.4: Layer:conv1/bn          Loss: - 40.067259073257446
No.5: Layer:conv4_4/dwise/bn  Loss: - 40.183939139048256
No.6: Layer:conv3_1/expand/bn Loss: - 40.1949667930603
No.7: Layer:conv6_3/expand/bn Loss: - 40.61786969502767
No.8: Layer:conv3_1/linear/bn Loss: - 40.9286363919576
No.9: Layer:conv6_3/linear/bn Loss: - 40.97952524820963
No.10: Layer: block_6_1        Loss: - 40.987406969070435
No.11: Layer:conv4_3/dwise/bn  Loss: - 41.18325670560201
No.12: Layer:conv6_3/dwise/bn  Loss: - 41.193763415018715
No.13: Layer:conv4_2/dwise/bn  Loss: - 41.2243926525116
......
```

它代表对应的 Layer 改成浮点计算后得到输出的 Loss。

4. model_deploy.py

将 MLIR 文件转换成相应的模型，参数说明，见表 5-4。

表 5-4　model_deploy 参数功能

参　数　名	是否必选	说　　　明
MLIR	是	指定 MLIR 文件
chip	是	指定模型将要用到的平台，支持 bm1684x/bm1684/cv183x/cv182x/cv181x/cv180x
quantize	是	指定默认量化类型，支持 f32/f16/bf16/int8
quantize_table	否	指定混合精度量化表路径，如果没有指定，则按 quantize 类型量化，否则优先按量化表量化
calibration_table	否	指定校准表路径，当存在 int8 量化时需要校准表

续表

参 数 名	是否必选	说 明
tolerance	否	表示 MLIR 量化后的结果与 MLIR fp32 推理结果相似度的误差容忍度
test_input	否	指定输入文件用于验证,可以是图片、npy 或 npz;可以不指定,如果不指定,则不会进行正确性验证
test_reference	否	用于验证模型正确性的参考数据(使用 npz 格式),其为各算子的计算结果
excepts	否	指定需要排除验证的网络层的名称,多个用逗号隔开
model	是	指定输出的 model 文件名称与路径

5. model_runner.py

对模型进行推理,支持 bmodel/MLIR/onnx/tflite。

运行模型,命令如下:

```
//第 5 章/model_runner.py
$ model_runner.py \
    -- input sample_in_f32.npz \
    -- model sample.bmodel \
    -- output sample_output.npz
```

支持的参数,见表 5-5。

表 5-5 model_runner 参数功能

参 数 名	是 否 必 选	说 明
input	是	指定模型输入,npz 文件
model	是	指定模型文件,支持 bmodel/MLIR/ONNX/TFLite
dump_all_tensors	否	开启后将导出所有的结果,包括中间张量的结果

6. npz_tool.py

npz 在 TPU-MLIR 工程中会大量用到,包括输入/输出的结果等。npz_tool.py 用于处理 npz 文件。

执行 npz_tool,命令如下:

```
//第 5 章/sample_out.py
# 查看 sample_out.npz 中输出的数据
$ npz_tool.py dump sample_out.npz 输出
```

支持的功能,见表 5-6。

表 5-6 npz_tool 功能

功 能	描 述
dump	得到 npz 的所有张量信息
compare	比较两个 npz 文件的差异
to_dat	将 npz 导出为 dat 文件,连续的二进制存储

7. visual.py

量化网络如果遇到精度对比不过或比较差,则可以使用此工具逐层可视化,比较浮点网络与量化后网络的不同,方便进行定位与手动调整。

运行 visual.py,执行的命令如下:

```
//第 5 章/fp32_MLIR f32.MLIR
#以使用 9999 端口为例
$ visual.py -- fp32_MLIR f32.MLIR -- quant_MLIR quant.MLIR -- input top_input_f32.npz --
port 9999
```

支持的功能,见表 5-7。

表 5-7 visual 功能

功　　能	描　　述
f32_MLIR	fp32 网络 MLIR 文件
quant_MLIR	量化后网络 MLIR 文件
input	测试输入数据,可以是图像文件或者 npz 文件
port	使用的 TCP 端口,默认为 10000,需要在启动 Docker 时映射至系统端口
manual_run	启动后是否自动进行网络推理比较,默认值为 False,表示会自动推理比较

5.3 整体设计

5.3.1 TPU-MLIR 分层

TPU-MLIR 将网络模型的编译过程分两层处理,包括 TOP 方言与 TPU 方言:

(1) TOP 方言:与芯片无关层,包括图优化、量化、推理等。

(2) TPU 方言:与芯片相关层,包括权重重排、算子切分、地址分配、推理等。

整体的流程(TPU-MLIR 整体流程),如图 5-4 所示。通过 Pass 将模型逐渐转换成最终的指令,这里具体说明,TOP 层与 TPU 层的每个 Pass 有什么功能。

5.3.2 构建 Pass

构建 Pass,包括以下几个模块。

(1) 规范化:与具体 OP 有关的图优化,例如 ReLU 合并到卷积、shape 合并等。

(2) 校准:按照校准表,给每个 OP 插入 min 与 max,用于后续量化;如果对应对称量化,则插入 threshold。

(3) 下译:将 OP 根据类型下译到 TPU 层,支持的类型有 f32/f16/bf16/int8 对称/int8 非对称。

(4) 规范化:与具体 OP 有关的图优化,例如连续 Requant 的合并等。

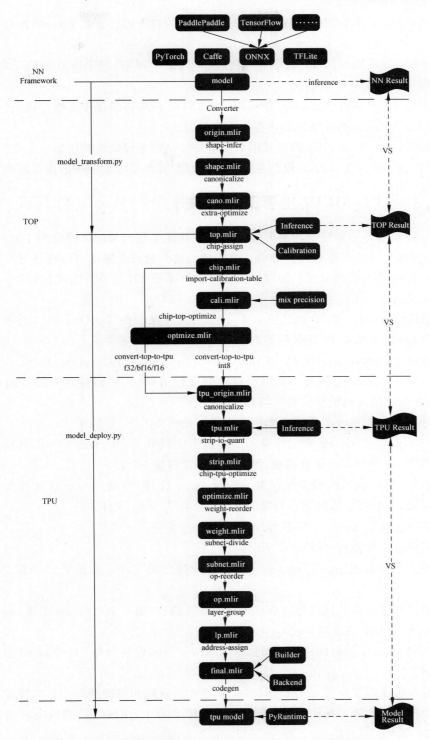

图 5-4 TPU-MLIR 整体流程：从深度学习框架到 TOP，再到 TPU

（5）权重重新排序：根据芯片特征，对个别 OP 的权重进行重新排列，例如卷积的 filter 与 bias。

（6）子网：将网络按照 TPU/CPU 切分成不同的子网络，如果所有的算子都是 TPU，则子网络只有一个。

（7）图层组：对网络进行切分，使尽可能多的 OP 在片内内存中连续计算。

（8）MemAssign：给需要全局内存的 OP 分配地址。

（9）CodeGen：用 Builder 模块采用平面缓冲区格式生成最终的模型。

（10）前端转换：以 ONNX 模型为例，介绍模型/算子在本工程中的前端转换流程。

5.3.3　TPU-MLIR 主要工作模块

前端主要负责将原始模型转换为 TOP 层（芯片无关层）、MLIR 模型的工作（不包含规范化部分，因此生成的文件名为 ＊_origin. MLIR），这个过程会根据原始模型与运行 model_transform. py 时输入的参数逐一创建并添加对应的算子（OP），最终生成 MLIR 文件与保存权重的 npz 文件。

（1）前提（Prereq）：TOP 层算子定义，该部分内容保存在 TopOps. td 文件中。

（2）输入：输入原始 ONNX 模型与参数（主要是预处理参数）。

（3）初始化 Onnxconverter(load_onnx_model ＋ initMLIRImporter)。

① load_onnx_model 部分主要用于对模型进行精简化，根据参数中的 output_names 截取模型，并提取精简后模型的相关信息。

② init_MLIRImporter 部分主要用于生成初始的 MLIR 文本。

（4）generate_MLIR：依次创建输入 OP，模型中间节点 OP 及返回 OP，并将其补充到 MLIR 文本中（如果该 OP 带有权重，则会创建特定权重 OP）。

（5）输出：将精简后的模型保存为 ＊_opt. onnx 文件，生成. prototxt 文件保存除权重外的模型信息，然后将生成的文本转换为 str 并保存为. mlir 文件。

（6）将模型权重（tensors）保存为. npz 文件。

前端转换的工作流程，如图 5-5 所示。

构建输入操作需要 input_names、每个输入对应的 index 及预处理参数（若输入为图像）。

转换节点操作需要从操作数获取该节点的输入操作（前一个已经 build 或 convert 好的算子），然后从 shapes 中获取 output_shape。

从 ONNX 节点中提取的属性会通过 MLIRImporter 设定为与 TopOps. td 定义一一对应的属性。

构建返回操作需要依照 output_names，从操作数获取相应的操作。每创建或者转换一个算子都会执行一次插入操作，将算子插入 MLIR 文本中，使最终生成的文本能从头到尾与原 ONNX 模型一一对应。

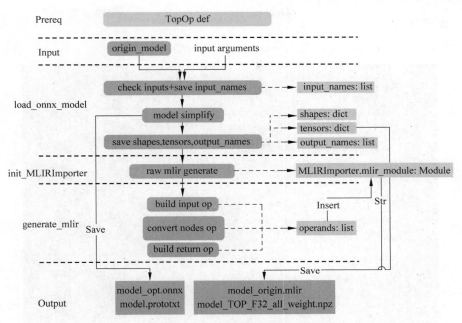

图 5-5　TPU-MLIR 前端转换流程

5.3.4　算子转换样例

以卷积算子为例,将单卷积算子的 ONNX 模型转换为 TOP MLIR,用 Netron 工具查看原模型结构,如图 5-6 所示。

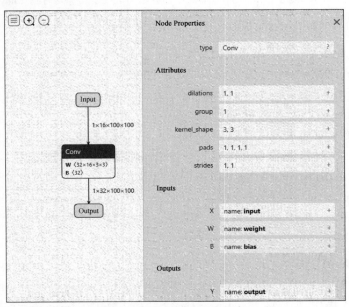

图 5-6　使用 Netron 工具查看模型文件结构

1. 算子定义

在 TopOps.td 文件中定义 Top.conv 卷积算子,如图 5-7 所示。

```
include > tpu_mlir > Dialect > Top > IR > ≡ TopOps.td
157    def Top_ConvOp: Top_Op<"Conv", [SupportFuseRelu]> {
158      let summary = " 卷积算子";
159
160      let description = [{
161        在最简单的情况下,具有输入大小的层的输出值
162        .......
163      }];
164
165      let arguments = (ins
166        AnyTensor:$input,
167        AnyTensor:$filter,
168        AnyTensorOrNone:$bias,
169        I64ArrayAttr:$kernel_shape,
170        I64ArrayAttr:$strides,
171        I64ArrayAttr:$pads, // top,left,bottom,right
172        DefaultValuedAttr<I64Attr, "1">:$group,
173        OptionalAttr<I64ArrayAttr>:$dilations,
174        OptionalAttr<I64ArrayAttr>:$inserts,
175        DefaultValuedAttr<BoolAttr, "false">:$do_relu,
176        OptionalAttr<F64Attr>:$upper_limit,
177        StrAttr:$name
178      );
179
180      let results = (outs AnyTensor:$output);
181      let extraClassDeclaration = [{
182        void parseParam(int64_t &n, int64_t &ic, int64_t &ih, int64_t &iw, int64_t &oc,
183                        int64_t &oh, int64_t &ow, int64_t &g, int64_t &kh, int64_t &kw, int64_t &
                          ins_h,
184                        int64_t &ins_w, int64_t &sh, int64_t &sw, int64_t &pt, int64_t &pb,
                          int64_t &pl,
185                        int64_t &pr, int64_t &dh, int64_t &dw, bool &is_dw, bool &with_bias, bool &
                          do_relu,
186                        float &relu_upper_limit);
187      }];
188    }
```

图 5-7　从 **include/tpu_mlir/Dialect/Top/IR/TopOps.td** 查看 **Top_ConvOp**

分析 Top_ConvOp 内部模块功能参数,如图 5-8 所示。

2. 初始化 ONNX 转换器

load_onnx_model 包括以下功能模块:

(1) 由于使用的是最简模型,所以生成的 conv _opt.onnx 模型与原模型相同。

(2) input_names 保存了卷积算子的输入名。

(3) 张量中保存了卷积算子的权重与 bias。

(4) shapes 中保存了卷积算子的输入与输出 shape。

(5) output_names 中保存了卷积算子的输出名。

init_MLIRImporter 初始化:根据 input_names 与 output_names,从 shapes 中获取了对应的 input_shape 与 output_shape,加上 model_name,生成了初始的 MLIR 文本 MLIRImporter.MLIR_module,如图 5-9 所示。

3. generate_MLIR

生成 MLIR 包括以下步骤:

(1) 构建输入操作,生成的 Top.inputOp 会被插入 MLIRImporter.MLIR_module 中。

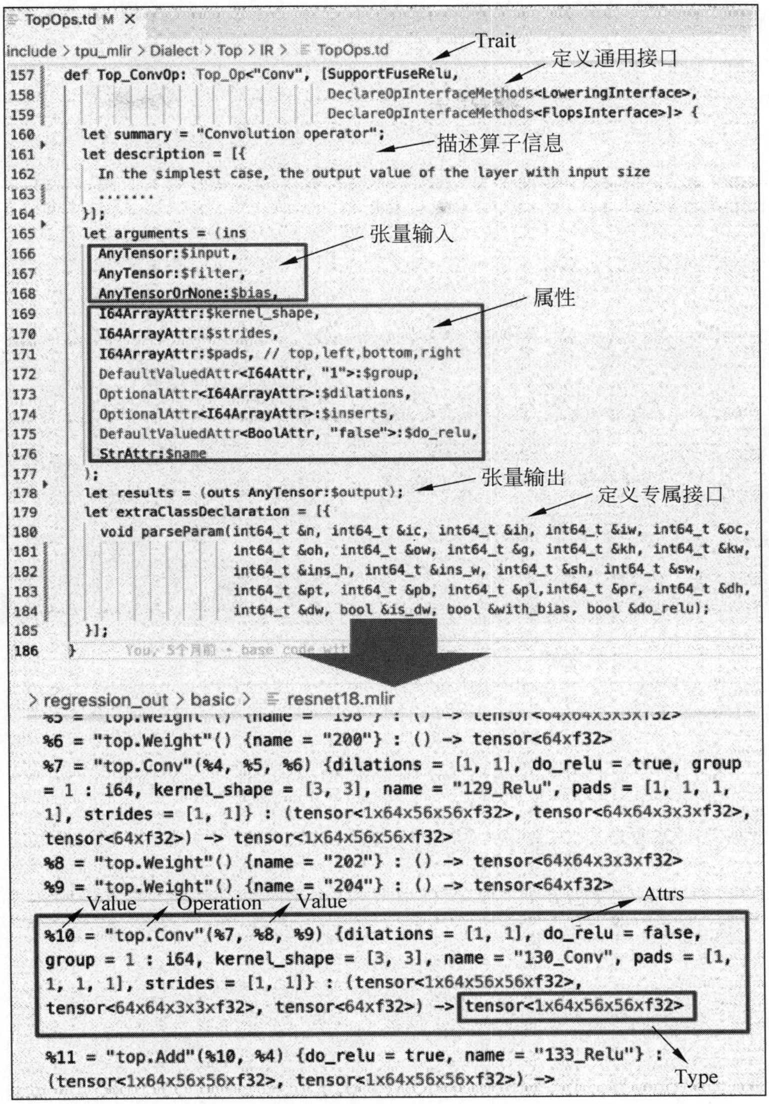

图 5-8　分析 Top_ConvOp 内部模块功能参数

图 5-9　分析模块属性内部参数

（2）根据 node. op_type（卷积）调用 convert_conv_op()，该函数中会调用 MLIRImporter. create_conv_op 来创建 convOp，而 create 函数需要的参数如下。

① 输入操作：从（单卷积模型）可知，卷积算子的 inputs 一共包含输入、权重与 bias，输入 OP 已被创建好，权重与 bias 的 OP，则通过 getWeightOp() 创建。

② output_shape：利用 onnx_node. name 从 shapes 中获取卷积算子的 outputshape。

③ Attributes：从 ONNX 卷积算子中获取如单卷积模型中的 attributes。

在 create 函数里 Top. conv 算子的 attributes 会根据（卷积算子定义）中的定义来设定。Top. convOp 创建后会被插入 MLIR 文本中。

（3）根据 output_names 从 operands 中获取相应的 OP，创建 return_op 并插入 MLIR 文本中。到此为止，生成的 MLIR 文本如图 5-10 所示。

```
onnx_test >  ≡ Conv2d_origin.mlir
  1   module attributes {module.chip = "ALL", module.name = "Conv2d", module.state = "TOP_F32",
  2   module.weight_file = "conv2d_top_f32_all_weight.npz"} {
  3     func.func @main(%arg0: tensor<1x16x100x100xf32>) -> tensor<1x32x100x100xf32> {
  4       %0 = "top.None"() : () -> none
  5 inputOp %1 = "top.Input"(%arg0) {name = "input"} : (tensor<1x16x100x100xf32>) -> tensor<1x16x100x100xf32>
  6 weightOp %2 = "top.Weight"() {name = "weight"} : () -> tensor<32x16x3x3xf32>
  7       %3 = "top.Weight"() {name = "bias"} : () -> tensor<32xf32>
  8 ConvOp %4 = "top.Conv"(%1, %2, %3) {dilations = [1, 1], do_relu = false, group = 1 : i64, kernel_shape = [3, 3],
  9       name = "output_Conv", pads = [1, 1, 1, 1], strides = [1, 1]} : (tensor<1x16x100x100xf32>,
 10       tensor<32x16x3x3xf32>, tensor<32xf32>) -> tensor<1x32x100x100xf32>
 11 returnOp return %4 : tensor<1x32x100x100xf32>
 12     }
 13   }
```

图 5-10 分析 Conv2d_origin. mlir 内部参数

（4）将 MLIR 文本保存为 conv_origin. MLIR，将 tensors 中的权重保存为 conv_TOP_F32_all_weight. npz。

5.4　神经网络的量化与训练

5.4.1　量化技术概述

介绍 TPU-MLIR 的量化设计，重点介绍该论文在实际量化中的应用。

int8 量化分为非对称量化与对称量化。对称量化是非对称量化的一个特例，通常对称量化的性能会优于非对称量化，而精度上非对称量化更优。

1. 非对称量化

非对称量化其实就是把 [min,max] 范围内的数值，定点到 [−128,127] 或者 [0,255] 区间，如图 5-11 所示。

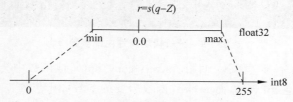

图 5-11 非对称量化算法理论

从 int8 到 float 的量化,可以用以下公式进行表示:

$$r = S(q - Z)$$

$$S = \frac{\max - \min}{q\max - q\min}$$

$$Z = \text{Round}\left(-\frac{\min}{S} + q\min\right)$$

(5-1)

其中,r 是真实的值,float 类型;q 是量化后的值,int8 或者 uint8 类型;S 表示缩放,float 类型;Z 是零点,int8 类型。

当量化到 int8 时,$q\max = 127$,$q\min = -128$;当量化到 uint8 时,$q\max = 255$,$q\min = 0$。反过来从 float 到 int8 的量化,用下式表示:

$$q = \frac{r}{S} + Z$$

(5-2)

2. 对称量化

对称量化是非对称量化 $Z = 0$ 时的特例,公式如下。

$$\text{i8\_value} = \text{f32\_value} \times \frac{128}{\text{threshold}}$$

$$\text{f32\_value} = \text{i8\_value} \times \frac{\text{threshold}}{128}$$

(5-3)

在式(5-3)中,解析如下:

(1) threshold 是阈值,可以理解为张量的范围是 [-threshold, threshold]。

(2) 这里 $S = \text{threshold}/128$,通常是激活函数情况。

(3) 对于权重,一般 $S = \text{threshold}/127$。

(4) 对于 uint8,张量范围是 [0, threshold],此时 $S = \text{threshold}/255.0$。

3. 缩放转换

取值是一个非负数 $M = 2^{-n}M_0$,其中 M_0 取值 [0.5, 1],n 是一个非负数。

换个表述来讲,也就是浮点数缩放,可以转换成乘法与 rshift,用以下公式表示:

$$\text{Scale} = \frac{\text{Multiplier}}{2^{\text{rshift}}}$$

(5-4)

下面举例说明,如何使用式(5-4):

$$y = x \times 0.1234$$

$$\Rightarrow y = x \times 0.9872 \times 2^{-3}$$

$$\Rightarrow y = x \times (0.9872 \times 2^{31}) \times 2^{-34}$$

$$\Rightarrow y = x \times \frac{2119995857}{1 \ll 34}$$

$$\Rightarrow y = (x \times 2119995857) \gg 34$$

(5-5)

其中,乘法支持的位数越高,就越接近缩放,但是性能会越差。一般芯片会用 32 位或 8 位的乘法。

4. 量化推导

可以用量化公式对不同的 OP 进行量化推导,得到其对应的 int8 计算方式。对称与非对称都用在激活函数上,对于权重一般只用对称量化。

1) 卷积

卷积的表达式如下:

$$Y = X_{(n,ic,ih,iw)} \times W_{(oc,ic,kh,kw)} + B_{(1,oc,1,1)} \tag{5-6}$$

在式(5-6)中,代入 int8 量化公式,用以下公式推导:

$$\text{float:} \ Y = X \times W + B$$
$$\text{step0} => S_y(q_y - Z_y) = S_x(q_x - Z_x) \times S_w q_w + B$$
$$\text{step1} => q_y - Z_y = S_1(q_x - Z_x) \times q_w + B_1$$
$$\text{step2} => q_y - Z_y = S_1 q_x \times q_w + B_2 \tag{5-7}$$
$$\text{step3} => q_y = S_3(q_x \times q_w + B_3) + Z_y$$
$$\text{step4} => q_y = S_3(q_x \times q_w + b_{i32}) * M_{i32} \gg \text{rshift}_{i8} + Z_y$$

非对称量化需要特别注意的是,Pad 需要填入 Z_x。

对称量化时,Pad 填入 0,上述推导中 Z_x 与 Z_y 皆为 0。

在 PerAxis(或称 PerChannel)量化时会取 Filter 的每个 OC 做量化,推导公式不变,但是会有 OC 个乘法、rshift。

2) 内积

推导方式与卷积相同。

3) 加法

加法的表达式如下:

$$Y = A + B \tag{5-8}$$

将式(5-8)代入 int8 量化公式,用以下公式推导:

$$\text{float:} \ Y = A + B$$
$$\text{step0} => S_y(q_y - Z_y) = S_a(q_a - Z_a) + S_b(q_b - Z_b)$$
$$\text{step1(对称)} => q_y = (q_a * M_a + q_b * M_b)_{i16} \gg \text{rshift}_{i8} \tag{5-9}$$
$$\text{step2(非对称)} => q_y = \text{requant}(\text{dequant}(q_a) + \text{dequant}(q_b))$$

在式(5-9)中,加法最终如何用 TPU 实现,与 TPU 具体的指令有关。

这里对称提供的方式是用 int16 做中间缓存。

在网络中,输入 A、B 已经是量化后的结果 q_a、q_b,因此非对称是先反量化成 float,进行加法运算后再量化成 int8。

5. 平均池化

平均池化的表达式如下:

$$Y_i = \frac{\sum_{j=0}^{k}(X_j)}{k}, \ \text{其中} \ k = kh \times kw \tag{5-10}$$

将式(5-10)代入 int8 量化公式,用以下公式推导:

$$\text{float:} \quad Y_i = \frac{\sum\limits_{j=0}^{k}(X_j)}{k}$$

$$\text{step0:} \Rightarrow S_y(y_i - Z_y) = \frac{S_x \sum\limits_{j=0}^{k}(x_j - Z_x) + Z_y}{k}$$

$$\text{step1:} \Rightarrow y_i = \frac{S_x}{S_y k}\sum\limits_{j=0}^{k}(x_j - Z_x) + Z_y \tag{5-11}$$

$$\text{step2:} \Rightarrow y_i = \frac{S_x}{S_y k}\sum\limits_{j=0}^{k}(x_j) - \left(Z_y - \frac{S_x}{S_y}Z_x\right)$$

$$\text{step3:} \Rightarrow y_i = \left(\text{Scale}_{f32}\sum\limits_{j=0}^{k}(x_j) - \text{Offset}_{f32}\right)_{i8}$$

在式(5-11)中,

$$\text{Scale}_{f32} = \frac{S_x}{S_y k}, \quad \text{Offset}_{f32} = Z_y - \frac{S_x}{S_y}Z_x \tag{5-12}$$

6. LeakyReLU

LeakyReLU 的表达式如下:

$$Y = \begin{cases} X, & \text{当 } X \geqslant 0 \text{ 时} \\ \alpha X, & \text{当 } X < 0 \text{ 时} \end{cases} \tag{5-13}$$

将式(5-13)代入 int8 量化公式,用以下公式推导:

$$\begin{cases} \text{float:} \quad Y = \begin{cases} X, & \text{当 } X \geqslant 0 \text{ 时} \\ \alpha X, & \text{当 } X < 0 \text{ 时} \end{cases} \\[2em] \text{step0:} \Rightarrow = S_y(q_y - Z_y) = \begin{cases} S_y(q_x - Z_x), & \text{当 } q_x \geqslant 0 \text{ 时} \\ \alpha S_x(q_x - Z_x), & \text{当 } q_x < 0 \text{ 时} \end{cases} \\[2em] \text{step1:} \Rightarrow = q_y = \begin{cases} \dfrac{S_x}{S_y}(q_x - Z_x) + Z_y, & \text{当 } q_x \geqslant 0 \text{ 时} \\ \alpha\dfrac{S_x}{S_y}(q_x - Z_x) + Z_y, & \text{当 } q_x < 0 \text{ 时} \end{cases} \end{cases} \tag{5-14}$$

对称量化时,

$$S_y = \frac{\text{threshold}_y}{128}, \quad S_x = \frac{\text{threshold}_y}{128} \tag{5-15}$$

非对称量化时,

$$S_y = \frac{\max_y - \min_y}{255}, \quad S_x = \frac{\max_x - \min_x}{255} \tag{5-16}$$

在式(5-16)中,通过向后校准操作后,

$$\max_y = \max_x, \quad \min_y = \min_x, \quad \text{threshold}_y = \text{threshold}_x \tag{5-17}$$

在式(5-17)中,

$$S_x/S_y = 1 \tag{5-18}$$

继续用以下公式推导:

$$\begin{cases} \text{step2:} => >= q_y = \begin{cases} (q_x - Z_x) + Z_y, & \text{当 } q_x \geqslant 0 \text{ 时} \\ \alpha(q_x - Z_x) + Z_y, & \text{当 } q_x < 0 \text{ 时} \end{cases} \\ \text{step3:} => >= q_y = \begin{cases} q_x - Z_x + Z_y, & \text{当 } q_x \geqslant 0 \text{ 时} \\ M_{i8} \gg \text{rshift}_{i8}(q_x - Z_x) + Z_y, & \text{当 } q_x < 0 \text{ 时} \end{cases} \end{cases} \tag{5-19}$$

在式(5-19)中,当为对称量化时,Z_x 与 Z_y 均为 0。

7. Pad 填充

Pad 的表达式如下:

$$Y = \begin{cases} X, & \text{原始位置} \\ \text{value}, & \text{填充位置} \end{cases} \tag{5-20}$$

将式(5-20)代入 int8 量化公式,用以下公式推导:

$$\begin{cases} \text{float:} Y = \begin{cases} X, & \text{原始位置} \\ \text{value}, & \text{填充位置} \end{cases} \\ \text{step0:} => S_y(q_y - Z_y) = \begin{cases} S_x(q_x - Z_x), & \text{原始位置} \\ \text{value}, & \text{填充位置} \end{cases} \\ \text{step1:} => q_y = \begin{cases} \dfrac{S_x}{S_y}(q_x - Z_x) + Z_y, & \text{原始位置} \\ \dfrac{\text{value}}{S_y}, & \text{填充位置} \end{cases} \end{cases} \tag{5-21}$$

在式(5-21)中,通过前向校准操作后,用以下公式表示,

$$\max_y = \max_x, \quad \min_y = \min_x, \quad \text{threshold}_y = \text{threshold}_x \tag{5-22}$$

在式(5-22)中,$S_x/S_y = 1$。

继续用以下公式推导:

$$\text{step2:} => q_y = \begin{cases} (q_x - Z_x) + Z_y, & \text{原始位置} \\ \dfrac{\text{value}}{S_y}, & \text{填充位置} \end{cases} \tag{5-23}$$

在式(5-23)中,当进行对称量化时,Z_x 与 Z_y 均为 0,pad 填入 round(value/S_y),当进

行非对称量化时,pad 填入 round(value/S_y＋Z_y)。

8. PReLU

PReLU 的表达式,用以下公式表示:

$$Y_i = \begin{cases} X_i, & \text{当 } X_i \geqslant 0 \text{ 时} \\ \alpha_i X_i, & \text{当 } X_i < 0 \text{ 时} \end{cases} \tag{5-24}$$

将式(5-24)代入 int8 量化公式,用以下公式表示:

$$\begin{cases} \text{float:} Y_i = \begin{cases} X_i, & \text{当 } X_i \geqslant 0 \text{ 时} \\ \alpha_i X_i, & \text{当 } X_i < 0 \text{ 时} \end{cases} \\ \text{step0:} => S_y(y_i - Z_y) = \begin{cases} S_x(x_i - Z_x), & \text{当 } x_i \geqslant 0 \text{ 时} \\ S_\alpha q_{\alpha_i} S_x(x_i - Z_x), & \text{当 } x_i < 0 \text{ 时} \end{cases} \\ \text{step1:} => y_i = \begin{cases} \dfrac{S_x}{S_y}(x_i - Z_x) + Z_y, & \text{当 } x_i \geqslant 0 \text{ 时} \\ S_\alpha q_{\alpha_i} \dfrac{S_i}{S_y}(x_i - Z_x) + Z_y, & \text{当 } x_i < 0 \text{ 时} \end{cases} \end{cases} \tag{5-25}$$

在式(5-25)中,通过向后校准操作后,用以下公式表示:

$$\max_y = \max_x, \quad \min_y = \min_x, \quad \text{threshold}_y = \text{threshold}_x \tag{5-26}$$

在式(5-26)中,$S_x/S_y = 1$。

继续用以下公式推导:

$$\begin{cases} \text{step2:} =>= y_i = \begin{cases} (x_i - Z_x) + Z_y, & \text{当 } x_i \geqslant 0 \text{ 时} \\ S_\alpha q_i(x_i - Z_x) + Z_y, & \text{当 } x_i < 0 \text{ 时} \end{cases} \\ \text{step3:} =>= y_i = \begin{cases} (x_i - Z_x) + Z_y, & \text{当 } x_i \geqslant 0 \text{ 时} \\ q_\alpha * M_{i8}(x_i - Z_x) + Z_y \gg \text{rshift}_{i8}, & \text{当 } x_i < 0 \text{ 时} \end{cases} \end{cases} \tag{5-27}$$

在式(5-27)中,一共有多个乘法与 1 个 rshift。当进行对称量化时,Z_x 与 Z_y 均为 0。

5.4.2 校准技术

1. 总体介绍

所谓校准,也就是用真实场景数据来校准出恰当的量化参数,为何需要校准?当对激活进行非对称量化时,需要预先知道其总体的动态范围,即 min-max 值,对激活进行对称量化时,需要预先使用合适的量化门限算法,在激活总体数据分布的基础上经计算得到其量化门限,而一般训练输出的模型是不带有激活这些数据统计信息的,因此这两者都要依赖于在一个微型的训练集子集上进行推理,收集各个输入的各层输出激活,汇总得到总体 min-max 及数据点分布直方图,并根据 KLD 等算法得到合适的对称量化门限,最后会启用自动调谐算法,使用各 int8 层输出激活与 fp32 激活的欧氏距离,来对这些 int8 层的输入激活量化门限进行调优;上述过程整合在一起,统一执行,最后将各个 OP 的优化后的门限与 min-max 值,输出到一个量化参数文本文件中,后续运行 model_deploy.py 文件时,就可使用这个参数文件来进行后续的 int8 量化,总体量化过程如图 5-12 所示。

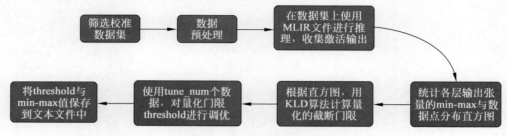

图 5-12 int8 总体量化工程

校准最终输出的量化参数文件样例,如图 5-13 所示。

```
#步骤5: 调整后转储阈值表
tuned_threshold_list = []
with open(self.args.calibration_table, 'w') as f:
    f.write("# genetated time: {}\n".format(datetime.datetime.now()))
    f.write("# histogram number: {}\n".format(self.histogram_bin_num))
    f.write("# sample number: {}\n".format(self.num_samples))
    f.write("# tune number: {}\n###\n".format(self.args.tune_num))
    f.write("# op_name    threshold    min    max\n")
```

图 5-13 调整后转储阈值表

2. 校准数据筛选及预处理

在训练集中挑选约 100～200 张覆盖各个典型场景风格的图片来进行校准,采用类似训练数据清洗的方式,要排除一些异常样例。

3. 输入格式及预处理

输入格式,见表 5-8。

表 5-8 输入格式

格　　式	描　　述
原始图片	对于 CNN 类图片输入网络,支持直接输入图片,要求在前面生成 MLIR 文件时,model_transform.py 命令要指定与训练时完全一致的图片预处理参数
npz 或 npy 文件	对于非图片输入或图片预处理类型较复杂的 TPU-MLIR 暂不支持的情形,建议编写特定脚本,将完成预处理后的输入数据保存到 npz、npy 文件中(npz 文件是多个输入张量,按字典的方式打包在一起,npy 文件是 1 个文件包含 1 个张量),run_calibration.py 支持直接导入 npz、npy 文件

在 run_calibration.py 文件中调用 MLIR 文件进行推理时,无须再指定校准图片的预处理参数。

参数描述方式见表 5-9。

表 5-9　参数描述方式

方　式	描　述
dataset	对于单输入网络,配置输入的各张图片或已预处理的输入 npy、npz 文件(无顺序要求);对于多输入网络,配置各个样本的已预处理的 npz 文件
data_list	将各个样本的图片文件地址、npz 文件地址或者 npy 文件地址,一行放一个样本,放置在文本文件中,若网络有多个输入文件,文件间通过逗号分隔(注意 npz 文件应该只有一个输入地址)

图片库数据列表示例,包括存储路径与图片命名,如图 5-14 所示。

```
/data/cali_100pics/n00.jpeg
/data/cali_100pics/n01.jpeg
/data/cali_100pics/n02.jpeg
/data/cali_100pics/n03.jpeg
/data/cali_100pics/n04.jpeg
/data/cali_100pics/n05.jpeg
```

图 5-14　图片库存储路径与图片命名

5.4.3　算法实现

1. KLD 算法

TPU-MLIR 实现的 KLD 算法参考了 tensorRT 的实现,本质上是将 abs(fp32_tensor)这个波形(用 2048 个 fp32 bin 的直方图表示)截掉一些高位的离群点后(截取的位置固定在 128bin、256bin…一直到 2048bin)得到 fp32 参考概率分布 P,这个 fp32 波形若用 128 个等级的 int8 类型来表达,则将相邻的多个 bin(例如 256bin 是相邻的两个 fp32bin)合并成 1 个 int8 值等级计算分布概率后,再扩展到相同的 bin 数,以保证和 P 具有相同的长度,最终得到量化后 int8 值的概率分布 Q,计算 P 和 Q 的 KL 散度,在一个循环中,分别对 128bin、256bin、……、2048bin 这些截取位置计算 KL 散度,找出具有最小散度的截取位置,这说明在这里截取,能用 int8 这 128 个量化等级最好地模拟 fp32 的概率分布,故量化门限设在这里是最合适的。

利用 KLD 计算 int8 量化阈值,代码如下:

```
//第 5 章/mlir_distribution.py
for i in range(128,2048,128):
        Outliers_num = sum(bin[i], bin[i + 1], …, bin[2047])
        Fp32_distribution = [bin[0], bin[1], …, bin[i - 1] + Outliers_num]
        Fp32_distribution/ = sum(Fp32_distribution)
        int8_distribution = quantize [bin[0], bin[1], …, bin[i]]
into 128 quant level
        expand int8_distribution to i bins
        int8_distribution / = sum(int8_distribution)
        kld[i] = KLD(Fp32_distribution, int8_distribution)
        end for

        find i which kld[i] is minimal
        int8 quantize threshold = (i + 0.5) * fp32 absmax/2048
```

2. 自动调谐算法

从 KLD 算法的实际表现来看,其候选门限相对较粗,没有考虑到不同业务的特性,例如,对于目标检测、关键点检测等业务,张量的离群点,可能对最终的结果的表现更加重要,此时要求量化门限更大,以避免对这些离群点进行饱和,进而影响这些分布特征的表达;另外,KLD 算法是基于量化后 int8 概率分布与 fp32 概率分布的相似性来计算量化门限的,而评估波形相似性的方法还有欧氏距离、cos 相似度等其他方法,这些度量方法不用考虑粗略的截取门限,而是直接来评估张量数值分布相似性,很多时候能有更好的表现,因此,在高效的 KLD 量化门限的基础上,TPU-MLIR 提出了自动调谐算法,对这些激活的量化门限基于欧氏距离度量进行微调,从而保证其 int8 量化具有更好的精度表现。

3. 实现方案

算法实现步骤如下:

(1) 统一对网络中带权重 layer 的权重进行伪量化,即从 fp32 量化为 int8,再反量化为 fp32,此操作会引入量化误差。

(2) 逐个对 OP 的输入激活量化门限进行调优:在初始 KLD 量化门限与激活的最大绝对值之间均匀选择 10 个候选值,用这些候选者对 fp32 参考激活值进行量化调优,引入量化误差,然后输入 OP 进行 fp32 计算,将输出的结果与 fp32 参考激活进行欧氏距离计算,选择 10 个候选值中具有最小欧氏距离的值作为调优门限。

(3) 对于 1 个 OP 输出连接到后面多个分支的情形,多个分支分别按上述方法计算量化门限,然后取其中的较大者,例如,自动调谐调优实现方案中层 1 的输出会分别针对层 2、层 3 调节一次,两次调节独立进行,根据实验证明,取最大值能兼顾两者,如图 5-15 所示。

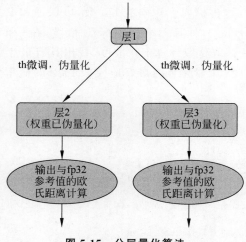

图 5-15 分层量化算法

4. 示例-yolov5s 校准

在 TPU-MLIR 的 Docker 环境中,在 TPU-MLIR 目录执行 source envsetup.sh 初始化环境后,任意新建目录,进入新建目录后执行如下命令,可以完成对 yolov5s 的校准过程,代码如下:

```
//第5章/mlir_distribution.py
$ model_transform.py \
  -- model_name yolov5s \
  -- model_def    ${REGRESSION_PATH}/model/yolov5s.onnx \
  -- input_shapes [[1,3,640,640]] \
  -- keep_aspect_ratio \    #keep_aspect_ratio、均值、缩放、pixel_format均为预处理参数
  -- mean 0.0,0.0,0.0 \
  -- 缩放 0.0039216,0.0039216,0.0039216 \
  -- pixel_format rgb \
  -- output_names 350,498,646 \
  -- test_input ${REGRESSION_PATH}/image/dog.jpg \
  -- test_result yolov5s_top_outputs.npz \
  -- MLIR yolov5s.MLIR

$ run_calibration.py yolov5s.MLIR \
  -- dataset $ REGRESSION_PATH/dataset/COCO2017 \
  -- input_num 100 \
  -- tune_num 10 \
  - o yolov5s_cali_table
```

执行 yolov5s_cali 校准结果，如图 5-16 所示。

图 5-16　yolov5s_cali 校准操作流程

5.4.4 可视化工具 visual 说明

可视化工具 visual.py 可以用来比较量化网络与原始网络的数据相似性,有助于在量化后精度不够满意时定位问题。此工具在 Docker 中启动,可以在宿主机中启动浏览器打开接口。工具默认使用 TCP 端口 10000,需要在启动 Docker 时使用-p 命令映射到宿主机,而工具的启动目录必须在网络所在目录。

由于网络是基于量化后的网络显示,所以可能会相比浮点网络有变化,对于浮点网络中不存在的张量会临时用量化后网络的数据替代,表现出来精度数据等都非常好,实际需要忽略,而只关注浮点与量化后网络都存在的张量,不存在的张量的数据类型一般是 NA,shape 也是[]这样的空值。

张量上的信息解读,如图 5-17 所示。

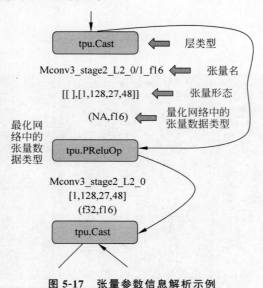

图 5-17 张量参数信息解析示例

1. 下译

下译将 TOP 层 OP 下沉到 TPU 层 OP,它支持的类型有 f32/f16/bf16/int8 对称/int8 非对称。

当转换 int8 时,它涉及量化算法;针对不同的芯片,量化算法是不一样的,例如有的支持每个通道,有的不支持;有的支持 32 位乘法,有的只支持 8 位乘法等,所以下译将算子从芯片无关层(TOP),转换到了芯片相关层(TPU)。

2. 基本过程

如图 5-18 所示,下译过程包括以下流程:

(1) TOP 算子可以分为 f32 与 int8 两种,前者是大多数网络的情况。

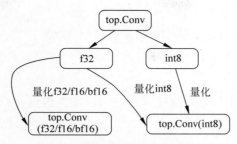

图 5-18　TOP 卷积算子量化流程

（2）后者是如 TFLite 等量化过的网络的情况。

（3）f32 算子可以直接转换成 f32/f16/bf16 的 TPU 层算子，如果要转换成 int8，则需要类型是 calibrated_type。

（4）int8 算子只能直接转换成 TPU 层 int8 算子。

3. 混合精度

当 OP 之间的类型不一致时，可以插入 CastOp，进行混合精度量化，如图 5-19 所示。

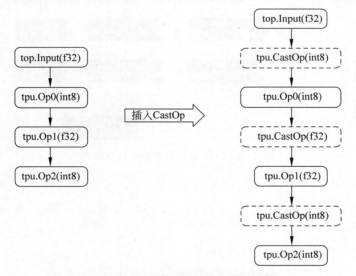

图 5-19　TOP 算子混合精度量化流程

这里假定输出的类型与输入的类型相同，如果不同，则需要特殊处理，例如 embedding 无论输出是什么类型，输入都是 uint 类型。

5.4.5　图层组

1. 基本概念

TPU 芯片分为片外内存（或称 Global Memory，GMEM）与片内内存（或称 Local Memory，LMEM）。

通常片外内存非常大(例如4GB),片内内存非常小(例如16MB)。神经网络模型的数据量与计算量都非常大,通常每层的OP都需要切分后放到片内内存进行运算,将结果再保存到片外内存。

2. 要解决的问题

图层组就是让尽可能多的OP经过切分后能够在片内内存执行,而避免过多的片内与片外内存的复制。

3. 基本思路

通过切分激活函数的 N 与 H,使每层的运算始终在片内内存中进行网络切分,如图5-20所示。

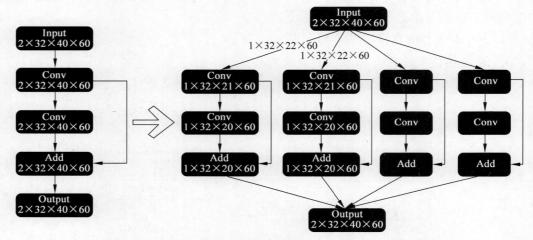

图 5-20 TOP卷积算子网络切分举例

4. BackwardH

对网络进行 H 切分时,大多数Layer输入与输出的 H 是一致的,但是对于卷积、池化等需要特别计算。

以卷积BackwardH举例,如图5-21所示。

5.4.6 划分存储周期

如何划分group? 首先把每层Layer需要的LMEM罗列出来,大体可以归为三类:

(1) 激活张量,用于保存输入/输出结果,若没有使用,就直接释放。

(2) 权重用于保存权重,在不切的情况下用完就释放,否则一直驻留在LMEM中。

(3) 缓存,用于Layer运算保存中间结果,用完就释放。

依次使用广度优先的方式,配置LMEM的ID分配,如图5-22所示。

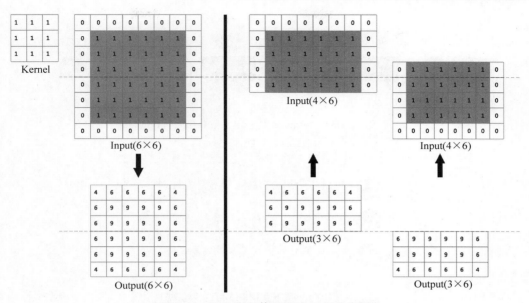

图 5-21　TOP 卷积算子后端 *H* 切分举例

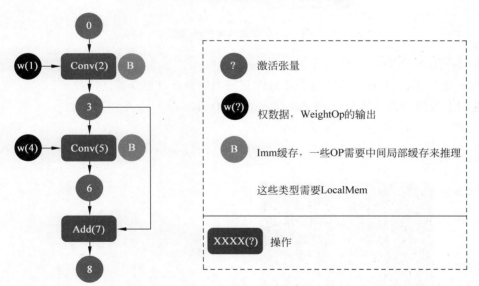

图 5-22　TOP 卷积算子后端 *H* 切分举例

配置时间步长分配,如图 5-23 所示。

关于配置周期的细节,方法如下:

(1)[T2,T7],表示在 T2 开始时就要申请 LMEM,在 T7 结束时释放 LMEM。

(2)w(4)的原始周期应该是[T5,T5],但是被修正成[T2,T5],因为在 T2 做卷积运算时,w(4)可以被同时加载。

(3)当 *N* 或者 *H* 被切分时,权重不需要重新被加载,它的结束点会被修正为正无穷。

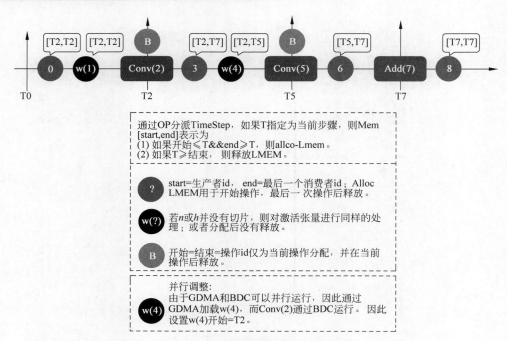

图 5-23　配置时间步长分配

1. LMEM 分配

当 n 或 h 存在切分时，权重常驻 LMEM，每个切分都可以继续使用权重。这时会先分配权重切分，如图 5-24 所示。

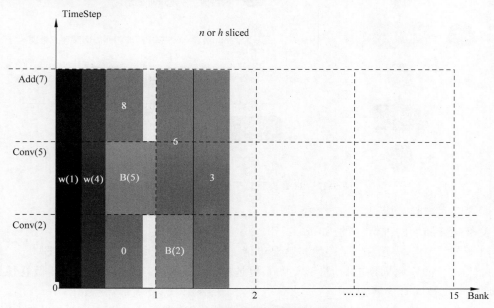

图 5-24　分配权重切分方法示例

当 n 与 h 都没有切分的情况下，权重与 activation 处理过程一样，不使用时就释放。这时的无切分情况的分配过程如图 5-25 所示。

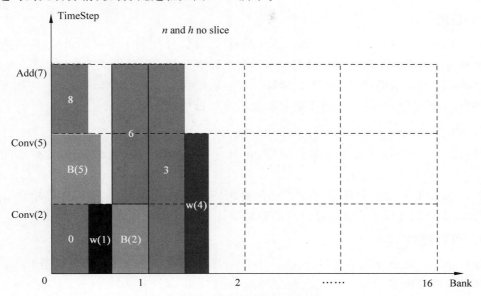

图 5-25　无切分分配方法示例

那么 LMEM 分配问题，就可以转换成这些方块如何摆放问题（注意方块只能左右移动，不能上下移动）。另外，LMEM 分配时优先不要跨 bank。目前的策略是按照 OP 的顺序依次分配，优先分配 timestep 长的，其次分配 LMEM 大的。

2. 划分最优组

目前从尾部开始向头部方向划分组，优先切 N，当 N 切到最小单位时还不能满足要求，则切 h。当网络很深时，因为卷积、池化等算子会有重复计算部分，如果 h 切得过多，则会导致重复部分过多。

为了避免过多重复，如果输入后向层的 h_slice 重复的部分 $> h/2$，则认为失败，例如，输入的 $h = 100$，经过切分后变成两个输入，$h[0,80)$ 与 $h[20,100)$，重复部分为 60，则认为失败；两个输入对应 $h[0,60)$ 与 $h[20,100)$，重复部分为 40，则认为成功。

划分最优组方法的示例，如图 5-26 所示。

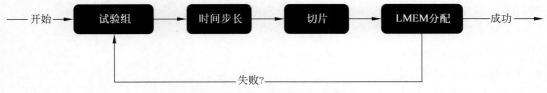

图 5-26　划分最优组方法示例

5.4.7　GMEM 分配

1. 目的

为了节约片外内存空间,最大程度地复用内存空间,分配顺序为权重张量,根据生命周期给全部全局神经元张量分配 GMEM,在分配过程中会复用已分配的 GMEM。

全局神经元张量的定义为在 OP 运算结束后需要保存在 GMEM 的 tensor。如果是图层组,则只有图层组的输入/输出张量属于全局神经张量。

2. 原理

权重张量分配 GMEM 遍历所有的 WeightOp,依次分配,4K 地址对齐,地址空间不断累加。

全局神经网络分配 GMEM 最大可能的复用内存空间,根据生命周期分配给全部全局神经网络,在分配过程中会复用已分配的 GMEM。

3. 数据结构介绍

每次分配时会把对应的张量、address、size、ref_cnt(这个张量有几个 OP 使用)记录在 rec_tbl。同时将张量、address 记录在辅助数据结构 hold_edges、in_using_addr 中,代码如下:

```
//第5章/mlir_value_offset.c
//Value, offset, size, ref_cnt
using gmem_entry = std::tuple;
std::vector rec_tbl;
std::vector hold_edges;
std::set in_using_addr;
```

4. 流程介绍

流水线计算流程包括以下步骤:

(1) 遍历每个 Op,在遍历 Op 时,判断 Op 的输入张量是否位于 rec_tbl 中,如果是,则判断 ref_cnt 是否≥1。如果是,则 ref_cnt-,表示输入张量的引用数降低 1 个;如果 ref_cnt 等于 0,则表示生命周期已结束,后面的张量可以复用它的地址空间。

(2) 在给每个 Op 的输出张量分配 GMEM 时,先判断是否可以复用 EOL 的张量地址、判断思路、遍历 rec_tbl,需要同时满足以下 7 个条件才能重用:

① 对应的张量不在 hold_edges 内。

② 对应张量的地址不在 in_using_addr 内。

③ 对应张量已 EOL。

④ 对应张量的地址空间≥当前张量所需的空间。

⑤ 当前 Op 的输入张量地址不能与对应张量的地址相同(某些 Op 最终运算结果不正确,ReshapeOP 例外)。

⑥ 给当前 Op 的输出张量分配 GMEM,如果 step2 显示可以重用,就重用,否则在 DDR 中新开辟的 GMEM。

⑦ 调整当前 Op 的输入张量的生命周期,确认它是否位于 hold_edges 内,如果是,则在 rec_tbl 中寻找,检查它的 ref_cnt 是否为 0。如果是,则把它从 hold_edges 中删除,并且把它的 addr 从 in_using_addr 中删除,意味着这个输入张量生命周期已结束,地址空间已释放。

多算子流水线计算流程示例,如图 5-27 所示。

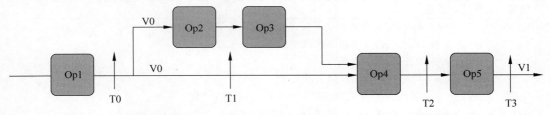

注意格式: Op1有一个名为V0的输出(ref_cnt=2),V0是两个Ops(Op2,Op4)的输入,在Op1计算之前,V0的ref_cnt减去1。当Op4开始计算时也减去V0的ref_cnt(ref_cnt=0)。禁止Op在输入和输出之间共享内存,但少数Op除外,如ReshapeOp。因此Op4不能使用V0的内存作为Output的内存。Op5的输出名为V1,可以重用V0的内存。

图 5-27　多算子流水线计算流程示例

5.4.8　TOP 方言操作

1. AddOp

AddOp 及性能描述见表 5-10。

表 5-10　AddOp 及性能描述

功 能 模 块	描　述
简述	加法操作,$Y = coeff_0 * X_0 + coeff_1 * X_1$
输入	inputs:张量数组,对应两个或多个输入张量
输出	output:张量
属性	do_relu:结果是否做 ReLU,默认值为 False relu_limit:如果做 ReLU,则指定上限值;如果是负数,则认为没有上限 coeff:对应每个张量的系数,默认值为 1.0
输出	output:output 张量
接口	无
范例	%2 = top. Add(%0,%1){do_relu = false}:(tensor < 1×3×27×27×f32 >,tensor < 1×3×27×27×f32 >) -> tensor < 1×3×27×27×f32 > loc(add)

2. AddPoolOp

AddPoolOp 及性能描述见表 5-11。

表 5-11　AddPoolOp 及性能描述

功能模块	描　　述
简述	将输入的张量进行平均池化，$S = \dfrac{1}{width * height}\sum_{i,j} a_{i,j}$。大小给定的滑动窗口会依次对输入张量进行池化 其中 width 与 height 表示 kernel_shape 的宽度与高度。$\sum_{i,j} a_{i,j}$ 则表示对 kernel_shape 进行求与
输入	输入：张量
输出	输出：张量
属性	kernel_shape：控制平均池化滑动窗口的大小 strides：步长，控制滑动窗口每次滑动的距离 pads：控制填充形状，方便池化 pad_value：填充内容，常数，默认值为 0 count_include_pad：结果是否需要对填充的 pad 进行计数 do_relu：结果是否做 ReLU，默认值为 False relu_limit：如果做 ReLU，则指定上限值；如果是负数，则认为没有上限
接口	无
范例	%90 = top. AvgPool(%89) {do_relu = false, kernel_shape = [5, 5], pads = [2, 2, 2, 2], strides = [1, 1]}: (tensor<1×256×20×20×f32>) -> tensor<1×256×20×20×f32> loc(resnetv22_pool1_fwd_GlobalAveragePool)

3. Depth2SpaceOp

Depth2SpaceOp 及性能描述见表 5-12。

表 5-12　Depth2SpaceOp 及性能描述

功能模块	描　　述
简述	深度转空间操作，$Y = \text{Depth2Space}(X)$
输入	inputs：张量
输出	输出：张量
属性	block_h：张量，高度改变的参数，i64 类型 block_w：张量，宽度改变的参数，i64 类型 is_CRD：column-row-depth，如果值为 True，则数据沿深度方向的排布按照 HWC，否则为 CHW，bool 类型 is_inversed：如果值为 True，则结果的形状为 $[n, c * \text{block}_h * \text{block}_w, h/\text{block}_h, w/\text{block}_w]$，否则结果的形状为：$[n, c/(\text{block}_h * \text{block}_w), h * \text{block}_h, w * \text{block}_w]$
输出	输出：输出张量
接口	无
范例	%2 = top. Depth2Space(%0) {block_h = 2, block_w = 2, is_CRD = true, is_inversed = false}: (tensor<1×8×2×3×f32>) -> tensor<1×2×4×6×f32> loc(add)

4. BatchNormOp

BatchNormOp 及性能描述，见表 5-13。

表 5-13　BatchNormOp 及性能描述

功能模块	描　　述
简述	在一个四维输入张量上执行批标准化(Batch Normalization)。 具体计算公式如下： $$y = \frac{x - E[x]}{\sqrt{\text{Var}[x] + \varepsilon}} * \gamma + \beta \qquad (5\text{-}28)$$
输入	输入：四维输入张量 Mean：输入的均值张量 Variance：输入的方差张量 Gamma：公式中的 γ 张量，可以为 None beta：公式中的 β 张量，可以为 None
输出	输出：结果张量
属性	epsilon：公式中的 ε 常量，默认值为 1e-05 do_relu：结果是否做 ReLU，默认值为 False relu_limit：如果做 ReLU，指定上限值；如果是负数，则认为没有上限
接口	无
范例	%5 = top.BatchNorm(%0, %1, %2, %3, %4) {epsilon = 1e-05, do_relu = false}：(tensor < 1×3×27×27×f32 >, tensor < 3×f32 >, tensor < 3×f32 >, tensor < 3×f32 >, tensor < 3×f32 >) -> tensor < 1×3×27×27×f32 > loc(BatchNorm)

5．ClipOp

ClipOp 及性能描述见表 5-14。

表 5-14　ClipOp 及性能描述

功能模块	描　　述
简述	将给定输入限制在一定范围内
输入	输入：张量
输出	输出：张量
属性	min：给定的下限 max：给定的上限
输出	输出：输出张量
接口	无
范例	%3 = top.Clip(%0) {max = 1%：f64, min = 2%：f64}：(tensor < 1×3×32×32×f32 >) -> tensor < 1×3×32×32×f32 > loc(Clip)

6．ConcatOp

ConcatOp 及性能描述见表 5-15。

表 5-15　ConcatOp 及性能描述

功能模块	描　　述
简述	将给定的张量序列在给定的维度上连接起来。所有的输入张量或者都具有相同的 shape(待连接的维度除外)或者都为空

功能模块	描　　述
输入	inputs：张量数组，对应两个或多个输入张量
输出	输出：结果张量
属性	axis：待连接的维度的下标 do_relu：结果是否做 ReLU，默认值为 False relu_limit：如果做 ReLU，指定上限值；如果是负数，则认为没有上限
接口	无
范例	%2 = top. Concat(%0，%1) {axis = 1, do_relu = false}：(tensor < 1×3×27×27×f32 >, tensor < 1×3×27×27×f32 >)-> tensor < 1×6×27×27×f32 > loc(Concat)

7. ConvlutionOp

ConvlutionOp 及性能描述见表 5-16。

表 5-16　ConvlutionOp 及性能描述

功能模块	描　　述
简述	对输入张量执行二维卷积操作。 简单来讲，给定输入大小为 (N, C_{in}, H, W)，output$(N, C_{\text{out}}, H_{\text{out}}, W_{\text{out}})$ 的计算方法为 $$\text{out}(N_{\text{in}}, C_{\text{out}}) = \text{bias}(C_{\text{out}}) + \sum_{k=0}^{C_{\text{in}}-1} \text{weight}(C_j, k) * \text{input}(N_i, k) \qquad (5\text{-}29)$$ 在式(5-29)中，$*$ 是有效的 cross-correlation 操作，N 是 batch 的大小，C 是 channel 的数量，而 H 和 W 是输入图片的高与宽
输入	输入：输入张量 filter：参数张量，其形状为 $$\left(\text{out\_channels}, \frac{\text{in\_channels}}{\text{groups}}, \text{kernel\_size}[0], \text{kernel\_size}[1]\right) \qquad (5\text{-}30)$$ 在式(5-30)中，bias 为可学习的偏差张量，形状为(out_channels)。
输出	输出：结果张量
属性	kernel_shape：卷积核的尺寸 strides：卷积的步长 pads：输入的每条边补充 0 的层数 group：从输入通道到输出通道的阻塞连接数，默认值为 1 dilations：卷积核元素之间的间距，可选 inserts：可选 do_relu：结果是否做 ReLU，默认值为 False relu_limit：如果做 ReLU，则需指定上限值；如果是负数，则认为没有上限
接口	无
范例	%2 = top. conv(%0，%1) {kernel_shape = [3, 5], strides = [2, 1], pads = [4, 2]}：(tensor < 20×16×50×100×f32 >, tensor < 33×3×5×f32 >)　-> tensor < 20×33×28×49× f32 > loc(卷积)

8. DeconvOp

DeconvOp 及性能描述见表 5-17。

表 5-17　DeconvOp 及性能描述

功能模块	描　　述
简述	对输入张量执行反卷积操作
输入	输入：输入张量 filter：参数张量，其形状为 $$\left(out\backslash\_channels, \frac{in\backslash\_channels}{groups}, kernel\backslash\_size[0], kernel\backslash\_size[1]\right) \qquad (5\text{-}31)$$ 在式（5-31）中，bias 为可学习的偏差张量，形状为（out_channels）
输出	输出：结果张量
属性	kernel_shape：卷积核的尺寸 strides：卷积的步长 pads：输入的每条边补充 0 的层数 group：从输入通道到输出通道的阻塞连接数，默认值为 1 dilations：卷积核元素之间的间距，可选 inserts：可选 do_relu：结果是否做 ReLU，默认值为 False relu_limit：如果做 ReLU，则需指定上限值；如果是负数，则认为没有上限
接口	无
范例	%2 = top. Deconv(%0, %1) {kernel_shape = (3, 5), strides = (2, 1), pads = (4, 2)}: (tensor < 20×16×50×100×f32 >, tensor < 33×3×5×f32 >)-> tensor < 20×33×28×49× f32 > loc(Deconv)

9. DivOp

DivOp 及性能描述见表 5-18。

表 5-18　DivOp 及性能描述

功能模块	描　　述
简述	除法操作，$Y = X_0 / X_1$
输入	inputs：张量数组，对应两个或多个输入张量
输出	输出：张量
属性	do_relu：结果是否做 ReLU，默认值为 False relu_limit：如果做 ReLU，则需指定上限值，如果是负数，则认为没有上限 乘法：量化用的乘数，默认值为 1 rshift：量化用的右移，默认值为 0
输出	输出：输出张量
接口	无
范例	%2 = top. Div(%0, %1) {do_relu = false, relu_limit = −1.0，乘法 = 1, rshift = 0}: (tensor < 1×3×27×27×f32 >, tensor < 1×3×27×27×f32 >) -> tensor < 1×3×27×27× f32 > loc(div)

10. LeakyReluOp

LeakyReluOp 及性能描述见表 5-19。

表 5-19　LeakyReluOp 及性能描述

功能模块	描　　述
简述	张量中的每个元素执行 LeakyReLU 函数,函数可表示为 $f(x) = alpha * x$ for $x < 0$,$f(x) = x$ for $x >= 0$
输入	输入:张量
输出	输出:张量
属性	alpha:对应每个张量的系数
输出	输出:输出张量
接口	无
范例	%4 = top. LeakyRelu(%3) {alpha = 0.67000001668930054:f64}:(tensor$<1\times32\times100\times100\times$f32$>$) -> tensor$<1\times32\times100\times100\times$f32$>$ loc(LeakyRelu)

11. LSTMOp

LSTMOp 及性能描述见表 5-20。

表 5-20　LSTMOp 及性能描述

功能模块	描　　述
简述	执行 RNN 的 LSTM 操作
输入	输入:张量
输出	输出:张量
属性	filter:卷积核 recurrence:循环单元 bias:LSTM 的参数,偏置 initial_h:LSTM 中的每句话经过当前 cell 后会得到一个 state,state 是个 tuple(c, h),其中 h=[batch_size, hidden_size] initial_c: c=[batch_size, hidden_size] have_bias:是否设置偏置 bias,默认值为 False bidirectional:设置双向循环的 LSTM,默认值为 False batch_first:是否将 batch 放在第一维,默认值为 False
输出	输出:输出张量
接口	无
范例	%6 = top. LSTM(%0, %1, %2, %3, %4, %5) {batch_first = false, bidirectional = true, have_bias = true}:(tensor$<75\times2\times128\times$f32$>$,tensor$<2\times256\times128\times$f32$>$, tensor$<2\times256\times64\times$f32$>$, tensor$<2\times512\times$f32$>$, tensor$<2\times2\times64\times$f32$>$, tensor$<2\times2\times64\times$f32$>$) -> tensor$<75\times2\times2\times64\times$f32$>$ loc(LSTM)

12. LogOp

LogOp 及性能描述见表 5-21。

表 5-21 LogOp 及性能描述

功能模块	描 述
简述	按元素计算给定输入张量的自然对数
输入	输入：张量
输出	输出：张量
属性	无
输出	输出：输出张量
接口	无
范例	%1 = top. Log(%0)：(tensor < 1×3×32×32×f32 >) -> tensor < 1×3×32×32×f32 > loc (Log)

13. MaxPoolOp

MaxPoolOp 及性能描述见表 5-22。

表 5-22 MaxPoolOp 及性能描述

功能模块	描 述
简述	对输入的张量进行最大池化
输入	输入：张量
输出	输出：张量
属性	kernel_shape：控制平均池化滑动窗口的大小 strides：步长，控制滑动窗口每次滑动的距离 pads：控制填充形状，方便池化 pad_value：填充内容，常数，默认值为 0 count_include_pad：结果是否需要对填充的 pad 进行计数 do_relu：结果是否做 ReLU，默认值为 False relu_limit：如果做 ReLU，则需指定上限值；如果是负数，则认为没有上限
接口	无
范例	%8 = top. MaxPool(%7) {do_relu = false, kernel_shape = [5, 5], pads = [2, 2, 2, 2], strides = [1, 1]}：(tensor < 1×256×20×20×f32 >) -> tensor < 1×256×20×20×f32 > loc(resnetv22_pool0_fwd_MaxPool)

14. MatMulOp

MatMulOp 及性能描述见表 5-23。

表 5-23 MatMulOp 及性能描述

功能模块	描 述
简述	二维矩阵乘法操作，$C = A * B$
输入	输入：tensor：$m * k$ 大小的矩阵 right：tensor：$k * n$ 大小的矩阵
输出	输出：张量 $m * n$ 大小的矩阵

功能模块	描　述
属性	bias：偏差，量化时会根据 bias 计算 bias_scale，可以为空 do_relu：结果是否做 ReLU，默认值为 False relu_limit：如果做 ReLU，则需指定上限值；如果是负数，则认为没有上限
输出	输出：输出张量
接口	无
范例	$\%2 = $ top. MatMul($\%0$, $\%1$) {do_relu $=$ false, relu_limit $= -1.0$}：(tensor $< 3 \times 4 \times$ f32 $>$, tensor $< 4 \times 5 \times$ f32 $>$) -> tensor $< 3 \times 5 \times$ f32 $>$ loc(matmul)

15. MulOp

MulOp 及性能描述见表 5-24。

表 5-24　MulOp 及性能描述

功能模块	描　述
简述	乘法操作，$Y = X_0 * X_1$
输入	inputs：张量数组，对应两个或多个输入张量
输出	输出：张量
属性	do_relu：结果是否做 ReLU，默认值为 False relu_limit：如果做 ReLU，则需指定上限值；如果是负数，则认为没有上限 乘法：量化用的乘数，默认值为 1 rshift：量化用的右移，默认值为 0
输出	输出：输出张量
接口	无
范例	$\%2 = $ top. Mul($\%0$, $\%1$) {do_relu $=$ false, relu_limit $= -1.0$, 乘法 $= 1$, rshift $= 0$}：(tensor $< 1 \times 3 \times 27 \times 27 \times$ f32 $>$, tensor $< 1 \times 3 \times 27 \times 27 \times$ f32 $>$) -> tensor $< 1 \times 3 \times 27 \times 27 \times$ f32 $>$ loc(mul)

16. MulConstOp

MulConstOp 及性能描述见表 5-25。

表 5-25　MulConstOp 及性能描述

功能模块	描　述
简述	与常数做乘法操作，$Y = X * $ Constval
输入	inputs：张量
输出	输出：张量
属性	const_val：f64 类型的常量 do_relu：结果是否做 ReLU，默认值为 False relu_limit：如果做 ReLU，则需指定上限值；如果是负数，则认为没有上限
输出	输出：输出张量
接口	无

续表

功能模块	描　　述
范例	%1 = arith. constant4.7：f64 %2 = top. MulConst(%0) {do_relu = false, relu_limit = −1.0}：(tensor < 1×3×27×27×f64 >，%1) -> tensor < 1×3×27×27×f64 > loc(mulconst)

17．PermuteOp

PermuteOp 及性能描述见表 5-26。

表 5-26　PermuteOp 及性能描述

功能模块	描　　述
简述	改变张量布局,变化张量数据维度的顺序,将输入的张量按照 order 给定的顺序重新布局
输入	inputs：张量数组,任意类型的张量
属性	order：指定重新布局张量的顺序
输出	输出：输出张量,按 order 的顺序重新布局后的张量
接口	无
范例	%2 = top. Permute(%1) {order = [0, 1, 3, 4, 2]}：(tensor < 4×3×85×20×20×f32 >) -> tensor < 4×3×20×20×85×f32 > loc(output_Transpose)

18．ReluOp

ReluOp 及性能描述见表 5-27。

表 5-27　ReluOp 及性能描述

功能模块	描　　述
简述	张量中的每个元素执行 ReLU 函数,如果极限为 0,则不使用上限
输入	输入：张量
输出	输出：张量
属性	relu_limit：如果做 ReLU,则需指定上限值;如果是负数,则认为没有上限
输出	输出：输出张量
接口	无
范例	%1 = top. Relu(%0) {relu_limit = 6.000000e+00：f64}：(tensor < 1×3×32×32×f32 >) -> tensor < 1×3×32×32×f32 > loc(Clip)

19．ReshapeOp

ReshapeOp 及性能描述见表 5-28。

表 5-28　ReshapeOp 及性能描述

功能模块	描　　述
简述	Reshape 算子,返回一个给定形状的张量,该张量的类型与内部的值与输入张量相同。Reshape 可能会对张量的任何一行进行操作。在 Reshape 过程中不会有任何数据的值被修改
输入	输入：张量

功能模块	描　　述
输出	输出：张量
属性	无
接口	无
范例	%133 = top. Reshape(%132)：(tensor < 1×255×20×20×f32 >) -> tensor < 1×3×85× 20×20×f32 > loc(resnetv22_flatten0_reshape0_Reshape)

20. ScaleOp

ScaleOp 及性能描述见表 5-29。

表 5-29　ScaleOp 及性能描述

功能模块	描　　述
简述	缩放操作 $Y = X * S + B$，其中 X/Y 的 shape 为 $[N, C, H, W]$，S/B 的 shape 为 $[1, C, 1, 1]$。
输入	输入：输入张量 缩放：保存输入的放大倍数 bias：放大后加上的 bias
输出	输出：结果张量
属性	do_relu：结果是否做 ReLU，默认值为 False relu_limit：如果做 ReLU，则需指定上限值；如果是负数，则认为没有上限
接口	无
范例	%3 = top. scale(%0, %1, %2) {do_relu = false}：(tensor < 1× 3×1×1×f32 >, tensor < 1×3×1×1×f32 >) -> tensor < 1×3×27×27×f32 > loc(缩放)

21. SigmoidOp

SigmoidOp 及性能描述见表 5-30。

表 5-30　SigmoidOp 及性能描述

功能模块	描　　述
简述	激活函数，将张量中的元素映射到特定区间，默认映射到 $[0,1]$，计算方法为 $$Y = \frac{\text{scale}}{1 + e^{-X}} + \text{bias} \tag{5-32}$$
输入	inputs：张量数组，任意类型的张量
属性	缩放：倍数，默认值为 1 bias：偏置，默认值为 0
输出	输出：输出张量
接口	无
范例	%2 = top. Sigmoid(%1) {bias = 0.000000e+00：f64, scale = 1.000000e+00：f64}：(tensor < 1×16×64×64×f32 >) -> tensor < 1×16×64×64×f32 > loc(output_Sigmoid)

22. SiLUOp

SiLUOp 及性能描述见表 5-31。

表 5-31 SiLUOp 及性能描述

功能模块	描　　述
简述	激活函数，$Y = \dfrac{X}{1 + e^{-X}}$ 或 $Y = X * \mathrm{Sigmoid}(X)$
输入	输入：张量数组，任意类型的张量
属性	无
输出	输出：输出张量
接口	无
范例	$\%1 = \mathrm{top.\,SiLU}(\%0)$：$(\mathrm{tensor} < 1 \times 16 \times 64 \times 64 \times \mathrm{f32} >) \rightarrow \mathrm{tensor} < 1 \times 16 \times 64 \times 64 \times \mathrm{f32} >$ loc(output_Mul)

23. SliceOp

SliceOp 及性能描述见表 5-32。

表 5-32　SliceOp 及性能描述

功能模块	描　　述
简述	张量切片，将输入的张量的各个维度，根据 offset 与 steps 数组中的偏移与步长进行切片，生成新的张量
输入	输入：张量数组，任意类型的张量
属性	offset：存储切片偏移的数组，offset 数组的索引与输入张量的维度索引对应 steps：存储切片步长的数组，steps 数组的索引与输入张量维度索引对应
输出	输出：输出张量
接口	无
范例	$\%1 = \mathrm{top.\,Slice}(\%0)$ $\{\mathrm{offset} = [2, 10, 10, 12],\ \mathrm{steps} = [1, 2, 2, 3]\}$：$(\mathrm{tensor} < 5 \times 116 \times 64 \times 64 \times \mathrm{f32} >) \rightarrow \mathrm{tensor} < 3 \times 16 \times 16 \times 8 \times \mathrm{f32} >$ loc(output_Slice)

24. SoftwareOp

SoftwareOp 及性能描述见表 5-33。

表 5-33　SoftwareOp 及性能描述

功能模块	描　　述
简述	对输入张量，在指定 axis 的维度上计算归一化指数值，计算的方法如下： $$\sigma(Z)_i = \frac{e^{\beta Z_i}}{\sum\limits_{j=0}^{K-1} e^{\beta Z_j}} \tag{5-33}$$ 在式(5-33)中，$\sum\limits_{j=0}^{K-1} e^{\beta Z_j}$，在 axis 维度上做指数值求与，$j$ 从 0 到 $K-1$，K 是输入张量在 axis 维度上的尺寸。 例如，输入张量的尺寸为 (N, C, W, H)，在 axis $= 1$ 的通道上计算 Softmax，计算方法为 $$Y_{n,i,w,h} = \frac{e^{\beta X_{n,i,w,h}}}{\sum\limits_{j=0}^{C-1} e^{\beta X_{n,j,w,h}}}$$

功能模块	描　述
输入	输入：张量数组，任意类型的张量
属性	axis：维度索引，用于指定对输入张量执行 Softmax 对应的维度，axis 可以取值 $[-r, r-1]$，r 为输入张量维度的数量，当 axis 为负数时，表示倒序维度 beta：TFLite 模型中对输入的缩放系数，非 TFLite 模型无效，默认值为 1.0
输出	输出：输出张量，在指定维度做归一化指数值后的张量
接口	无
范例	%1 = top. Softmax(%0) {axis = 1；i64}：(tensor<1×1000×1×1×f32>) -> tensor<1×1000×1×1×f32> loc(output_Softmax)

25. SqueezeOp

SqueezeOp 及性能描述见表 5-34。

表 5-34　SqueezeOp 及性能描述

功能模块	描　述
简述	对输入张量进行指定维度的裁剪并返回裁剪后的张量
输入	输入：张量
输出	输出：张量
属性	axes：指定需要裁剪的维度，0 代表第一个维度，－1 代表最后一个维度
接口	无
范例	%133 = top. Squeeze(%132) {axes = [−1]}：(tensor<1×255×20×20×f32>) -> tensor<1×255×20×20×f32> loc(♯loc278)

26. UpsampleOp

UpsampleOp 及性能描述见表 5-35。

表 5-35　UpsampleOp 及性能描述

功能模块	描　述
简述	上采样 OP，将输入张量进行最近邻上采样并返回张量
输入	张量
属性	scale_h：目标图像与原图像的高度之比 scale_w：目标图像与原图像的宽度之比 do_relu：结果是否做 ReLU，默认值为 False relu_limit：如果做 ReLU，则需指定上限值；如果是负数，则认为没有上限
输出	输出：张量
接口	无
范例	%179 = top. Upsample(%178) {scale_h = 2；i64，scale_w = 2；i64}：(tensor<1×128×40×40×f32>) -> tensor<1×128×80×80×f32> loc(268_Resize)

27. WeightOp

WeightOp 及性能描述见表 5-36。

表 5-36　WeightOp 及性能描述

功能模块	描　　述
简述	权重 OP,包括权重的读取与创建,权重会被保存到 NPZ 文件中。权重的 location 与 NPZ 文件中的张量名称是对应关系
输入	无
属性	无
输出	输出：权重张量
接口	read：读取权重数据,类型由模型指定 read_as_float：将权重数据转换成 float 类型读取 read_as_byte：将权重数据按字节类型读取 create：创建权重 OP clone_bf16：将当前权重转换成 bf16,并创建权重 OP clone_f16：将当前权重转换成 f16,并创建权重 OP
范例	%1 = top.Weight()：() -> tensor<32×16×3×3×f32> loc(filter)

5.4.9　评估验证

1. 验证对象

TPU-MLIR 中的精度验证主要针对 MLIR 模型,fp32 采用 TOP 层的 MLIR 模型进行精度验证,而 int8 对称与非对称量化模式则采用 TPU 层的 MLIR 模型。

2. 评估指标

当前主要用于测试的网络有分类网络与目标检测网络,分类网络的精度指标采用 Top-1 与 Top-5 准确率,而目标检测网络采用 COCO 的 12 个评估指标,如下所示。通常在记录精度时,采用 IoU=0.5 时的平均精度 PASCAL VOC 度量。

AP：\% AP at IoU=.50：.05：.95（主要挑战度量）

AP^{IoU}=.50\% AP at IoU=.50（PASCAL VOC 度量）

AP^{IoU}=.75\% AP at IoU=.75（严格度量）

AP^{small}：\% 小目标 AP：area<32^2

AP^{medium}\% 中目标 AP：32^2<area<96^2

AP^{large}\% 大目标 AP：area>96^2

$AR^{max=1}$\% AR 给出每幅图像 1 次检测

$AR^{max=10}$\% AR 给出每幅图像 10 次检测

$AR^{max=100}$\% AR 给出每幅图像 100 次检测

AP^{small}\% 小目标 AP：area<32^2

AP^{medium}\% 中目标 AP：32^2<area<96^2

AP^{large}\% 大目标 AP：area>96^2

3. 数据集

验证时使用的数据集需要自行下载,分类网络使用 ILSVRC2012 验证集(共 50000 幅图像)。数据集中的图片有两种摆放方式,一种是数据集目录下有 1000 个子目录,对应 1000 个类别,每个子目录下有 50 张该类别的图片,该情况下无须标签文件;另外一种是所有图片均在同一个数据集目录下,有一个特定的 TXT 标签文件,按照图片编号顺序每行用数字 1～1000 表示每张图片的类别。

目标检测网络使用 COCO2017 验证集(共 5000 张图片),所有图片均在同一数据集目录下,另外还需要下载与该数据集对应的标签文件.json。

1)精度验证接口

TPU-MLIR 的精度验证命令参考,代码如下:

```
//第 5 章/eval_datasets.py
$ model_eval.py \
    -- model_file mobiLeNet_v2.MLIR \
    -- count 50 \
    -- dataset_type ImageNet \
    -- postprocess_type topx \
-- dataset datasets/ILSVRC2012_img_val_with_subdir
```

所支持的参数见表 5-37。

表 5-37 model_eval.py 参数功能

参 数 名	是否必选	说 明
model_file	是	指定模型文件
dataset	否	数据集目录
dataset_type	否	数据集类型,当前主要支持 ImageNet、COCO,默认为 ImageNet
postprocess_type	是	精度评估方式,当前支持 topx 与 coco_mAP
label_file	否	TXT 标签文件,在验证分类网络精度时可能需要
coco_annotation	否	JSON 标签文件,在验证目标检测网络时需要
count	否	用来验证精度的图片数量,默认使用整个数据集

2)精度验证样例

以 mobiLeNet_v2 与 yolov5s 分别作为分类网络与目标检测网络的代表进行精度验证。

3)数据集下载

将 ILSVRC2012 验证集下载到 datasets/ILSVRC2012_img_val_with_subdir 目录下,数据集的图片采用带有子目录的摆放方式,因此不需要特定的标签文件。

4. 模型转换

使用 model_transform.py 接口,将原模型转换为 mobiLeNet_v2.mlir 模型,并通过 run_calibration.py 接口获得 mobiLeNet_v2_cali_table。TPU 层的 int8 模型则通过下方的命令获得,运行完命令后会获得一个名为 mobiLeNet_v2_bm1684x_int8_sym_tpu.mlir 的中间文件,接下来将用该文件进行 int8 对称量化模型的精度验证,代码如下:

```
//第 5 章/model_deploy.py
# int8 对称量化模型
$ model_deploy.py \
    -- MLIR mobiLeNet_v2.MLIR \
    -- quantize INT8 \
    -- calibration_table mobiLeNet_v2_cali_table \
    -- chip bm1684x \
    -- test_input mobiLeNet_v2_in_f32.npz \
    -- test_reference mobiLeNet_v2_top_outputs.npz \
    -- tolerance 0.95,0.69 \
    -- model mobiLeNet_v2_int8.bmodel
```

5. 精度验证

使用 model_eval.py 接口进行精度验证,代码如下:

```
//第 5 章/model_eval.py
# f32 模型精度验证
$ model_eval.py \
    -- model_file mobiLeNet_v2.MLIR \
    -- count 50000 \
    -- dataset_type ImageNet \
    -- postprocess_type topx \
    -- dataset datasets/ILSVRC2012_img_val_with_subdir

# int8 对称量化模型精度验证
$ model_eval.py \
    -- model_file mobiLeNet_v2_bm1684x_int8_sym_tpu.MLIR \
    -- count 50000 \
    -- dataset_type ImageNet \
    -- postprocess_type topx \
    -- dataset datasets/ILSVRC2012_img_val_with_subdir
```

f32 模型与 int8 对称量化模型的精度验证结果,代码如下:

```
//第 5 章/model_eval.py
# mobiLeNet_v2.MLIR 精度验证结果
2023/11/08 01:30:29 - INFO: idx:50000, top1:0.710, top5:0.899
INFO:root:idx:50000, top1:0.710, top5:0.899

# mobiLeNet_v2_bm1684x_int8_sym_tpu.MLIR 精度验证结果
2023/11/08 05:43:27 - INFO: idx:50000, top1:0.702, top5:0.895
INFO:root:idx:50000, top1:0.702, top5:0.895
```

6. yolov5s

1) 数据集下载

将 COCO2017 验证集下载到 datasets/val2017 目录下,该目录下包含 5000 张用于验证的图片。将对应的标签文件 instances_val2017.json 下载到 datasets 目录下。

2）模型转换

转换流程与 mobiLeNet_v2 相似。

3）精度验证

使用 model_eval.py 接口进行 f32 精度验证，代码如下：

```
//第 5 章/mlir_model_eval_build.py
$ model_eval.py \
    -- model_file yolov5s.MLIR \
    -- count 5000 \
    -- dataset_type coco \
    -- postprocess_type coco_mAP \
    -- coco_annotation datasets/instances_val2017.json \
    -- dataset datasets/val2017
```

int8 对称量化模型精度验证，代码如下：

```
//第 5 章/mlir_model_eval_build_1.py
$ model_eval.py \
    -- model_file yolov5s_bm1684x_int8_sym_tpu.MLIR \
    -- count 5000 \
    -- dataset_type coco \
    -- postprocess_type coco_mAP \
    -- coco_annotation datasets/instances_val2017.json \
    -- dataset datasets/val2017
```

f32 模型与 int8 对称量化模型的精度验证结果，代码如下：

```
//第 5 章/mlir_model_eval_build_2.py
# yolov5s.MLIR 精度验证结果
Average Precision  (AP) @[ IoU = 0.50:0.95 | area =    all | maxDets = 100 ] = 0.369
Average Precision  (AP) @[ IoU = 0.50      | area =    all | maxDets = 100 ] = 0.561
Average Precision  (AP) @[ IoU = 0.75      | area =    all | maxDets = 100 ] = 0.393
Average Precision  (AP) @[ IoU = 0.50:0.95 | area =  small | maxDets = 100 ] = 0.217
Average Precision  (AP) @[ IoU = 0.50:0.95 | area = medium | maxDets = 100 ] = 0.422
Average Precision  (AP) @[ IoU = 0.50:0.95 | area =  large | maxDets = 100 ] = 0.470
Average Recall     (AR) @[ IoU = 0.50:0.95 | area =    all | maxDets =   1 ] = 0.300
Average Recall     (AR) @[ IoU = 0.50:0.95 | area =    all | maxDets =  10 ] = 0.502
Average Recall     (AR) @[ IoU = 0.50:0.95 | area =    all | maxDets = 100 ] = 0.542
Average Recall     (AR) @[ IoU = 0.50:0.95 | area =  small | maxDets = 100 ] = 0.359
Average Recall     (AR) @[ IoU = 0.50:0.95 | area = medium | maxDets = 100 ] = 0.602
Average Recall     (AR) @[ IoU = 0.50:0.95 | area =  large | maxDets = 100 ] = 0.670
```

yolov5s_bm1684x_int8_sym_tpu.MLIR 精度验证结果，代码如下：

```
//第 5 章/mlir_model_eval_build_3.py
Average Precision  (AP) @[ IoU = 0.50:0.95 | area =    all | maxDets = 100 ] = 0.337
Average Precision  (AP) @[ IoU = 0.50      | area =    all | maxDets = 100 ] = 0.544
Average Precision  (AP) @[ IoU = 0.75      | area =    all | maxDets = 100 ] = 0.365
Average Precision  (AP) @[ IoU = 0.50:0.95 | area =  small | maxDets = 100 ] = 0.196
Average Precision  (AP) @[ IoU = 0.50:0.95 | area = medium | maxDets = 100 ] = 0.382
```

```
Average Precision  (AP) @[ IoU = 0.50:0.95 | area =  large | maxDets = 100 ] = 0.432
Average Recall     (AR) @[ IoU = 0.50:0.95 | area =    all | maxDets =   1 ] = 0.281
Average Recall     (AR) @[ IoU = 0.50:0.95 | area =    all | maxDets =  10 ] = 0.473
Average Recall     (AR) @[ IoU = 0.50:0.95 | area =    all | maxDets = 100 ] = 0.514
Average Recall     (AR) @[ IoU = 0.50:0.95 | area =  small | maxDets = 100 ] = 0.337
Average Recall     (AR) @[ IoU = 0.50:0.95 | area = medium | maxDets = 100 ] = 0.566
Average Recall     (AR) @[ IoU = 0.50:0.95 | area =  large | maxDets = 100 ] = 0.636
```

5.5　QAT 量化感知训练

5.5.1　QAT 量化技术基本原理

相比训练后量化,因为其不是全局最优,所以导致精度损失,QAT 量化感知训练能做到基于 Loss 优化的全局最优,而尽可能地降低量化精度损失,其基本原理是:在 fp32 模型训练中就提前引入了推理时量化导致的权重与激活的误差,用任务 Loss 在训练集上来优化可学习的权重及量化的缩放与 zp 值,当任务 Loss 即使面临这个量化误差的影响也能经学习达到比较低的 Loss 值时,在后面真正推理部署量化时,因为量化引入的误差早已在训练时被很好地适应了,所以只要能保证推理与训练时的计算完全对齐,理论上就保证了推理时量化不会有精度损失。

5.5.2　TPU-MLIR QAT 实现方案及特点

1. 主体流程

当用户进行训练时,调用模型 QAT 量化 API 对训练模型进行修改:推理时 OP 融合后需要量化的 OP 的输入(包括权重与 bias)前插入伪量化节点(可配置该节点的量化参数,例如 per-chan/layer、是否对称、量化比特数等),然后用户使用修改后的模型进行正常训练流程,完成少数几个轮次的训练后,调用转换部署 API,将训练过的模型转换为 fp32 权重的 ONNX 模型,提取伪量化节点中的参数并导出到量化参数文本文件中,最后将调优后的 ONNX 模型与该量化参数文件输入 TPU-MLIR 工具链中,按前面讲述的训练后量化方式转换部署即可。

2. 方案特点

方案特点主要包括以下 3 点。

特点 1:基于 PyTorch。QAT 是训练 pipeline 的一个附加微调环节,只有与训练环境深度集成才能方便用户在各种场景使用,考虑 PyTorch 具有最广泛的使用率,故目前方案仅基于 PyTorch。若 QAT 后续要支持其他框架,则方案会大不相同,因为其 trace、module 替换等机制深度依赖原生训练平台的支持。

特点 2:客户基本无感。区别于早期需人工深度介入模型转换的方案,本方案基于

PyTorch fx,能实现自动的完成模型 trace、伪量化节点插入、自定义模块替换等操作,在大多数情况下,客户使用默认配置即可一键式完成模型转换。

特点 3:基于商汤科技开源的 MQBench QAT 训练框架,已有一定的社区基础,方便工业界与学术界在 TPU 上进行推理性能与精度评估。

5.5.3　TPU-MLIR 环境配置方法

1. 从源码安装

TPU-MLIR 下载方法如下:

(1) 执行命令获取 GitHub 上的最新代码: git clone https://github.com/sophgo/MQBench。

(2) 进入 MQBench 目录后执行的命令如下:

```
pip install – r requirements.txt        ♯当前要求的 torch 版本为 1.10.0
python setup.py install
```

(3) 执行命令 python -c 'import mqbench',若没有返回任何错误,则说明安装正确;若安装有错,则可执行命令 pip uninstall mqbench 卸载后再尝试。

2. 安装 wheel 文件

从 https://MQBench-1.0.0-py3-none-any.whl 链接下载 Python whl 包,执行 pip3 install MQBench-1.0.0-py3-none-any.whl 直接安装即可。

5.5.4　QAT 示例化基本步骤

1. 接口导入及模型准备

在训练文件中添加如下 Python 模块 import 接口,代码如下:

```
//第 5 章/mlir_mqbench.py
from mqbench.prepare_by_platform import prepare_by_platform, BackendType
♯初始化接口
from mqbench.utils.state import enable_calibration, enable_quantization
♯校准与量化开关
from mqbench.convert_deploy importconvert_deploy
♯转换部署接口
♯使用 torchvision model zoo 里的预训练 ResNet18 模型
model = torchvision.models.__dict__[resnet18](pretrained = True)
Backend = BackendType.sophgo_tpu
♯1.trace 模型,然后基于 sophgo_tpu 硬件的要求添加特定方式的量化节点
model_quantized = prepare_by_platform(model, Backend)
```

当上面接口选择 sophgo_tpu 后端时,该接口的第 3 个参数 prepare_custom_config_dict 默认不用配置,此时默认的量化配置如图 5-28 所示。

在图 5-28 中,sophgo_tpu 后端的 dict 中的各项从上到下依次如下:

```
▶ prepare_by_platform.py > [∅] ObserverDict
BackendType.Sophgo_TPU:    dict(qtype='affine',    # noqa: E241
                                 w_qscheme=QuantizeScheme(symmetry=True, per_channel=True, pot_scale=False, bit=8),
                                 a_qscheme=QuantizeScheme(symmetry=True, per_channel=False, pot_scale=False, bit=8),
                                 default_weight_quantize=LearnableFakeQuantize,
                                 default_act_quantize=LearnableFakeQuantize,
                                 default_weight_observer=MinMaxObserver,
                                 default_act_observer=EMAMinMaxObserver)
```

图 5-28 默认量化配置示例

（1）权质量化方案为 per-chan 对称 8 位量化，缩放系数不是 power-of-2，而是任意的。

（2）激活量化方案为 per-layer 非对称 8 位量化。

（3）权重与激活伪量化方案均为 LearnableFakeQuantize，即 LQ 算法。

（4）权重的动态范围统计及缩放计算方案为 MinMaxObserver，激活的为带 EMA 指数移动平均的 EMAMinMaxObserver。

步骤 1：用于量化参数初始化的校准及量化训练。

打开校准开关，允许在模型上推理时，用 PyTorch 观察对象来收集激活分布，并计算初始缩放，代码如下：

```
//第 5 章/mlir_enable_calibration.py
enable_calibration(model_quantized)
# 校准循环
for i, (images, _) in enumerate(cali_loader):
    model_quantized(images) # 只需前向推理
```

打开伪量化开关，在模型上推理时，调用 QuantizeBase 子对象来进行伪量化操作引入量化误差，代码如下：

```
//第 5 章/mlir_enable_calibration_1.py
enable_quantization(model_quantized)
# 训练循环
for i, (images, target) in enumerate(train_loader):
    # 前向推理并计算 loss
    output = model_quantized(images)
    loss = criterion(output, target)
    # 后向反向梯度
    loss.backward()
    # 更新权重与伪量化参数
    optimizer.step()
```

步骤 2：导出调优后的 fp32 模型及量化参数文件。

在调优量化过程中，batch-size 可根据需要调整，不必与训练 batch-size 一致，代码如下：

```
//第 5 章/mlir_convert.py
input_shape = {'data': [4, 3, 224, 224]}
```

导出前先融合 conv＋bn 层（前面训练时未真正融合），将伪量化节点参数保存到参数文件，然后移除，代码如下：

```
//第 5 章/mlir_convert_1.py
convert_deploy(model_quantized, backend, input_shape)
```

步骤 3：启动训练。

设置好合理的训练超参数，建议如下：

```
//第 5 章/mlir_epochs.py
- epochs = 1:约在 1~3 即可
- lr = 1e - 4:学习率应该是 fp32 收敛时的学习率,甚至更低些
- optim = sgd:默认使用 sgd
```

步骤 4：转换部署。

使用 TPU-MLIR 的 model_transform. py 及 model_deploy. py 脚本完成到 sophg-tpu 硬件的转换部署。运行 example/ImageNet_example/main. py 文件对 ResNet18 进行 QAT 训练，命令如下：

```
//第 5 章/mlir_ImageNet_example.py
python3 ImageNet_example/main.py
    -- arch = resnet18
    -- batch - size = 192
    -- epochs = 1
    -- lr = 1e - 4
    -- gpu = 0
    -- pretrained
    -- backend = sophgo_tpu
    -- optim = sgd
    -- deploy_batch_size = 10
    -- train_data = /data/imagenet/for_train_val/
    -- val_data = /data/imagenet/for_train_val/
-- output_path = /workspace/classify_models
```

2. TpuLang 接口

TpuLang 提供了 MLIR 对外的接口函数。用户通过 TpuLang 可以直接组建用户自己的网络，将模型转换为 TOP 层（芯片无关层）MLIR 模型（不包含 Canonicalize 部分，因此生成的文件名为 *_origin. MLIR）。这个过程会根据输入的接口函数，逐一创建并添加算子（OP），最终生成 MLIR 文件与保存权重的 npz 文件。

TPU-MLIR 工作流程如下。

（1）初始化：设置运行平台，创建模型 Graph。

（2）添加 OPS：循环添加模型的 OP。

（3）将输入参数转换为 dict 格式。

（4）推理 outputshape，并创建输出张量。

（5）设置张量的量化参数（scale，zero_point）。

（6）创建 op(op_type，inputs，outputs，params)并插入 Graph 中。

（7）设置模型的输入/输出张量，得到全部模型信息。

① 初始化 TpuLangconverter(initMLIRImporter)。

② generate_MLIR。

③ 依次创建输入算子、模型中间节点算子及返回算子,并将其补充到 MLIR 文本中(如果该算子带有权重,则会特定创建权重算子)。

(8) 输出。

① 将生成的文本转换为 str 并保存为 . MLIR 文件。

② 将模型权重(tensors)保存为 . npz 文件。

(9) 结束:释放 Graph。

TpuLang 转换的工作流程如图 5-29 所示(TpuLang 转换流程)。

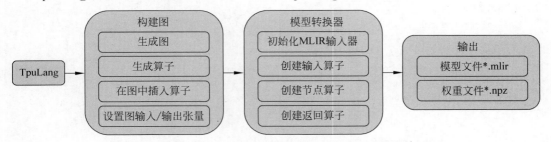

图 5-29 从 TpuLang 到构件图、模型转换器、输出的流程示例

3. 补充说明

操作接口需要操作的输入张量(前一个算子的输出张量或 Graph 的输入张量,coeff),包括以下几个模块:

(1) 根据接口提取的参数,推理获取 output_shape,即需要进行 shape_inference。

(2) 从接口中提取的属性。属性会通过 MLIRImporter 设定为与 TopOps. td 定义一一对应的属性。

(3) 如果接口中包括量化参数(scale,zero_point),则该参数对应的张量需要设置(或检查)量化参数。

(4) 返回该操作的输出张量(tensors)。

(5) 在所有算子都插入 Graph,并设置 Graph 的输入/输出 tensors 之后,才会启动转换到 MLIR 文本的工作。该部分由 TpuLang 转换器来实现。

(6) TpuLang 转换器转换流程与 ONNX 前端转换流程相同,具体参考(前端转换)。

从 TpuLang 到构件图、模型转换器、输出的流程示例,如图 5-29 所示。

4. 算子转换样例

以卷积算子为例,将单卷积算子模型转换为 TOP MLIR,单卷积模型原模型的定义如图 5-30 所示。

conv_v2 接口定义,代码如下:

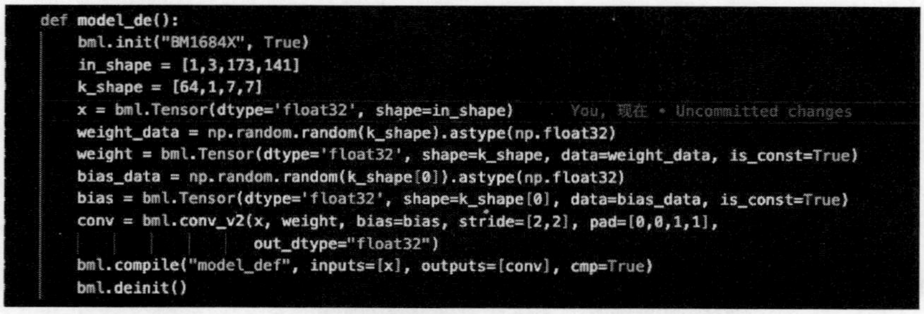

```
def model_de():
    bml.init("BM1684X", True)
    in_shape = [1,3,173,141]
    k_shape = [64,1,7,7]
    x = bml.Tensor(dtype='float32', shape=in_shape)      You, 现在 • Uncommitted changes
    weight_data = np.random.random(k_shape).astype(np.float32)
    weight = bml.Tensor(dtype='float32', shape=k_shape, data=weight_data, is_const=True)
    bias_data = np.random.random(k_shape[0]).astype(np.float32)
    bias = bml.Tensor(dtype='float32', shape=k_shape[0], data=bias_data, is_const=True)
    conv = bml.conv_v2(x, weight, bias=bias, stride=[2,2], pad=[0,0,1,1],
                       out_dtype="float32")
    bml.compile("model_def", inputs=[x], outputs=[conv], cmp=True)
    bml.deinit()
```

图 5-30 将单卷积算子模型转换为 TOP MLIR 示例

```
//第 5 章/conv_v2.c
Def conv_v2(tensor_i,
            weight,
            bias = None,
            stride = None,
            dilation = None,
            pad = None,
            group = 1,
            input_zp = None,
            weight_zp = None,
            out_dtype = None,
            out_name = None):
    # pass
```

参数说明如下。

(1) tensor_i：张量类型，表示输入张量，4 维 $[N,C,H,W]$ 格式。

(2) weight：张量类型，表示卷积核张量，4 维 $[oc,ic,kh,kw]$ 格式，其中 oc 表示输出 channel 数，ic 表示输入 channel 数，kh 是 kernel_h，kw 是 kernel_w。

(3) bias：张量类型，表示偏置张量。当为 None 时表示无偏置，反之则要求 shape 为 $[1,oc,1,1]$。

(4) dilation：List[int]，表示空洞大小，如果取 None，则表示 $[1,1]$，当不为 None 时要求长度为 2。List 中的顺序为 [长,宽]。

(5) pad：List[int]，表示填充大小，如果取 None，则表示 $[0,0,0,0]$，当不为 None 时要求长度为 4。List 中的顺序为 [上,下,左,右]。

(6) stride：List[int]，表示步长大小，如果取 None，则表示 $[1,1]$，当不为 None 时要求长度为 2。List 中的顺序为 [长,宽]。

(7) group：int 型，表示卷积层的组数。若 ic＝oc＝groups 时，则卷积为 depthwise 卷积。

(8) input_zp：List[int]型或 int 型，表示输入偏移。如果取 None，则表示 0，当取 List 时要求长度为 ic。

(9) weight_zp：List[int]型或 int 型，表示卷积核偏移。如果取 None，则表示 0，当取

List 时要求长度为 ic,其中 ic 表示输入的 channel 数。

（10）out_dtype：string 类型或 None,表示输出张量的类型。当输入张量类型为 float16/float32 时,取 None 表示输出张量类型与输入一致,否则取 None,表示为 int32。取值范围为/int32/uint32/float32/float16。

（11）out_name：string 类型或 None,表示输出张量的名称,当为 None 时内部会自动产生名称。

在 TopOps.td 文件中定义 Top.conv 算子。

1）构建 Graph

构建 Graph 图,包括以下几个模块。

（1）初始化模型：创建空 Graph。

（2）模型输入：给定 shape 与 data type 创建输入张量 x。此处也可以指定张量 name。

（3）conv_v2 接口：调用 conv_v2 接口,指定输入张量及输入参数。推理 outputshape,并生成输出张量,代码如下：

```
//第5章/shape_inference.c
def _shape_inference():
    kh_ext = dilation[0] * (weight.shape[2] - 1) + 1
    kw_ext = dilation[1] * (weight.shape[3] - 1) + 1
    oh = (input.shape[2] + pad[0] + pad[1] - kh_ext) //stride[0] + 1
    ow = (input.shape[3] + pad[2] + pad[3] - kw_ext) //stride[1] + 1
    return [input.shape[0], weight.shape[0], oh, ow]
output = tensor(_shape_inference(), dtype = out_dtype, name = out_name)
```

将输入参数打包成（卷积算子定义）定义的 attributes,代码如下：

```
//第5章/shape_inference_1.c
attr = {
    kernel_shape: ArrayAttr(weight.shape[2:]),
    strides: ArrayAttr(stride),
    dilations: ArrayAttr(dilation),
    pads: ArrayAttr(pad),
    do_relu: Attr(False, bool),
    group: Attr(group)
}
```

（4）插入卷积 OP,将 Top.convOp 插入 Graph 中。

（5）返回输出张量。

（6）设置 Graph 的输入,输出张量。

2）init_MLIRImporter

根据 input_names 与 output_names 从 shapes 中获取对应的 input_shape 与 output_shape,加上 model_name,生成初始的 MLIR 文本 MLIRImporter.MLIR_module,以及初始 MLIR 文本,如图 5-31 所示。

```
module attributes {module.chip = "ALL", module.name = "Conv2d", module.state = "TOP_F
32", module.weight_file = "conv2d_top_f32_all_weight.npz"} {
  func.func @main(%arg0: tensor<1x16x100x100xf32>) -> tensor<1x32x100x100xf32> {
    %0 = "top.None"() : () -> none
  }
}
```

图 5-31　模块属性初始化示例

3）生成 MLIR 的示例

生成 MLIR 的示例包括以下几个步骤：

（1）build 输入 OP，生成的 Top. inputOp 会被插入 MLIRImporter. MLIR_module 中。

（2）调用 Operation. create 来创建 Top. convOp，而 create 函数需要的参数有以下几个。

① 输入 OP：从接口定义可知，卷积算子的 inputs 一共包含了 input、权重与 bias，输入 OP 已被创建好，权重与 bias 的 OP 则通过 getWeightOp()创建。

② output_shape：利用 Operator 中存储的输出张量获取其 shape。

③ Attributes：从 Operator 中获取 attributes，并将 attributes 转换为 MLIRImporter 识别的 Attributes。

Top. convOp 创建后会被插入 MLIR 文本中。

（3）根据 output_names 从 operands 中获取相应的 OP，创建 return_op 并插入 MLIR 文本中。到此为止，生成的完整的 MLIR 文本如图 5-32 所示。

```
#loc = loc(unknown)
module attributes {module.FLOPs = 109428480 : i64, module.chip = "ALL", module.name = "model_def", module.state = "TOP_F32", module.weigh
t_file = "model_def_top_f32_all_weight.npz"} {
  func.func @main(%arg0: tensor<1x3x173x141xf32>) loc(unknown)) -> tensor<1x64x84x69xf32> {
    %0 = "top.Input"(%arg0) : (tensor<1x3x173x141xf32>) -> tensor<1x3x173x141xf32> loc(#loc1)
    %1 = "top.Weight"() : () -> tensor<64x1x7x7xf32> loc(#loc2)
    %2 = "top.Weight"() : () -> tensor<64xf32> loc(#loc3)
    %3 = "top.Conv"(%0, %1, %2) {dilations = [1, 1], do_relu = false, group = 1 : i64, kernel_shape = [7, 7], pads = [0, 0, 1, 1], relu_l
imit = -1.000000e+00 : f64, strides = [2, 2]} : (tensor<1x3x173x141xf32>, tensor<64x1x7x7xf32>, tensor<64xf32>) -> tensor<1x64x84x69xf32>
 loc(#loc4)
    return %3 : tensor<1x64x84x69xf32> loc(#loc)
  } loc(#loc)
} loc(#loc)
#loc1 = loc("BMTensor0")
#loc2 = loc("BMTensor1")
#loc3 = loc("BMTensor2")
#loc4 = loc("BMTensor3")
```

图 5-32　模块属性初始化示例

（4）将 MLIR 文本保存为 conv_origin. MLIR，将 tensors 中的权重保存为 conv_TOP_F32_all_weight. npz。

MLIR 中间表示与编译器框架

6.1 MLIR 的背景知识

6.1.1 背景介绍

随着深度学习技术的发展,深度学习技术也逐渐从学术研究的方向转向了实践应用的方向,这不仅对深度模型的准确率有了较高的需求,也对深度模型的推理速度有了越来越高的需求。

目前深度模型的推理引擎按照实现方式大体分为两类。

(1)解释型推理引擎:一般包含一个模型解析器与一个模型解释器,一些推理引擎可能还包含一个模型优化器。模型解析器负责读取与解析模型文件,并将其转换为适用于解释器处理的内存格式。模型优化器负责将原始模型变换为等价的但具有更快的推理速度的模型。模型解释器负责分析内存格式的模型并接受模型的输入数据,然后根据模型的结构,依次执行相应的模型内部的算子,最后产生模型的输出。

(2)编译型推理引擎:一般包含一个模型解析器与一个模型编译器。模型解析器的作用与解释型推理引擎相同。模型编译器负责将模型编译为计算设备(CPU、GPU 等)可直接处理的机器码,并且可能在编译的过程中应用各种优化方法来提高生成的机器码的效率。由于机器码的模型可以直接被计算设备处理而无须特定的解释器参与,其消除了解释器调度的开销。此外,相对于解释型推理引擎,由于生成机器码的过程更加靠底层,所以编译器有更多的优化机会以达到更高的执行效率。

由于现在业界对于推理引擎的执行速度有了更高的需求,所以编译型推理引擎也逐渐成为高速推理引擎的发展方向。目前编译型推理引擎有 Apache TVM、oneDNN、PlaidML、TensorFlow XLA、TensorFlow Runtime 等。

为了便于优化,一般来讲推理引擎会把模型转换为中间表示,然后对中间表示进行优化与变换,最终生成目标模型(对于解释型推理引擎)或目标机器码(对于编译型推理引擎)。此外,除了深度学习领域,在很早以前编程语言领域就引入了中间表示来进行优化与变换,而新的编程语言层出不穷,因此就出现了各种各样的中间表示,如图 6-1 所示。

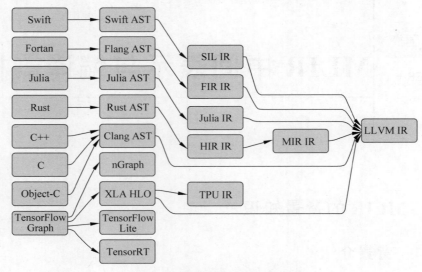

图 6-1　各种推理引擎的中间表示

不同的推理引擎或者编译器都会有自己的中间表示与优化方案,而每种中间表示与优化方案可能都需要从头实现,最终可能会导致软件的碎片化与重复的开发工作。

6.1.2　MLIR 支持多种不同需求的混合中间表示

MLIR 旨在解决软件碎片化、改善异构硬件的编译、降低构建领域特定编译器的成本,以及帮助将现有的编译器连接到一起。

MLIR 旨在成为一种在统一的基础架构中支持多种不同需求的混合中间表示。

(1) 表示数据流图(例如在 TensorFlow 中)的能力,包括动态性状、用户可扩展的算子生态系统、TensorFlow 变量等。

(2) 在这些图中进行优化与变换(例如在 Grappler 中)。

(3) 适合优化的形式的机器学习算子内核的表示。

(4) 能够承载跨内核的高性能计算风格的循环优化(融合、循环交换、分块等),并能够变换数据的内存布局。

(5) 代码生成下译变换,例如 DMA 插入、显式缓存管理、内存分块,以及一维与二维寄存器架构的向量化。

(6) 表示目标特定操作的能力,例如加速器特定的高层操作。

(7) 在深度学习图中的量化与其他图变换。

MLIR 是一种支持硬件特定操作的通用中间表示,因此,对围绕 MLIR 的基础架构进行的任何投入(例如在编译器 Pass 上的工作)都将产生良好的回报。许多目标可以使用该基础架构,并从中受益。

尽管 MLIR 是一种强大的框架,但是它也有一些非目标。MLIR 不试图去支持底层机器码生成算法(如寄存器分配与指令调度)。这些更适合于底层优化器(例如 LLVM)。此外,MLIR 也不意图成为最终用户写算子内核的源语言(类似于 CUDA 与 C++)。另外,MLIR 提供了用于表示此类领域特定语言并将其集成到生态系统中的支柱。

MLIR 在构建时受益于从构建其他中间表示(LLVM IR、XLA HLO 与 Swift SIL)的过程中获得的经验。MLIR 框架鼓励现存的最佳实践,例如,编写与维护中间表示规范、构建中间表示验证器、提供将 MLIR 文件转储与解析为文本的功能、使用 FileCheck 工具编写详尽的单元测试及以一组可以以组合模块化库的形式构建基础框架。

6.1.3 MLIR 统一框架

MLIR 是一种新型的用于构建可复用、可扩展的编译器框架。MLIR 旨在解决上述的软件碎片化、改善异构硬件的编译、降低构建特定领域编译器的成本、同时将现有的多种编译器链接到一起等问题。

MLIR 最终想在统一的架构中支持多种不同需求的混合 IR。

MLIR 的设计中也被整合了其他的经验教训,例如,LLVM 有一个不明显的设计缺陷,即会阻止多线程编译器同时处理 LLVM 模块中的多个函数。MLIR 通过限制 SSA 作用域来减少使用(定义)链,并用显式的符号引用代替跨函数引用来解决这些问题。

MLIR 的一个重要应用领域是机器学习,这里用 TensorFlow(使用数据流图作为数据结构)编译生态系统举例说明,如图 6-2 所示。

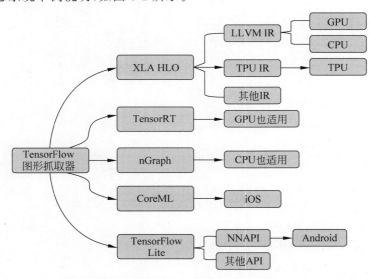

图 6-2 TensorFlow 编译生态系统示例

将 Graph 转换为 XLA 高级优化器(XLA HLO)表示,反之,这种表示亦可调用适合 CPU 或 GPU 的 LLVM 编译器,或者可以继续使用适合 TPU 的 XLA。

（1）将 Graph 转换为 TensorRT、nGraph 或另一种适合特定硬件指令集的编译器格式。

（2）将 Graph 转换为 TensorFlow Lite 格式，然后在 TensorFlow Lite 运行时内部执行此图，或者通过 Android 神经网络 API（NNAPI）或相关技术对其进一步地进行转化，以在 GPU 或 DSP 上运行。

整个编译流程先将 TensorFlow 的图转换为 XLA HLO，即一种类似高级语言的图的中间表达形式，可以基于此进行一些 High-Level 的优化。接着将 XLA HLO 翻译为 LLVM IR，使用 LLVM 编译成各种硬件的汇编语言，从而运行在硬件上进行数值计算。

除此之外，有时甚至会采用更复杂的途径，包括在每层中执行多轮优化，例如，Grappler 框架便能优化 TensorFlow 中的张量布局与运算。

在图 6-3 中的绿色阴影部分是基于单静态赋值（Static Single-Assignment，SSA）的 IR，然而这种编译方式的缺点是：构建这种编译系统的开销比较大，每层的设计及实现会有重复部分，同一层次的 IR 彼此之间虽然相似，但是存在天生的隔离，升级优化缺乏迁移性（优化一个模块，并不能惠及同层次的其他模块），因此，目前的问题在于各种 IR 之间转换的效率与可迁移性不高。

SSA 是一种高效的数据流分析技术，目前绝大多数现代编译器，如 GCC、Open64、LLVM 都支持 SSA 技术。在 SSA 中间表示中，可以保证每个被使用的变量都有唯一的定义，即 SSA 能带来精确的使用-定义关系，如图 6-3 所示。

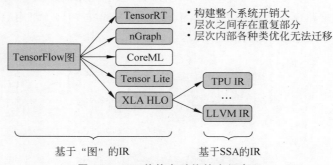

图 6-3　SSA 单静态赋值的中间表示

对于上述问题，MLIR 希望为各种领域特定语言（Domain-Specific Language，DSL）提供一种中间表达形式，将它们集成为一套生态系统，使用一种一致性强的方式编译到特定硬件平台的汇编语言上。利用这样的形式，MLIR 就可以利用它的模块化、可扩展的特点来解决 IR 之间相互配合的问题，如图 6-4 所示。

6.1.4　MLIR 中的方言功能

1. 为什么要有方言

当前的编译结构的问题在于各种 IR 之间转换的效率与可迁移性不高。MLIR 试图使用一种一致性强的方式，为各种 DSL 提供一种中间表达形式，将它们集成为一套生态系统，编译到特定硬件平台的汇编语言上。这样的目标是通过什么手段实现的呢？

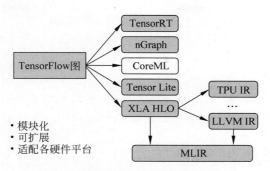

图 6-4　MLIR 为各种 DSL 提供中间表示

从源程序到目标程序要经过一系列的抽象及分析,通过下译 Pass 来实现从一个 IR 到另一个 IR 的转换,这样的过程中会存在有些操作重复实现的情况,也就导致了转换效率低的问题。

各种 IR 组成一个统一的流水线,怎样才能让源语言变成汇编语言,然后在机器上运行呢? 统一 IR 的第 1 步就是要统一语言,各个 IR 原来配合不默契,谁也理解不了谁,也就是因为语言不通,没法用统一的语言调度流水线工作。MLIR 自主创建一种方言。让各个 IR 学习这种方言,这样一来,不光能调度流水线高效工作了,还能随意扩展及更改分工,从此各种 IR 就可以完美地分工协作了。

为区分不同的硬件与软件受众,MLIR 提供方言,其中包括以下几种。

(1) TensorFlow IR,代表 TensorFlow 图中可能存在的一切。

(2) XLA HLO IR,旨在利用 XLA 的编译功能(输出到 TPU 等)。

(3) 实验性仿射方言,侧重于多面体表示与优化。

(4) LLVM IR,与 LLVM 表示之间存在 1∶1 映射,可使 MLIR 通过 LLVM 发出 GPU 与 CPU 代码。

(5) TensorFlow Lite,进行转换以便在移动平台上运行代码。

每种方言均由一组存在不变性的已定义操作组成,例如,一个二进制运算符,输入与输出拥有相同类型。

2. 将方言添加至 MLIR

MLIR 没有固定或内置的操作列表(无内联函数)。方言可完全自定义类型,即 MLIR 如何对 LLVM IR 类型系统(拥有一流汇总)、域抽象(对量化类型等经机器学习优化的加速器有着重要意义),乃至未来的 Swift 或 Clang 类型系统(围绕 Swift 或 Clang 声明节点而构建)进行建模。

如果想要连接新的低级编译器,则需要创建新方言,以及 TensorFlow 图方言与方言之间的降阶。如此一来,硬件及编译器制造商便可畅通无阻,甚至可以在同一个模型中定位不同级别的方言。高级优化器将保留 IR 中不熟悉的部分,并等待较低级别的优化器来处理此类部分。

对于编译器研究者与框架制造者,则可以借助 MLIR 在每个级别进行转换,甚至在 IR 中定义自己的操作与抽象,从而针对试图解决的问题领域构建最佳模型。由此看来,MLIR 比 LLVM 更像是纯编译器基础设施。

虽然 MLIR 充当 ML 的编译器,但也可以看到,MLIR 同样支持在编译器内部使用机器学习技术。这一点尤为重要,因为在进行扩展时,开发数字库的工程师无法跟上 ML 模型或硬件的多样化速度。MLIR 的扩展性有助于探索代码降阶策略,并在抽象之间执行逐步降阶。

3. 方言是如何工作的

方言是将所有的 IR 放在了同一个命名空间中,分别对每个 IR 定义对应的产生式,以及绑定相应的操作,从而生成一个 MLIR 模型。整个编译过程,从源语言生成抽象语法树(Abstract Syntax Tree,AST),借助方言遍历 AST,产生 MLIR 的表达式,此处可对多层 IR 通过下译 Pass 依次进行分析,最后经过 MLIR 分析器生成目标语言,如图 6-5 所示。

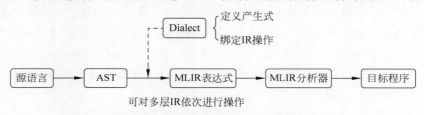

图 6-5　MLIR 为各种 DSL 提供中间表示

6.1.5　MLIR 方言转换

MLIR 通过方言来定义不同层次的中间表示,每种方言都有自己唯一的名字空间。开发者可以创建自定义方言,并在方言内部定义操作、类型、属性及它们的语义。

MLIR 推荐使用方言对 MLIR 进行扩展。有一个统一的中间表示框架降低了开发新编译器的成本。

除了可以使用 C++语言对方言进行定义外,MLIR 也提供了一种声明式的方式来定义方言,即用户通过编写 TableGen 格式的文件来定义方言,然后使用 TableGen 工具生成对应的 C++头文件、源文件及对应的文档。

MLIR 也提供了一个框架,用于在方言之间或者方言内部进行转换。MLIR 使用操作来描述不同层次的抽象与计算,操作是可扩展的,用户可以创建自定义的操作并规定其语义。MLIR 也支持用户通过声明式的方式(TableGen)来创建自定义操作。MLIR 中的每个值都有对应的类型,MLIR 内置了一些原始类型(例如整数)与聚合类型(张量与内存缓存)。MLIR 的类型系统也允许用户对其进行扩展,创建自定义的类型及规定其语义。

在 MLIR 中,用户可以通过指定操作的属性控制操作的行为。操作可以定义自身的属性,例如卷积操作的 stride 属性等。

1. MLIR 方言转换

MLIR 中定义操作时可以定义其规范化的行为,以便后续的优化过程更方便地进行。MLIR 以一种贪婪策略,会不断地应用规范化变换,直到 IR 收敛为止,例如将 $x+2$ 与 $2+x$ 统一规范化为 $x+2$。

在 MLIR 中进行方言内部或之间的转换时,主要需要完成以下功能:

(1)用户首先要定义一个转换目标。转换目标规定了生成的目标中可以出现哪些操作。

(2)用户需要指定一组重写模式。重写模式定义了操作之间的转换关系。

(3)框架根据用户指定的转换目标与重写模式执行转换操作。

这个转换过程会自动检测转换方式,例如如果指定了 A→B 与 B→C 的重写模式,则框架会自动完成 A → C 的转换过程。

MLIR 也支持用户通过声明式的方式(TableGen)来创建自定义的重写。

ONNX MLIR:将 ONNX 格式的深度学习网络模型转换为能在不同二进制环境执行的二进制格式。

PlaidML:一个开源的张量编译器,允许在不同的硬件平台上运行深度学习模型。

TensorFlow:TensorFlow 项目的 XLA 与 TensorFlow Lite 模型转换器用到了 MLIR。

TensorFlow Runtime(TFRT):全新的高性能底层进行时,旨在提供一个统一的可扩展的基础架构层,在各种领域特定硬件上实现一流性能。高效利用多线程主机的 CPU,支持完全异步的编程模型,同时专注于底层效率。

Verona:一种新的研究型的编程语言,用于探索并发所有权,其提供了一个可以与所有权无缝集成新的并发模型。

2. MLIR 方言

MLIR 通过方言来定义不同层次的中间表示,每种方言都有自己唯一的名字空间。开发者可以创建自定义方言,并在方言内部定义操作、类型与属性,以及它们的语义。MLIR 推荐使用方言来对 MLIR 进行扩展。有这样一个统一的中间表示框架,降低了开发新的编译器的成本。除了可以使用 C++语言对方言进行定义外,MLIR 也提供了一种声明式的方式来定义方言,即用户通过编写 TableGen 格式的文件来定义方言,然后使用 TableGen 工具来生成对应的 C++头文件与源文件,以及对应的文档。MLIR 推荐使用这种声明式的方式来定义方言。此外,MLIR 也提供了一个框架,用于在方言之间或者方言内部进行转换。

为了方便开发,MLIR 内置了一些方言以供直接使用,见表 6-1。

表 6-1 MLIR 内置了一些方言

acc	affine	async	avx512	gpu	linalg
llvm	nnvm	omp	pdl	pdl_interp	quant
rocdl	scf	shape	spv	std	vector

MLIR 使用操作来描述不同层次的抽象与计算。MLIR 中的操作也是可扩展的,用户可以创建自定义的操作并规定其语义,例如,目标无关操作、仿射操作与目标特定操作。MLIR 也支持用户通过声明方式(TableGen)来创建自定义操作。

MLIR 中的每个值都有其对应的类型,MLIR 内置了一些原始类型(例如整数)与聚合类型(张量与内存缓存)。MLIR 的类型系统允许用户对其进行扩展,创建自定义的类型及规定其语义。

此外在 MLIR 中,用户可以通过指定操作的属性的值来控制操作的行为。操作可以定义自身的属性,例如卷积操作的 stride 属性等。

在 MLIR 中定义操作时,可以定义其规范化的行为,例如将 $x+2$ 与 $2+x$ 统一规范化为 $x+2$,以便后续的优化过程更方便地进行。MLIR 以一种贪婪的策略,会不断地应用规范化变换,直到中间表示收敛为止。

在 MLIR 中进行方言内部或方言之间的转换时,用户首先要定义一个转换目标。转换目标规定了生成的目标中可以出现哪些操作,然后用户需要指定一组重写模式,这些重写模式定义了操作之间的转换关系。最后框架根据用户指定的转换目标与重写模式执行转换操作。这个转换过程会自动检测转换方式,例如,如果指定了 A → B 与 B → C 的重写模式,则框架会自动完成 A → C 的转换过程。MLIR 也支持用户通过声明式的方式(TableGen)来创建自定义的重写模式。当转换的方言之间有着不同的类型系统时,用户可以使用类型转换器来完成类型之间的转换。

6.1.6　MLIR 动手实践

1. MLIR 应用工具

MLIR 常用应用工具举例如下。

(1) ONNX MLIR:将 ONNX 格式的深度学习网络模型转换为能在不同二进制环境执行的二进制格式。

(2) PlaidML:一个开源的张量编译器,允许在不同的硬件平台上运行深度学习模型。

(3) TensorFlow:TensorFlow 项目的 XLA 与 TensorFlow Lite 模型转换器用到了MLIR。

(4) TensorFlow 运行时:一种新的 TensorFlow 运行时。

(5) Verona:一种新的研究型的编程语言,用于探索并发所有权,其提供了一个可以与所有权无缝集成新的并发模型。

2. 编译与安装 MLIR

用户也可以直接下载源码包。假定 LLVM 的源码目录为 $LLVM_SRC。首先用户需要指定一个路径,用于存放编译中间产物,假定其路径为 $LLVM_BUILD,然后对 LLVM 进行配置,命令如下:

```
//第 6 章/mlir_project_config_cmkae.ll
cmake - S " $ LLVM_SRC" - B " $ LLVM_BUILD" - DLLVM_ENABLE_PROJECTS = MLIR - DCMAKE_BUILD_TYPE = Release
```

在默认情况下,LLVM 禁用了异常处理与运行时类型信息。如果应用程序需要依赖这些功能,则可在配置时将 LLVM_ENABLE_EH 与 LLVM_ENABLE_RTTI CMake 变量的值指定为 ON,命令如下:

```
//第 6 章/mlir_project_build_cmkae.ll
cmake - S " $LLVM_SRC" - B " $LLVM_BUILD" - DLLVM_ENABLE_PROJECTS = MLIR - DLLVM_ENABLE_EH =
ON - DLLVM_ENABLE_RTTI = ON - DCMAKE_BUILD_TYPE = Release
```

更多的 LLVM 配置参数参见 https://llvm.org/docs/CMake.html。

执行完配置过程后使用下列命令执行编译操作,命令如下:

```
//第 6 章/cmake_build.ll
cmake -- build " $LLVM_BUILD"
```

将 LLVM 安装到 /usr/local 目录,命令如下:

```
//第 6 章/cmake_install.ll
cmake -- install " $LLVM_BUILD"
```

如果想指定另一个安装目录,例如 $INSTALL_DIR,则可以使用 --prefix 命令行参数来指定,命令如下:

```
//第 6 章/cmake_build_1.ll
cmake -- install " $LLVM_BUILD" -- prefix " $INSTALL_DIR"
```

用户可以在 CMake 项目文件中使用下列语句添加查找 MLIR 依赖,命令如下:

```
//第 6 章/find_package.ll
find_package(MLIR REQUIRED CONFIG)
```

如果 MLIR 被安装到了系统目录(例如 /、/usr、/usr/local 等),则 CMake 无须特定的配置就能找到 MLIR;如果 MLIR 被安装到了非系统目录,则可以在 CMake 的配置过程中通过 CMake 的 MLIR_DIR 变量来指定 MLIR 的安装位置,命令如下:

```
//第 6 章/cmake_build_dir.ll
cmake " $MY_PROJECT_DIR" - DMLIR_DIR = " $INSTALL_DIR"
```

成功后用户可以直接使用 MLIR 的库作为编译目标的依赖,命令如下:

```
//第 6 章/find_executable.ll
add_executable(my - executable main.cpp)
target_include_directories(my - executable SYSTEM PRIVATE
  ${MLIR_INCLUDE_DIRS})
target_link_libraries(my - executable PRIVATE MLIRIR)
```

其中, MLIR_INCLUDE_DIRS 是自动生成的变量,其指向 MLIR 的包含目录。

在使用 CMake 定义可执行文件目标时,如果 LLVM 禁用了运行时类型信息,则依赖于 LLVM 的可执行文件目标也需要禁用运行时类型信息,否则可能会导致编译失败。LLVM 提供了一个 CMake 帮助函数 llvm_update_compile_flags,可以自动地完成这个配置。这个函数定义在 LLVM 提供的 AddLLVM. cmake 文件中。用户可以使用下列语句导入 AddLLVM. cmake 文件,命令如下:

```
//第 6 章/cmake_list_dir.ll
list(APPEND CMAKE_MODULE_PATH "${LLVM_CMAKE_DIR}")
include(AddLLVM)
```

导入 AddLLVM. cmake 文件后,就可以对编译目标进行配置了,命令如下:

```
//第 6 章/cmake_update_executable.ll
llvm_update_compile_flags(my-executable)
```

完整的 CMake 项目文件示例,命令如下:

```
//第 6 章/find_executable.ll
cmake_minimum_required(VERSION 3.15)
project(my-executable)
find_package(MLIR REQUIRED CONFIG)
list(APPEND CMAKE_MODULE_PATH "${LLVM_CMAKE_DIR}")
include(AddLLVM)
add_executable(my-executable main.cpp)
target_include_directories(my-executable SYSTEM PRIVATE
  ${MLIR_INCLUDE_DIRS})
target_link_libraries(my-executable PRIVATE MLIRIR)
llvm_update_compile_flags(my-executable)
```

6.2 MLIR 多层编译框架实现全同态加密的讨论

6.2.1 多层编译框架与全同态加密概述

MLIR 是谷歌推出的开源编译框架。本节介绍将全同态加密技术集成到 MLIR 编译框架中,从而达到一次加密,多设备编译的目的。这个实例对于如何使用 MLIR 具有非常好的启发性。主要分为两部分,一部分是 MLIR 相关技术介绍;另一部分是介绍同态加密技术及其在 MLIR 中的集成。

MLIR 是谷歌团队针对异构系统提出的开源编译框架,旨在打造具有可复用性与可扩展性的编译器基础设施。MLIR 的主要特点在于多层级表达,在不同层级间实现转换、优化及代码生成。MLIR 可以针对领域专用架构(Domain Specific Architecture,DSA),例如,现在出现的很多 ML 加速器、快速搭建编译器。同时也能够连接现有的编译技术,例如 LLVM。MLIR 源起于谷歌 TensorFlow 框架的编译生态中存在的诸多挑战,如图 6-6 所示。

MLIR 的核心是为构建现代编译器提供丰富的基础组件,这些基础组件用于不同层级的中间表示的转化及优化中。不同于传统编译器通过一层的中间表达直接翻译为可执行指令,MLIR 通过多层级的中间表达实现转换,在每层级的 IR 表示中,MLIR 提供丰富的优化

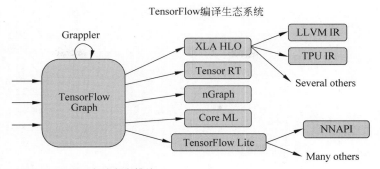

图 6-6　TensorFlow 编译生态

组件进行优化。用户也可以自己开发优化组件，最终翻译为可执行指令，映射到不同的设备。MLIR 的设计理念使编译器整体框架从抽象到具体的结构清晰，层次分明，任务明确。

　　MLIR 将中间表达称为方言，方言都符合相同的语法格式，如图 6-7 所示。在 MLIR 语法中，采用了基于 SSA 的数据结构，Operation(下文翻译为操作)拥有优先级，每个 Op 都有自己的标识符(Identifier)，Op 接收输入参数(Value)，同时也可以返回参数，Op 具有属性(Attribute)，属性在编译阶段需要保持为常量，用于在编译阶段显示编译器 Op 的基本信息。

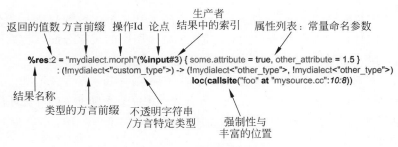

图 6-7　MLIR 语法格式

　　MLIR 代码生成的流水线(CodeGen Pipeline)，如图 6-8 所示。

　　图 6-8 展示的是 MLIR 方言不断下译的流水线，图中左侧部分表示在每层方言中进行的优化操作，中间部分表示方言之间的转换。前端的输入来自 TensorFlow，对应于编译器的结构，可以看成为 MLIR 的前端。在方言的不断转换的过程中，体现的是 MLIR 的重要特点渐进下译。以图 6-8 为例介绍 MLIR 的下译生成代码的过程，过程如下：

　　(1) TF 的描述转换为 HLO(High-Level Optimizer)方言，HLO 实际上是 XLA(Accelerated Linear Algebra)的 IR 表示，里面的 Op 基本与 XLA 一一对应。

　　(2) HLO 转换为 LHLO(Late HLO)，HLO 与 LHLO 的区别在于 HLO 注重的是张

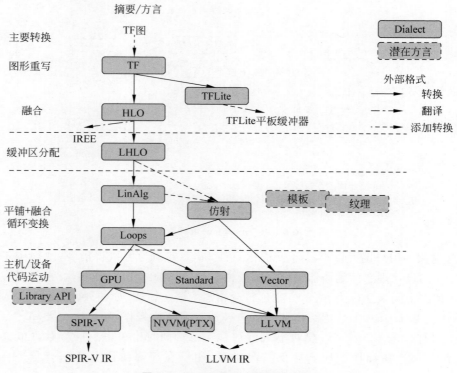

图 6-8　MLIR 代码生成的流水线

量的表达,不考虑到内存的分配,例如 tensor<8×32×16×fp32>,仅仅表示为张量,没有具体的内存信息,LHLO 会为张量开辟内存空间,也就是图中的缓存分配,缓存分配相当于传统编译器中的内存分配。

(3) LHLO 被转换为 LinAlg(Linear Algebra) 方言与 Affine 方言,LinAlg 为线性代数方言,Affine 是针对多面体编译的方言。在此层方言表达中完成平铺、for-loop 循环优化操作等。

(4) 针对不同的硬件设备产生代码,在此层转换成 LLVM IR,然后通过 LLVM 的 CodeGen 生成代码。

MLIR 提供了一个比较灵活与规范的框架,相应地,也看到很多基于 MLIR 的工作,逐渐形成一定的生态,甚至超出了 ML 编译器的范畴。如何评价 MLIR 项目中 LinAlg 方言的设计思想?

从实际的应用上,MLIR 的出现确实起到了辅助编译器开发的作用。可以更快地搭建解决特定问题的编译工具,或者将一些新的特色引入编译器中,例如下面将要讨论的基于 MLIR 编译器框架实现同态加密,非常具有启发性。

6.2.2　同态加密技术介绍

同态加密(Homomorphic Encryption,HE)是一项直接在加密数据上进行运算而无须先解密数据再运算的加密技术,最终通过解密计算结果,这样就可以得到在非加密状态下运行的结果。同态加密技术被广泛地应用在涉及敏感数据处理的场景,例如医疗数据分析与基因分析等,如图 6-9 所示。

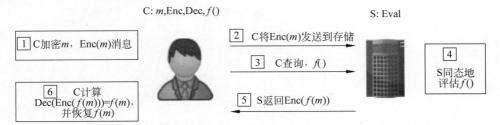

图 6-9　客户端-服务器端的同态加密场景(C 代表客户端,S 代表服务器端)

下面以图 6-9 的客户端-服务器端同态加密使用场景为例介绍同态加密解密,过程如下:

(1) 客户端对数据进行同态加密处理,得到加密数据 Enc(m),其中 m 表示信息,Enc 表示加密方法。

(2) 客户端将加密的数据发送到服务器端。

(3) 当客户端想对自己的数据执行一个函数操作 $f()$ 时会将操作的名称发送给服务器端,例如图中的查询。

(4) 服务器端接收到命令后,在加密的数据上进行 $f()$ 操作。

(5) 服务器端返回 $f()$ 操作的结果。

(6) 客户端通过解密的方法获得原始数据的计算结果。

在上文关于 MLIR 技术的介绍中,提到了在 MLIR 的代码生成的流程中,采用不同层级的中间表达与优化,那么也理应可以在中间表达与优化中引入关于同态加密技术。

6.2.3　同态加密技术集成到 MLIR 框架中

同态加密分为 4 种,前面介绍的是针对全同态加密(Full Homomorphic Encryption,FHE),以下统称为同态加密。常见的 FHE 方法包括 Brakerski-Gentry-Vaikuntanathan(BGV)、Fan-Vercauten(B/FV)与 Cheon-Kim-Kim-Song(CKKS)等。针对这些 FHE 方法,现有的方法是通过调用库的方式实现,例如 Microsoft SEAL,但是目前的 HFE 库存在以下几点局限:

(1) 只能进行有限的跨操作优化(Cross-operation Optimization),跨操作优化可以理解为移除不必要的指令或者调整操作顺序。库虽然提供了一系列的原语(primitives),但是这些原语操作都是单独优化,不能进行跨操作优化。

(2) 不能进行重写操作(rewrite)及高层次的优化,例如 NAND(x,x,parameters)不能重写为 NOT(x,parameters)。

(3) 不能进行低层次的优化,例如嵌套循环优化与循环调度。

(4) 缺少模块化,这样导致在更改加密方法时,需要重写代码。

针对以上基于 FHE 库实现方式存在的缺点,提出了利用 MLIR 的编译框架产生加密的程序,其核心思想在于将 FHE 库改写为方言,将 XLA 改为 HLO,目前实现的是 Gentry-Sahai-Waters(GSW)与 B/FV,具体流程如图 6-10 所示。

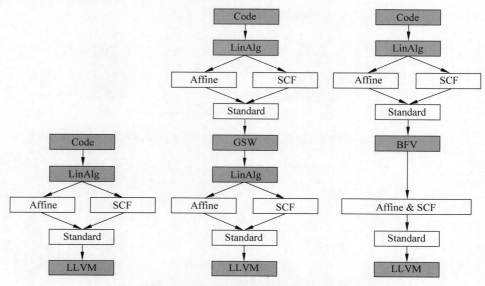

图 6-10　GSW 与 B/FV 逐级下译管道的简易框图

正常的 MLIR 编译流程如图 6-10 中的左图所示。基于 GSW 与 BFV 的加密编译流程如图 6-10 中的右图所示。普通代码作为输入,采用 MLIR 的逐级下译功能,将代码转换为较低级别的 IR,这些 IR 再经过自开发的下译规则转换为加密的 IR,同态加密的方言转换过程为 LinAlg→Affine/SCF(Structure Control Flow)→Standard→GSW/BFVIR,实现了同态加密的 IR,然后按照正常的 MLIR 编译流程编译,最后在 LLVM 层级可以根据不同的硬件设备产生不同的代码,这样带来了一次加密多设备编译的便捷性。

从 GSW 与 BFV 向下下译的详细过程如图 6-11 所示,GSW 首先下译到 S-GSW(Simple GSW)、Standard 及 LinAlg 方言,S-GSW 然后下译到 Affine、SCF 及 Standard 方言中,最后 Affine、Standard、LinAlg 与 SCF 都下译到 LLVM。图 6-11 中的箭头表示的是

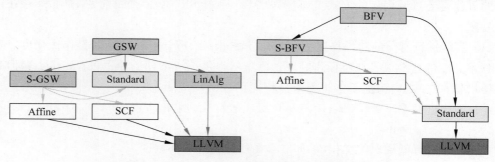

图 6-11　从 GSW 与 B/FV 向下下译的详细过程

Pass,实现的作用是从一种方言向另一种方言转换,颜色越深表示实现难度越大,蓝色是难度最低的,MLIR 的框架中提供了相关的 Pass 实现,用户也可以自己开发 Pass。

在同态加密的方法中,每个加密的函数操作都能表示为一个 DAG(Directed Acyclic Graph),每个节点表示一个原语,每条边表示一个原语的输出,以便作为另一个原语的输入。

针对选择的 GSW 与 BVF,它们的原语都很简单,GSW 的原语是二进制门(Binary Gate)电路,BVF 的原语是加法与乘法,简单的原语极大地降低了优化的难度。

在下译的过程中,使用了三类优化技术。

(1)使用重写机制完成优化操作,重写操作可以简单地理解为使用一种表示方式替代一种或者多种表示,目的在于使用高性能的 Op 替代低性能的 Op,例如,使用 NOT(x, parameters)替代 NAND(x,x,parameters)。此外还有复杂的重写机制,例如,修剪代码、删除常量及优化两输入与三输入的子图。

(2)实现跨操作(Cross-operation)优化,跨操作优化的目的是删除不必要的指令,例如,合并数论转换(Number Theoretic Transform,NTT)加法的操作,如图 6-12 所示。

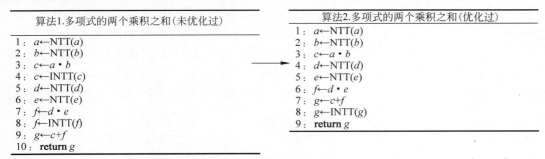

图 6-12　多项式乘加的优化

(3)针对不同的硬件进行循环优化,这也是 MLIR 本身具有的特性。

核心在于将 FHE 两种的库 GSW 与 BFV 改写为 MLIR 中的方言,并实现了各个层级的转换与优化,最终将同态加密技术集成到了 MLIR 编译框架中。

在 AI 应用领域中,对于端侧敏感数据的处理,往往采用本地私有化部署的方式,在端侧完成推理,但端侧设备的性能有时会成为瓶颈。或许存在下面两种可能,在端设备上使用集成了同态加密的 MLIR 编译器,将编译后的指令传到云端执行,然后云端将执行结果返给端设备。云端部署同态加密 MLIR 编译器,端设备将同态加密的数据发送到云端处理,云端部署编译器在于能够适配不同的加密方法,具有更高的编译性能。

6.3　MLIR 编译框架下软硬协同设计的思考

6.3.1　架构探索概述

自从 AI 芯片成为热门的研究课题,众多关于 AI 芯片架构探索的学术文章不断涌现,大家从不同的角度对 AI 芯片进行架构分析及性能优化。MLIR 是谷歌团队推出的开源编译器框架,颇受瞩目,灵活的编译器架构提升了其在众多领域应用的潜力。通过自定义 IR 的衔接,可以在架构探索与 MLIR 之间架起一座桥梁,在编译的过程中,自动进行硬件架构的探索与软件的优化编译,甚至生成硬件的代码,实现软硬协同设计。

近十年,AI 领域专用芯片的演进极大地促进了架构探索(指的是架构定义及性能分析)的发展,先后出现了众多分析方法,这些分析方法针对 AI 计算过程中的关键算子及网络模型进行建模分析,从 PPA(Power-Performance-Area)三个角度评估硬件性能。与此同时,伴随着 AI 编译框架的发展,尤其受益于 MLIR 编译器框架的可复用及可扩展性,将这些分析方法融入 MLIR 框架中,也变得十分可能,从而使用编译器对硬件架构进行探索。

架构分析中关注 3 个方面的表达,分别是计算架构(Computation Element)、存储结构(Memory Hierarchy)与互联结构(Interconnect)。对硬件架构进行性能分析时,数据流是搭建分析方法的基础,根据数据流的表达,将 workload 的计算过程映射到硬件架构的三类实现中。可将数据流引入 AI 芯片的性能分析中,根据定义,AI 的数据流可以分为三类,输出静止(Output Stationary,OS)、权重静止(Weight Stationary,WS)与行静止(Row Stationary,RS)。MAGNet 将其扩种为更多的描述方式,如图 6-13 所示,但还是围绕 OS、WS 与 RS 展开。根据数据流的划分,AI 架构既可以分为这三类,例如 NVDLA 属于 WS,Shi-dinanao 属于 OS,Eyeriss 属于 RS。相同的数据流架构可以采用类似的方法进行分析。

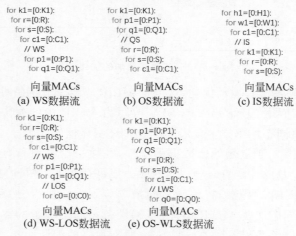

图 6-13　不同数据流对应的 for 循环表示

围绕数据流表示与硬件映射的表达上,可以归为三类,分别是以计算为中心(Computation-Centric)的 Timeloop,以数据流为中心(Data-Centric)的 MAESTRO 与以关系为中心(Relation-Centric)的 TENET。以计算为中心的表示方法关注的是 for-loop 表达在时间维度上映射到硬件架构。以数据流为中心的表达关注的是数据映射(Data Mapping)与复用(Reuse)。以关系为中心的表达关注的是循环表达与计算单元及调度之间的关系。

本节将对第 2 种 Data-Centric 的表达方式展开介绍。

在 MAESTRO 的工作中,将 Data Mapping 与 Reuse 作为一等公民,关注的是数据在时间与空间两个维度的复用。对于 WS 的计算架构,权重在时间维度上复用(相当于保持不变),中间计算结果是在空间维度上复用,如图 6-14 所示。

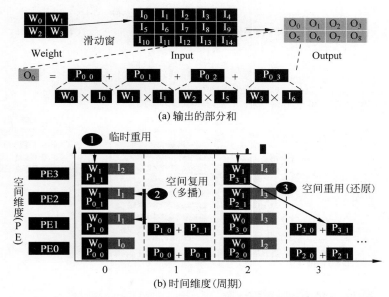

图 6-14 2×2 Kernel 的卷积在 WS 类型加速器数据复用的表示

关于时间与空间数据复用的表达,提出了一种 IR 的表示方式,称为时域映射(Temporal Map)与空域映射(Spatial Map)。时域映射表示的是特定的维度与单个 PE 之间的映射关系,空域映射表示的是特定的维度与多个 PE 之间的映射关系,具体的表示如下。

(1) T(size,offset)α:α 表示的是特定的维度,例如权重的权重、width 及 channel 等,size 表示单个时间步长(Time Step)下 α 所在维度的 index 映射到单个 PE 的尺寸,offset 表示的是相邻的时间步长的 index 偏移。对应的 for 循环表达如图 6-15 所示。

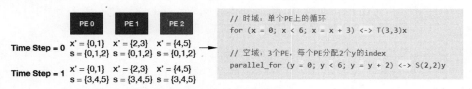

图 6-15 时域与空域映射与循环表达之间的对应关系

(2) S(size,offset) α:α 表示特定的维度,size 表示维度 α 映射到每个 PE 的 index 的尺寸,offset 表示映射到相邻 PE 的 index 偏移。

假设一个计算架构有 3 个 PE,卷积的权重大小为 6,输入元素的个数为 17,步进为 1,计算过程如图 6-16 所示。在图 6-16 中,标签 1 表示 for 循环的表达,标签 2 表示在时域与空域的 IR 表达,标签 3 表示数据在 PE 的分布及时间上的计算过程,可以看出 cycle1 到 cycle4 复用 S 中的 index(1),也就是权重保持静止。标签 4 表示空域映射、时域映射及计算顺序,其中 t 表示按照所示的箭头方向依次计算。基于这样的 IR 表达及时间上的计算过程,就可以表示出一个 WS 架构的计算过程。

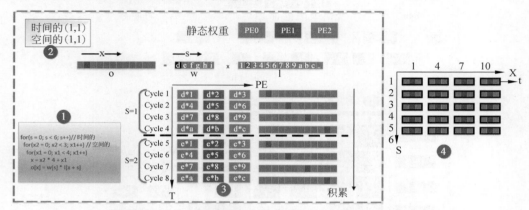

图 6-16　一维卷积操作在时域与空域的表示演示图

6.3.2　基于 IR 的性能分析方法

Aladdin 是较早开展基于编译的方式进行硬件性能分析,将性能分析提前到 RTL 代码之前,避免了 RTL 代码及 C-model 大量的开发工作,基本的思路是将计算任务下译到动态数据依赖图(Dynamic Data Dependence Graph,DDDG)级别,DDDG 是针对特定架构的中间表达的表示,如图 6-17 所示。针对特定的硬件架构,分析 DDDG 的动态执行过程,即可评估出性能与功耗的数据,它们基于 ILDJIT 编译器 IR。

基于 GEM5 的工作,将其扩展为 GEM5-Aladdin,用于对加速器系统级的性能分析,涵盖了 SoC 的接口通信开销,从而实现加速器架构与通信的协同设计。GEM5 负责 CPU 与内存系统的性能分析,Aladdin 负责加速器的性能分析。DDDG 表示从 ILDJIT IR 迁移到 LLVM IR。

Interstellar 是将 Halide 语言用于 AI 架构的性能分析,数据流表达的方式属于计算中心,核心工作是将与计算及数据流相关的 for 循环转换到 Halide 的调度语言,同时显性地表达存储与计算,其中,关于架构与数据流是在 Halide 编译过程中的 IR 表达中引入,同时与 Halide 语言中的硬件原语对应起来,将整个计算过程拆解到 IR 级别,然后映射到硬件结构,最后根据数据流的计算过程评估硬件的性能,整体过程如图 6-18 所示。最终采用调用硬件语言代码库的方式生成硬件设计。

C code:

```
for (i=0; i<N; ++i)
    c[i]=a[i]+b[i];
```

IR Trace:

```
0. r0=0
1. r4=load(r0+r1)      //load a[i]
2. r5=load(r0+r2)      //load b[i]
3. r6=r4+r5
4. store(r0+r3,r6)     //store c[i]
5.r0=r0+1              //++i
6.r4=load(r0+r1)       //load a[i]
7.r5=load(r0+r2)       //load b[i]
8.r6=r4+r5
9.store(r0+r3,r6)      //store c[i]
10.r0=r0+1             //++i
…
```

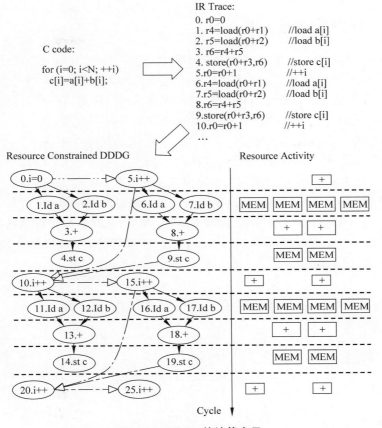

图 6-17　DDDG 的计算表示

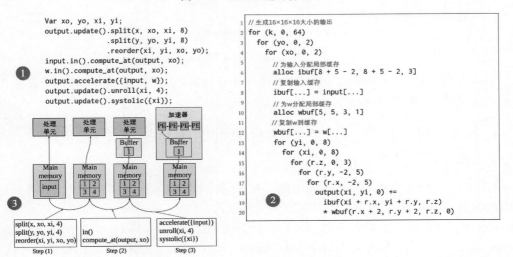

图 6-18　标签 1 为 Halide 语言描述卷积操作。标签 2 表示 Halide 下译过程中对 **in**、**compute_at**、**split** 及 **reorder** 调度原语（Scheduling Primitives）的 IR 表示。标签 3 表示调度原语与硬件架构的对应关系

6.3.3 架构级别的 IR

Micro-IR 文章的核心思想是将加速器的架构表示为一个并发的结构图（Concurrent Structural Graph），每个组件都是一个架构级别的硬件单元，例如计算单元、网络或者存储器。结构图中显性地表达了加速器的构成组件，以及不同组件之间的数据流动，最终回归到数据流的表达与实现上。定义架构级别 IR 的好处主要有以下两点：

（1）将算法的表达与硬件架构解耦。

（2）将硬件的优化与 RTL 的代码实现解耦。

这样一来，硬件架构 IR 层的优化工作便可以单独展开。

整个编译的架构基于 LLVM 实现，前端接入为 AI 框架，然后编译到 LLVM IR，LLVM IR 再对接到 Micro-IR，在 Micro-IR 优化的 Pass 中聚焦，也就是数据流的映射、调度、平铺及映射到硬件的 Intrinsic。最后对接到 Chisel 的 IR FIRTL，生成可综合的硬件语言，如图 6-19 所示。

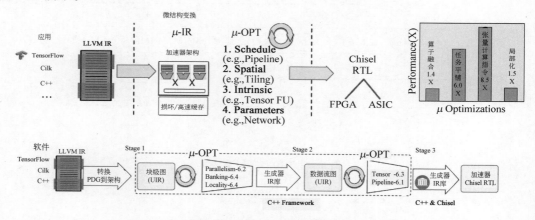

图 6-19 Micro-IR 的编译流程

对于架构的表达，也是围绕数据流、存储与互联展开，如图 6-20 所示，将一个简单的奇偶乘法先翻译到 IR 图层，再翻译到 IR 的具体表达。

6.3.4 MLIR 中引入架构探索的可能性与挑战

简单总结一下上述工作中的关键点：

（1）现有的性能分析方法的研究工作都有 IR 表示的思想，而且基于数据流的表示思想具有较好的理论基础，从时域与空域两个维度展开，也有很好的 IR 具体实现。

（2）基于 IR 性能分析的方法，也处于不断演进的过程中，从 ILDJIT 到 LLVM 再到 Halide 都证实了基于 IR 进行架构探索的可行性。同时不同的表示方式具有不同的优点，例如 Halide 中突出调度的思想，可以将该思想引入 MLIR 中，形成调度 IR。

（3）关于硬件架构 IR 表示的资料也较多，示例 Micro-IR 是比较典型的标准，与 MLIR

都基于 LLVM 的编译流程,将其引入 MLIR 中作为硬件架构存在可能性。

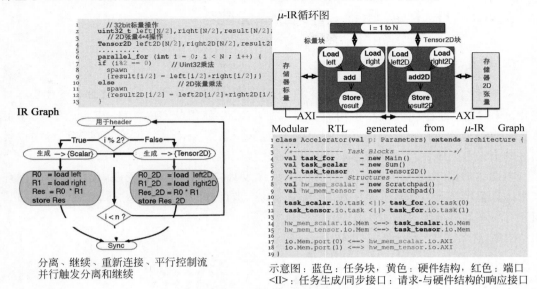

图 6-20　Micro-IR 的编译表示

（4）Union 用于将 MAESTRO 性能分析的工作引入 MLIR 的框架中,但是 MAESTRO 作为架构探索的工具使用,没有接入 MLIR 的编译流程中。

挑战与可能性同在,大致分为以下几点:

（1）目前的架构探索都是基于相对规则的架构展开的,没有涉及复杂的工业界的芯片,存有一定的局限性,将其方法应用到工业界还有很大的阻隔。

（2）定义一个通用型的架构 IR 比较困难。架构是比较分散的,不同的任务需求有不同的架构设计,虽然架构设计从大的层面分为计算、存储与互联,但通过 IR 精准地刻画架构充满挑战,例如对于架构 IR 控制流的表示,Micro-IR 中关于控制流的表达没有进行详细阐述。

（3）在编译过程中,如何将软件任务自动翻译到架构 IR 上,同时能够对硬件架构进行自动调整与优化是很大的挑战。目前的做法是针对特定的已知架构,将计算任务映射到硬件。

6.3.5　AI 架构数据流小结

本节总结了现有的针对 AI 架构的数据流分析方法,以及基于数据流分析方法构建的架构探索工具,同时介绍了现有的硬件架构的 IR。这些丰富的分析方法与 IR 表示为架构探索引入 MLIR 提供了可能性,也看到了基于 MLIR 的编译器框架开展软硬协同设计的巨大潜力。

6.4　MLIR 编译器的多面体优化

6.4.1　多面体模型概述

多面体编译是一项成熟的编译优化技术,演进了几十年,在传统的编译器中常作为一种优化工具使用,例如 LLVM 中使用的 Polly,在 GCC 中使用的 GRAPHITE。近年来,多面体技术也被引入 AI 编译器中,进行循环优化与算子融合优化等。将关注在 MLIR 中以类插件的形式引入多面体优化技术,补充其多面体优化能力。

多面体模型(Polyhedral)主要关注的是程序设计中的循环优化问题,两层循环的循环变量的取值范围可以构成一个平面,三层循环的变量可以组成一个长方体,如图 6-21 所示,因此得名多面体模型。

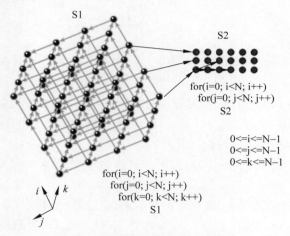

图 6-21　不同循环层次的多面体表示

多面体编译优化关注的是在确保程序执行正确的前提下,重组多重循环的结构,实现性能的最优化。多面体的变基转换及 Affine_map 表示如图 6-22 所示,循环中左图表示原始的二维迭代空间,蓝色箭头表示数据(黑点)之间存在依赖关系,对角线的绿色表示数据没有依赖关系,经过变基操作之后变为右图的表达式及迭代空间,从形状看像是对多面体进行了变形,形象地体现出多面体优化的过程。当然,变形的目的是实现并行计算,以达到更好的性能。

6.4.2　MLIR 中的多面体表示

MLIR 关于多面体的设计重表达轻优化,也就是说 MLIR 充分利用其 IR 的特性定义了表示多面体的方言 Affine,而没有进行多面体的优化实现。这样做的目的符合 MLIR 重在搭建编译器基础设施的特性,而具体的实现可以自行定义,好比 MLIR 向用户交付了布局合理的毛坯房,内部装修各取所好。另外,关于多面体优化的工具也很成熟,各种开源工具齐全,例如 Isl、Polly、Pluto 及 CLooG,也为将编译优化工具引入 MLIR 提供了便利。

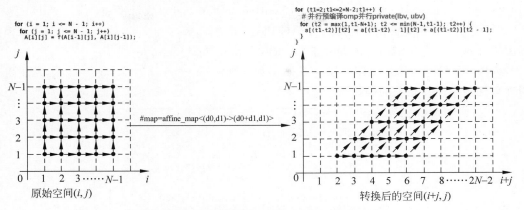

图 6-22　多面体的变基转换及 Affine_map 表示

MLIR 中 Affine 方言的定义,使用具有多面体特征的循环与条件判断来表示,显式地表示静态控制部分(Static Control Part,SCoP),例如 affine. for、affine. if、affine. parallel 等。在 Affine 的表达中,使用 Dimension 与 Symbol 两类标识符,二者在 MLIR 语法中均为 index 类型,同时 MLIR 也对这两类表示进行约束,有助于提升分析与转换能力。从表示形式上看,Dimension 以圆括号来声明,Symbol 用方括号来声明,Dimension 表示仿射对象的维度信息,例如映射、集合或者具体的 loop 循环及一个张量,Symbol 表示的是多面体中的参数,在编译阶段是未知的。在准线性的分析表达上,Symbol 当作常量对待,因此 Symbol 与 Dimension 之间可以进行乘、加等线性操作,但 Dimension 之间的操作是非法的。另外,Dimension 与 Symbol 都遵从 SSA 赋值。

MLIR 的 Affine 重表达主要体现在,通过具体的映射可以表示出多面体的变换,如图 6-23 所示,变基操作通过 affine_map 语句就能够体现出来。矩阵计算中常用的关于内存

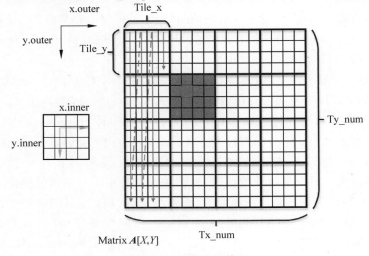

图 6-23　平铺操作算法

的平铺操作,也可以通过 affine_map 表示。通过 ♯ tiled_2d_128x256 = affine_map <(d0, d1) -> (d0 div 128, d1 div 256, d0 mod 128, d1 mod 256)>可以表示平铺切分。X 维度按照 128 个元素,Y 维度按照 256 维度进行平铺切分,形成了 x. outer 与 y. outer,内部的取模运算用于计算在单个平铺内部的偏移量,从而形成 x. inner 与 y. inner。

如图 6-24 所示,采用 Affine 方言表示多项式乘法 C[i+j] += A[i] * B[j],从中可以明确看到与多面体相关的操作表达。

```
%c0 = constant 0 : index
%0 = dim %A, %c0 : memref<?xf32>
%1 = dim %B, %c0 : memref<?xf32>
affine.for %i = 0 to affine_map<()[s0] -> (s0)>()[%0] {
  affine.for %j = 0 to affine_map<()[s0] -> (s0)>()[%1] {
    %2 = affine.load %A[%i] : memref<?xf32>
    %3 = affine.load %B[%j] : memref<?xf32>
    %4 = mulf %2, %3 : f32
    %5 = affine.load %C[%i + %j] : memref<?xf32>
    %6 = addf %4, %5 : f32
    affine.store %6, %C[%i + %j] : memref<?xf32>
  }
}
```

图 6-24　多项式乘法的仿射方言表示

6.4.3　MLIR 中引入多面体优化

Polygeist 沿用 LLVM 引入 Polly,以及 GCC 引入 GRAPHITE 的思路,将开源的 Pluto 引入 MLIR 中实现多面体优化。整体的编译采用 LLVM 的编译流程,前端 Clang 分析输入的 C 语言代码,转换到 MLIR 中的 Affine 方言,然后从 Affine 转换到 Pluto,二者之间的交互采用多面体技术中常用的数据格式 OpenScop,优化后的代码再次转换到 MLIR,然后执行 LLVM 的编译流程。

在整体的转换中,使用的方法是遍历语法树。Clang 前端遍历 Clang 的 AST 语法树,将 Node 映射到 MLIR 的操作中。从 Pluto 到 MLIR 的转换过程中使用 CLooG 生成初始循环的 AST,然后遍历 AST 中的 Node,创建与循环、条件判断相对应的 MLIR 操作。这种做法可以产生与现有编译器的应用程序二进制接口(Application Binary Interface)兼容的代码,避免重新构建基础设施。

Polygeist 的一个显著的特点是将 C/C++引入了 MLIR,实现了 Clang 前端对 MLIR 的对接,利用 MLIR 的 IR 变换能力对接到开源的 Pluto 工具进行多面体优化。从整体的测试效果看,优化的性能没有得到特别显著的提升,原因在于针对 benchmark 中的实例,现有的编译工具已经优化得很好,例如 LLVM 对于 Clang 前端的 IR 能够减少特定的加载操作,而 LLVM 对 MLIR 的 IR 还不支持此优化功能,MLIR 还是相对比较新鲜的事物。使用 MLIR 生成比多面体工具更加优化的代码,表明在 MLIR 中引入多面体优化工具的灵活性。

当然,整体的转换工作不是一蹴而就的,需要涉及 C 语言与 MLIR 之间类型的转换,目前支持的数据类型,如图 6-25 所示,不支持 struct 数据类型,同时也不支持 C 语言中的 break 操作。在 MLIR 中没有指针的概念,关于内存的表示只有 memref,MLIR 本身也不支持在 memref 中嵌套 memref，为了对接 C 语言中的指针的指针，增加了对 memref 的嵌套使用，也就是修改了原有 MLIR 的特性。

C类型	LLVM IR类型	MLIR类型
int	i32(在机器x上)	i32(在机器x上)
intNN_t	iNN	iNN
uintNN_t	iNN	uiNN
float	float	f32
double	double	f64
ty*	ty*	memref<?×ty>
ty**	ty**	memref<memref<?×ty>>
ty[N][M]	ty[N][M]	memref<N×M×ty>

图 6-25 C 语言、LLVM IR 与 MLIR 数据类型的对应关系

多面体的编译流程如图 6-26 所示，前端搭建了 C 代码到 MLIR 的连接，通过遍历 Clang 的 AST 语法树，将每个访问的节点映射到 MLIR 中的 SCF 或者 standard 方言中的操作。MLIR 起到表达控制流的作用，在方言的表达中直接查找到循环，减少在 Pluto 的 CFG 中查找 loops 循环的必要，但是实际上，Pluto 还是参与了 C/C++ 中非线性 for 循环的查找。AST 中 C 语言的数据类型，先是转换到 LLVM 的数据类型，然后转换到 MLIR 中标准方言中的数据类型。

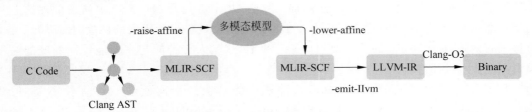

图 6-26 多面体的编译流程

多面体相关的仿射代码转换通过识别标识符将 ♯pragma scop 与 ♯pragma endscop 表示的代码直接转换为 affine.for 循环。循环约束以 affine_map 的形式表示，例如（affine_map<()[s0]->(s0)>[％bound]），()中表示的是 Dimension，[ ]表示的是 Symbol。

前端输入的 C 语言经过转换到 MLIR-SCF 方言层级，通过 raise-affine 的 Pass 转换为 Affine 方言，具体实现的功能是将标准方言中的 load、store 及 SCF 方言中的 for 与 if 转换到 affine 方言中对应的操作。利用 Pluto 的能力进行优化处理，然后通过 low-affine Paass 转回 MLIR-SCF，此处借助 CLooG 进行语法树分析，然后执行 MLIR 的 LLVM 编译流程。

6.4.4 多面体优化小结

现有的多面体优化的库，例如 Isl 和 Polly，主要用于 C 语言的 source-source 转换，聚焦于底层级的优化，无法直接用在 MLIR 的设计中，因为底层级的表示无法还原完整的高层级的表达。Polygeist 的工作是将 MLIR 的多面体表示与现有的高层级的优化工具结合起来，采用 MLIR 仿射方言与 OpenScop 数据格式的双向转换，方便开发者搭建基于 MLIR 的

编译流程,然后使用现有的多面体工具进行优化,最后返回 MLIR 进一步地进行转换,并最终生成代码。可以在 MLIR 中引入其他优化工具助力编译优化,根据需求补足 MLIR 中缺失的能力。

多面体优化是一项成熟的技术,但也受限于对仿射变换的依赖,对无法进行仿射的循环的优化能力较弱,存在一定的局限性,因此无法在工业界得到广泛应用。同时,多面体优化技术理论相对复杂难懂,从事相关研究的人员较少,难以进行落地。尽管如此,多面体技术在解决特定的问题方面有其独特的作用,例如在深度学习领域,对多算子融合与多层循环优化方面有着极大的帮助,可以将现有的多面体技术引入 AI 编译器中,对特定功能进行优化。

6.5　多模态模型 AI 芯片软硬件优化利器

6.5.1　多模态模型基本原理

由于芯片算力的提升,基于深度学习的人工智能掀起了计算技术领域的新一轮变革。在深度学习领域,由通用芯片与人工智能领域专用芯片构成的异构架构成为提升深度学习算法性能、实现人工智能目标的基础,然而,目前市场上各处理器厂商自主研发的加速芯片的架构非常复杂,给深度学习算法在芯片上的部署与调度提出了巨大的挑战,如何将深度学习算法有效地部署在当前的异构架构加速芯片上,这是人工智能与高性能计算领域的一个重要课题。

在这样的背景下,深度学习编译软件栈成为解决这个问题的一种有效手段,包括 Google MLIR、TVM、Facebook 张量理解、Intel Stripe、NVIDIA Diesel,以及 MIT Halide 与 Tiramisu 等。这些工作的一个共同点是都已经或正在借助多模态模型来实现算子层的循环优化,这得益于多模态模型强大的循环优化能力,因此,许多处理器厂商与研究人员开始对多模态模型产生了兴趣。本节将介绍多模态模型的基本原理,并讨论多模态模型在深度学习编译软件栈 AI 芯片上发挥的作用,以及一些开放性的问题。

将多模态分为 3 部分,归纳如下:

(1) 多模态模型基本原理及卷积分析示例。

(2) 多模态模型在深度学习领域中发挥的作用。

(3) AI 芯片上利用多模态模型进行软硬件优化的一些问题。

多模态模型是并行编译领域的一种数学抽象模型,利用空间几何的仿射变换来实现循环优化。作为一种通用程序设计语言的编译优化模型,多模态模型在过去 30 年左右的时间里,从发掘程序的并行性与局部性角度出发,逐步形成了一套稳定、完善的流程,也开始从实验室逐步走向开源软件与应用到商用编译器中。尽管如此,从事多模态模型研究的团队与社区在国内仍然是凤毛麟角,一方面原因是因为国内科研与企业的价值导向,而更重要的一点是因为多模态模型确实是个小众的研究领域,即便在国际上从事这方面研究的团队与企业也为数不多。

考虑到许多读者可能对多模态模型并不了解，而且许多多模态模型文献读起来也比较抽象，先简单介绍多模态模型的工作原理。力图用最简单的代数与几何描述来解释多模态模型的基本原理。这部分内容参考了一些文献的图片，通过解读这些图片来解释其中的原理。

首先，如图 6-27 所示，假设有一段简单的循环嵌套，其中 N 为常数。循环嵌套内语句通过对 $A[i-1][j]$ 与 $A[i][j-1]$ 存储数据的引用来更新 $A[i][j]$ 位置上的数据。如果把语句在循环内的每次迭代实例抽象成空间上的一个点，则可以构造一个以 (i, j) 为基的二维空间，如图 6-28 所示。图 6-28 中每个黑色的点表示写入 $A[i][j]$ 的一次语句的迭代实例，从而可以构造出一个由所有黑色的点构成的一个矩形，这个矩形就可以看作二维空间上的一个多模态模型 hedron（多面体），这个空间称为该计算的迭代空间。

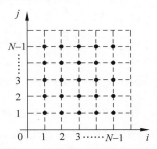

```
for (int i = 1; i < N; i++)
    for (int j = 1; j < N; j++)
        A[i, j] = f(A[i - 1][j], A[i][j - 1]);
```

图 6-27　一段简单的代码示例　　　　图 6-28　图 6-27 示例代码的迭代空间

可以用代数中的集合来对这个二维空间上的多面体进行表示，即 $\{[i, j]: 1 <= i <= N-1$ 与 $1 <= j <= N-1\}$，其中 $[i, j]$ 是一个二元组，“:”后面的不等式表示这个集合的区间。可以对这个二元组进行命名，叫作 S，表示一条语句，那么这条语句的多面体就可以表示成 $\{S[i, j]: 1 <= i <= N-1 \text{ and } 1 <= j <= N-1\}$。

由于语句 S 是先迭代 i 循环再迭代 j 循环，因此可以给语句 S 定义一个调度（顺序），这个调度用映射表示，即 $\{S[i, j] -> [i, j]\}$，表示语句 $S[i, j]$ 先按 i 的顺序迭代，再按照 j 的顺序迭代。

接下来，分析语句与它访存的数组之间的关系，在代数中用映射来表示关系。语句 S 对数组 A 进行读与写，那么可以用多模态模型来计算出 S 与 A 之间的读访存关系，可以表示成 $\{S[i, j] -> A[i-1, j]: 1 <= i <= N-1$ 与 $1 <= j <= N-1; S[i, j] -> A[i, j-1]: 1 <= i <= N-1$ 与 $1 <= j <= N-1\}$。同样地，写访存关系可以表示成 $\{S[i, j] -> A[i, j]: 1 <= i <= N-1$ 与 $1 <= j <= N-1\}$。

基于这个读写访存关系，多模态模型就可以计算出这个循环嵌套内的依赖关系，这个依赖关系可以表示成另一种映射关系，即 $\{S[i, j] -> S[i, 1+j]: 1 <= i <= N-1$ 与 $1 <= j <= N-2; S[i, j] -> S[i+1, j]: 1 <= i <= N-2$ 与 $1 <= j <= N-1\}$。

多模态模型对程序的表示都是用集合与映射来完成的。当把语句实例之间的依赖关系用蓝色箭头表示在迭代空间内时,就可以得到带依赖关系的迭代空间,如图 6-29 所示。根据依赖的基本定理,没有依赖关系的语句实例之间是可以并行执行的,而图中绿色带内(对角线上)的所有点之间没有依赖关系,所以这些点之间可以并行执行,但是发现这个二维空间的基是(i,j),即对应 i 与 j 两层循环,无法标记可以并行的循环,因为这个绿色带与任何一根轴都不平行,所以多模态模型利用仿射变换对基(i,j)进行变换,使绿色带能与空间基的某个轴平行,这样轴对应的循环就能并行,所以可以将图 6-29 所示的空间转化成变基后的迭代空间形式,如图 6-30 所示。

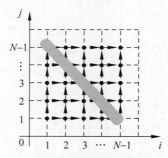

图 6-29　带依赖关系的迭代空间

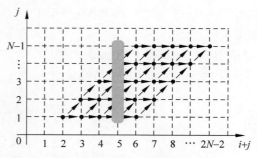

图 6-30　基之后的迭代空间

此时,语句 S 的调度就可以表示成$\{S[i,j] \rightarrow [i+j,j]\}$的形式,所以多模态模型的变换过程也称为调度变换过程,而调度变换的过程就是变基过程、实现循环变换的过程。

图 6-30 中绿色带与 j 轴平行,这样在代码中表示起来就方便了。可以说多模态模型进行循环变换的过程就是将基(i,j)变成$(i+j,j)$的一个过程,也就是说,多模态模型的底层原理就是求解一个系数矩阵,这个系数矩阵能够将向量(i,j)转换成向量$(i+j,j)$。

根据这样的调度,多模态模型就可以利用它的代码生成器生成代码,如图 6-31 所示。此时,内层循环就可以并行了,这里示意的是源到源翻译的多模态模型编译器,也就是多模态模型生成的代码还需要交给基础编译器(如 GCC、ICC、LLVM 等)编译成机器码才能运行。也有内嵌在基础编译中的多模态模型工具。

```
for (int c0 = 2; c0 <= 2 * N - 2; c0 += 1)
  #pragma omp parallel for
  for (int c1 = max(1, c0 - N + 1); c1 <= min(N - 1, c0 - 1); c1 += 1)
    A[c1][c0 - c1] = (A[c1 - 1][c0 - c1] + A[c1][c0 - c1 - 1]);
```

图 6-31　多模态模型变换后生成的代码

当然,这里举的例子是一个很简单的例子,在实际应用中还有很多复杂的情况要考虑。多模态模型考虑了大部分循环变换,包括 Interchange(交换)、Skewing/Shifting(倾斜/偏移)、Reversal(反转)、Tiling/Blocking(分块)、Stripe-mining、Fusion(合并)、Fission/Distribution(分布)、Peeling(剥离)、Unrolling(展开)、Unswitching、Index-set splitting、Coalescing/Linearization 等。这里给出了以下 3 种多模态模型中实现的循环变换示意图。

(1)多面体中偏移变换如图 6-32 所示,右上角的代码表示原输入循环嵌套,右下角的代码表示经过多模态模型变换后生成的代码。图 6-32 中左边的集合与映射关系的含义分

别为 J 代表源程序语句的迭代空间，S 表示输入程序时的调度，T 表示目标调度，S_T 表示多模态模型要计算的调度变换。

偏移

$J = \{S1(i,j): 1 < i < n \wedge 1 \leqslant i < m\}$
$S = \{S1(i,j) \rightarrow (i,j)\}$
$J = \{(i,j) \rightarrow (i,i+j)\}$
$S_T = \{S1(i) \rightarrow (i,i+j)\}$

```
原始循环
for (i=1; i<n; i+=1)
  for (j=1; j<n; j+=1)
    S1(i,j);

偏移循环
for (i=1; i<n; i+=1)
  for (j=i+1; j<m+i; j+=1)
    S1(i, j-i);
```

图 6-32 多面体中偏移变换示意图

（2）多面体中融合变换示意图如图 6-33 所示。

融合

$J = \{S1(i): 1 \leqslant i < n; S2(i): 1 \leqslant i < m\}$
$S = \{S1(i) \rightarrow (0,i); S2(i) \rightarrow (1,i)\}$
$J = \{(0,i) \rightarrow (i,0); (1,i) \rightarrow (i,1)\}$
$S = \{S1(i) \rightarrow (i,0); S2(i) \rightarrow (i,1)\}$

```
原始循环
for (i=1; i<n; i+=1)
  S1(i);

for (i=1; i<m; i+=1)
  S2(i);

融合循环
for (i=1; i < min(n,m); i+=1) {
  S1(i);
  S2(i);
}
for (i=max(1,m); i<n; i+=1)
  S1(i);
for (i=max(1,n); i<m; i+=1)
  S2(i);
```

图 6-33 多面体中融合变换示意图

（3）多面体中平铺变换示意图如图 6-34 所示。

平铺

$J = \{S1(i,j): 0 \leqslant i < 1024 \wedge 0 \leqslant i < 1024\}$
$S = \{S1(i,j) \rightarrow (i,j)\}$
$J = \{(i,j) \rightarrow (4*\lfloor i/4 \rfloor, 4*\lfloor j/4 \rfloor, i, j)\}$
$J = \{S(i) \rightarrow (4*\lfloor i/4 \rfloor, 4*\lfloor j/4 \rfloor, i, j)\}$

```
原始循环
for (i=0; i<1024; i+=1)
  for (j=0; j<1024; j+=1)
    S1(i,j);

平铺循环
for (ti=0; ti<1024; ti+=4)
  for (tj=0; tj<1024; tj+=4)
    for (i=tj; i<ti+4; i+=1)
      for (j=tj; j<tj+4; j+=1)
        S1(i, j-i);
```

图 6-34 多面体中平铺变换示意图

6.5.2 深度学习应用的多模态模型优化

以二维卷积运算（矩阵乘法）为例，简单介绍多模态模型是如何优化深度学习应用的，如图 6-35 所示。

```
for(int k = 0; k < 50; k++)
    for(int j = 0; j < 100; j++)
        b[k][j] = B[k][j];                    //S0
for(int i = 0; i < 100; i++)
    for(int j = 0; j < 100; j++)
        c[i][j]=0;                            //S1
for(int i = 0; i < 100; i++)
    for(int j = 0; j < 100; j++)
        for(int k=0; k < 50; k++)
            c[i][j]+=a[i][k]*b[k][j];         //S2
for(int i = 0; i < 100; i++)
    for(int j = 0; j < 100; j++)
        c[i][j] = max(c[i][j], 1);            //S3
```

图 6-35　一个二维卷积示例

多模态模型会将循环嵌套内的计算抽象成一条语句,例如图 6-35 中 S1 语句表示卷积初始化,S2 代表卷积归约,而 S0 与 S3 则分别可以看作卷积操作前后的一些操作,例如 S0 可以想象成量化语句,而 S3 可以看作卷积后的 ReLU 操作等。

为了便于理解,以 CPU 上的 OpenMP 程序为目标,对图 6-35 中的示例进行变换。多模态模型在对这样的二维卷积运算进行变换时会充分考虑程序的并行性与局部性。如果对变换后的程序并行性的要求大于局部性的要求,则多模态模型会自动生成 OpenMP 代码,如图 6-36 所示。如果对局部性的要求高于并行性,则多模态模型会自动生成 OpenMP 代码,如图 6-37 所示(不同的多模态模型编译器生成的代码可能会因采用的调度算法、编译选项、代码生成方式等因素的不同而不同)。

```
#pragma omp parallel for
for (int c0 = 0; c0 <= 49; c0 += 1)
    for (int c1 = 0; c1 <= 99; c1 += 1)
        b[c0][c1] = B[c0][c1];
#pragma omp parallel for
for (int c0 = 0; c0 <= 99; c0 += 1)
    for (int c1 = 0; c1 <= 99; c1 += 1) {
        c[c0][c1] = 0;
        for (int c2 = 0; c2 <= 49; c2 += 1)
            c[c0][c1] += (a[c0][c2] * b[c2][c1]);
        c[c0][c1] = ((c[c0][c1] >= 1) ? c[c0][c1] : 1);
    }
```

图 6-36　多模态模型生成的 OpenMP 代码——并行性大于局部性

```
#pragma omp parallel for
for (int c0 = 0; c0 <= 99; c0 += 1) {
    for (int c2 = 0; c2 <= 99; c2 += 1) {
        if (c2 <= 49)
            b[c2][c0] = B[c2][c0];
        c[c2][c0] = 0;
    }
    for (int c1 = 0; c1 <= 99; c1 += 1)
        for (int c2 = 99; c2 <= 148; c2 += 1)
            c[c1][c0] += (a[c1][c2 - 99] * b[c2 - 99][c0]);
    for (int c2 = 148; c2 <= 247; c2 += 1)
        c[c2 - 148][c0] = ((c[c2 - 148][c0] >= 1) ? c[c2 - 148][c0] : 1);
}
```

图 6-37　多模态模型生成的 OpenMP 代码——局部性大于并行性

通过对比图 6-36 与图 6-37,可以发现两种生成的代码采用的循环 fusion(合并)策略不同:图 6-36 中所示的代码采用了({S0},{S1,S2,S3})的合并策略,图 6-37 中生成的代码则使用了($\{S0, S1, S2, S3\}$)的合并策略,但是必须通过对 S2 向右偏移 99 次、对 S3 向右偏移 148 次,以及循环层次的 interchange(交换)来实现这样的合并。显然,图 6-37 所示的代码局部性更好,而并行性上,仔细研究后不难发现,在图 6-37 生成的代码中,只有最外层 c0 循环是可以并行的,而在图 6-36 生成的代码中,S0 语句的 c0、c1 循环都可以并行,并且包含 S1、S2、S3 三条语句的循环嵌套的 c0、c1 循环都可以并行,相对于图 6-37 生成的代码,图 6-36 生成的代码可并行循环的维度更多。

当然,在面向 CPU 生成 OpenMP 代码时,多维并行的优势没有那么明显,但是当目标架构包含多层并行硬件抽象时,图 6-35 中的代码能够更好地利用底层加速芯片,例如,当面向 GPU 生成 CUDA 代码时,图 6-36 对应的 CUDA 代码如图 6-38 所示,由于合并成了两部分,所以会生成两个 Kernel,但是每个 Kernel 内 c0 维度的循环被映射到 GPU 的线程块上,而 c 一维度的循环被映射到 GPU 的线程上。图 6-37 对应的 CUDA 代码如图 6-39 所示,只有一个 Kernel,但是只有 c0 维度的循环被映射到 GPU 的线程块与线程两级并行抽象上。为了便于阅读,并未开启 GPU 上共享内存与私有内存自动生成功能。从图中也不难发现,多模态模型也可以自动生成线程之间的同步语句(图中循环分块大小为 32,图 6-38 中线程块上的线程布局为 32×16,而图 6-39 中为 $32 \times 4 \times 4$)。

```c
__global__ void kernel0(int *B, int *b)
{
    int b0 = blockIdx.y, b1 = blockIdx.x;
    int t0 = threadIdx.y, t1 = threadIdx.x;

    if (32 * b0 + t0 <= 49)
      for (int c3 = t1; c3 <= min(31, -32 * b1 + 99); c3 += 16)
        b[(32 * b0 + t0) * 100 + (32 * b1 + c3)] =
          B[(32 * b0 + t0) * 100 + (32 * b1 + c3)];
}
__global__ void kernel1(int *a, int *b, int *c)
{
    int b0 = blockIdx.y, b1 = blockIdx.x;
    int t0 = threadIdx.y, t1 = threadIdx.x;

    for (int c2 = 0; c2 <= 49; c2 += 32) {
      if (32 * b0 + t0 <= 99)
        for (int c4 = t1; c4 <= ppcg_min(31, -32 * b1 + 99); c4 += 16) {
          if (c2 == 0)
            c[(32 * b0 + t0) * 100 + (32 * b1 + c4)] = 0;
          for (int c5 = 0; c5 <= ppcg_min(31, -c2 + 49); c5 += 1)
            c[(32 * b0 + t0) * 100 + (32 * b1 + c4)]
              += (a[(32 * b0 + t0) * 50 + (c2 + c5)] *
                  b[(c2 + c5) * 100 + (32 * b1 + c4)]);
          if (c2 == 32)
            c[(32 * b0 + t0) * 100 + (32 * b1 + c4)] =
              ((c[(32 * b0 + t0) * 100 + (32 * b1 + c4)] >= 1) ?
               c[(32 * b0 + t0) * 100 + (32 * b1 + c4)] : 1);
        }
    }
    __syncthreads();
}
```

图 6-38　多模态模型生成的 CUDA 代码——并行性大于局部性

值得注意的是,为了充分挖掘程序的并行性与局部性,多模态模型会自动计算出一些循环变换来实现有利于并行性与局部性的变换,例如,为了能够达到图 6-38 与图 6-39 中所有语句的合并,多模态模型会自动对 S2 与 S3 进行偏移与交换。

```
__global__ void kernel0(int *B, int *a, int *b, int *c)
{
    int b0 = blockIdx.y, b1 = blockIdx.x;
    int t0 = threadIdx.z, t1 = threadIdx.y, t2 = threadIdx.x;

    {
      if (b1 == 0)
        for (int c2 = 0; c2 <= 67; c2 += 32) {
          if (32 * b0 + t0 <= 99 && t1 == 0)
            for (int c5 = t2; c5 <= 31; c5 += 4) {
              c[(c2 + c5) * 100 + (32 * b0 + t0)] = 0;
              if (c2 + c5 <= 49)
                b[(c2 + c5) * 100 + (32 * b0 + t0)]
                  = B[(c2 + c5) * 100 + (32 * b0 + t0)];
            }
          __syncthreads();
        }
      for (int c2 = 96; c2 <= 148; c2 += 32) {
        if (b1 == 0 && 32 * b0 + t0 <= 99 && t1 == 0 && c2 == 96)
          c[(t2 + 96) * 100 + (32 * b0 + t0)] = 0;
        if (32 * b0 + t0 <= 99) {
          for (int c4 = t1; c4 <= min(31, -32 * b1 + 99); c4 += 4)
            for (int c5 = max(t2, ((t2 + c2 + 1) % 4) - c2 + 99);
                 c5 <= min(31, -c2 + 148); c5 += 4)
              c[(32 * b1 + c4) * 100 + (32 * b0 + t0)]
                += (a[(32 * b1 + c4) * 50 + (c2 + c5 - 99)]
                 * b[(c2 + c5 - 99) * 100 + (32 * b0 + t0)]);
          if (b1 == 3 && t1 == 3 && c2 == 128)
            for (int c5 = t2 + 20; c5 <= 31; c5 += 4)
              c[(c5 - 20) * 100 + (32 * b0 + t0)]
                = ((c[(c5 - 20) * 100 + (32 * b0 + t0)] >= 1) ?
                c[(c5 - 20) * 100 + (32 * b0 + t0)] : 1);
        }
```

```
        __syncthreads();
      }
      if (b1 == 3)
        for (int c2 = 160; c2 <= 247; c2 += 32) {
          if (32 * b0 + t0 <= 99 && t1 == 3)
            for (int c5 = t2; c5 <= min(31, -c2 + 247); c5 += 4)
              c[(c2 + c5 - 148) * 100 + (32 * b0 + t0)]
                = ((c[(c2 + c5 - 148) * 100 + (32 * b0 + t0)] >= 1) ?
                c[(c2 + c5 - 148) * 100 + (32 * b0 + t0)] : 1);
          __syncthreads();
        }
    }
}
```

图 6-39　多模态模型生成的 CUDA 代码——局部性大于并行性

6.6　基于 MLIR 实现 GEMM 编译优化

6.6.1　GEMM 优化策略概述

通用矩阵乘法运算(General Matrix Multiplication,GEMM)由于其计算行为具有一定的复杂性及规律性,因而是编译算法研究的绝佳场景。MLIR 是近期非常热门的一个编译器软件框架,是工业界及科研界研究的一个热点,其提供了一套灵活的软件基础设施,对中间表达式及其相互之间的转换进行规范管理,是一个非常友好的编译器开发平台,即讨论及分析在 MLIR 框架下实现 GEMM 优化的内容,以及对 MLIR 在这一方面的实现优势。

矩阵乘法运算,由于其过程会包含大量的乘加操作,并且会伴随着大量的数据读写,因而如何充分利用好底层硬件的存储资源及计算资源是编译器对其性能优化的关键。目前,已有的一些优化策略主要包括以下几种。

1. 矩阵分块

当前的处理器性能主要受限于内存墙,即计算速度要大于数据存储的速度。为了打破内存墙的约束,各类硬件包括 CPU 及其他专用处理器会设置不同层次的存储单元,而这些不同层级的存储单元往往大小及读写速度不同,一般越靠近计算单元的存储,其存储容量越小,但访问速度越快。如果可以对计算过程的数据进行局部化分块,而这些分块的数据可以独立地完成计算,则分块的数据就可以放在层次化的存储中,然后通过不同存储间建立 Ping-Pong 的数据传输方式,将数据存储与计算解耦,从而可以有效地隐藏存储墙的问题,提高计算效率。矩阵运算就有这种特点,因而可以通过矩阵分块来加速运算,如图 6-40 所示,假设有两层存储,将输入矩阵 A 与 B,以及输出矩阵 C,根据存储大小划分成相应的小块,即 $m \rightarrow m_c, n \rightarrow nc, k \rightarrow c$,每次将 $A_c(m_c, k_c), B_c(k_c, n_c), C_c(m_c, n_c)$ 送入离计算单元更近的存储模块内,完成局部的计算后再进行下一次计算。

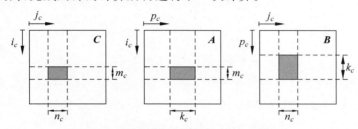

图 6-40　矩阵运算的网格操作示意图

在不同的底层硬件中,由于存储的层次及不同层次的存储的容量大小不一样,分块的大小也会不一样,例如,对于 CPU 而言,$(A_c, B_c, C(3))$ 划块的大小与 Cache 大小一致,而为了充分利用寄存器的资源,还会对 $(A_c, B_c, C(3))$ 再进一步细划成 (A_r, B_r, C_r),其大小与寄存器的数量一致。

2. 向量化

向量化操作主要是利用硬件的向量化指令或者 SIMD(单指令多数)指令的特性,实现一个指令周期对多个值操作的能力,如图 6-41 所示,通过将 4 个数据组成向量,利用处理器

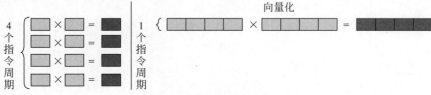

图 6-41　向量化操作示意图

可以处理 4 个元素的新向量的计算能力,可以将 4 个指令周期的处理时间压缩成 1 个指令周期的处理时间,从而极大地提高运算处理能力。

3. 循环展开(Unroll)

由于矩阵乘法由多层循环构成,如果底层硬件有一定的并行化能力,包括多线程多进程处理能力等,则可以对循环进行适当展开,从而提高计算的并行度,增加并发执行的机会,如图 6-42 所示,将一个次数为 1024 的循环展开成 256 次循环,新的循环内又包含 4 条可以并行执行的展开计算,如果处理器能够并行处理循环内部的展开计算,则通过对原来的循环展开,可以获得接近 4 倍的性能提升。

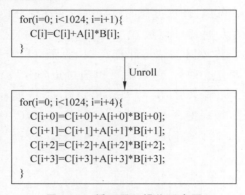

```
for(i=0; i<1024; i=i+1){
    C[i]=C[i]+A[i]*B[i];
}
```

Unroll

```
for(i=0; i<1024; i=i+4){
    C[i+0]=C[i+0]+A[i+0]*B[i+0];
    C[i+1]=C[i+1]+A[i+1]*B[i+1];
    C[i+2]=C[i+2]+A[i+2]*B[i+2];
    C[i+3]=C[i+3]+A[i+3]*B[i+3];
}
```

图 6-42   循环展开操作示意图

矩阵乘法运算还包括其他的优化策略,例如数据重排等,但总体而言,各类编译器都利用这些策略,充分利用硬件的存储及计算资源,达到最佳的运算效率。一些传统的计算库,例如,OpenBLAS、BLIS、MKL 等,开发时间长,性能也有比较优秀的表现。

6.6.2   MLIR 实现 GEMM 优化

MLIR 基于多层中间表示的方言(Dialect)思想,提供了一整套完善的编译器基础框架,可以帮助开发者快速地实现编译策略想法的编译器。分析 GEMM 运算在 MLIR 中的实现,对应的硬件目标是英特尔 i7-8700K 处理器,每个核包含 32/256KB L1/L2 Cache 及多核共享的 12MB L3 Cache,处理器支持 AVX-2 指令(256 位),优化目标是一个 $2088 \times 2048 \times f64$ 与 $2048 \times 2048 \times f64$ 的矩阵乘法。

首先,其在高层次的方言上定义了一个矩阵运算的算子,这个算子的参数包含输入矩阵 **A**,以及输出矩阵,同时为这个算子添加了 tile/unroll 的尺寸等属性,如图 6-43 所示,其中 (M_C, K_C, M_R, N_R) 属于 Tile 尺寸,K_U 属于 Unroll 的大小。这里面 (M_C, K_3) 的选择,使 $M\_C \times K\_C$ 大小的 **A** 矩阵块能够在 L2 Cache 中复用;(K_C, N_R) 的选择,使 $K\_C \times N\_R$ 大小的 **B** 矩阵块能够在 L1 Cache 中复用;(M_R, N_R) 的选择,使 $M\_R \times N\_R$ 大小的输出矩阵块能够在 CPU 寄存器中复用。这些值是根据硬件计算或者调谐出来的,在这里面的测试取了一个经验值。这些属性可以协助转换到更低一层的算子的策略实现,而选择哪些属性，则是与编译算法及编译的底层硬件对象有关，这些属性也是协助转换成下一层跟硬件更贴近的中间表示的实现，因而可以根据实际需要灵活使用。GEMM 算子的高层次定义，代码如下：

```
//第 6 章/hop_matmul.c
hop.matmul % A, % B, % C {
    M_C = 180: i32, K_C = 480: i32, M_R = 3, N_R = 16: i32, K_U = 4: i32
}: (memref < 2088 * 2048 * f64 >, memref < 2048 * 2048 * f64 >, memref < 2048 * 2048 * f64 >)
```

其次，MLIR 的特点是可以通过统一的多层中间表示实现将算子下译到具体的硬件目标上。针对上述高层次上定义的矩阵乘法算子，通过利用其所携带的优化属性，以及底层硬件的特点，设计了多条转换的路径（Pass），从而进一步地把该算子下译到 MLIR 框架提供的中间辅助层（在此层中选择了Affine、LinAlg 与标准方言）。在这一层的转换过程中，基本包含了所有的策略，例如，平铺、定制化复制、展开、向量化等，然后将中间的辅助层的方言进一步下译到 LLVM 方言上，如图 6-43 所示。

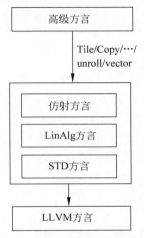

图 6-43　GEMM 算子下译的层次化方言示意图

最后，通过 MLIR 提供的 MLIR-CPU-Runner 工具，可以运行最后生成的 LLVM 方言的结果。总体优化及运行测试的命令（-hopt、-hopt-vect 等）是从高层的算子（hop. matmul）到中间辅助层的转换路径，每条路径都包含相应的编译策略，可以根据需要灵活地添加及改变，-convert-linalg-to-loops 和 -lower-affine 等实现的是中间辅助层之间的转换，最后转换成 LLVM 方言。MLIR 运行 GEMM，命令如下：

```
//第 6 章/mlir_gemm.mlir
$ MLIR - opt - hopt - hopt - vect - hopt - copy - hopt - unroll - hopt - scalrep - conveet - linalg -
to - loops - lower - affine - convert - std - to - llvm dgemm.MLIR | MLIR - cpu - runner - 03 - e
main - reps = 3 - entry - point - result = void - shared - libs = lib/libMLIR_runner_utils.so
```

总体来讲，一个 GEMM 运算通过在 MLIR 框架下实现，并重写优化策略的路径，可以得到结果，如图 6-44 所示，其中箭头 1 对应包含了所有重写优化策略的 MLIR 实现，可以看到其能达到的计算速率为 61.94GFLOPS，离理论上的峰值计算速率（75.2GFLOPS）比较接近，跟传统的计算库相比（如 BLIS、OpenBLAS、MKL 等）有着可以媲美的结果，其中的差距可能是传统的计算库有调谐的机制，以及在编译器后端生成汇编指令及机器码有更成熟且更高效的优化，因而可以得到更好的优化结果。总体而言，用 MLIR 重写的 GEMM 优化算法有着非常良好的表现。

另外，MLIR 框架提供了非常完善的 C++ 及 Python 接口，因而可以很方便地接入已有的计算库，从而进行联合优化。尝试了用 MLIR+BLIS 的方法，将 MLIR 放在外侧（提供手

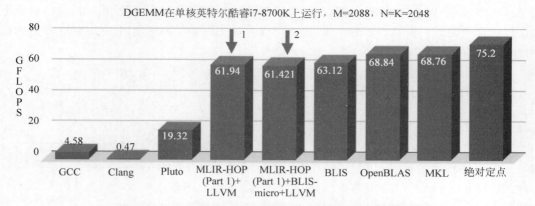

图 6-44　MLIR 编译运行结果与其他计算库的对比示意图

动优化功能),BLIS 则作为微内核放在内侧(提供自动调谐功能),最终的结果如图 6-44 中的箭头 2 所示。可以看出,对于 DGEMM(双精度),通过 MLIR 与 BLIS 的联合优化,也可以达到接近峰值的性能,而其性能要比单独的 MLIR 或者 BLIS 优化要差一点,但其实在 SGEMM(单精度)的测试中,MLIR+BLIS 的优化又要比单独的 MLIR 或者 BLIS 优化要好一些,因而其中的性能差异还需要进一步分析。总体而言,MLIR 提供了非常完善的支持,可以融合已有的计算库的优化算法,去实现联合的编译优化。

6.6.3　MLIR 实现 GEMM 优化的优势

通过上面对 MLIR 实现 GEMM 优化算法的编译的介绍,可以看出 MLIR 在其中有着非常突出的优势。

首先,MLIR 框架提供了非常完善的编译器基础设施,可以让开发者不需要在编译器周边的实现上花费太多精力,从而更加专注于编译算法的开发。同时,其基于多层中间表达的方式,可以让编译器更加模块化,可以让编译算法利用不同层次的中间表达来抽象信息,在不同的层次中逐步具体化,从而使算法实现更加层次化,更加易于实现及管理。

其次,MLIR 框架提供了一直到最底层硬件的表示支持,由于其可以层次化,所以在不同的中间表示层实现编译算法,可以在高层次的中间表示中实现不依赖于底层硬件的通用算法,而在接近硬件底层中,开发针对性的路径实现相应的编译算法,因而可以很方便地针对不同的硬件目标开发统一的编译环境。这也是 MLIR 相对于一些现有的 AI 编译器(如 TVM 等)最有优势的地方之一,由于其框架可以根据需要自行扩展方言,同时这些方言又在系统中遵循一套统一的范式进行管理,因而对不同的编译目标(硬件目标)会有很强的扩展性,同时编译器的工程管理又可以做到非常好的统一性。

另外,MLIR 框架提供了完善的 C++/Python 接口,可以很方便地接入已有的优化算法,从而快速地实现算法迁移。

6.7　MLIR编译技术应对CIRCT项目硬件设计挑战

6.7.1　CIRCT背景介绍

后摩尔时代,芯片架构向专用化的方向发展,打造一套统一的编译器变得势在必行,包括顶层抽象、底层优化,然后映射到各个不同的专用芯片。同理,在芯片设计领域,顶层支持多种硬件表达,从而使底层抽象、优化、映射到不同的芯片架构变得十分可能。CIRCT项目正是基于MLIR编译技术打造的全新的统一的EDA（Electronic Design Automation）框架,类似于软件中的TensorFlow或者PyTorch,旨在为EDA设计工具提供完整的灵活可配的基础设施,通过层层抽象的方式在一套框架中支持多种硬件设计模式。同时,CIRCT项目与MLIR相结合,做到硬件设计与软件编译同源,实现软件生态与硬件设计生态的一致化。

CIRCT（Circuit IR Compiler and Tool）是基于电路中间表示的编译器与设计工具,将DSL/IR/Compile等软件开发的思想应用到开源硬件设计领域,加速硬件设计的流程,同时也寻求解决EDA工具的零碎化及封闭化的缺陷问题,培育统一的硬件设计社区。目前,CIRCT项目处于探索阶段,主要集中于底层抽象IR的定义与开发。

在进一步讨论CIRCT项目之前,先看另一个由谷歌发起的项目XLS,这是一个高层次综合（High Level Synthesis,HLS）项目。HLS是EDA领域中学术研究比较多的内容,其目标是通过提升设计输入的抽象层次,来实现算法/应用直接到硬件的自动化设计实现,从而提高芯片开发的效率,如图6-45所示。

首先,这个项目自定义了一个DSL来描述硬件。这里使用了类似Rust语言的DSLX。此外,XLS项目设计了自己的IR与编译工具、验证工具（包括逻辑等价）,最终生成Verilog语言,进入传统的芯片设计流程,其实,与XLS项目类似的HLS项目在EDA学术界还是挺多的。

由于HLS的抽象层次高于RTL级的硬件描述,所以不合适使用Verilog/VHDL来作为DSL,一般会直接使用描述算法的C/C++语言,但直接使用这些语言也有很多困难,这里就不展开讲解了。近几年,大家比较喜欢参考（或基于）有函数式编程特征的语言（Scala、Rust或者Haskell）来设计DSL,出现各式各样的语言（有硬件Deion语言的黄金时代的提法）。

这也是吸取软件领域经验的一种方式,但目前还没有一种高层次的DSL能够真正成为主流。顺便提一下,Chisel语言可能是近几年在硬件设计语言上最成功的尝试,但Chisel还是RTL层次的语言,并不是为完成HLS任务而设计的。

另一个可以参考的学术项目是斯坦福大学的敏捷硬件项目,其目标是自动化设计面向图像处理的粗粒度可重构体系结构（Coarse-Grained Reconfigurable Architecture,CGRA）,使用Halide作为DSL,自己定义的CoreIR作为中间表达,并在此基础上建立相应的工具链,如图6-46所示。

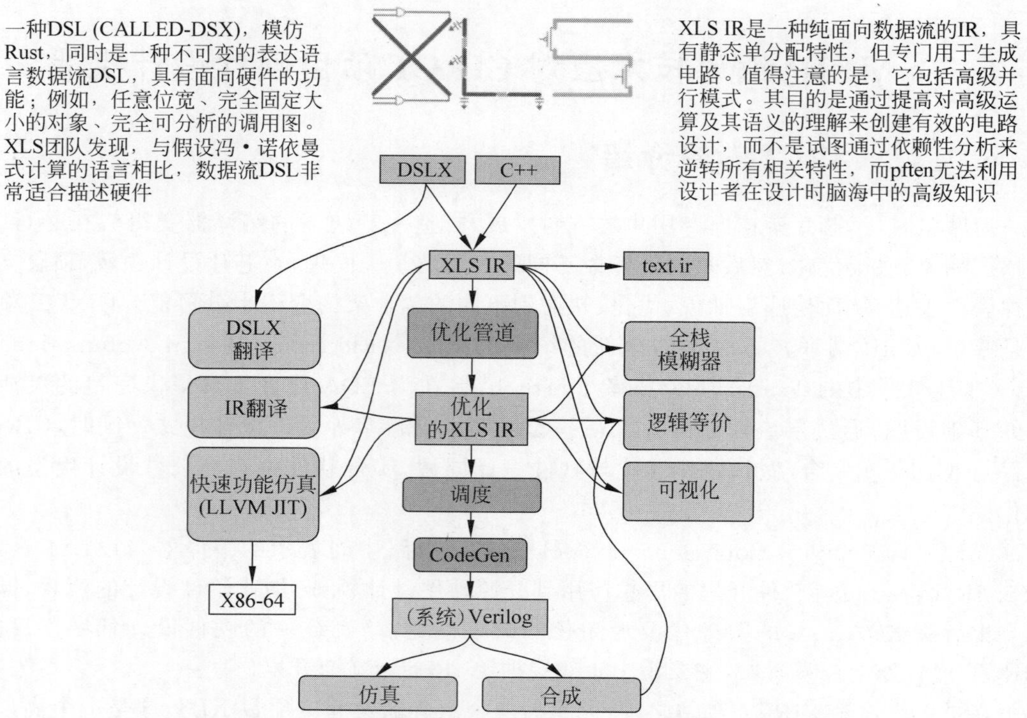

一种DSL (CALLED-DSX),模仿
Rust,同时是一种不可变的表达语
言数据流DSL,具有面向硬件的功
能;例如,任意位宽、完全固定大
小的对象、完全可分析的调用图。
XLS团队发现,与假设冯·诺依曼
式计算的语言相比,数据流DSL非
常适合描述硬件

XLS IR是一种纯面向数据流的IR,具
有静态单分配特性,但专门用于生成
电路。值得注意的是,它包括高级并
行模式。其目的是通过提高对高级运
算及其语义的理解来创建有效的电路
设计,而不是试图通过依赖性分析来
逆转所有相关特性,而pften无法利用
设计者在设计时脑海中的高级知识

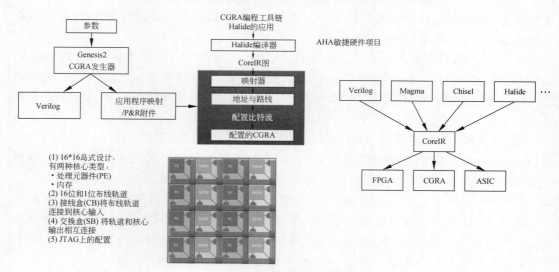

图 6-45　XLS 实现算法与应用到硬件的自动化设计流程

图 6-46　敏捷硬件项目框架

　　通过 XLS 与 AHA 的两个例子,设计一个好的 DSL/IR 系统,对于一个特定领域的
EDA 任务是至关重要的,而目前的芯片设计工具与方法,主要还是围绕抽象层次比较低的
Verilog/VHDL 来建立的。除了存在设计与验证效率低的问题,对于软硬件的联合优化也

非常不友好。这个问题并不是什么新问题，十几年前就有很多讨论，但到目前为止并没有太多的变化。

一些尝试，例如 SystemC 与 Bluespec 都不怎么成功。出现这个现象有很多原因，其中之一是设计 DSL/IR 与相应的编译器（包括验证工具）的门槛与成本很高。要做面向新的计算范式的硬件，其软件栈开发的难度与成本很高。

回到 CIRCT 这个项目的意义：是否可能利用 MLIR 的多层 IR 的思想及其提供编译器基础架构来拉低建立一个 DSL/IR 系统与相应的编译器的成本？从而有可能在芯片设计工具与方法学上做更多的创新。现在 CIRCT 这个项目还刚刚开始，很难说未来能发展到什么程度，但它至少能看到更多的可能。

6.7.2　使硬件/软件系统更容易开发

虽然软件工具与框架的进步，使个人能够在合理的时间框架内，创建有趣的新应用程序/产品，但硬件设计需要大型团队多年的时间，所需努力的差异降低了硬件创新与对该领域的兴趣。为了解决这个问题，必须使硬件/软件系统的开发更容易、更有趣，这意味着需要实现更敏捷的硬件开发流程，使其能够轻松（快速）修改现有设计并使用最终的系统。为了促进敏捷硬件设计这一目标，建议创建一个开源硬件/软件工具链，以便快速创建与验证替代硬件实现，以及一个新的开源系统 ARM/CGRA SoC，该系统将能够快速地执行/模拟最终设计，如图 6-47 所示。

CAD 工具非常强大，能够创建非常复杂的系统。不幸的是，进化开发路径与对实现尽可能好的性能的关注、运行时间及使用工具的过渡时间都不适合敏捷设计流程。最近在创建硬件（Genesis2、FPGen、Darkroom、Rigel、Halid）领域特定语言方面的工作表明，不同的方法是可能的，新工具链基于这种方法。除了扩展生成硬件 RTL 的基础工作外，还增加了 RTL 到 FPGA 与 CGRA 的快速物理映射，以及硬件/软件 API 的自动生成，以将新硬件连接到 ARM/Linux 系统中。本着敏捷设计的精神，将以敏捷的方式构建这个工具集，以便尽可能地利用现有的工具。将使用图像/视觉计算作为初始领域，并在应用程序选择方面与 Kayvon 的 CMU/Intel 中心密切合作。这项研究涉及两个相互依赖的任务：设计工具流与可配置 SoC。设计工具流利用现代 SMT 求解器，希望在将 SMT 用于这些应用及底层求解器方面解决瓶颈问题。下面总结每个领域的主要挑战与方法。

在目前的 EDA 开源工具方面有不少出色的工作，例如综合工具 Yosys、Verilog 仿真工具 VERILATOR、新的硬件设计工具 Chisel、基于 Python 的硬件设计工具 Magma 等，但是这些开源硬件设计工具独自成生态，彼此独立不兼容，导致了设计工具的碎片化。如果将这些设计力量统一起来打造一个统一的开源的硬件设计工具，其前景令人充满想象。为此，推出了基于 MLIR 的开源的 EDA 框架 CIRCT，其核心思想是将软件的编译模式搬移到硬件设计中，顶层重用 MLIR 的高级抽象 IR，底层重新引入新的描述电路 IR（Verilog/VHDL 也是描述电路的 IR），打造具有模块化特点的基础设施，能够更好地适配到各种硬件设计中，例如 CPU、GPU、CPU＋xPU 等。

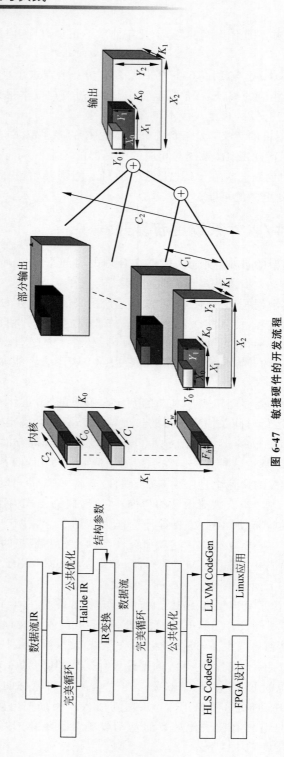

图 6-47   敏捷硬件的开发流程

在机器学习硬件领域,向着专用化程度越来越高的方向发展,如图 6-48 所示,这样将硬件设计推向了两个维度,一个是固有的处理器,如 CPU 及 GPU 等;另一个是专用化的处理器,如 FPGA 及 ASIC 等。在这两个维度中,分散着针对不同环节的开发工具,如图 6-49 所示,而 CIRCT 项目的目的在于统一这些零碎的工具,将其融合到一个统一的 EDA 框架中。从 MLIR 整个大的生态来看,基于 MLIR 的软件框架,可以涵盖软件开发工具,如图 6-49 中红线的左半部分。CIRCT 可以涵盖硬件设计工具,如图 6-49 中红线的右半部分。MLIR 将软件设计与硬件设计彼此关联起来。

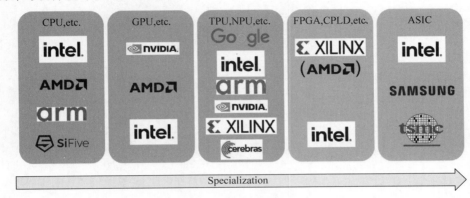

图 6-48　机器学习硬件分布图

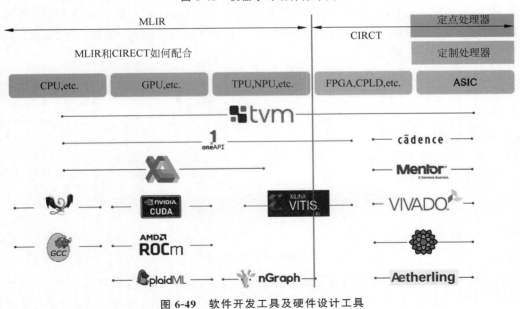

图 6-49　软件开发工具及硬件设计工具

6.7.3　CIRCT 软件框架

CIRCT 项目的软件栈如图 6-50 所示,这是目前构想的软件栈,尚未开发完成。软件栈分为两部分,蓝色部分表示的是 MLIR 的基础设施,灰色部分表示的是 CIRCT 项目独有的基础设施,从图 6-50 中可以看出整个 MLIR 的基础设施具有非常好的复用性,同时整个软件栈也体现了 MLIR 层层下译的特点。主要关注于灰色部分,灰色部分也包含目前 CIRCT 中的所有方言,但这些方言目前处于相对零碎的状态,还没有统一起来。

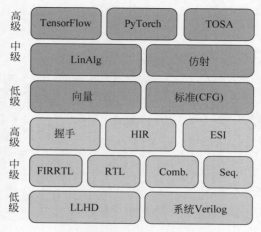

图 6-50　CIRCT 项目的软件栈

（1）握手：握手方言主要描述独立的非同步的数据传输,数据传输的通道基于 FIFO 实现。握手方言中定义了握手模型与控制逻辑,例如 fork、join、mux 及 demux 等,如图 6-51 所示,通过这些抽象的操作,可以表示出程序中常用的 for 循环逻辑,如图 6-52 所示。该项工作主要由 Xilinx 的研究人员开发。

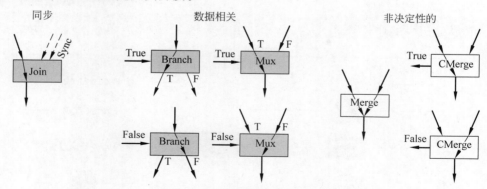

图 6-51　握手方言中的主要操作

（2）HIR：基于 MLIR 的硬件加速器描述中间表示。HIR 是最新加入 CIRCT 项目中的,由印度理工学院的研究人员开发,主要在高层次描述时序电路的行为,例如带有延迟的计算、流水线、状态机,同时也有具体调度行为与并行计算的表示等,如图 6-53 所示,延迟信息的表示可以参考 Op：hir.delay。

```
for (i = 1; i < N; i++)
    x[i] = x[0] + x[i]*y[i];
```

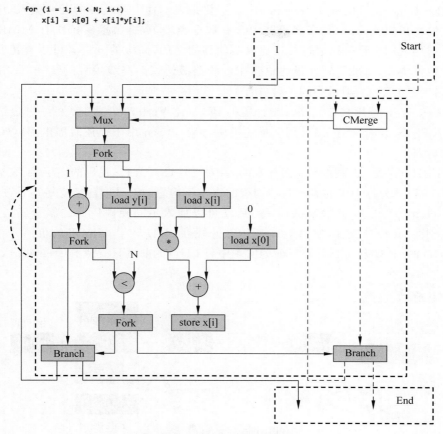

图 6-52 握手表示 for 循环结构

```
hir.func @transpose at %t(
  %Ai :!hir.memref<16*16*i32, r>,
  %Co : !hir.memref<16*16*i32, w>) {

  %0 = hir.constant 0
  %1 = hir.constant 1
  %16 = hir.constant 16

  hir.for %i : i32 = %0 : !hir.const to %16 : !hir.const
    step %1:!hir.const iter_time(%ti = %t offset %1 ){

      %tf = hir.for %j : i32 = %0 : !hir.const to %16 : !hir.const
        step %1:!hir.const iter_time(%tj = %ti offset %1){
          %v = hir.mem_read %Ai[%i, %j] at %tj
            : !hir.memref<16*16*i32, r>[i32, i32] -> i32
          %j1 = hir.delay %j by %1 at %tj: i32 -> i32
          hir.mem_write %v to %Co[%j1, %i] at %tj offset %1
            : (i32,!hir.memref<16*16*i32, w>[i32, i32])
          hir.yield at %tj offset %1
      }

      hir.yield at %tf offset %1
  }
  hir.return
}
```

图 6-53 HIR 中矩阵乘的表示

（3）ESI(Elastic Silicon Interconnect)：主要是表示片上与片外的互联关系，用于实现点对点双向的数据流通路，数据流通路中含有数据类型，数据类型支持所有 MLIR 中定义的类型。这些数据类型可以通过接口提供给软件的 API，高级的开发者可以直接获取数据通路上的数据类型，打破了硬件描述语言中的线路级协议与高级编程的统一。ESI 项目源自微软，目前是 CIRCT 项目中的一种方言。

（4）FIR-RTL 选用来自 Chisel 编译器的 IR，是比 Verilog 更高一级的一种表达。

（5）RTL/Seq/Comb：RTL 用于描述模块与端口，Seq 用于描述时序电路，Comb 用于描述组合电路。

（6）LLHD 是受 LLVM 启发而开发的，针对硬件设计 RTL 代码的多层级 IR 表示。整个 LLHD 工程分为行为级的表示与结构级的表示。构想的设计中前端支持多种硬件语言，例如 Chisel、MyHDL、SystemVerilog 等，后端可以加入不同硬件厂商的综合工具，最终输出网表级别的 IR 设计流程，如图 6-54 所示。另外，LLHD 对于 CIRCT 的价值还在于能够基于 LLHD 的 IR 实现仿真。在目前的实现中，LLHD 的前端只支持 SystemVerilog。

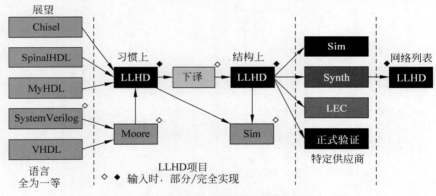

图 6-54　LLHD 设计流程

6.7.4　CIRCT 方言转换

各种方言之间的转换关系如图 6-55 所示。可以看出，目前支持两条到 Verilog 的转换路径。方言转换步骤如下。

（1）输入为 FIR 或者握手：具体的转换路径为 FIR → 高 FIRRTL→中 FIRRTL→低 FIRRTL→Verilog。

（2）输入为 SystemVerilog：具体的转换路径为 SystemVerilog→性能 LLHD→结构 LLHD→LLHD-Sim。

CIRCT 项目工程中测试文件夹提供了查看各种方言之间转换的窗口，下面以转换与 EmitVerilog 两个文件为例，介绍握手→FIRRTL→Verilog 的转换路径。

（1）转换：测试各种方言之间的转换，如图 6-56 所示，以握手转换为 FIRRTL 代码为例，将握手中的 branch 操作转换为 FIRRTL 的实现。图 6-56 中上半部分代码为握手的表

达，%arg0 表示输入的数据，%arg1 表示输入的控制逻辑，如果控制逻辑为 False，则返回
%arg0 及对应的控制逻辑。下半部分代码为 FIRRTL 的表达。执行命令为 circt-opt-
lower-handshake-to-firrtl-split-input-file test_branch. MLIR。

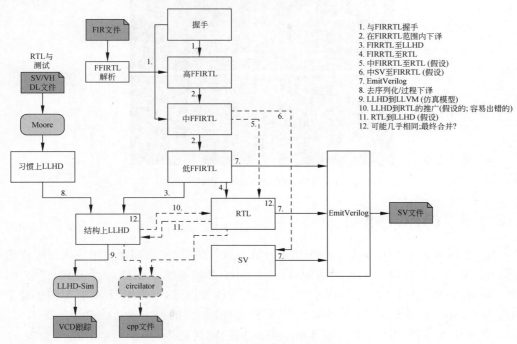

1. 与FIRRTL握手
2. 在FIRRTL范围内下译
3. FIRRTL至LLHD
4. FIRRTL至RTL
5. 中FIRRTL至RTL (假设)
6. 中SV至FIRRTL (假设)
7. EmitVerilog
8. 去序列化/过程下译
9. LLHD到LLVM (仿真模型)
10. LLHD到RTL的推广(假设的; 容易出错的)
11. RTL到LLHD (假设)
12. 可能几乎相同;最终合并?

图 6-55　各种方言之间的转换关系

```
handshake.func @test_branch(%arg0: index, %arg1: none, ...) -> (index, none) {

  %0 = "handshake.branch"(%arg0) {control = false}: (index) -> index
  handshake.return %0, %arg1 : index, none
}
```

```
module {
  firrtl.circuit "test_branch" {
    firrtl.module @handshake_branch_1ins_1outs(%arg0: !firrtl.bundle<valid: uint<1>, ready: flip<uint<1>>, data: uint<64>>, %arg1: !firrtl.bundle<valid: flip<uint<1>>, rea
      %0 = firrtl.subfield %arg0("valid") : (!firrtl.bundle<valid: uint<1>, ready: flip<uint<1>>, data: uint<64>>) -> !firrtl.uint<1>
      %1 = firrtl.subfield %arg0("ready") : (!firrtl.bundle<valid: uint<1>, ready: flip<uint<1>>, data: uint<64>>) -> !firrtl.flip<uint<1>>
      %2 = firrtl.subfield %arg0("data") : (!firrtl.bundle<valid: uint<1>, ready: flip<uint<1>>, data: uint<64>>) -> !firrtl.uint<64>
      %3 = firrtl.subfield %arg1("valid") : (!firrtl.bundle<valid: flip<uint<1>>, ready: uint<1>, data: flip<uint<64>>>) -> !firrtl.flip<uint<1>>
      %4 = firrtl.subfield %arg1("ready") : (!firrtl.bundle<valid: flip<uint<1>>, ready: uint<1>, data: flip<uint<64>>>) -> !firrtl.uint<1>
      %5 = firrtl.subfield %arg1("data") : (!firrtl.bundle<valid: flip<uint<1>>, ready: uint<1>, data: flip<uint<64>>>) -> !firrtl.flip<uint<64>>
      firrtl.connect %3, %0 : !firrtl.flip<uint<1>>, !firrtl.uint<1>
      firrtl.connect %1, %4 : !firrtl.flip<uint<1>>, !firrtl.uint<1>
      firrtl.connect %5, %2 : !firrtl.flip<uint<64>>, !firrtl.uint<64>
    }
    firrtl.module @test_branch(%arg0: !firrtl.bundle<valid: uint<1>, ready: flip<uint<1>>, data: uint<64>>, %arg1: !firrtl.bundle<valid: uint<1>, ready: flip<uint<1>>>, %a
      %0 = firrtl.instance @handshake_branch_1ins_1outs {name = ""} : !firrtl.bundle<arg0: bundle<valid: flip<uint<1>>, ready: uint<1>, data: flip<uint<64>>>, arg1: bundle
      %1 = firrtl.subfield %0("arg0") : (!firrtl.bundle<arg0: bundle<valid: flip<uint<1>>, ready: uint<1>, data: flip<uint<64>>>, arg1: bundle<valid: uint<1>, ready: flip<u
      firrtl.connect %1, %arg0 : !firrtl.bundle<valid: flip<uint<1>>, ready: uint<1>, data: flip<uint<64>>>, !firrtl.bundle<valid: uint<1>, ready: flip<uint<1>>, data:
      %2 = firrtl.subfield %0("arg1") : (!firrtl.bundle<arg0: bundle<valid: flip<uint<1>>, ready: uint<1>, data: flip<uint<64>>>, arg1: bundle<valid: uint<1>, ready: flip<u
      firrtl.connect %arg2, %2 : !firrtl.bundle<valid: uint<1>, ready: flip<uint<1>>, data: uint<64>>, !firrtl.bundle<valid: uint<1>, ready: flip<uint<1>>, data:
      firrtl.connect %arg3, %arg1 : !firrtl.bundle<valid: flip<uint<1>>, ready: uint<1>>, !firrtl.bundle<valid: uint<1>, ready: flip<uint<1>>>
    }
  }
}
```

图 6-56　握手到 FIRRTL 的转换

（2）EmitVerilog：将各种方言转换为 Verilog 代码输出。由 FIRRTL 到 Verilog 代码
的转换如图 6-57 所示。执行命令为 circt-translate firrtl-dialect. MLIR -emit-verilog。

图 6-57　FIRRTL 到 Verilog 代码的转换

6.7.5　CIRCT 小结

CIRCT 项目是 MLIR 生态中一个非常具有启发性的项目,将编译技术应用到硬件设计中,颠覆了对传统硬件设计工具的认识,寻求利用编译技术统一硬件设计工具,打造 EDA 框架。同时,CIRCT 项目也为 MLIR 的生态拼上了硬件设计的板块,让人对 MLIR 整个生态充满期待,但不得不说 CIRCT 项目宏大,聚焦在底层 IR 的抽象表达。对于电路 IR 的抽象存在各种挑战,新的 IR 抽象是否能够完备地描述电路行为,是否能够解决现有 Verilog 在硬件描述方面的缺陷问题,例如学习门槛高,代码跟踪困难等。展望未来,能否将芯片验证及芯片设计方法学引入 CIRCT 中,能否加快芯片设计与验证的周期。

6.8　IREE HLO 项目与 MLIR 编译器

6.8.1　IREE HLO 项目介绍

IREE 项目是由谷歌推出的,并且基于 MLIR 进行统一的 IR 从 TensorFlow 模型到不同硬件加速器平台的端对端项目,其前端的核心内容就是对 XLA 对应的 HLO 算子进行 MLIR 实现。

MLIR HLO 项目是 IREE 的重要组成部分,IREE 项目的 IR 结构如图 6-58 所示。MLIR HLO 的主体是 XLA(Accelerated Linear Algebra)编译器高性能算子组成的 IR 表示,其操作是与 XLA 中相对应的 HLO。MLIR HLO 的输入是由上端翻译工具将 TFGraph 解析成 TF IR,并转换成相应的 HLO IR,并进行一定的处理,包括方言间的转换,以及继承 XLA 相应的算法处理,最后输出或者下译到后端的硬件对应的 IR。

MLIR HLO 项目的实现内容包含了许多工作,其主要包括以下工作内容。

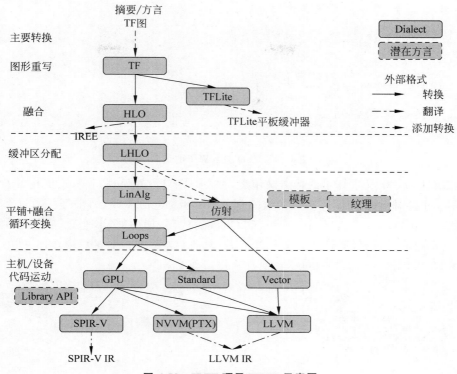

图 6-58 IREE 项目 MLIR 示意图

（1）不同方言、算子的定义。

（2）不同方言之间的算子转换。

（3）方言内或之间的算子链的算法处理（例如多面体处理、融合操作）。

接下来，从这三方面进行分析讨论。

6.8.2 定义方言算子内容

一般编译器 IR 定义的算子如图 6-59 所示，其主要内容如下：

（1）输入变量。

（2）输出数据类型及形状。

（3）其他附属信息（用来表征一些优化信息或者高层次信息）。

如果用不同层次的 IR 进行独立开发，则可能会使 IR 的 API 出现混乱现象，并且部分软件基础设施也会重复开发，而 MLIR 的方言可以很好地解决这些问题，每层的 IR 可以包含一种或者多种方言表示，而每种方言包含各种自定义的算子。MLIR 的方言有统一的格式，并提供 TableGen 工具，最终可以为方言算子生成统一的 C++接口。

一个典型的方言算子的 TableGen 的定义方式如图 6-59 所示，主要包含以下两部分：

（1）特殊属性部分（特征，图 6-59 中的黄色部分）。

（2）主体部分（图 6-59 中的蓝色部分）。

```
def HLO_DotGeneralOp: HLO_Op<"dot_general", [NoSideEffect]>, BASE_HLO_DotGeneralOp {
  let arguments = (ins
    HLO_Tensor:$lhs,
    HLO_Tensor:$rhs,
    DotDimensionNumbers:$dot_dimension_numbers,
    HLO_PrecisionConfigAttr:$precision_config
  );

  let results = (outs HLO_Tensor);
  let verifier = [{ return Verify(*this); }];
}
```

图 6-59　HLO 方言算子的定义

特殊属性部分定义了算子的特殊操作类，主要以接口方式呈现，在算子优化方面有着重要的作用。主体部分是 MLIR 定义的统一属性部分，其包括参数、结果等。通过在构建函数里面的 addOperands 及 addAttribute 函数生成伪代码，如图 6-60 所示，被分配到操作数（相当于 OP 的输入）或者属性里。对于操作数、属性、结果这 3 个属性，MLIR 提供了不同的访问函数，可以极大地提高对算子转换及优化实现的效率。

```
void DotGeneralOp::build(OpBuilder& builder, OperationState& result, Value lhs, Value rhs,
                         Value dot_dimension_numbers, value precision_config) {
    Type result_ty;
    result.addOperands(rhs);
    result.addOperands(lhs);
    result.addAttribute("dim_num", dot_dimension_numbers);
    result.addAttribute("prs_conf", precision_config);
}
```

图 6-60　构建函数的伪代码

总之，MLIR 为算子的访问、表示、验证等方面提供了完整的基础设施，使开发人员不用关心算子的接口表示及其他实现。

6.8.3　实现方言间算子转换

方言之间的下译过程，即为对算子进行转换的过程。MLIR 框架中的算子包含了丰富的接口函数，可以快速地得到需要转换的算子的信息，主要包括以下三类：

（1）函数 getOperand 得到操作数。

（2）函数 getAttribute 得到所有的属性。

（3）函数 getResult 得到结果。

其他函数得到相对应的其他内容。再根据这些内容，计算操作数/属性及其他的内容信息，并组装成新的操作，具体流程如图 6-61 所示。

不同方言的转换特性如下：

（1）对于旧的操作，通过 get 函数得到属性、结果、操作数等信息。

（2）通过一定的转换，得到新的属性、操作数等信息。

（3）创建新属性，并将转换后的信息填充到这些操作内，同时移除旧的操作。

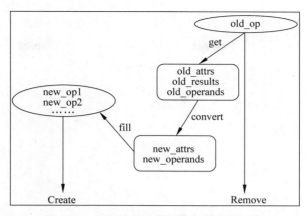

图 6-61　不同方言的算子进行转换的过程

总之，MLIR 提供了比较完备的 API 访问接口、算子创建与移除机制，可以让开发人员专注于算法实现，从而省去转换过程中的一些适配工作。

6.8.4　实现算子链的算法优化

在对算子从高层次到低层次转换的过程中，对一些算子进行优化以达到最好的性能。在 MLIR HLO 项目中，算法优化主要继承了 XLA HLO 项目中已开发的一些优化内容，其中一个内容是在 HLO 方言层面对算子进行融合处理，即 kLoop、K 输入算法处理。一个 kLoop 的例子如图 6-62 所示，主要是将所有由相同输出形状的连接算子组成的算子链（目前只支持元素级性质的算子）融合到一起进行运算。

```
func @fusion(%arg0: tensor<?x?xf32>, %arg1: tensor<?x?xf32>) -> (tensor<?x?xf32>) {
  %0 = "mhlo.add"(%arg0, %arg1) : (tensor<?x?xf32>, tensor<?x?xf32>) -> tensor<?x?xf32>
  %1 = "mhlo.subtract"(%arg0, %0) : (tensor<?x?xf32>, tensor<?x?xf32>) -> tensor<?x?xf32>
  %2 = "mhlo.add"(%0, %1) : (tensor<?x?xf32>, tensor<?x?xf32>) -> tensor<?x?xf32>
  %3 = "mhlo.add"(%1, %2) : (tensor<?x?xf32>, tensor<?x?xf32>) -> tensor<?x?xf32>
  return %0 : tensor<?x?xf32>
}
```

(a) 输入的MLIR

```
module {
  func @fusion(%arg0: tensor<?x?xf32>, %arg1: tensor<?x?xf32>) -> tensor<?x?xf32> {
    %0 = "mhlo.fusion %arg0, %arg1) ( {
      %1 = mhlo.add %arg0, %arg1 : tensor<?x?xf32>
      %2 = mhlo.subtract %arg0, %1 : tensor<?x?xf32>
      %3 = mhlo.add %1, %2 : tensor<?x?xf32>
      %4 = mhlo.add %2, %3 : tensor<?x?xf32>
      "mhlo.return"(%4) : (tensor<?x?xf32>) -> ()
    }) : (tensor<?x?xf32>, tensor<?x?xf32>) -> tensor<?x?xf32>
    return %0 : tensor<?x?xf32>
  }
}
```

(b) 融合的结果

图 6-62　MLIR HLO 融合例子

整个算法的流程如图 6-63 所示。

算法流程的主要步骤如下：

（1）基于 MLIR 的 op_list 信息，建立一个有向连接图。

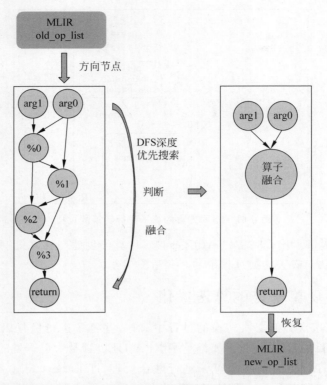

图 6-63　MLIR HLO 融合过程的示意图（对应图 6-57 中的例子）

　　（2）通过深度优先算法（Depth First Search，DFS）对有向连接图进行查找，通过一定的判断条件，得到可以融合的模式。

　　（3）不断迭代上一步的步骤，直到遍历所有的节点，最后得到最终的融合结果（图 6-63 中的例子，最终将整个操作融合成一个大的融合操作）。

　　（4）将融合结果的有向连接图与未参与融合的其他部分内容连接在一起，并输出新的 MLIR 形式的 op_list 列表。

　　首先，在建立有向连接图的过程中，其主要内容是获取每个节点的输入及输出节点，MLIR 对此提供了以下两个函数。

　　（1）operand. getDefiningOp()：可以获取操作数所对应的输入操作节点。

　　（2）result. getUses()：可以获取结果所对应的输出操作节点。

　　基于上述两个功能函数，可以非常方便地获取有向连接图节点的输入及输出，建立算子的有向连接图。

　　其次，MLIR 的操作定义有特殊属性部分内容（特征，主要以接口形式呈现），这些内容可以在某些特定的实现方面提供支持。HLO 项目定义了 InferFusibilityOpInterface 这样的一个特殊属性接口，该属性接口包含了多个功能函数，并且都用来判断两个连接的操作是否可以融合，而需要参与融合算法的操作，则需要添加该特殊属性。HLO 融合算法判断的

过程如图 6-64 所示。判断的条件包括操作本身是否是可以融合的,操作与其输入节点
(withOperan 或者输出节点 withConsumer)是否可以融合,以及两个操作的输出形状是否
相等。这样,通过这些特殊属性,便可以很方便地建立操作的判断过程。

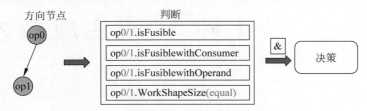

方向节点　　　　　　　　　　判断

op0

op1

op0/1.isFusible

op0/1.isFusiblewithConsumer

op0/1.isFusiblewithOperand

op0/1.WorkShapeSize(equal)

&　　决策

图 6-64　融合的判断过程示意图

最后,将融合完成后的有向图恢复到 MLIR 的 op_list 形式,MLIR 也提供了相应的一
些功能函数,极大地方便了这一过程的实现。

总之,MLIR 在对新算法的开发过程中提供的基础设施框架可以减少周边适配工作,让
开发者更专注于算法本身的实现,而对已有算法的移植也提供了非常友好的兼容性。

6.8.5　IREE HLO 项目与 MLIR 编译器小结

通过结合 MLIR HLO 项目,分析了基于 MLIR 框架编译器的一些关键点的代码实现。
基于 MLIR 框架,为编译器多 IR 的实现提供了丰富且统一的软件 API,以及其他非常高效
实用的基础设施软件框架支持,可以让常规的编译器开发更为便捷与高效,但是,MLIR 并
没有解决一些编译器的根本问题,例如自动平铺及自动调度等,而且过多的方言表示层级划
分,反而可能加剧 IR 层级的碎片化问题,同时高级 IR 表示存在算子表述的不完备性等问
题。这些也都是传统编译器的老大难问题,MLIR 提供了一个非常强大且完备的框架,可以
为算子表示、转换及算法优化等方面提供强大的基础设施支持,降低开发编译器的门槛。

MLIR 代码生成技术

7.1　MLIR 中的可组合和模块化代码生成

7.1.1　结构化与可重定目标代码生成流程

用于数值计算的代码生成方法传统上侧重于优化循环嵌套的性能。相关分析侧重于标量元素,因为循环嵌套的主体通常用于计算单个元素。这样的分析必须考虑内存依赖性与重叠性。这些方法在过去进行了深入研究,并已达到高度成熟。当从像 C 或 Fortran 这样的输入语言开始时,它们非常适合,其中问题已经根据存储在预分配内存中的数据上的循环来指定。当关注一个特定的领域(例如 ML 空间)时,可以在比循环高得多的抽象级别上定义程序。这为重新审视经典的循环优化(如融合、平铺或向量化)提供了机会,而无须复杂的分析。主要优点包括降低了复杂性与维护成本,同时还可以自然扩展到稀疏张量等,这些扩展甚至更难在循环级别进行分析。

可以避免在可行的情况下通过静态分析从较低级别的表示中提取信息,并在尽可能高的抽象级别执行优化操作。将这种方法称为结构化代码生成,因为编译器主要利用源代码中现成的结构信息,所涉及的步骤与抽象级别的粗粒度结构如图 7-1 所示。

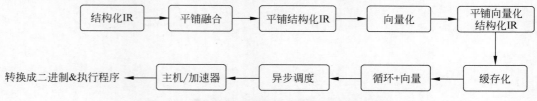

图 7-1　结构化与可重构目标代码生成的框架图

起点(结构化 IR)由张量代数运算组成,作为稠密与稀疏张量上的函数程序组织。

从这个级别转换到平铺结构级别,它通过平铺操作引入循环。多个渐进的平铺步骤是可能的,并且不一定会导致标量循环。相反,平铺会在类似于原始操作但在较小张量上的结构化操作环境产生循环。还在这个级别上执行张量运算的融合。选择操作的最终粒度是为了使其硬件映射高效。一个典型的例子是将矩阵乘法平铺以对缓存层次结构进行建模,然后将较小的矩阵乘法直接下译到汇编语言中的超优化微内核。

将生成的小张量的计算映射到(可重定目标的)向量抽象。不需要分析包含精细训练张量运算的控制流。这一步还可能包括启用诸如填充的转换,以实现高效的缓存访问,而不需要缓存行拆分与向量化。

结构化代码生成具有高度可组合性与可重用性,因为平铺与融合转换在操作与数据类型中都是完全通用的。这些转换仅假设与计算数据、合成数据相关的通用、单调(从集合包含的角度来看)的结构分解模式。密集张量代数与稀疏张量代数都表现出这种分块分解模式,代码生成抽象与基础设施通常适用于这两者。

MLIR 中的可组合与模块化代码生成,以及通用格式的 MLIR 定义,代码如下:

```
//第7章/value_definition.c
% value_definition = "dialect.operation"( % value_use) {attribute_name  =  # attr_kind
<"value">} ({
//区域包含块
^block( % block_argument: !argument_type):
"dialect.further_operation"()[^successor]: () -> ()
^successor:
//以下更多操作
}): (!operand_type) -> !result_type<"may_be_parameterized">
```

MLIR 具有一组开放的属性、操作与类型。

可以将表示直接转换为 MLIR 的 LLVM 方言,以便在 CPU 上顺序执行,或者卸载 GPU 内核,或者将循环拆分为异步块,用于并行任务运行时等。

该流程是由现有的仿射分析与 MLIR 中实现的环路优化组成的。

7.1.2　与代码生成相关的方言

设计与实现的特定领域的抽象包括以下方言的表示,这些方言在不断提高的抽象级别中列出。遵循模块化与可选性设计原则,如果这些方言不能为特定情况提供有用的抽象,则可以与其他方言混合,或者直接忽略。

1. 向量方言

这种方言提供了固定秩的 n 维向量类型,例如向量$<4\times3\times8\times f32>$,以及形成直观且可重定目标的向量编程模型的操作,该模型在概念上将传统的一维向量指令扩展到任意秩。这样的操作可以逐渐分解为其自身的较低级别的变体。当后端触发足够健壮以生成接近峰值的集成或绕过该级别并直接针对硬件特定的内部(例如 gpu. subgroup_mma_compute_matrix 二维向量指令或 amx.tile_mulf 二维网格指令)时,它们进一步下译到 LLVM 向量指令(例如 shufflevector)。

2. GPU 方言

GPU 方言定义了可重定目标的 GPU 编程模型。它的特点是 SIMT 平台通用的抽象，如主机/设备代码分离、工作项/组（线程/块）执行模型、通信与同步原语等。这种方言可以从向量方言中产生，并且可以下译到定制平台的方言，如 nvvm、rocdl 或 spirv，这是总体可重定目标的。

3. memref 方言

memref 方言引入了 memref 数据类型，它是 MLIR 中 n 维内存缓存的主要表示，也是基于内存的辅助操作的接口，以及管理缓存分配、重叠（memref 视图）与访问的操作。与传统指针不同，memrefs 是具有显式布局的多维缓存，允许将索引方案与底层存储解耦：memref < 10×10×f32, steps：[1,10]>提供列主访问，同时具有行主存储。memref 数据类型还提供了一个与外部 C 代码互操作的 API，以便与库交互。

4. 张量方言

张量方言对抽象的 n 维张量类型进行运算，但不能在内存中表示。在编译过程中，静态尺寸足够小的张量可以直接放置在（向量）寄存器中，而较大或动态尺寸的张量由于缓存处理而被放入存储器中。张量值是不可变的，并且受到定义的约束。使用 SSA 语义，对张量的操作通常没有负荷。这允许经典的编译器转换，如视觉优化、常量子表达式与死代码消除，或循环不变代码运动，无缝地应用于张量运算，而不管其潜在的复杂性如何。由于张量值是不可变的，因此无法将其写入。相反，值插入操作会创建替换了值或其子集的新张量。

5. SCF 方言

结构化控制流 SCF 方言提供了表示循环与条件的操作（例如，没有提前退出的常规 scf.fo 与 scf.while 循环及 scf.if 条件构造），并将它们嵌入 MLIR 的 SSA＋区域形式中。这是在比控制流图更高的抽象层次上构建的，SCF 循环操作可以产生 SSA 值。

6. LinAlg 方言

LinAlg 方言提供了更高级别的计算原语，可以在张量上与 memref 容器操作。

7. 稀疏张量方言

稀疏张量方言提供了使稀疏张量类型成为 MLIR 编译器基础结构中的类型与转换，将高级线性化与低级操作桥接，以节省内存并避免执行冗余工作。

7.1.3　下层方言：生成 LLVM IR 与二进制

MLIR 编译器流的简单可视化描述，如图 7-2 所示。

在转换过程的最后，MLIR 生成多个编译路径所共有的低级方言。LLVM 方言与 LLVM IR 非常相似，使用这种方言的 MLIR 模块可以在移交给 LLVM 编译器以生成机器代码前被翻译成 LLVM IR。这种方言重用内置的 MLIR 类型，如整数（i32）或浮点（f32）标量。

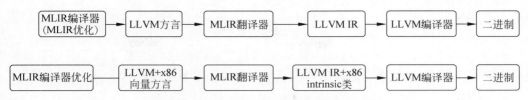

图 7-2　MLIR 编译器流的简单可视化描述

MLIR 提供了一些低级的特定平台的方言：nvvm、rocdl、x86vector、arm_neon、arm_sve、amx 等。这些方言部分镜像了 LLVM IR 内部函数的相应集合，这些函数本身通常会被映射到硬件指令。除了使这些指令成为一流的操作外，这些方言还定义了使用 MLIR 的扩展类型系统与其他功能的高级操作，示例如下：

arm_neon.2 d. sdot:vector < 4 × 4 × i8 >,vector < 4 × 4 × i8 > to vector < 4 × i32 >

操作被自然地表达在 MLIR 多维向量类型上。在转换为 LLVM IR 前，它首先被下译到 arm_neon. intr. sdot：vector < 16 × i8 >,vector < 16 × i8 > to vector < 4 × i32 >。

其对平铺的一维向量进行操作以匹配 LLVM 的规则。

7.1.4　张量转换

依据 linalg. cov_1d_nwc_wcf 操作，下译到平铺、填充与向量化形式，在转换 IR 时逐步规范 IR，如图 7-3 所示。

图 7-3　张量上的卷积平铺引入了具有二次推理变量（伪 IR）的循环

在图 7-3 中，为了清晰起见，斜体部分被简化，并在标注中扩展。非核心部分指的是新概念：（左）对不可变张量的运算，（右）二次推理变量与张量切片。

这种抽象级对不可变的 SSA 值进行操作：从现有的张量值创建新的张量值。在随后的下译步骤中，内存位置仅作为函数边界处的注释出现，以指定这些张量将如何具体化到内存中。

对应于 linalg. cov_1d_nwc_wcf 的索引表示法，由在三维张量上操作的五维矩形迭代域，用以下表达式给出：

$$Q[n,w,f]=I[n,w+k_w,c].K[k_w,c,f] \tag{7-1}$$

在式（7-1）中，迭代域隐含在操作描述中，并且迭代器遍历操作数的整个数据。这是由以下不等式给出的。

$$0 \leqslant n < O.0, 0 \leqslant w < O.1, 0 \leqslant f < O.2, 0 \leqslant k_w < K.0, 0 \leqslant c < K.1 \quad (7\text{-}2)$$

在式(7-2)中,$O.d$ 表示维数 d 的第 d 个维度 O。这些量的推导遵循与张量相同的规则。在稠密情况下,可以通过傅里叶-莫茨金消元法消去过程导出。

1. 平铺

拼接操作引入了 scf. for 循环,通过子操作(tensor. extract_slice 与 tensor. insert_slice)来访问拼接数据。操作的平铺形式本身就是对平铺子集 linalg. cov_1d_nwc_wcf 进行操作的。稠密子集的推导是通过每个张量的索引函数计算迭代域的图像获得的。

选择了 $1 \times 8 \times 32 \times 1 \times 8$ 的网格尺寸。虽然这些尺寸是静态的,但有些划分不是整体的,边界网格需要进行完整/部分网格分类,因此,不存在对每个循环迭代有效的单一静态张量类型。平铺张量类型! tDyn 必须解耦到一个动态张量。访问网格数据切片的动态大小为 %8、%9 与 %11。

这种张量平铺变换引入 scf. for 循环执行嵌套,每次迭代时产生全张量的迭代。每个 tensor. insert_slice 与 scf. yield 都会产生新值,缓存过程可阻止多余的分配与复制。

2. 填充值与打包

应用平铺时,内容通常会变得更加动态,以考虑边界效果。这阻碍了需要静态的向量化,有多种缓解方案:

(1)平铺可能会引起多级循环剥离(或版本控制),以在主循环中隔离静态的常量部分,然后清除边界循环。

清理循环仍然表现出动态行为,但它们总是可以按 1 平铺的,并进一步减少到大小为 1 的维度,该维度可以以更细粒度的形式进行向量化。

(2)一种替代方案是将动态网格填充到更大的已知静态尺寸。用于填充的值必须是消耗操作的中性值。

(3)第 3 种选择是显式掩模的表示。

为了简洁起见,斜体部分被简化。罗马字体中的常量是属性,斜体是 arith. constant 运算结果。

即使没有类型改变,无折叠填充也会在 IR 中持续存在,并且可以放置在快速缓存器中,尾部类型注释有时为了简洁而省略。当计算不需要足够的时间局部性时,剥离几乎是更好的选择。一旦某个时间位置可用,填充所需的复制就可以摊销。一旦发生缓存,填充还可用于对齐填充缓存中的内存访问。

输入张量由 3 个循环填充提升,如图 7-4 所示。这引入了一个特定的网格循环嵌套来预计算填充网格,并将它们插入类型为包含所有填充网格的压缩 tensor<?x?x1x8x8xf32> 。在原始网格循环嵌套中,填充被压缩 tensor%12＝tensor. extract_slice%PI 的访问所取代。

3. 向量化

在平铺与填充后,卷积操作数是静态的,并且处于良好的向量化状态,如图 7-5 所示。

在当前的 IR 中，只有两种类型的操作需要向量化：tensor. pad 与 linalg. cov1d_nwc_wcf。

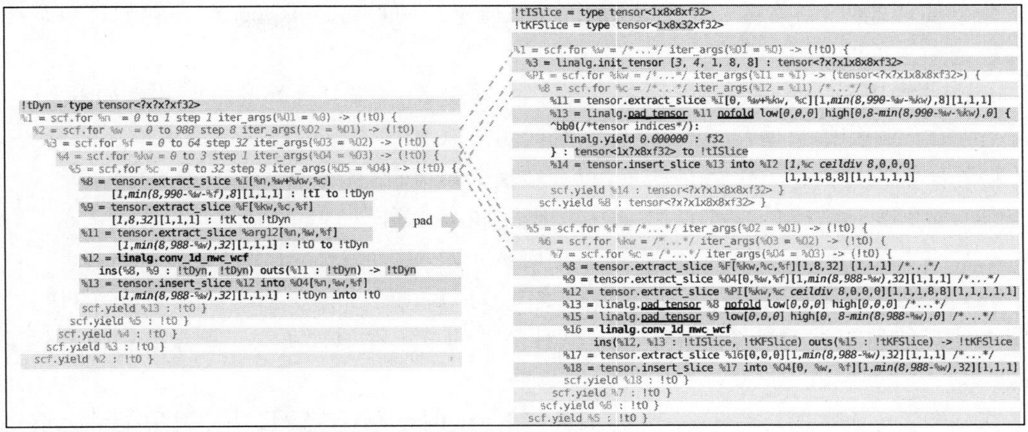

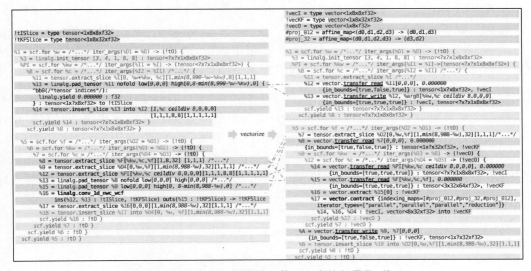

图 7-4　填充平铺操作以获得固定大小的张量（高亮显示），pseudo-IR

图 7-5　对固定大小张量的运算可以直接向量化，伪 IR

tensor. pad 的向量化是用一个简单的一次性模式实现的，该模式将其简化为一对 vector. transfer_read 与 vector. ttransfer_write 操作。有了这样的运算，tensor. pad 的向量化相对来讲是一个非常小且渐进的下译步骤。

vector. control 正在运行，如图 7-5 所示。

线性操作向量化遵循向量引入的配置。对于每个操作数 transfer_read，以向量形式执行计算，并通过 vector. transfer_write 将其提交给适当的张量或缓存。vector. transfer 操作按照 LinAlg 操作的索引表达式进行索引。

每个线性操作都有一个表示计算的标量形式的体区域。体向量化取决于 linalg.

generic 执行的索引类型。

为了简洁起见,斜体部分被简化,如图 7-5 所示。向量值是不可变的。它们可以从张量中读取与写入张量。

允许越界访问。读取复制标量操作数,写入被忽略。张量运算的主要特性如下:

(1)在点操作的最简单情况下(索引都是恒等式),每个操作都简单地写成点向量变体。

(2)低维张量操作数可以是向量,将其转换为高维向量。

(3)索引表达式中的置换是用 vector.transpose 操作处理的。

(4)缩小尺寸低于一级向量,多重缩小取决于对实体的进一步分析。

(5)通过某些维度展开并提取进一步缩减为 vector.control 或 vector.fma 的切片,可以特别处理如卷积类的滑动窗口模式。这种简单的策略在捕捉跳跃与增量卷积中提供了高性能。

在如图 7-5 所示的运行示例中,将展开与%kw 循环相对应的尺寸。使用了不会进一步展开的网格尺寸 1。注意%16 = vector.extract %15[0] : !vecK 运算,这是大小为 1 的展开切片提取的退化形式。出现了特定的规范化与折叠模式,简化了 vector.transfer 操作链,并将独立于循环的指令移出循环。例如,%8 = vector.transfer_read。循环%9 = scf.for 与%12 = scf.for,两者都在不插入张量或从张量中提取的情况下产生向量值,这将保证缓存后不会往返内存。所有这些转换都是通过遵循 SSA 定义实现的。

4. 缓存

缓存是将张量值具体化到内存(memref)中的过程。有必要使张量程序通过存储在内存中的数据源具体可执行。在当前的编译管道中,这是最后一步。

MLIR 中的张量是不可变的。产生新张量值的运算(可能来自另一个输入张量)在概念上是一个全新的张量。与 memrefs 不同,这里没有更新/写入张量的概念。为了获得良好的性能,必须遵循以下规则:

(1)分配尽可能少的内存。

(2)复制尽可能少的内存。

缓存应尽可能重复使用并更新到位,否则当程序转换导致意外分配与复制时,可能会带来巨大的性能损失,如图 7-6 所示。

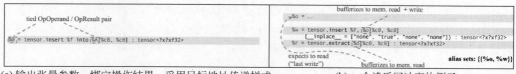

(a)输出张量参数,绑定操作结果,采用目标地址传递样式　　　　(b)一个读后写冲突的例子

图 7-6　缓存

写入后读取冲突。为每次内存写入分配一个新的缓存总是安全的,但会浪费内存并引入不必要的复制。另外,如果必须在稍后读取重写的内存位置上的原始数据,则重用缓存并将其写入位可能会导致无效的缓存化。在执行转换时,必须小心地保留依赖关系的程序语

义。图 7-6 的右侧显示了一个潜在的写后读取（RaW）冲突，该冲突阻止了本地缓存。高效缓存与寄存器合并有关，寄存器合并是与消除寄存器到寄存器移动相关的寄存器分配子任务。

目标地址传递风格。目前提供的用于缓存的启发式算法非常适合目标地址传递方式的操作。在这样的操作中，其中的一个张量自变量与生成的张量绑定，用于原位缓存。这样的张量自变量被称为输出张量，见图 7-6 的左侧。输出张量类似于 C++ 输出参数，这些参数作为非常量引用进行传递并返回计算结果。除了输出张量（自变量）与运算结果用作缓存约束，对函数语义没有可观察的影响。输出张量看起来仍然是不可变的。在缓存期间，当寻找将运算结果写入的缓存时，只考虑输出张量。

当用 scf.fo（下译多维张量运算的自然目标）构成结构化运算时，其原理来源于第一性原理。由于 scf.fo 产生一个值，因此其嵌套区域必须产生完全定义的张量，而不是任意子集。由于嵌套运算通常应用于张量子集，通常是由线性平铺变换产生的，因此通常会注入一对匹配的 extract_slice/insert_slice 运算。这些相关的 scf.yield 操作自然会消耗张量自变量（不能有任何后续使用），这使它们成为本地缓存的理想候选者，如图 7-7 所示。

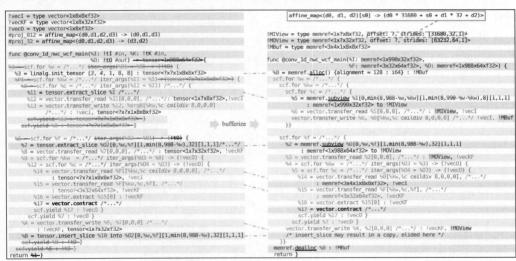

图 7-7　缓存化将张量值分配给缓存，同时考虑图 7-3 中的函数级注释 ♯ in 与 ♯ out

这种启发式设计似乎对在使用 LinAlg 方言时处理的 IR 类型很有效：

（1）平铺产生了在平铺子集上迭代的外循环。管理这些子集的操作（如 extract_slice、insert_slice）自然是目标地址传递样式。

（2）填充、打包、向量化与其他转换，也会在全张量或子集上产生具有目标地址传递语义的操作。

（3）linalg.generic 本身被设计为目标地址 Pass 操作。这包括 linalg.matmul 与任何其他简化为 linalg.generic 的操作。

在图 7-7 中，数据流被副本所取代，不必要的值在左边被划掉。可以分配临时缓存器以确保连续的访问模式。计算有效载荷方言，如 LinAlg 与 Vector，旨在支持张量与 memref（缓存）容器。

可以将 tensor. insert 作为目标 Pass 风格的操作示例。运算的张量结果在缓存化框架中可能有一个或多个潜在重叠运算操作数，例如，示例中%0 的唯一潜在重叠运算操作数是%A（图 7-7，左侧），这意味着缓存化后：

(1) buffer(%0) = buffer(%A)。

(2) 或者 buffer(%0)是新分配的缓存。

选择缓存时不考虑其他操作数。对于张量结果没有潜在重叠操作数的运算，总是分配一个新的缓存，例如，tensor. generate 总是在缓存后进行分配的。

7.1.5 向 LLVM 逐步下译多维向量运算

此时，IR 已经达到了由包含多维向量的缓存循环与对这些向量的操作组成的抽象级别。这接近 LLVM 的 C++向量范式，只是对多维向量进行操作，而 LLVM 只有一维向量。

简单状态下，多维 vector. transfer 操作低于多个一维 vector. load 与 vector. store 操作。当硬件支持时，可以下译到 n 维 DMA 操作。在复杂状态下，传输操作下译到广播、传输与屏蔽散射/聚集的组合。在不能确定向量转移在边界内的特定情况下，必须在完全转移与部分转移之间采用特定的分离，类似于网格级别的完全与部分网格分离，如图 7-8 所示。这在 linalg. copy(%21,%22)操作环境的 else 块中，如图 7-8(右)所示。

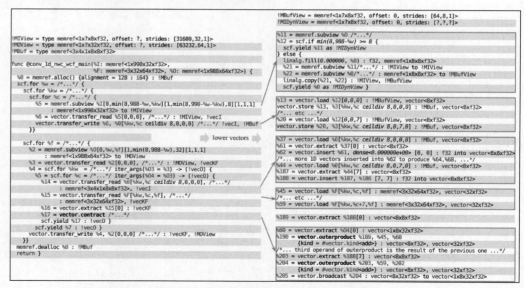

图 7-8　向量方言可以逐步下译到对一维向量进行更简单的运算

对 n 维向量类型的广泛使用，有效地屏蔽了一种展开与阻塞的向量形式，这种形式在向量硬件上是有效的，不受可能干扰后期向量化的中间编译阶段的影响。在这一点上，这种形式已经准备好逐步下译到一维操作,几乎 1∶1 映射到 LLVM IR。

在图 7-8 中,图示为下译对外部产品的收缩,为简洁起见,斜体部分简化,重复部分省略。较低级别的向量运算需要恒定的索引,并且是通过展开外部维度来生成的。

如图 7-9 所示,从左侧的向量化矩阵乘积代码开始。该 IR(主要)是可重定目标的,因为它使用的是通常与可用硬件指令不对应的更高级别的传输与合同操作。首先应用向量展开,如图 7-9(a)所示。这种转换的目标有两个:

(1) 将向量运算分解为已知的目标很好支持的大小,例如映射到 AMX 指令。

(2) 将两个大小的非幂运算优先处理为两个组合的幂运算,例如,将向量< 12×f32 >处理为 3 个向量< 4×f32 >,以避免次优后端代码生成。所得到的 IR 仍然是部分可重定目标的,因为转移与规约操作仍然存在,并且需要使用可用方案,将其下译到更接近硬件的表示。

vector. extract_strided_slice 与 vector. insert_rided_stice 将向量的切片提取出来并插入更大的向量中。如果目标形状匹配,则折叠图案可能导致插入与提取操作相互抵消。

更高级别的 vector. transfer_read 通常不能直接下译到加载指令,而是逐步处理。首先,如图 7-9(b)所示,使用分步转换,然后如图 7-9(c)所示,创建一维加载与广播。根据配置的不同,转置可以通过 LLVM 的 shuffle 指令或使用专用的内部函数来实现。

vector. control 可以下译到外积、内积或 LLVM IR 矩阵内部。在图 7-9(d)中被下译到外积,以实现到图 7-9(e)中 SIMD 融合的乘加指令的映射。逐步下译的每个阶段都伴随着折叠与视觉优化,这些优化减少了要处理的 IR 量,并实现了特定的转换,因此,完全下译的向量 IR 在向量< 8×f32 >上运行,例如由 AVX2 支持,并且非常紧凑。示例的结果代码有几十个操作,这些操作已准备好下译到 LLVM 方言,并进一步转换为 LLVM IR。

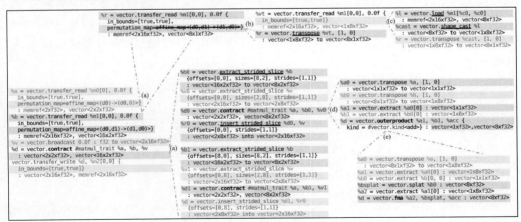

图 7-9　表示矩阵乘积的向量方言运算的渐进式下译

在图 7-9 中,(a)目标形状为 2×8×2 的向量展开引入了向量切片操作。(b)转移置换被具体化为转置运算。(c)一维传递变为具有形状适应性的平面载荷。(d)收缩重写为外积(其他选项也是可能的),这反过来又下译到(e)融合的乘加指令。

7.2 单线程 CPU 实验

在机器学习内核上评估代码生成框架。所有基准测试都测量单线程 CPU 性能,并与机器的峰值性能进行比较。

7.2.1 引擎实验

MLIR 为 Python 提供了一组绑定,支持通用的 IR 创建与操作。基础设施旨在促进多级元编程,并推动了这些绑定的设计。还提供了一种嵌入 Python 中的自定义特定域语言(DSL),称为 OpDSL。OpDSL 的目的是将 API 范式从构建编译器 IR 转变为以简洁、人性化与数学上令人信服的形式表达计算,这在张量理解方面取得了成功。OpDSL 中的一种多模态矩阵乘法,代码如下:

```
//第7章/ linalg_matmul.py
@linalg_structured_op
def matmul(A = tensorDef(T1, S.M, S.K), B = tensorDef(T2, S.K, S.N), C = tensorDef(T3, S.M, S.
N, output = True)):
C[D.m, D.n]  += cast(T3, A[D.m, D.k]) * cast(T3, B[D.k, D.n])
```

该流程利用并扩展了用于 JIT 编译与执行的最小 MLIR 执行引擎。流处理的结构化数据对象在 Python 中开放为与 Python 缓存协议兼容的对象,因此,它们可以转换为 NumPy 数组,也可以从 NumPy 阵列转换,后者可以进一步转换为特定框架的数据类型。

此外,在 Python 中提供了一个测试与基准测试工具,以自动测量编译与运行时及 GFLOP 等性能数据,用于计算内存流量。该工具还使用多种转换策略来集成编译与执行,代码如下:

```
//第7章/Tiling_Expert.py
#编译专家可以通过将转换类相互链接或与专家链接来定义
SingleTilingExpert  =  Tile. then ( Generalize ). then ( Vectorize ). then ( Bufferize ). then
(LowerVectors).then(LowerToLLVM)
DoubleTilingExpert = Tile.then(SingleTilingExpert)
TripleTilingExpert = Tile.then(DoubleTilingExpert)
#编译专家可以通过其所包含的转换的选项的融合来参数化
concrete_double_tiling = DoubleTilingExpert(
sizes1 = [32, 32], sizes2 = [8, 4], pad2 = True, vectorize_padding = True, contraction_lower =
'outer')
```

7.2.2 推进转换

前面描述的转换在 Python 中作为可配置与可调用的转换对象提供。这些对象可以应用于 MLIR 模块,并对其执行定制转换。在后台,转换会产生一个自定义的过程管道,由定制转换过程与设置的选项及一些正确配置的启用/清理过程组成,然后在模块上运行传递管道。

这里列出了 Python 中当前可用的转换,某些循环变换仅适用于平铺,并且必须与平铺相结合(例如,剥离或交换),如表 7-1 所示。某些变换与平铺结合使用。如前所述,多维子集应用于张量、向量、memrefs。最初在经典循环上引入的变换被推广到多维结构化运算,其明确目标是保持结构。转换可能不适用,直到通过平铺将一些循环具体化,作为显式与选择性地丢弃结构的某些部分的一种方式。这反过来又改进了编写模式的转换:匹配条件直到满足先决条件才触发。

表 7-1　Python 中当前可用的转换(及其选项)

转　　换	选　　择
网格	网格尺寸:网格尺寸阵列 interchange:平铺后循环的顺序 pad:是否填充局部网格 pack_paddings:阵列的不可移动填充 hoist_paddings:提升阵列填充的环路数量 peel:剥离部分网格的环 scalarize_dyn_dims:是否为不可向量化(动态)维度释放标量代码
向量化	vectorize_padding:是否对填充操作进行向量化
PipelineOneParentLoop	parent_loop_num:哪个父循环到管道 II:迭代间隔 read_latency:读取操作的延迟
UnrollOneParentLoop	parent_loop_num:展开哪个父循环 unroll_amount:展开循环的迭代次数
UnrollOneVectorOp	source_shape:要展平的向量运算的源形态 source_shape:将向量运算展开到的目标形态
Bufferize	无
Sparsify	无
LowerVectors	contraction_lower:如何下译向量收缩(外积/内积,LLVM 矩阵内部) multi_reduction_ lower:如何下译多维约简(内部或外部并行) transpose_ lower:如何下译转换(元素、平面、向量变换、特定目标)
LowerToLLVM	无

例如,交换应用于目标结构化操作进行平铺而产生的循环。同样,剥离只发生在局部网格上。剥离与填充被用作一种手段,以确保主要操作变得形状固定,并且更容易接受向量化。

表 7-1 中列出的转换利用附加信息与约束条件,锁定在 IR 的结构化单元上,例如,对于 UnrollOneVectorOp 的情况,结构化单元是 vector. control,对其当前形状有特定限制,并在转换后提供目标形状。

7.2.3　实验设置

实验在 3.00GHz 的 Intel Xeon Gold 6154 CPU 上运行。这是一款具有 AVX512 fma 指令与 32KB L1D、32KB L1I、每个内核 1MB L2 缓存，以及由 18 个内核共享的统一 25MB L3 的处理器。单线程单精度计算峰值为 192GFLOP/s（每个周期进行 2 次 fma 运算），16f32 上各进行两次运算（mul＋ad）。单核的理论 L1 带宽为 384GB/s（假设每个周期有一个加载与 1 个存储指令，每个指令 64B）。在科学计算与 LLVM 基准测试的特权模式下，测量几乎是赤裸裸的，尤其是禁用 turbo boost、地址空间随机化与运行的核心的 SMT 对。还运行在由单个核组成的特定屏蔽 CPU 指令集中，并将所有进程从执行的内核迁移出去。

用一个简单的连续复制基准进一步测量了峰值内存带宽/s，通过微调发现，这个最大值出现在 12.8KB 的读缓存大小（25.6KB 的总缓存大小，或大约 L1 容量的 80%）。考虑到该峰值带宽分析的大小与变换，在 64B 边界处进行分配以保证不存在高速缓存线分割。由于硬件每个周期可以发布 2 个负载与 1 个存储，所以将测量带宽的目标缩放外推到给定场景的实际负载/存储组合（通过将峰值带宽机械缩放到使用复制基准测量的峰值带宽的 50%）。根据基准，顶线是测量的复制带宽（例如，用于转置或缩减）或外推带宽（例如用于执行 1 次写入的多次读取的深度卷积）。

所有实验都由在基准系统上测量的单线程执行时间组成。进行了 100 次测量并绘制了中位数。黑色误差条显示了量化测量方差的 25% 与 75% 分位数。报告了由于强制缓存未命中与其他过热而放弃预热迭代后的稳态性能。这种开销与需要融合以保持 L1 热的大规模实验有关。将基准测试结果与参考实现进行比较，以确保正确性。

7.2.4　基准测试

评估了在基础设施中针对一系列内核开发的策略的有效性，这些内核主导了机器学习工作负载的执行时间。所有内核都执行单个张量代数运算。结果突出了原始运算的性能，独立于多个运算中的融合与布局优化机会。

区分内存绑定内核与计算绑定内核。内存绑定内核移动与重新排序数据，以便匹配更密集的计算操作的访问模式。对以下内存绑定内核进行基准测试：

（1）复制性能是一个重要的性能指标。Copy2D 基准测试在存储连续数据的二维张量上运行。与平面一维缓存相比，这种设置在定向平铺、向量化与展开方面具有更大的灵活性，但在其他方面是等效的。

（2）移位是一种普遍存在的操作，有不同的形状与大小。Transpose2D 基准实现了二维转置。它是高维转置运算的公约数，因为 $n>$ 二维转置可以被重写为在张量内的各个位置处的迭代二维转置，例如四维 $i,j,k,l\rightarrow k,j,l,i$ 置换，可以重写为 $j\times k$ 的转置（$i,\cdots,l\rightarrow\cdots,l,i$）。这总是可能的，同时保持输入与输出张量的最快变化维度连续。

（3）还原是数据聚合操作，也是一个重要的算法主题。在这里，重点关注与矩阵向量乘积,或数据分析与神经网络中发生的类似操作的带宽限制减少。ColRed2D 与 RowRed2D 基准分别将二维张量的行或列减少为一维张量。

计算绑定内核具有显著的重用性,并且表现出比内存带宽需求高得多的计算能力,因此,它们的执行时间受到计算吞吐量的限制,而不是内存带宽的限制。对以下计算绑定内核进行基准测试:

(1) 矩阵乘法在数值计算中无处不在。Matmul 基准测试实现了纯矩阵乘法。

(2) 卷积(一维与二维的变体)主导了许多机器学习模型的执行时间。专注于所谓的 NHWC 格式,但使用 OpDSL 方法生成其他格式是微不足道的。

(3) 最后,讨论了深度卷积在与流行的 MobiLeNet 模型相关的大小下的性能。Depthwiseconv2D 是一个 NHWC 格式的内核,其计算与通信比具有挑战性。

对于每个基准测试,使用表 7-1 的转换手动推导出多达 5 种专家编译器策略。每种情况都会运行一些手动实验,以设计出良好的寄存器网格大小,从而使 L1 存储内核的性能较高,然后固定网格大小,并在每种情况下从 5 个网格中选择性能最佳的策略。这类似于固定的专家驱动的启发式。系统的自动调谐与空间探索是一个积极研究的领域,有望带来重大改进。

7.2.5　内存带宽限制内核的性能

带宽绑定内核可能受到不同级别的内存层次结构的限制,这取决于问题的大小与访问模式。在不同尺度上运行带宽约束内核,并分析它们在所有 3 个缓存层次结构级别上的性能。在复制基准测试的特定情况下,对不同的二维向量大小、加载/存储交错与针对每个尺度的循环展开进行小范围搜索。测量的带宽就变成了 L1 带宽测量值。

1. L1 带宽

展示了在尺度适合 L1 缓存的情况下,所有带宽绑定内核所实现的内存带宽,如图 7-10 所示。观察到 Copy2D 内核的最高带宽,每 64B 的数据恰好执行 1 个 vector. load 与 1 个 vector. store。这个内核不执行任何计算,也不重新排列数据。尽管使用存储在一级缓存中的数据在一个紧密的循环中执行,但基准测试表明,偏移延迟需要足够大的尺度。开始看到 200GB/s 区域中的 L1 带宽性能,仅在 4KB 左右的读取数据范围内(总共 8KB,即 50% 的 L1 容量)。200GB/s 的 L1 带宽仅在 8~14KB 的读取数据范围内(总共 16~28KB,即 50%~ 87% 的 L1 容量)保持不变。在大约 75% 的 L1 缓存利用率下,最大带宽为 289GB/s。较大的尺度会获得较低的带宽,可能是由于冲突未命中。最后,在 L1 容量的 80% 左右,方差开始大幅增加。

在图 7-10 中,理论复制峰值带宽为 384GB/s(实测为 289GB/s)。转置性能受到 xmm 负载与 ymm 变换的限制,需要做更多的工作才能获得良好的 zmm 性能。

Transpose2D 在移动时重新排列数据。这会导致比 Copy2D 的简单 1 加载 1 存储模式更复杂的指令序列。实现了 Copy2D 的 30%~60% 的带宽与高达 109GB/s 的 L1 带宽,以获得最有利的大小。

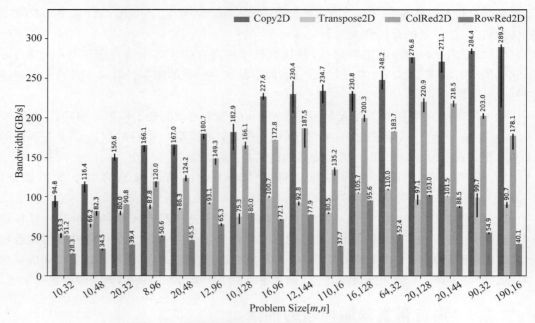

图 7-10　带宽约束内核的内存带宽尺度适合一级缓存

ColRed2D 与 RowRed2D 读取的数据(完整的二维张量)多于写入的数据(一维张量)。这对测试系统是有益的,该系统的每个周期可以执行两次读取与 1 次写入,如表 7-2 所示。同时,执行计算的时间。特别地,RowRed2D 沿着向量化维度执行昂贵的水平缩减。虽然 ColRed2D 实现了高达 212GB/s 的高带宽,但 RowRed2D 的带宽仅高达 99GB/s。较低的性能对于缩减尺寸尤其明显,这是由于英特尔处理器上水平缩减的映射,以及跨越 ymm 与 xmm 边界的巨大成本。

表 7-2　测量与推理的单核复制性能(GB·s^{-1})

基　　准	L1 @12.8KB	L2 @20%	L2 @40%	L2 @90%	L3 @40%	L3 @80%	DRAM
复制(1 读+1 写/(2))	289.5	89.3	83.9	54.8	25.7	17.2	12.2
外推(2 次读取+1 次写入/(2))	434.25	134	125.8	82.2	38.5	25.8	18.3

由此产生的性能并不比 Transpose2D 与 ColRed2D 相结合更好。更精细的调谐与更好的 AVX-512 模式有望在未来改善这种情况。

在数据移动期间重新排列数据或进行性能计算会立即减小所实现的 L1 高速缓存带宽。

2. L2 带宽

适用于二级缓存的大小所实现的内存带宽如图 7-11 所示。ColRed2D 与 RowRed2D 由于其有利的读写效率而实现了最高的带宽,实现了高达 125GB/s 的带宽。RowRed2D 实现了类似的高带宽,但由于行中最后一个向量的缓慢减少,在向量维度较小的尺度方面也落后了。Copy2D 与 Transpose2D 之间的差异不那么明显,因为重新排列数据的成本与较慢的数据移动部分重叠。

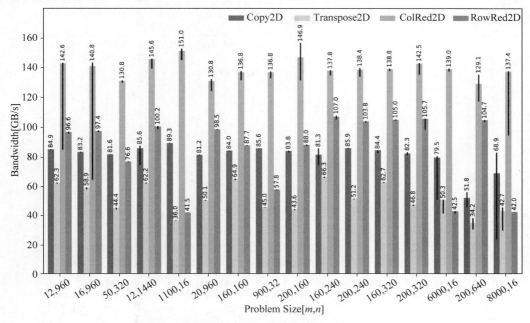

图 7-11 带宽约束内核的内存带宽大小适合 L2 缓存

在图 7-11 中,实测峰值复制带宽为 83.9GB/s(每字节 1 次读取与 1 次写入)。规约是一个好办法,因为它们在每次迭代中执行两次读取与一小部分写入。尽管有特定的计算,但放弃大多数写入仍然是一个胜利。

首先,要获得最佳转置版本,英特尔参考优化手册建议使用 vblendps 指令。向量方言在进入 LLVM 时,提供了专用的向量传输操作及多种下译策略。由于使用 LLVM IR,因此无法直接控制寄存器分配与指令选择。

为了弥补这种控制不足,特定硬件的向量方言(例如 x86 向量方言)提供了对内部函数的访问,以匹配诸如_mm256_blend_ps 之类的 Clang 内部函数。不幸的是,一些 Clang 内部参数(包括_mm256_blend_ps)没有真正的内部实现支持,也不提供对相应 ISA 的直接访问。相反,它们会立即下译到通用 LLVM shufflevector 指令。LLVM 依赖于视觉优化,尤其是 SelectionDAG,但这些包含很少的特定变换组合。在这种情况下,无法编译到所需的 vblendps 操作。相反,最初不得不接受一个纯粹的基于 shuffle 的实现。

为了避免这个挑战,还提供了一个 InlineAsmOp 与特定的基于 asm 的内部函数,用于对预期指令进行编码(例如,一个 mm256BlendPsAsm 下译帮助程序,它保证在想要的地址发出 vblendps 指令)。与 LLVM 为 8×8 转置生成的版本相比,这在小转置尺度上提供了 30%~40% 的性能提升,该版本仅使用低于 shufflevector 的内部函数实现。

3. L3 带宽

适合三级缓存的大小所实现的内存带宽,如图 7-12 所示。除了 Transpose2D 外,所有基准测试都在 26GB/s 的内存带宽下达到峰值。将这种性能差异归因于 L3 缓存延迟,该延迟对于转置访问模式来讲是无法隐藏的。

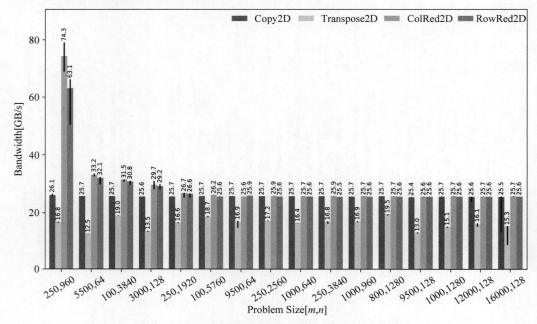

图 7-12　带宽绑定内核的内存带宽大小适合 L3 缓存

在图 7-12 中,测量到的复制峰值为 25.7GB/s(L3@40%)。250×960×f32 的缩减仍然适合 L2,因为写入缓存要小得多(250×f32 用于行缩减,960×f32 用于列缩减)。

4. 转置模式改进

LLVM 的视觉优化能够在转置的 4×8 平铺的非常特殊的情况下恢复模式。虽然没有使用 AVX512 指令,但是可能只是希望的 50%,但 LLVM 4×8 版本的性能迄今为止最好。总结了测量数据,自然 16×16 原生 AVX512 与移动向量的下译性能明显不如定制的 8×8 AVX2 变换 vblendps 与 shufflevector。尽管使用了 xmm 负载,但 4×8 平铺与移动向量的性能明显更好,如表 7-3 所示。

表 7-3　载体的中位(p50)测量性能,变换下译策略(GB·s^{-1})

大　　小	Tile8×8Shuffle	Tile16×16Shuffle	Tile8×8AVX2	Tile4×8Shuffle
16×16	24.1	22.5	41.8	55.3
32×32	29	27	64	95

基于这一理解,使用 UnrollOneVectorOp 进行了特定的实验,试图在强制 xmm 与ymm 加载的同时,保持 16×16 向量的转置大小。此实验导致性能下降,可能是由于尚未规

范化的移动向量。需要做更多的工作才能弄清真相。

随着设计出的更适合 AVX512 版本并可更精细地调整网格大小与编解码器的策略,性能还有提升的空间。预计一个更好的 AVX512 解决方案,可能涉及之前的工作。目前,对于完全隔离的二维转置操作,测量的效率在 30% 与 55% 之间,这必须放在附加的上下文中。复制内核为每个操作精确地执行 1 次 64B 加载与 1 次 64B 存储,但转置核要复杂得多。它们涉及 16B 与 32B 负载,但考虑到较小的负载与特定的变换指令,它们仍然达到相对较高的性能。

最后,需要考虑的另一个论点是,转换本身是相互关联的,它们通常与其他操作(例如 matmul)组合,在这种情况下,它们的成本通常被摊销。

7.2.6 计算约束核的性能

现在回顾一下矩阵乘法与卷积的性能。

1. 矩阵乘法

在数值计算中,获得高的矩阵乘法吞吐量是至关重要的。在式(7-3)中,展示了测量纯矩阵乘法与转置变体的性能。

$$\boldsymbol{C}[m,n] = \boldsymbol{A}[m,k]\boldsymbol{B}[k,n] \quad (\boldsymbol{AB})$$

$$\boldsymbol{C}[m,n] = \boldsymbol{A}[k,m]\boldsymbol{B}[k,n] \quad (\boldsymbol{A}^{\mathrm{T}}\boldsymbol{B}) \qquad (7\text{-}3)$$

$$\boldsymbol{C}[m,n] = \boldsymbol{A}[m,k]\boldsymbol{B}[n,k] \quad (\boldsymbol{AB}^{\mathrm{T}})$$

不同大小的矩阵乘法的性能如图 7-13 所示。在 AB 核的情况下,达到了 92% 的效率,

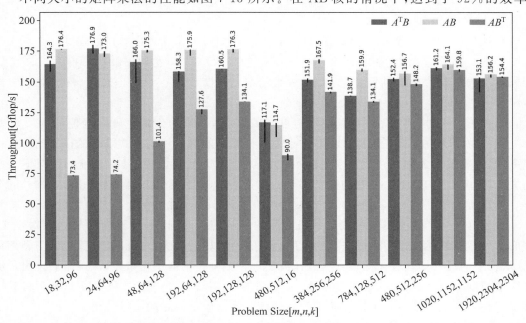

图 7-13 矩阵乘法计算不同存储布局与大小的吞吐量(5 种最佳固定策略),理论峰值为 192GFLOP/s

这表明编解码器方法接近峰值的算术强度核。值得注意的是,在低延迟状态的情况下,布局对性能有显著影响。特别是 $\boldsymbol{A}\boldsymbol{B}^\top$ 由于沿着最快变化的存储器维度的布局($\boldsymbol{C}[m,n]=\boldsymbol{A}[m,k]\boldsymbol{B}[n,k]$)缩减维度,这是与 RowReduction2D 类似的水平缩减问题。

在低延迟尺度下,转置的成本令人望而却步,性能也会受到影响。当达到更大的尺度时,转换变得有益,并且没有更多的性能差异。

较大的尺寸使用 $288\times128\times512$ 的固定平铺,但没有特别调整。此外,还没有发出预取指令,也没有尝试通过计算来处理数据移动。

2. 卷积

卷积对输入张量与遵循滑动窗口模式的多维内核进行折叠,根据卷积算子的输入图像与内核维度来配置卷积算子。

(1) H:图像的高度。

(2) W:图像的宽度。

(3) N:图像的批号(仅输入与输出)。

(4) C:图像的输入通道。

(5) F:图像的输出滤波器(仅内核)。

其他参数是内核宽度 K_h 与 K_w,步长 S_w 与 S_h,扩张 D_w 与 D_h。在式(7-4)中,展示了测量 N、H、W、C 格式的一维与二维卷积的性能。

$$\begin{cases} O[n,w,f]=I[n,w\times S_w+k_w\times D_w,c]\cdot K[k_w,c,f] \\ O[n,h,w,f]=I[n,h\times S_h+k_h\times D_h,w\times S_w+k_w\times D_w,c]\cdot K[k_h,k_w,c,f] \end{cases}$$

$$(7\text{-}4)$$

在这里步长(S_h 与 S_w)与扩张(D_h 与 D_w)参数控制了输入图像访问模式。

如图 7-14 所示,展示了一次平铺后一维(左)与二维(右)卷积的计算吞吐量。图 7-14 中未显示的所有大小都是恒定的(对于一维情况 $(N,C,F,K_w)=(1,32,64,3)$,对于二维情况 $(N,C,F,K_w)=(1,32,64,3,3)$)。

当步长为 1 时,测量了一维与二维卷积的高性能,峰值约为理论硬件峰值的 96%。观察到非单位步伐放缓。在数据大小非常小并且计算不能弥补访问模式效率的损失的一维情况下,这种放缓更为明显。低效率在输入大小 40 以上开始消散,并且在二维的情况下几乎消失。尺寸 20 与 55 不是良好的向量大小的完美倍数,并且需要多维循环剥离(对例外的循环直接进行提取处理),从而导致较低的性能(在这种小的尺寸下填充不是有益的)。

由于这是一个具有多个参数的严格计算约束的内核,所以只关注向量化内核对于 L1 中的小尺寸的性能。得益于模块化与可组合方法,可以按照之前讨论的填充、包装与剥离策略,从较小的尺寸构建较大的尺寸。编译器实现了单个一维向量化策略,该策略表现出足够的算术强度,并在二维情况下重复使用。二维策略只需将 H 与 K_h 维数乘以 1,然后将其进一步折叠并规范化。将二维情况减少到高强度向量化应用模式的一维情况。

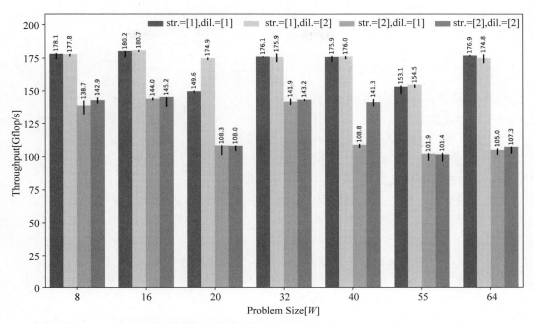

图 7-14　不同步长、扩张与大小的 **L1** 存储一维卷积（（N，C，F，K_w）固定到（1，32，64，3）），
理论峰值为 **192GFLOP/s**

7.2.7　深度卷积

深度卷积是对卷积的一种高效计算的 Warp，主要面向移动推理。在式（7-5）中，展示了
N、H、W、C 格式的一维与二维深度卷积。

$$\begin{cases} O[n,w,f]=I[n,w\times S_w+k_w\times D_w,c]\cdot K[k_w,c] \\ O[n,h,w,c]=I[n,h\times S_h+k_h\times D_h,w\times S_w+k_w\times D_w,c]\cdot K[k_h,k_w,c] \end{cases} \tag{7-5}$$

在式（7-5）中，步长（S_h 与 S_w）与增量（D_h 与 D_w）用于控制所述输入图像的访问模式。与

经典卷积相比，计算内核的体积减少了一维（通常计算与数据体积都变为原来的 $\dfrac{1}{16}$ 到 $\dfrac{1}{512}$）。

计算也被更改为仅在窗口维度上减少（而不是沿着通道维度）。

深度卷积核具有低算术强度。在一维情况下，用以下公式表示：

$$\frac{K_w}{\text{sizeof}(\text{element\_type})}\text{FLOP/s} \tag{7-6}$$

在二维情况下，用以下公式表示：

$$\frac{K_h\cdot K_w}{\text{sizeof}(\text{element\_type})}\text{FLOP/s} \tag{7-7}$$

因此，深度卷积是现代服务器处理器上的内存带宽限制。由于内核是内存绑定的，因此
正确测量数据量是很重要的。在以下实验中，对总数据量的评估，用以下公式表示：

$$\text{Total} = \text{Out}_{\text{size}} + \text{Ker}_{\text{size}} + \frac{\text{In}_{\text{size}}}{\Pi_i \gcd(\text{stride}_i, \text{dilation}_i)}$$

$$= N \cdot C \cdot \left(H \cdot W + \frac{H_{\text{in}} \cdot W_{\text{in}}}{\Pi_i \gcd(\text{stride}_i, \text{dilation}_i)} \right) + K_h \cdot K_w \cdot C \qquad (7\text{-}8)$$

在式(7-8)中,K_h 与 H 在一维情况下为 1。

保守的推理如下:

(1) 读取卷积核的每个元素。

(2) 输出的每个元素都被写入,但不被视为已读取。数据被简单地重写。

(3) 根据步长与增量的值,仅读取输入的子集。

这是由缩放因子捕获的。缩放因子是通过在输入边界的限制内的步长网格与膨胀网格的相交来获得的。当内核的大小大于步长时,gcd 是一个很好的近似值。这保证了只计算参与推导至少一个输出元素的输入点。这是一个保守的度量:任何未使用但与已使用的元素位于公共缓存行中的元素都不计算在内。数据仍然将由硬件移动。

不同步长、增量与大小的 L1 存储二维 conv$((N, C, F, K_h, K_w)$固定到$(1, 32, 64, 3, 3))$,理论峰值算力为 192GFLOP/s,如图 7-15 所示。

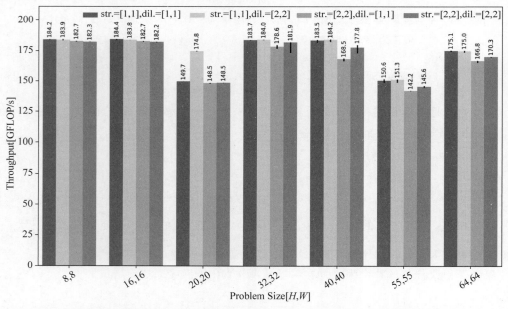

图 7-15　不同步长、增量与大小的 L1 存储二维 conv$((N, C, F, K_h, K_w)$固定到$(1, 32, 64, 3, 3))$,
　　　　理论峰值算力为 192GFLOP/s

7.2.8　稀疏码生成概述

介绍一个稀疏张量码生成的例子,稀疏张量方言将稀疏编译的概念引入 MLIR。方言通过桥接这些稀疏张量类型上的高级运算与实际稀疏存储方案上的低级运算。稀疏张量方言引入了一个张量编码属性，该属性允许指定张量代数编译器（TACO）的格式。

在矩阵乘法中，对稀疏矩阵使用双压缩稀疏列 DCS 存储格式。稀疏张量是通过简单地将编码属性放置在张量类型中来指定的。这种定义稀疏张量格式的方法非常强大。对于单个 d 维张量，维度级格式与排序单独产生 $2^d \cdot d!$ 不同的格式。以这样一种方式注释稀疏内核，最终生成有效的稀疏代码。甚至输出张量也可以变得稀疏，以在存储结果时省内存。

一组稀疏张量方言重写规则，负责将内核下译到仅存储与迭代非零元素，以执行矩阵乘法的稀疏存储方案与命令式构造。这种自动稀疏代码生成方法，最初是在稀疏线性代数的背景下提出的，后来推广到稀疏张量代数。

重写规则类似 LinAlg、张量、memref、scf 与向量抽象进行互操作，将内核的稀疏性下译为张量的稀疏性，以及目标体系结构的性能特征。

例如，考虑一般稀疏矩阵 A 乘以向量计算 $x = Ab$。当 A 是压缩稀疏行（CSR）格式时，嵌套的 scf 循环用于在外部密集维度上迭代，并且通过间接的方式，仅迭代压缩内部维度的非零元素。

不同步长、增量与大小的二维深度卷积，如图 7-16 所示。

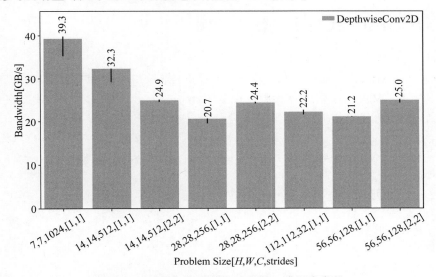

图 7-16　不同步长、增量与大小的二维深度卷积

在图 7-16 中，实测复制峰值 54.8GB/s（L2@90%），25.7GB/s（L3@40%）。$7 \times 7 \times 1024$ 大小需要 $16 \times 16 \times 1024 \times f32 = 1.05M$（输入与输出张量）。这略高于 L2，其他大小深入 L3 领域，需要并行性来增加带宽。

现在假设矩阵 A 实际上是一个结构化的稀疏矩阵，其中大多数列是空的，但当非零时，这些列是密集的，即大部分是填充的。CDC 支持按列访问而不是默认的按行存储，并且只对最外层维度(现在是列)使用压缩。专门针对稀疏8192×8192矩阵与向量长度为16的这种格式,稀疏重写规则与向量化能很好地结合,最终产生跳过空列的稀疏向量代码,但使用向量执行内部的密集更新。在 MLIR 中进行更渐进的下译后,最终 LLVM IR 表示被移交给后端编译器,后端编译器在以 AVX512 为目标时生成内部循环,该循环以完整的 SIMD 执行向量更新。

这里展示了 Intel Xeon W2135 3.7GHz 上的运行时间(以 ms 为单位),比较了 TACO 与 MLIR 生成的稀疏计算,这些计算是在随机均匀密度约为1%(随机)的稀疏矩阵,与填充了1%列(列)的矩阵上评估的,如表 7-4 所示。对于 TACO,使用了内置基准的默认设置,但为了公平比较,排除了编译时间。表 7-4 清楚地表明,MLIR 的稀疏编译器组件与像 TACO 这样的最先进编译器不相上下,当 MLIR 稀疏编译器的转换与其他优化(如向量化)相结合时会带来特定的好处。

表 7-4　Intel Xeon W2135 3.7GHz 上的稀疏内核运行时(以 ms 为单位)

大　　小	TACO 随机	MLIR 随机	TACO 列	MLIR 列
16,384×16,384	3.32	2.93	1.96	1.58
32,768×32,768	12.71	12.59	8.12	6.90
65,536×65,536	51.49	50.48	32.21	30.48

7.2.9　MLIR 代码生成优化示例

1. LLVM 方言与方言混合

这里是 LLVM 方言函数的示例,该函数使用 i32 与 bool 并返回一个结构。结构中填充了不同的值,具体取决于布尔函数参数。函数 llvm_example 混合了 LLVM 方言中函数声明中的操作与类型,代码如下:

```
//第 7 章/ mlir_llvm_example.asm
llvm. func @llvm_example ( % v: i32, % cond: i1 ) -> ! llvm. struct <( f32, vector < 2×f32 >,
i32 ) > {
% 0 = llvm. MLIR. undef:! llvm. struct <( f32, vector < 2×f32 >, i32 ) >
% v f32 = arith. uitofp % v: i32 to f32
% 1 = llvm. insertvalue % v f32, % 0 [0]:! llvm. struct <( f32, vector < 2×f32 >, i32 ) >
% f123 = arith. constant 123.0: f32
cond_br % cond, ^ bb1 ( % f123: f32), ^ bb2 ( % f123: f32)
^ bb1 ( % fa: f32):
% at123 = math. atan2 % fa, % fa: f32
br ^ bb2 ( % at123: f32)
^ bb2 ( % fb: f32):
% b = vector. broadcast % fb: f32 to vector < 2×f32 >
% 2 = llvm. insertvalue % b, % 1 [1]:! llvm. struct <( f32, vector < 2×f32 >, i32 ) >
% c1024 = arith. constant 1024: i32
% 3 = llvm. insertvalue % c1024, % 2 [2]:! llvm. struct <( f32, vector < 2×f32 >, i32 ) >
llvm. return % 3:! llvm. struct <( f32, vector < 2×f32 >, i32 ) >
}
```

llvm. undef 创建一个!llvm. struct <(f32, vector < 2×f32, i32)>结构,由于 llvm. insertvalue 用于填充结构的值是通过 arith、math 与 vector 方言中的操作创建的,所以提供了对所有方言都可见的内置类型(例如 f32、i32、vector < 2×f32 >)。方言可能会引入自己的类型,例如,!llvm. struct <(f32,f32,i32)>没有内置的表示形式,在 arith 与 math 方言中操作无法理解。

这个简单的例子已经提供了在其他方言中使用的 SSA 形式的关键分析。指令%1 = llvm. insertvalue %v f32,%0 [0]:! llvm. struct <(f32,vector < 2×f32 >,i32)>在 !llvm. struct 命名为%0 中的位置 0 处插入值%vf32! 指令产生了一个新的名为%1 的 !llvm. struct,它包含%0 的所有项的复制,位置 0 处除了 f32 外,该 f32 采用值%vf32。在 LLVM IR 的经典编译流中,所有操作与类型都必须转换为 LLVM 方言。这个过程被称为方言转换。为了简化这一过程并提高方言之间的互操作性,LLVM 方言对内置类型使用相同的表示。

2. arm-neon 方言示例

MLIR 具有原生的高维向量类型,可以方便地与 arm_neon 方言的目标特定操作(有效的镜像实际指令)混合,代码如下:

```
//第 7 章/ mlir_llvm_lowered_sdot.asm
//高级二维向量风格的 sdot 操作
func @sdot2d_4×4_ i8 i8( %a: vector < 4×i32 >, %b: vector < 4×4×i8 >, %c: vector < 4×4×i8 >)
 -> vector < 4×i32 > {
%0 = arm_neon.2 d. sdot %a, %b, %c: vector < 4×4×i8 >, vector < 4×4×i8 > to vector < 4×i32 >
return %0: vector < 4×i32 >
}
//下译到一维内在形式
llvm. func @lowered_sdot2d_4×4_ i8 i8( %a: vector < 4×i32 >, %b: vector < 16×i8 >, %c: vector < 16×i8 >)
 -> vector < 4×i32 > {
%0 = arm_neon. intr. sdot %a, %b, %c: vector < 16×i8 >, vector < 16×i8 > to vector < 4×i32 >
return %0: vector < 4×i32 >
}
//并进一步翻译为 LLVM IR
define < 4×i32 > @llvm_sdot2d_4×4_ i8 i8 ( < 4×i32 > %0, < 16×i8 > %1, < 16×i8 > %2 )
{
%4 = call < 4×i32 > @llvm. aarch64. neon. sdot. v4 i32. v16 i8 ( < 4×i32 > %0, < 16×i8 > %1, < 16×i8 > %2 )
ret < 4×i32 > %4
}
```

llvm. aarch64. neon. sdot. v4i32. v16i8 内在函数在 4×i8 的子向量上执行 4 个并行点积,每个点积对生成的 4×i32 的一个通道有贡献。arm_neon. intr. sdot 紧密地反映了内在属性,然而,也提供了 arm_neon.2d.sdot,它向更高级别的基础设施更清楚地公开了操作语义。这个简单的例子说明了更结构化、更高维抽象的语义优势。

3. 目标特异性向量 IR

目标特异性向量 IR 包括向量加载、向量调度、向量存储等,代码如下:

```
//第 7 章/mlir_vector_op.asm
func @contract ( % m0: memref < 2 × f32 >, % m1: memref < 2 × 16 × f32 >, % m2: memref < 2 × 16 × f32 >) {
% 0 = vector.load % m0 [0]: memref < 2 × f32 >, vector < 2 × f32 >
% 1 = vector.load % m1 [0, 0]: memref < 2 × 16 × f32 >, vector < 8 × f32 >
% 2 = vector.load % m1 [1, 0]: memref < 2 × 16 × f32 >, vector < 8 × f32 >
% 3 = vector.load % m1 [0, 8]: memref < 2 × 16 × f32 >, vector < 8 × f32 >
% 4 = vector.load % m1 [1, 8]: memref < 2 × 16 × f32 >, vector < 8 × f32 >
% 5 = vector.extract % 0 [0]: vector < 2 × f32 >
% 6 = splat % 5: vector < 8 × f32 >
% 7 = vector.fma % 6, % 1, 0.0 f: vector < 8 × f32 >
% 8 = vector.extract % 0 [1]: vector < 2 × f32 >
% 9 = splat % 8: vector < 8 × f32 >
% 10 = vector.fma % 9, % 2, % 7: vector < 8 × f32 >
% 11 = vector.fma % 6, % 3, 0.0 f: vector < 8 × f32 >
% 12 = vector.fma % 9, % 4, % 11: vector < 8 × f32 >
vector.store % 10, % m2 [0, 0]: memref < 2 × 16 × f32 >, vector < 8 × f32 >
vector.store % 12, % m2 [0, 8]: memref < 2 × 16 × f32 >, vector < 8 × f32 >
vector.store % 10, % m2 [1, 0]: memref < 2 × 16 × f32 >, vector < 8 × f32 >
vector.store % 12, % m2 [1, 8]: memref < 2 × 16 × f32 >, vector < 8 × f32 >
return
}
```

4. Python 绑定与互操作性

结构化张量代码生成强烈地影响了 MLIR Python 绑定的设计,特别是嵌套 Python 上下文管理器与嵌套 IR 结构之间的自然映射,L1 存储二维复制基准信息,代码如下:

```
//第 7 章/mlir_exect_runtime.py
from MLIR.execution_engine import ExecutionEngine
from MLIR.runtime import get_ranked_memref_descriptor
import numpy as np
import ctypes
# 创建 NumPy 数组
from MLIR.ir import Context, InsertionPoint, Module
from MLIR.dialects import builtin, scf
# 在新的 MLIR 上下文中构造 IR
with Context ():
module = Module ()
# 在模块中构造以下操作
with InsertionPoint ( Module.body ):
func = builtin.FuncOp ('foo ')
# 在函数中构造以下操作
# 创建入口块以将声明转换为定义
```

```
with InsertionPoint (func.add_entry_block()):
loop = scf.ForOp (...)
♯使用循环构造以下操作
with InsertionPoint (loop.body):
♯等
np_a, np_b = np.ones (M, K), np.ones (K, N)
np_c = np.zeros (M, N)
♯将它们转换为与 MLIR 兼容的对象,共享底层数据
a, b, c = [ctypes.pointer(ctypes.pointer(get_ranked_memref_descriptor(v)))
for v in (np_a, np_b, np_c)]
♯JIT 编译并调用函数
engine = ExecutionEngine (module, opt_level = 3)
engine.invoke ('matmul ', a, b, c)
♯结果在 NumPy 数组中很容易获得
print (np_c)
133/10000
```

由于流处理的结构化数据对象在 Python 中公开为与 Python 缓存协议兼容的对象,因此可以转换为 NumPy 数组,也可以从 NumPy 阵列转换为 NumPython 数组,后者可以进一步地转换为特定框架的数据类型。

一旦程序被构建、使用结构化张量代码生成流编译并下译,就可以对其进行 JIT 编译,并且可以使用其名称从 Python 调用该程序中的函数。从上面定义的模块执行 matmul 函数,代码如下:

```
//第 7 章/mlir_np.ones.py
np_a, np_b = np.ones (M, K), np.ones (K, N)
np_c = np.zeros (M, N)
♯将它们转换为与 MLIR 兼容的对象,共享底层数据
a, b, c = [ctypes.pointer(ctypes.pointer(get_ranked_memref_descriptor(v)))
for v in (np_a, np_b, np_c)]
♯JIT 编译并调用函数
engine = ExecutionEngine (module, opt_level = 3)
engine.invoke ('matmul ', a, b, c)
♯结果在 NumPy 数组中很容易获得
print (np_c)
133/10000
```

7.2.10　代码生成技术小结

代码生成技术提出了支持 MLIR 中张量代码生成的可组合多级中间表示与转换。这项工作在很大程度上利用了 MLIR 的渐进性设计原则,它通过设计与实现多个渐进式下译的实例来实现。该方法的特点是面向转换的 IR 设计:取消对低级 IR 的合法性分析与适用性检查,系统地依赖于精心设计的抽象的渐进分解。由此产生的设计是模块化的,并考虑到了可选性。抽象跨越具有函数(SSA 形式)与命令(副本)语义的数据结构与控制流。它们充当可重定目标张量编译器的通用构建块。转换被系统地应用为声明性模式的组合。这允

许实现高级形式的通道融合,已知可以缓解可怕的相位排序问题。早期的单线程 CPU 代码生成显示出强大的性能,即使在没有系统调优的情况下也是如此。

7.3 利用 MLIR 实现矩阵乘法的高性能 GPU 码生成

7.3.1 MLIR 在 GPU 上张量核代码生成概述

本节将介绍使用 MLIR 编译器基础设施在 NVIDIA GPU 上针对张量核生成代码的一些早期结果。当今高性能深度学习的最先进技术主要是由高度调优的库驱动的。这些库通常是由专业程序员手工优化与调优的,他们使用低级抽象,付出了巨大的努力。对于类似的硬件与未来的硬件,可能需要重复很多这样的工作,因此,这个过程不像 LLVM 这样的编译器基础结构那样是模块化的或可重用的。手动优化通常不使用标准的中间表示(IR),尽管所执行的优化可以编码为 IR 上的一系列转换步骤与自定义过程。手动调整也可能错过对只有自动代码生成才能轻松到达的设计点的探索。直到最近引入 MLIR(多级中间表示),IR 基础设施才能有效地解决特定领域库的自动生成问题。特别是,很难使用单个 IR 来表示与转换高、中、低级别的计算抽象。

通过在 MLIR 中进行适当抽象,构建了一个实验性的下译流水线,该流水线能够在 NVIDIA GPU 上针对其张量核自动生成矩阵乘法的代码。在评估的一组大小上,初始性能结果表明,在基于 NVIDIA 的 Ampere 微体系结构的 Geforce 3090 RTX 上,F32 与 F16 积累的性能分别为 CuBLAS 的 95%～119% 与 80%～160%。这些结果可以作为进一步研究与开发使用,类似于专业加速器的 IR 基础设施自动生成代码与库的动机。

深度学习与高性能人工智能在很大程度上依赖于高性能计算。计算机硬件与微体系结构、库、编译器、运行时与编程模型的创新,不断满足相关的计算需求。目前,大量高性能深度学习由硬件供应商提供的高度调优的库提供支持,例如,CuDNN、CUBLAS 与 MKL。创建这些库包需要大量的努力与专业知识。这个开发过程可能必须在每个主要的硬件或软件版本中重复,并且以有效的方式探索与优化的内容是有限的。

矩阵乘法(matmul)作为一种计算内核,是许多基于 Transformer(如 BERT)与一般高性能计算的深度学习框架的核心。它还可以作为一个极好的测试用例来评估可以实现的目标。虽然自动代码生成器的优势通常是优化内核的组成,而不是众所周知的单个内核,但无法为经过充分研究的内核生成好的代码,可能会成为自动代码生成器处理所有峰值性能代码生成的整体的障碍。特别针对 NVIDIA GPU 上的张量内核,NVIDIA GPU 是矩阵乘法累加 MM 操作的专用单元,其吞吐量通常是普通 CUDA 内核的 3～4 倍。

一些工作集中在以张量核为目标的 GPU GEMM 上。通过在 Julia 中创建三级 API 来解决两种语言问题,该 API 使用户能够编写高效的 GEMM 内核。主要关注点是开发一个足够灵活的 API,以满足各种各样的应用程序的需求,而不是使用具有多个抽象级别的统一 IR 基础设施。采用多面体代码生成方法来生成 Volta 张量核的代码,使用调度树来表示计算,并使用 ISL 为其生成 CUDA 代码。可以为 matmul 与融合运算(如偏置加法与 ReLU)生成代码,同时实现高达 2.55 倍的速度。这项工作是针对 Volta 的,包括一些特定设备的专业化,以实现有竞争力的性能。Triton 是一种用于神经网络计算的 IR 与优化编译器。该框架基于网格理论,网格是一个静态形状的多维数组。编译器由一个 Python 包公开,该包允许用户编写 Python 代码,并自动生成高效的机器代码。这项工作同时支持 CUDA 与张量核,并取得了良好的性能。

这里的方法是使用编译器中间表示(IR)基础设施来促进高性能代码与库的生成。以矩阵乘法核进行实验,以 NVIDIA 的张量核为目标。MLIR 是在这里使用的编译器基础设施,其目的是使整个过程在很大程度上更加模块化、系统化与自动化。通过小步骤下译 IR 并应用正确的 IR 转换与优化集,可以实现与手工编写的库相当的性能,而无须实际手工编写任何代码。虽然之前的一项工作对高性能 CPU 的单核进行了类似的研究,但目标是专门的加速器。

这项工作的贡献主要包括以下几点。

(1)在 MLIR 方言中引入 Warp 矩阵乘法累加(Warp Matrix Multiply Accumulate, WMM)操作,并将其下译到 LLVM/NVPTX 后端。

(2)演示 GPU 上的 matmul 如何作为 MLIR 转换与方言下译的序列,系统地、渐进地生成代码。

(3)构建一个针对张量核的端到端 matmul 代码生成管道,初步结果表明,所获得的性能与手动调优库不相上下,在某些情况下甚至高达 1.60x。

如果存在从这些模型到 MLIR 的下译流程,则方法是基于 IR 的方法,可以与不同的编程模型与语言一起工作。

7.3.2　MLIR 代码生成

1. MLIR 模块概述

多级中间表示(MLIR)旨在提供可重用、可扩展的编译器基础设施,并降低构建特定领域编译器的成本。MLIR 可用于实现多个目标,示例如下:

(1)可以表示数据流图(如 TensorFlow),包括动态形状、变量等。

(2)可以优化机器学习操作的内核。

(3)能够跨内核进行高性能计算循环优化(融合、循环交换、平铺、展开与阻塞)。

(4)可以表示特定目标的操作,例如特定加速器的高级操作。

(5)可以表示不同抽象级别的内核(MLIR 中的方言)。

MLIR 结构由以下几个部件组成。

(1)操作:这是 MLIR 中的基本语义单元,被称为操作。从指令到函数再到模块的所有内容都被建模为 MLIR 的操作。运算取 0 个或多个值,分别称为操作数与结果。

(2)属性:它是结构化的编译时静态信息,例如整数常数值、字符串数据等。属性是类型化的,每个操作实例都有一个从字符串名称到属性值的开放键值字典。

（3）区域与块：区域包含块列表，块包含可能进一步包含区域的操作列表。区域内的块构成控制流图（CFG）。每个块以终止器操作结束，终止器操作可以具有控制流，可以传输到的后续块。

（4）方言：它是一个唯一名称空间下的操作、属性与类型的逻辑分组。来自不同方言的行动可以在任何时间在 IR 的任何级别共存。方言具有扩展性与灵活性的特点，有助于执行特定的优化与转换。仿射、GPU、LLVM 与 LinAlg 是一些重要的方言。

（5）功能与模块：模块是一个操作，具有包含单个块的单个区域，并由不传输控制流的伪操作终止。函数是一个具有单个区域的操作，其自变量与函数自变量相对应。

在工作中使用的一些 MLIR 方言解释如下。

（1）仿射方言：该方言使用多面体编译技术，使相关性分析与循环转换高效可靠。已经在仿射方言的层面上进行了大多数优化与转换。

（2）GPU 方言：GPU 方言为通用 GPU 编程范式建模，类似于 MLIR 中的 CUDA 或 OpenCL。它的目标是提供抽象来建模 GPU 特定的操作与属性。它在很大程度上意味着与供应商无关。可以找到一些附加信息与 GPU 方言文档。

（3）NVVM 方言：由于专注于张量核代码生成，所以使用并扩展了 NVVM 方言。此方言提供了直接映射到 LLVM 中的 NVPTX 后端的操作。

（4）LLVM 方言：代码生成的最后阶段涉及下译到 LLVM IR，从 LLVM 后端控制并生成目标代码。为了对 LLVM IR 进行建模，使用了这种方言。这是 MLIR 中存在的最低抽象级别。

2．GPU 大规模并行计算

GPU 是通用的大规模并行计算设备。内存与计算层次结构在优化任何应用程序并因此实现高性能方面发挥着重要作用。可以将 GPU 内存抽象为 4 级，包括层次结构、全局内存、L2 缓存、可配置的 L1 缓存/共享内存与寄存器。GPU 上的处理器也可以抽象为两级层次结构，即流式多处理器（SM）与 SM 内部的计算核心。这些计算核心通常被称为 CUDA 内核。除了 CUDA 内核，张量内核等特殊单元也存在于计算层次结构中相同级别的较新 GPU 中。每个 SM 被进一步划分成处理块，这些处理块具有各自的 warp 调度器。GPU 的编程模型被构造为与存在的处理器层次结构相匹配。线程是 GPU 上的单个执行实体，可以与其他线程并行执行。这些线被分成 32 组，称为经线。warp 在 SM 的计算核心上以步调一致的方式执行。warp 调度器选择准备执行的 warp，并将其调度到计算内核。当一个 warp 遇到数据依赖项时，它会暂停，而 warp 调度程序会选择另一个准备执行的 warp。根据 SM 上存在的处理块的数量，可以并行执行多个 warp，因此，一般来讲，更多的 warp 有助于实现：

（1）warp 级别的并行性。

（2）更好的延迟隐藏。

（3）更好地利用底层资源。

现在，这些 warp 被进一步分组到一个线程块中。可以有几个线程块在 GPU 上并行执行。线程块绑定到 SM。它在 SM 的执行周期内不能更改 SM，必须在同一个 SM 上完成执行,并在完成后释放分配给它的所有资源。同一个warp中的线程可以使用warp级别的变换指令交换数据。线程块中的所有线程都可以使用低延迟共享内存进行通信,而不同线程块中线程需要使用高延迟全局内存进行通信。同步基元存在于线程块与warp级别。同步将确保线程块或warp中的任何线程(取决于所使用的同步类型)都不会继续执行下一条指令,直到所有线程都到达同步点。将数据首先写入共享内存,然后在由所有线程读取的情况下,使用共享内存时需要同步。在读取与写入共享内存缓存之前,必须同步所有线程,以确保正确性。

3. 张量核

张量核是NVIDIA GPU上的可编程矩阵乘法与累加MM单元。在Volta体系结构中首次引入,它们也出现在图灵与安培身上。显著高于CUDA内核的吞吐量,使其非常适合加速深度学习工作负载。张量核执行MMA运算,表示为$D = A * B + C$,其中运算大小在图灵与伏特上为$4 \times 4 \times 4$,而在安培上为$8 \times 4 \times 8$。张量核执行像HMMA这样的warp同步指令来执行MMA操作。warp同步意味着warp中的所有线程协同执行这些特殊指令,以产生MMA操作的输出。由于张量核指令的这种warp同步性质,在编程张量核时,有必要在warp级别而不是线程级别编写或生成代码。张量核最初只支持fp16,用于输入,而支持fp16或fp32用于累加与输出,但现在它们支持多种输入与输出格式,如tf32、bf16、int8与int4。tf32具有与fp32相同的范围,以及与fp16相同的精度,但用19位表示。它可以用于精度不太重要的地方。如果要使用此模式,则输入必须在fp32中,它们将在内部被转换为tf32,在fp32中将进行累加,输出也将在fp32产生。这在CUDA内核上提供了比普通fp32模式更高的速度。bf16提供了与fp32相同的范围,精度低于fp16。张量核在bf16与fp16模式下提供相同的速度,但两者都比tf32快。整数类型旨在用于训练后量化。

当谈到可编程性时,有3种方法可以利用张量核:

(1) 使用像CUBLAS这样的高级库。

(2) 在CUDA中使用高级C++ WMMA API的程序。

(3) 使用汇编级指令显式编程。

张量核的参数与性能特征如表7-5所示。

表 7-5　张量核的参数与性能特征

功 能 模 块	性　　能	共享内存组性能冲突	易 用 性	支持算子融合
高级库	最佳	最小	用函数调用访问	有限
WMMA API	多数情况较优	较高	要求良好的编程工作	好
汇编	所有情况较优	最小	要求大量良好的程序	好

虽然CUBLAS可以仅使用函数调用来使用,但使用其他两种方法需要大量的编程工作。WMMA API提供了更大的矩阵运算($16 \times 16 \times 16, 32 \times 8 \times 16$),以及加载与存储操作数矩阵的实用函数。将这些API函数转换为特定GPU微体系结构的汇编指令的任务,也转移到NVIDIA的专有编译中。使用WMMA API加载的矩阵一旦被加载到寄存器中,就

具有不透明的布局了,即哪个线程持有加载的矩阵的哪个元素(线程-数据映射)是未知的。由于这种不透明的性质,在进行诸如偏置添加之类的操作的融合时,需要一些特定的步骤,这些步骤需要了解线程数据映射。显式地使用汇编指令编程张量核更具挑战性,因为程序员必须处理寄存器中的线程数据映射及共享内存与寄存器之间的数据移动等复杂问题。表 7-5 总结了这些方法。

　　LLVM 中的 NVPTX 后端将 WMMA API 函数公开为内部函数。这使通过 MLIR 对张量核进行编程成为可能。这些内部函数与 WMMA API 函数一一映射,并在编程与使用方面表现出相同的行为。

7.3.3　流程设计

　　管道基于一系列优化与转换,这些优化与转换构成了 GPU 上快速 matmul 的配置。使用的配置与之前的一些工作中强调的配置非常接近。它们中共同的部分是两级阻塞,以最大限度地提高内存层次结构不同级别的重用性,矩阵乘法到 GPU 设备的下译流程,如图 7-17 所示。

　　MLIR 中提供了一些支持,已经在管道中重复使用了这些支持,但缺少一些核心组件。MLIR 中没有使用 WMMA API 对张量核进行编程所需的操作,在必要时对现有的 MLIR 基础设施进行更改与添加。

　　尽管可以有不同的下译流程来实现相同的目标,但只要要生成的目标核是仿射的,就应该选择通过仿射方言的下译流程。这在许多方面都有帮助,如快速内存缓存的创建与配置、循环平铺、展开阻塞、向量化并行循环的检测及同步屏障的配置,代码如下:

```
//第 7 章/mlir_Matmul_thread.c
//算法 1:两级平铺张量核 Matmul
//全局内存:A[M][K] B[K][N], C[M][N];
//共享内存:a_smem[tbm][tbk], b_smem[tbk][tbn];
//寄存器:c_reg[wm][wn], a_reg[wm], b_reg[wn];
for threadBlockK ← 0 to M step tbk do
__syncthreads();
//所有线程将 tbm × tbk 块形式 A 加载到 a_smem
//所有线程将 tbk × tbn 块形式 B 加载到 b_smem
//Warp 将 wm×wn 块形式 C 加载到 c_reg[wm][wn]
__syncthreads();
//wmmaM、wmmaN 与 wmmaK 表示 WMMA 固有大小
for warpK ← 0 to tbk step wmmaK do
for warpM ← 0 to wm step wmmaM do
//Warp 将 A 形式 a_smem 的片段加载到 a_reg[warpM]
for warpN ← 0 to wn step wmmaN do
//Warp 将 B 形式 b_smem 的片段加载到 b_reg[warpM]
c_reg[warpM][warpN] += a_reg[warpM] × b_reg[warpN];
end
end
end
//Warp 将 c_reg[wm][wn]存储到 c 中的相应块
End
```

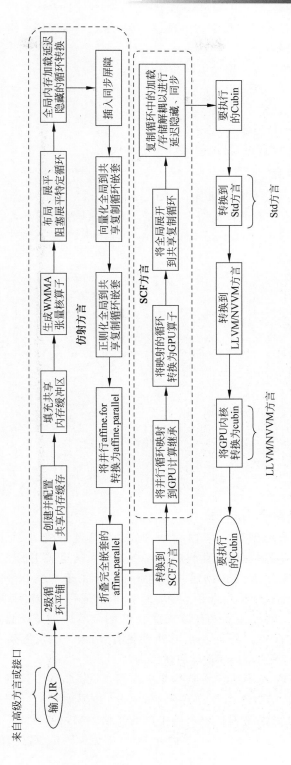

图 7-17　矩阵乘法到目标 GPU 张量核的下译流程

尽管为了简洁起见在算法中没有突出显示,但高性能只能使用一组更多的优化来实现,这些优化主要包括以下内容:

(1) 在共享内存缓存中进行填充以减少库冲突。

(2) 寄存器平铺或 warp 平铺。

(3) 加载-存储向量化。

(4) 全局存储器加载延迟隐藏。

现在,将详细描述下译管道,讨论如何启用主要优化。

1. 代码生成的起点

代码生成方法的起点是一个高级操作,如 lmhlo. dot 或 linalg. matmul,或者简单地说是一个 IR,它是从面向用户的编程模型中生成的,目标是线性代数方言。在前一种情况下,可以将操作下译到三环路仿射 matmul,而在后一种情况中,可以生成三环路仿射 matmul,代码如下:

```
//第 7 章/mlir_affine_memred.asm
affine.for % i = 0 to % M {
affine.for % j = 0 to % N {
affine.for % k = 0 to % K {
% a = affine.load % A[ % i, % k]: memref < 8192 × 8192 × f16 >
% b = affine.load % B[ % k, % j]: memref < 8192 × 8192 × f16 >
% c = affine.load % C[ % i, % j]: memref < 8192 × 8192 × f32 >
% aq = fpext % a: f16 to f32
% bq = fpext % b: f16 to f32
% q = mulf % aq, % bq: f32
% co = addf % c, % q: f32
affine.store % co, % C[ % i, % j]: memref < 8192 × 8192 × f32 >
}
}
}
```

2. 创建与配置共享内存缓存

平铺完成后,下一步是创建共享内存缓存,并将其配置在正确的循环深度。使用 affineDataCopyGenerate 实用程序来复制矩阵 *A* 与 *B*。在这里采用的方法与以前所做的一些工作略有不同。只为矩阵 *A* 与 *B* 创建共享内存缓存。由于 *C* 每次 warp 只加载一次,因此将其从全局内存直接流式传输到寄存器中。将 *C* 从全局存储器流到共享存储器,然后从共享存储器流到寄存器。通过共享内存流式传输 *C* 的基本原理是防止对全局内存的随机访问,并可能促进全局内存中的联合访问,这可能更有效,但情况可能并不总是如此,尤其是对于大的尺寸,因为 *C* 网格每次 warp 只加载一次。

此外,这种方法还需要使用动态分配的共享内存,因为 *C* 的最佳网格大小可以很容易地耗尽某些设备上 48KB 的静态共享内存限制,因此,必须动态地分配用于保存网格的缓存,并且必须重用该缓存来存储所有 3 个操作数的网格。MLIR 目前不支持动态分配共享内存,因此,将自己限制在静态分配的共享内存中,以避免代码生成器中的特定复杂性,这可能不值得付出努力,即使不这样做,在大多数情况下,也已经接近手动调优的库。创建共享内存缓存是开发的一部分,而确保以最小的库冲突进行共享内存访问是另一部分。群组冲突会显著地降低共享内存的吞吐量。

避免库冲突的一种通用技术是在前导维度中填充共享内存缓存。通过将affineDataCopyGenerate 生成的共享内存缓存的 leadingDimension 更改为 leadingDimition + PpaddingFactor 来实现同样的效果。这样做将更改共享内存缓存的底层布局图,以考虑前导维度的变化,并且 IR 的其余部分不需要更改。可以尝试不同的填充因子,查看什么执行得最好,但填充因子必须是 8 的倍数,即 f16 元素的 128 位。这是因为 WMMA API 的校准要求。

3. 生成 WMMA 操作

现在就可以继续生成 gpu.subgroup_mma 操作了。WMMA 操作有不同的大小,在这项工作中使用了 $16 \times 16 \times 16$ 版本的操作。在这里生成的操作应该取代已经存在的标量操作,并且必须相应地调整相应循环的循环步骤,以及带有 WMMA 操作的平铺与填充仿射矩阵乘法,代码如下:

```
//第 7 章/mlir_affine_map_memred.asm
#map0 = affine_map<(d0) -> (d0)>
#map1 = affine_map<(d0) -> (d0 + 64)>
#map2 = affine_map<(d0) -> (d0 + 128)>
module {
//A 与 B 的共享内存缓存
memref.global "private" @b_smem_global: memref<64×136×f16, 3>
memref.global "private" @a_smem_global: memref<128×72×f16, 3>
func @main() {
...
affine.for %i = 0 to 8192 step 128 {
affine.for %j = 0 to 8192 step 128 {
//对共享内存缓存的引用
%b_smem = memref.get_global @b_smem_global: memref<64×136×f16, 3>
%a_smem = memref.get_global @a_smem_global: memref<128×72×f16, 3>
//主 k-循环
affine.for %k = 0 to 8192 step 64 {
//复制 B 的循环
affine.for %copykk = #map0(%k) to #map1(%k) {
affine.for %copyjj = #map0(%j) to #map2(%j) {
%11 = affine.load %B[%copykk, %copyjj]: memref<8192×8192×f16>
affine.store %11, %b_smem[%copykk - %k, %copyjj - %j]: memref<64×136×f16, 3>
}
}
//复制 A 的循环
affine.for %copyii = #map0(%i) to #map2(%i) {
affine.for %copykk = #map0(%k) to #map1(%k) {
%11 = affine.load %A[%copyii, %copykk]: memref<8192×8192×f16>
affine.store %11, %a_smem[%copyii - %i, %copykk - %k]: memref<128×72×f16, 3>
```

```
}
}
affine.for %ii = 0 to 128 step 64 {
affine.for %jj = 0 to 128 step 32 {
affine.for %kk = 0 to 64 step 32 {
affine.for %kkk = 0 to 32 step 16 {
affine.for %iii = 0 to 64 step 16 {
affine.for %jjj = 0 to 32 step 16 {
...
%a = gpu.subgroup_mma_load_matrix %a_smem[%11, 12] {leadDimension = 72:
index}: memref<128×72×f16, 3> -> !gpu.mma_matrix<16×16×f16, "AOp">
%b = gpu.subgroup_mma_load_matrix %b_smem[%12, %14] {leadDimension = 136:
index}: memref<64×136×f16, 3> -> !gpu.mma_matrix<16×16×f16, "BOp">
%c = gpu.subgroup_mma_load_matrix %C[%16, %17] {leadDimension = 8192: index
}: memref<8192×8192×f32> -> !gpu.mma_matrix<16×16×f32, "COp">
%res = gpu.subgroup_mma_compute %a, %b, %c: !gpu.mma_matrix<16×16×f16, "AOp
">, !gpu.mma_matrix<16×16×f16, "BOp"> -> !gpu.mma_matrix<16×16×f32, "
COp">
gpu.subgroup_mma_store_matrix %res, %C[%16, %17] {leadDimension = 8192:
index}: !gpu.mma_matrix<16×16×f32, "COp">, memref<8192×8192×f32>
}
}
}
}
}
}
}
}
}
}
```

现在已经生成了 WMMA 操作,执行以下 IR 转换:

(1) 排列最外面的 6 个循环,从 (i,j,k,ii,jj,kk) 顺序到 $(i,j,ii,jj,k、kk)$ 次序,将计算循环映射到 GPU 计算层次结构。此外,它还有助于将 C 上的不变加载存储操作移动到尽可能远的位置。

(2) 排列最里面的 3 个循环,从 (i,j,k) 到 (k,i,j)。这代表了经向水平 MMA 操作,并增强了 ILP。

(3) 完全展开最里面的 3 个环。

下面的工作是在创建 WMMA 操作之后得到 IR。应该注意到最里面的循环在这里被调整的步骤。该列表进一步地显示了想要的排列中的循环嵌套。最外面的两个循环稍后将映射到栅格中的线程块,下面的两个环路将映射到 warp。接下来的两个循环是对应于线程块的 k 循环,然后是经线。展开后,进行了两次观察。

(1) C 矩阵上的运算现在变得独立于环境的两个循环,因此现在将 C 上的运算提升到最外层的 k 循环。通过这种方式,防止在全局内存中重复加载与存储到 C,并且只在线程块网格的处理开始与结束时执行这些操作。

（2）展开这些循环完全显示 **A** 与 **B** 上的所有负载，其中一些负载在 k 维上是相同的，通过应用 CSE，可以完全消除冗余负载，并实现展开阻塞的效果，环路展开与负载存储的仿射矩阵乘法，代码如下：

```
//第 7 章/mlir_thread_affine_map_memred.asm
...
#map0 = affine_map<(d0, d1) -> (d0 + d1)>
...
//Thread block `i` loop.
affine.for %i = 0 to 8192 step 128 {
//线程块 j 循环
affine.for %j = 0 to 8192 step 128 {
%b_smem = memref.get_global @b_smem_global: memref<64×136×f16, 3>
%a_smem = memref.get_global @a_smem_global: memref<128×72×f16, 3>
//Warp `i` 循环
affine.for %ii = 0 to 128 step 64 {
//Warp `j` 循环
affine.for %jj = 0 to 128 step 32 {
//C 上的提升加载
%11 = affine.apply #map0(%i, %ii)
%12 = affine.apply #map0(%j, %jj)
%c_reg_0 = gpu.subgroup_mma_load_matrix %C[%11, %12] {leadDimension = 8192: index}:
memref<8192×8192×f32> -> !gpu.mma_matrix<16×16×f32, "COp">
...
//主 k 循环,加载的 C 操作数为 iter_args
%res:8 = affine.for %k = 0 to 8192 step 64 iter_args(%c_in_0 = %c_reg_0, %c_in_1 = %
c_reg_1...) -> (!gpu.mma_matrix<16×16×f32, "COp">, !gpu.mma_matrix<16×16×f32, "COp
">) {
...
%a = gpu.subgroup_mma_load_matrix %a_smem[%ii, %c_in_0] {leadDimension = 72: index}:
memref<128×72×f16, 3> -> !gpu.mma_matrix<16×16×f16, "AOp">
%b = gpu.subgroup_mma_load_matrix %b_smem[%c_in_0, %jj] {leadDimension = 136: index}:
memref<64×136×f16, 3> -> !gpu.mma_matrix<16×16×f16, "BOp">
%c_res = gpu.subgroup_mma_compute %a, %b, %c_in_0: !gpu.mma_matrix<16×16×f16, "AOp">,
!gpu.mma_matrix<16×16×f16, "BOp"> -> !gpu.mma_matrix<16×16×f32, "COp">
...
//主 k 产生当前迭代结果的循环
affine.yield %104, %107...: !gpu.mma_matrix<16×16×f32, "COp">, !gpu.mma_matrix<16
×16×f32, "COp">...
}
//C 上的提升存储
gpu.subgroup_mma_store_matrix %res#0, %C[%11, %12] {leadDimension = 8192: index}:
!gpu.
mma_matrix<16×16×f32, "COp">, memref<8192×8192×f32>
...
}
}
}
}
```

上述优化之后的循环结构,在 **C** 矩阵的不变加载-存储对移动后,循环结构发生了怎样的变化。affine.for 运算表示主 *k* 循环,现在被修改为将加载的 **C** 操作数作为循环 iter_args。这些操作数将用作此循环中发生的乘法的累加器。在每次迭代之后,这个循环都会产生累积的乘积,这些乘积作为 iter_args 传递给下一次迭代。这些 iter_args 驻留在寄存器中,并在主 *k* 循环的不同迭代中重复使用。

4. 全局内存加载延迟隐藏

随着 gpu.subgroup_mma 操作与一些其他优化的引入,正在朝着最终 IR 中的结构迈进。专注于在仿射方言本身没有任何 GPU 特定信息的情况下进行尽可能多的优化。在目前的 IR 中,在加载 **A** 与 **B** 的共享内存网格之前,无法开始计算。就延迟而言,全局内存加载是最昂贵的操作之一,因此消除操作数上的长等待时间非常重要。通过在迭代 0 中取出 **A** 与 **B** 的复制矩阵,并在迭代 *n*−1 中进行计算,以此来分割主 *k* 循环或线程块 *k* 循环。

复制矩阵就放在 *k* 循环之前,计算就放在它之后。在该循环中执行的计算的索引也需要移动,以便向前移动一次迭代,因此,计算发生在共享内存中已经可用的数据上,下一次迭代的负载已经发布。这个阶段的 IR 的结构,以及 WMMA 仿射矩阵乘法与移位的 *k* 循环,代码如下:

```
//第 7 章/mlir_thread_affine_map_memred_copy_load.asm
♯map4 = affine_map<(d0) -> (d0)>
♯map5 = affine_map<(d0) -> (d0 + 128)>
♯map6 = affine_map<(d0) -> (d0 + 64)>
//k 循环的迭代 0 的仿射复制循环
affine.for %copyk = 0 to 64 {
affine.for %copyj = ♯map4(%j) to ♯map5(%j) {
%35 = affine.load %B[%copyk, %copyj]: memref<8192×8192×f16>
affine.store %35, %b_smem[%copyk, %copyj - %j]: memref<64×136×f16, 3>
}
}
affine.for %copyi = ♯map4(%i) to ♯map5(%i) {
affine.for %copyk = 0 to 64 {
%35 = affine.load %A[%copyi, %copyk]: memref<8192×8192×f16>
affine.store %35, %a_smem[%copyi - %i, %copyk]: memref<128×72×f16, 3>
}
}
//Main k - loop.
affine.for %k = 0 to 8128 step 64 {
//复制 k 循环的迭代 %k + 1 的循环
affine.for %copyk = ♯map6(%k) to ♯map5(%k) {
affine.for %copyj = ♯map4(%j) to ♯map5(%j) {
%36 = affine.load %B[%copyk, %copyj]: memref<8192×8192×f16>
affine.store %36, %b_smem[%copyk - %k - 64, %copyj - %j]: memref<64×136×f16, 3>
}
}
affine.for %copyi = ♯map4(%i) to ♯map5(%i) {
affine.for %copyk = ♯map6(%k) to ♯map5(%k) {
```

```
% 36 = affine.load % A[ % copyi, % copyk]: memref < 8192 × 8192 × f16 >
affine.store % 36, % a_smem[ % copyi − % i, % copyk − % k − 64]: memref < 128 × 72 × f16, 3 >
}
}
affine.for % kk = 0 to 64 step 32 {
...
}
}
//k 循环的最后一次迭代的仿射计算循环
affine.for % arg4 = 8128 to 8192 step 64 {
...
}
```

虽然这为延迟隐藏奠定了基础,但要看到这一点,需要将共享内存中的存储与线程块 k 循环内复制循环的全局内存负载解耦。这对于优化的正确性与功能都是必需的。为此,将复制循环与延迟存储展开为外部 k 循环中的后续操作。将这种优化推迟到流水线中的另一个点,因为需要一些特定 GPU 的信息来实现它。

5. 插入同步屏障

已经完成了 IR 中的大部分部件的生成,这可能需要同步屏障。共享内存缓存将由线程块中的所有线程读取与写入,因此在写入这些缓存前后进行同步是至关重要的。一般来讲,这个过程也可以使用基于内存的依赖性分析来实现自动化,需要复制循环的静态信息来设置这些同步屏障。

6. 全局到共享复制向量化

虽然延迟隐藏会起到一定的作用,但它无法使实际复制运行得更快。众所周知,向量加载存储指令比其标量对应指令执行得更好,因为它减少了内存事务的数量,并且通常会更好地利用可用带宽。

使用 MLIR 中已经存在的向量化实用程序。将全局上实用程序称为共享内存复制。可以使用这个实用程序来尝试不同的向量宽度。尝试了 32、64 与 128 位宽的向量,并找出了 128 位宽向量的最佳工作方式。向量化复制循环,代码如下:

```
//第 7 章/mlir_thread_affine_map_memred_cast.asm
...
♯ map4 = affine_map < (d0) − > (d0)>
♯ map5 = affine_map < (d0) − > (d0 + 128)>
♯ map6 = affine_map < (d0) − > (d0 + 64)>
...
//全局内存 memrefs 的强制转换操作
% a_cast = memref.vector_cast % A: memref < 8192 × 8192 × f16 > to memref < 8192 × 1024 × vector
< 8 × f16 >>
% b_cast = memref.vector_cast % B: memref < 8192 × 8192 × f16 > to memref < 8192 × 1024 × vector
< 8 × f16 >>
//共享内存 memref 的强制转换操作
```

```
% b_smem_cast = memref.vector_cast % b_smem: memref < 64 × 72 × f16, 3 > to memref < 64 × 9 ×
vector < 8 × f16 >,
3 >
% a_smem_cast = memref.vector_cast % a_smem: memref < 128 × 72 × f16, 3 > to memref < 128 × 9 ×
vector < 8 × f16 >,
3 >
//向量化复制循环
affine.for % copyk = #map6( % k) to #map5( % k) {
affine.for % copyj = #map4( % j) to #map5( % j) step 8 {
% 135 = affine.load % b_cast[ % copyk, % copyj floordiv 8]: memref < 8192 × 1024 × vector < 8 ×
f16 >>
affine.store % 135, % b_smem_cast[ % copyk - % k - 64, ( % copyj - % j) floordiv 8]: memref < 64
× 17 × vector < 8 × f16 >, 3 >
}
}
affine.for % copyi = #map4( % i) to #map5( % i) {
affine.for % copyk = #map6( % k) to #map5( % k) step 8 {
% 135 = affine.load % a_cast[ % copyi, % copyk floordiv 8]: memref < 8192 × 1024 × vector < 8 ×
f16 >>
affine.store % 135, % a_smem_cast[ % copyi - % i, ( % copyk - % k) floordiv 8 - 8]: memref < 128
× 9 × vector < 8 × f16 >, 3 >
}
}
```

7. 并行循环

这是在仿射方言中所做的最后一步。使用 MLIR 中的 isLoopParallel 实用程序来查找所有并行循环,然后使用 affineParallelize 将它们转换为并行循环。这些并行循环稍后被处理并映射到 GPU 处理器层次结构,而顺序循环是唯一保留在内核中的循环。

8. 映射到 GPU 计算层次

前一步是仿射方言中的最后一步,之后立即转换为 SCF 方言。从 SCF 方言开始,要做的第一件事情就是将并行循环映射到 GPU 计算层次结构。MLIR 中用于映射的现有实用程序与过程不支持将循环映射到单个 warp,在这种情况下是必需的。扩展了实用程序与Pass,以添加对 matmul 的支持。在理想情况下,应该概括这一步骤中使用的过程与实用程序,以处理各种各样的循环嵌套,将其作为未来的工作。采取了所有必要的措施来确保联合的全局内存访问,这对于有效的带宽利用率与更快地从全局内存复制到共享内存至关重要。映射完成后,最外面的两个循环将转换为 GPU 启动操作,接下来的两个环路将映射到warp,其余的计算环路实际上是连续的,并保持原样。

9. 完成延迟隐藏

在将负载与存储解耦之前,延迟隐藏是不完整的。为了在不在代码中引入任何复杂性的情况下实现这一点,首先在线程块 k 循环内完全展开复制循环,然后延迟存储,使其在计算完成后发生。所采取的方法与所指出的方法非常相似。IR 的一般结构,以及全局内存加载延迟隐藏,代码如下:

```
//第 7 章/mlir_gpu_launch_block_thread.asm
gpu.launch blocks( % blockIdX, % blockIdY, % blockIdX) in ( % arg6 = % c64, % arg7 = % c64,
% arg8 = % c1)
threads( % ThreadIdx, % threadIdY, % threadIdZ) in ( % arg9 = % c256, % arg10 = % c1,
% arg11 = % c1)
{
...
% c_reg_0 = gpu.subgroup_mma_load_matrix % C[ % 26, % 27] {leadDimension = 8192:
index}: memref
< 8192 × 8192 × f32 > - > !gpu.mma_matrix < 16 × 16 × f32, "COp">
...
//k 循环的迭代 0 的仿射复制循环
scf.for % copy = % c0 to % c4 step % c1 {
...
}
scf.for % copy = % c0 to % c4 step % c1 {
...
}
gpu.barrier
//Main k - loop
% res:8 = scf.for % k = % c0 to % c8128 step % c64 iter_args( % c_in_0 = % c_reg_0, % c_in_
1 = % c_reg_1
...) - > (!gpu.mma_matrix < 16 × 16 × f32, "COp">, !gpu.mma_matrix < 16 × 16 × f32, "COp">...) {
gpu.barrier
//k 循环迭代 i + 1 的全局内存加载
% a_next_iter_0 = memref.load % a_cast[ % 74, % 81]: memref < 8192 × 1024 × vector < 8 × f16 >>
% b_next_iter_0 = memref.load % b_cast[ % 94, % 101]: memref < 8192 × 1024 × vector < 8 × f16 >>
...
scf.for % kk = % c0 to % c64 step % c32 iter_args( % arg16 = % c_in_0, % arg17 = % c_in_1)
- > (!gpu.
mma_matrix < 16 × 16 × f32, "COp">, !gpu.mma_matrix < 16 × 16 × f32, "COp"> {
...
}
gpu.barrier
//k 循环迭代 i + 1 的共享内存存储
memref.store % b_next_iter_0, % b_smem_cast[ % 51, % 68]: memref < 64 × 17 × vector < 8 × f16 >, 3 >
memref.store % a_next_iter_0, % a_smem_cast[ % 150, % 167]: memref < 128 × 9 × vector < 8 × f16 >, 3 >
...
}
gpu.barrier
//k 循环的迭代 n - 1 的仿射计算循环
scf.for % arg14 = % c0 to % c64 step % c32 {
...
}
gpu.subgroup_mma_store_matrix % res # 0, % C[ % 26, % 27] {leadDimension = 8192: index}:
!gpu.
mma_matrix < 16 × 16 × f32, "COp">, memref < 8192 × 8192 × f32 >
...
}
```

这是优化的终点,也是在 SCF 方言中的最后一步。

10. 设置生成 IR

由于上一步是优化方面的最后一步,因此现在要设置生成的 IR 以供执行。MLIR 中已经存在设计良好的基础设施来实现这一点,MLIR 中的现有设计允许在单个 MLIR 文件中表示要在加速器上执行的 IR,如 GPU。IR 将有两部分:在 CPU 上运行的主机端组件与在 GPU 上运行的设备端组件或内核。主机端组件调用设备端组件,可以等待其执行完成,也可以继续执行其他任务。主机与设备侧组件的下译路径略有不同。

(1)主机端编译:主机端代码转换为 std 方言,然后转换为 LLVM 方言。在转换为 LLVM 方言的过程中,通过 MLIR 的 CUDA 运行库提供的封装器接口,从 GPU 方言(如 GPU.launch)的操作被下译为对 CUDA 驱动程序与 CUDA 运行时 API 的函数调用,然后将 MLIR 转换为 LLVM IR,并生成目标代码。最后,可通过 MLIR CPU 运行程序(使用 MLIR 的基于 LLVM Orc 的 JIT)执行 IR。

将要链接的共享库作为参数,其中可以提供与 CUDA 驱动程序 API 相对应的库。

(2)设备端编译:设备端代码也被转换为 std 方言,然后转换为 LLVM 与 NVVM 方言的混合。这又被转换为 LLVM IR,由 LLVM 中的 NVPTX 后端转换为 PTX,然后使用 NVIDIA 的编译器,将 PTX 转换为 CUBIN(CUDA 二进制格式)。NVIDIA 的编译器通过 MLIR 的 CUDA 驱动程序 API 调用。MLIR 中的 GPU-To-CUBIN 过程可以访问驱动程序 API,并为执行 PTX-To-CUBIN 编译与集成。扩展了该过程以获取其他选项,如优化级别与每个线程的最大寄存器数,这是编译 PTX-To-CUBIN 时所需的。

执行这些最后步骤的基础设施已经存在于 MLIR 中。虽然评估使用了 MLIR JIT,但也可以使用类似的设置执行提前编译。介绍的 GPU 方言操作,以及 GPU.subgroup_mma_load_matrix、GPU.subgroup_mma_store_matrix 与 GPU.subroup_mma_compute 都是开源的,并已经上传到官方 LLVM/MLIR 存储库。

7.3.4 性能评估

介绍了内核的性能,并将其与 CUBLAS 11.2 进行了比较。该评估是在基于 NVIDIA Ampere 的 Geforce RTX 3090 上执行的,该 Geforce RTX 3090 安装在 x86-64 系统上,该系统具有 AMD Ryzen Threadipper 3970X CPU,运行 Ubuntu 20.04 LTS。为所有实验设置了以下参数:

(1)将 SM 时钟设置为所有实验的提升频率,即 1695MHz。

(2)将状态限制为静态分配的共享内存,该内存等于 48KB。

(3)将每个线程的最大寄存器数设置为 255。

使用 NVIDIA Nsight 系统进行计时,并仅考虑内核运行时来计算所获得的 TFLOP。这适用于内核及 CUBLAS。考虑线程块级别网格与曲速级别网格的不同组合,并报告性能最佳的版本。所报告的性能是经过 10 次运行的平均值。

最后,考虑形式为 $C=AB+C$ 的矩阵(所有 3 个矩阵都存储在一个行主布局中)。使用 WMMA 内在的 m16n16k16 版本,并将状态限制在 1024 到 16384 的平方大小,步长为 256。假设大小是线程块的倍数,这也是经线块的倍数。经线块又是 WMMA 固有值的倍数。

1. 混合精度性能

下面将描述自动生成的混合精度内核的性能。在 f16 中具有 **A**、**B** 的矩阵乘法与在 f32 中进行的乘积的累加被称为 matmul 混合精度。输出矩阵 **C** 也在 f32 中,如图 7-18 所示。

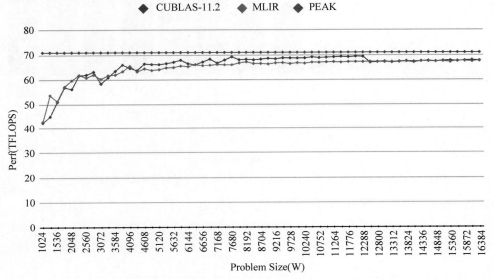

图 7-18 正方形大小矩阵上的混合精度(fp16 输入、fp32 累加与输出)性能

性能始终在 CUBLAS 11.2 的 95%~119% 以内。将性能与器件的绝对峰值进行比较,维持了器件峰值的 95.4%。图 7-18 显示了在 Ampere RTX 3090 上自动生成的内核的性能,在评估的尺寸上非常接近 CUBLAS。在一些较小的尺寸上,表现优于 CUBLAS。对于较小的尺寸,CUBLAS 内核可能不会如对于较大的尺寸那样进行很好的调整。在较大尺寸上,MLIR 生成的代码在 CUBLAS 性能的 2%~8% 以内,较小的线程块大小(如 64×64×64)在较小的尺度上表现更好。

2. 半精度性能

自动代码生成方法通过选择性地启用或禁用优化来研究单个优化的影响,如图 7-19 所示,以增量的方式展示了前面讨论的每个优化的影响,从初始版本到完全优化版本。

接下来将介绍自动生成的半精度内核的性能。在这个版本的 matmul 中,所有 3 个矩阵 **A**、**B** 与 **C** 都在 fp16 中。产品的积累也在 fp16 中完成。Thi 版本通常比 f32 版本快,但由于尾数与指数的表示更窄,因此容易出现不精确性,性能始终是 CUBLAS 11.2 的 80%~160%,如图 7-19 所示。

Key: Naive-N|SharedMemoryTiling-ST|RegisterTiling-RT|Padding-P|LoadStoreVectorization-LSV|LatencyHiding-LH

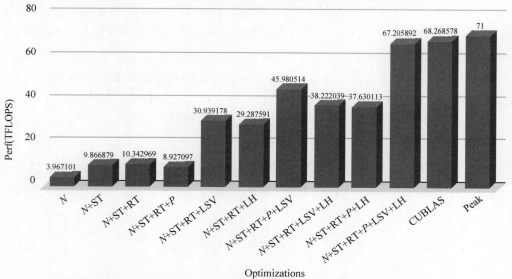

图 7-19　在启用或禁用各种优化的情况下，$M = N = K = 8192$ 的混合精度性能（fp16 输入、fp32 累加与输出）

在 Ampere RTX 3090 上自动生成的内核的性能如图 7-20 所示。CUBLAS 在整个范围内具有不一致的性能，尤其是在 $W = 8848$ 以上的大小上。这表明 CUBLAS 并没有很好地针对所有大小进行调整。在分析 CUBLAS 内核时，观察到 CUBLAS 选择的线程块大小，

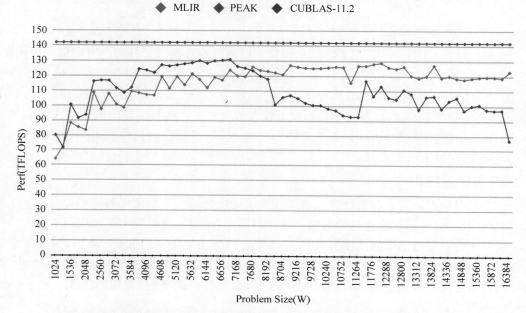

图 7-20　在正方形大小的矩阵上使用 fp16（fp16 中的输入、累积与输出）的性能

实际上小于具有最佳性能的线程块,例如,对于 $W=11264$,CUBLAS 会选择 $128\times128\times32,128\times256\times32$。当 CUBLAS 使用 5 个阶段时,有一个管道阶段来隐藏全局内存加载的延迟。对于 CUBLAS 来讲,全局内存加载的停滞要多得多。这可能是次优延迟隐藏的结果。

7.3.5　GPU 上代码生成小结

本节介绍了针对 NVIDIA 张量核支持的专用矩阵乘法指令的自动代码生成的早期结果。这些初步结果表明,在很多情况下,自动代码生成器可以实现与手动调优库相比具有竞争力的性能。在 NVIDIA Geforce 3090 RTX(基于 NVIDIA Ampere 架构)上的实验结果证明了所提出的方法的有效性。这些结果只是作为设计健壮代码与库生成器的垫脚石,这些代码与库生成程序不仅能优化单个内核,而且能够实现内核的组合与融合。尽管已经做出了许多努力来允许通过 DSL 编译器或图形重写器进行融合与代码生成,但仍然缺少一种基于统一 IR 基础设施的稳健方法。

MLIR 的后端编译过程

8.1　MLIR Toy 方言编译器开发技术

8.1.1　MLIR Toy 方言模块

本节将主要介绍将 Toy 方言下译的部分操作下译到仿射方言，以及 MemRef 方言与标准方言，而 toy. print 操作保持不变，所以又被叫作部分下译。通过这个下译可以将 Toy 方言的操作更底层的实现逻辑表达出来，以寻求更多的优化机会，得到更好的 MLIR 表达式。

1. 方言转换

由于 MLIR 有众多方言，所以 MLIR 提供了一个统一的方言转换框架来支持这些方言互转。这个框架允许将待转换的非法操作转换为合法的操作。为了使用这个框架，需要提供两个条件（还有一个可选条件）。

1）转换目标（Conversation Target）

明确哪些方言操作是需要合法转换的，不合法的操作需要重写模式（Rewrite Patterns）来进行合法化。

2）一组重写模式（Rewrite Pattern）

这是用于将非法操作转换为 0 个或多个合法操作的一组模式。

3）类型转换器（Typeconverter）（可选）

如果提供，则用于转换块参数的类型。本节不需要此转换。

2. 方言优化步骤

下面来分步介绍具体是如何将目前的 MLIR 表达式部分下译为新的 MLIR 表达式，并寻求更多的优化机会。

1）定义转换目标

为了寻求新的优化机会，需要将 Toy 方言中的计算密集型操作转换成 Affine、MemRef 与标准方言的操作组合。具体实现保存在 MLIR/examples/toy/MLIR/LowerToAffineLoops. cpp 文件中，代码如下：

```
//第 8 章/mlir_ToyToAffine_runOnFunction.c
void ToyToAffineLowerPass::runOnFunction() {
//首先要定义的是转换目标,这将确定此次下译的最终目标
  MLIR::conversionTarget target(getContext());

//定义了作为这种下译的法定目标的特定操作或方言,在案例中
//将下译为仿射、算术、MemRef 与标准方言的组合
  target.addLegalDialect < AffineDialect, arith::ArithmeticDialect,
                           memref::MemRefDialect, StandardOpsDialect >();

//将 Toy 方言定义为非法,因此如果这些操作中的任何一个未被转换,则转
//换将失败。由于考虑到实际上想要部分下译,所以明确地将不想下译的 Toy 操作标记为
//Toy.print,即合法 toy.print。仍然需要更新其操作数(当从张量 Type 转
//换为 MemRefType 时),因此只有当其操作数合法时,才会将其视为合法
  target.addIllegalDialect < ToyDialect >();
  target.addDynamicallyLegalOp < toy::PrintOp >([](toy::PrintOp op) {
    return llvm::none_of(op -> getOperandTypes(),
                         [](Type type) {
      return type.isa < tensorType >(); });
  });
  ...
}
```

这个函数实现了对 Toy 方言中的部分计算密集型操作(例如矩阵乘法操作)进行下译。目标是要将原始的 MLIR 表达式下译到新的表达式,这里将原来的计算密集型操作变换为更加靠近底层的操作。

首先用 MLIR::conversionTarget target(getContext())来定义转换的目标,然后定义在 MLIR 表达式下译的过程中合法的目标,包括特定的操作或方言,在这个例子中,将 MLIR 表达式下译到由 Affine、MemRef 与标准方言这 3 种方言下操作的组合,所以在代码中使用 target.addLegalDialect 函数将这 3 种方言添加为合法的目标。同时还要定义非法的方言,这里将之前的 Toy 方言定义为非法的目标,即 target.addIllegalDialect < ToyDialect >(),这就暗示如果转换结束后 MLIR 表达式中还存在 Toy 的操作,则表示下译失败。

由于在此过程中 toy.print 在新的目标方言中是不受支持的,所以这里需要进行保留,不进行下译,即 target.addLegalOp < PrintOp >()。另外,由于 MLIR 中单个操作的定义始终优于方言的定义,因此在上面的代码中定义合法、非法及 PrintOp 的声明顺序是可随意改变的。

2) 明确转换模式

在定义了转换目标之后,可以定义如何将非法操作转换为合法操作。方言转换框架也使用 RewritePatterns 来执行转换逻辑。这些模式可能是之前看到的 RewritePatterns 或特定转换框架 conversionPattern 的新型模式。conversionPatterns 与传统的 RewritePatterns 不同,因为它们接收一个特定的操作数参数,其中包含已重新映射/替换的操作数。介绍一个下译 Toy 方言中的转置操作的例子,代码如下:

```
//第 8 章/mlir_ToyTransposeOp_Operation.c
//将 toy.transpose 操作下译到仿射循环嵌套
struct TransposeOpLower: public MLIR::conversionPattern {
  TransposeOpLower(MLIR::MLIRContext * ctx)
    : MLIR::conversionPattern(TransposeOp::getOperationName(), 1, ctx) {}

//匹配并重写给定的 toy.transpose 运算,使用从 tensor<...>重映射的给定操
//作数并传递到 memref <...>
  MLIR::LogicalResult
  matchAndRewrite(MLIR::Operation * op, ArrayRef < MLIR::Value > operands,
                  MLIR::conversionPatternRewriter &rewriter) const final
  {
    auto loc = op->getLoc();

//调用一个辅助函数,该函数将把当前操作下译到一组仿射循环。提供了一个
//对重映射的操作数进行操作的函数,以及最内部循环体的循环诱导变量
    lowerOpToLoops(
        op, operands, rewriter,
        [loc](MLIR::PatternRewriter &rewriter,
              ArrayRef < MLIR::Value > memRefOperands,
              ArrayRef < MLIR::Value > loopIvs) {
//为 TransposeOp 的重映射操作数生成适配器
//这允许使用 ODS 生成的命名良好的访问器
//该适配器由 ODS 框架自动提供
          TransposeOpAdaptor transposeAdaptor(memRefOperands);
          MLIR::Value input = transposeAdaptor.input();

          //通过从反向索引生成负载来转换元素
          SmallVector < MLIR::Value, 2 > reverseIvs(llvm::reverse(loopIvs));
          return rewriter.create < MLIR::AffineLoadOp >(loc, input, reverseIvs);
        });
    return success();
  }
};
```

这段代码用于将 tor.transpose 操作下译到 Affine loop nest。这里的 lowerOpToLoops 函数及 TransposeOpAdaptor 的定义是看懂这段代码的关键,对此感兴趣的读者可查看源码。

3）在下译的模式集合中添加上面定义的转换模式

具体实现保存在 MLIR/examples/toy/MLIR/LowerToAffineLoops.cpp 文件中,代码如下：

```
//第 8 章/mlir_ToyToAffine_runOnFunction.c
void ToyToAffineLowerPass::runOnFunction() {
 ...

  //现在已经定义了转换目标,只需提供一组下译 Toy 操作的模式
  MLIR::RewritePatternSet patterns(&getContext());
  patterns.add <..., TransposeOpLower >(&getContext());

 ...
```

　　这里提供了一种模式集合 patterns 下译 Toy 方言的操作,然后在这个集合中添加一系列下译模式,如这里的 TransposeOpLower。

　　4）执行真正的下译过程

　　明确了下译模式之后就可以执行真正的下译过程了。方言转换框架提供了几种不同的下译模式,这里使用的是部分下译,这里不会对 toy.print 操作进行下译,因为它不是计算密集型的操作,只是一个输出操作。使用 MLIR::applyPartialconversion(function,target,patterns)表示对当前的 MLIR 表达式中的操作应用了下译,代码如下:

```
//第 8 章/mlir_ToyToAffine_runOnFunction.c
void ToyToAffineLowerPass::runOnFunction() {
 ...

//定义了目标模式和重写模式后,现在可以尝试转换。如果任何非法( * illegal * )
//操作未成功转换,则转换将发出失败信号
 auto function = getFunction();
 if (MLIR::failed(MLIR::applyPartialconversion(function, target, patterns)))
   signalPassFailure();
}
```

　　5）部分下译的注意事项

　　在下译过程中,从值类型 tensorType 转换为已分配(类似缓存)的类型 MemRefType,但是对于 toy.print 操作,这里不想下译,因为这里主要是处理一些计算密集型算子并寻求优化机会,toy.print 只是一个有输出功能的算子,因此这里不会下译这个算子,但需要知道 toy.print 操作的定义中只支持输出/输入类型为 F64tensor 的输入数据,所以现在为了能将其与 MemRef 方言联系,需要为其增加一个 F64MemRef 类型,即修改 MLIR/examples/toy/MLIR/Ops.td 文件中 toy.print 操作的定义,代码如下:

```
//第 8 章/mlir_PrintOp_Toy_Op.c
def PrintOp: Toy_Op<"print"> {
 ...
//输出操作使用输入张量进行输出
//还允许 F64MemRef 在部分下译期间启用互操作
 let arguments = (ins AnyTypeOf<[F64tensor, F64MemRef]>: $ input);
 ...
}
```

　　6）将上面定义好的部分下译功能加到优化流程里

　　具体实现保存在 MLIR/examples/toy/toyc.cpp 文件中,为 Toy IR 的一个子集(例如 matmul)创建 Affine 和 Std 方言中的下译操作的过程,代码如下:

```
//第 8 章/mlir_createLowerToAffinePass.c
std::unique_ptr<Pass> MLIR::toy::createLowerToAffinePass() {
  return std::make_unique<ToyToAffineLowerPass>();
}
```

```
if (isLowerToAffine) {
 MLIR::OpPassManager &optPM = pm.nestMLIR::FuncOp();
```

部分下译 Toy 方言，然后进行一些清理，代码如下：

```
//第8章/mlir_createLowerToAffinePass_1.c
optPM.addPass(MLIR::toy::createLowerToAffinePass());
 optPM.addPass(MLIR::createCanonicalizerPass());
 optPM.addPass(MLIR::createCSEPass());
...
}
```

这段代码实现了将 ToyToAffineLowerPass 加载到优化管道中，如果产生 MLIR 的命令中使用了-emit＝MLIR-affine 选项，则 LowerToAffine 为真，将执行这部分下译过程。引入了部分下译之后可以观察一下输出的 MLIR 表达式是什么样子的。先看一下原始的 MLIR 表达式，即 MLIR/test/Examples/Toy/affine-Lower.MLIR，代码如下：

```
//第8章/mlir_func_toy.asm
func @main() {
  %0 = toy.constant dense<[[1.000000e+00, 2.000000e+00, 3.000000e+00], [4.000000e+
00, 5.000000e+00, 6.000000e+00]]>: tensor<2×3×f64>
  %2 = toy.transpose(%0: tensor<2×3×f64>) to tensor<3×2×f64>
  %3 = toy.mul %2, %2: tensor<3×2×f64>
  toy.print %3: tensor<3×2×f64>
  toy.return
}
```

然后执行./toyc-ch5../../MLIR/test/Examples/Toy/affine-Lower.MLIR -emit＝MLIR-affine 后，就可以查看应用了本节的部分下译之后的 MLIR 表达式了，代码如下：

```
//第8章/mlir_arith.constant.asm
func @main() {
  %cst = arith.constant 1.000000e+00: f64
  %cst_0 = arith.constant 2.000000e+00: f64
  %cst_1 = arith.constant 3.000000e+00: f64
  %cst_2 = arith.constant 4.000000e+00: f64
  %cst_3 = arith.constant 5.000000e+00: f64
  %cst_4 = arith.constant 6.000000e+00: f64

  //为输入和输出分配缓存
  %0 = memref.alloc(): memref<3×2×f64>
  %1 = memref.alloc(): memref<3×2×f64>
  %2 = memref.alloc(): memref<2×3×f64>

  //使用常数值初始化输入缓存
  affine.store %cst, %2[0, 0]: memref<2×3×f64>
  affine.store %cst_0, %2[0, 1]: memref<2×3×f64>
  affine.store %cst_1, %2[0, 2]: memref<2×3×f64>
  affine.store %cst_2, %2[1, 0]: memref<2×3×f64>
```

```
affine.store % cst_3, % 2[1, 1]: memref < 2 × 3 × f64 >
affine.store % cst_4, % 2[1, 2]: memref < 2 × 3 × f64 >

//从输入缓存加载转置值,并将其存储到下一个输入缓存
affine.for % arg0 = 0 to 3 {
  affine.for % arg1 = 0 to 2 {
    % 3 = affine.load % 2[ % arg1, % arg0]: memref < 2 × 3 × f64 >
    affine.store % 3, % 1[ % arg0, % arg1]: memref < 3 × 2 × f64 >
  }
}

//相乘并存储到输出缓存中
affine.for % arg0 = 0 to 3 {
  affine.for % arg1 = 0 to 2 {
    % 3 = affine.load % 1[ % arg0, % arg1]: memref < 3 × 2 × f64 >
    % 4 = affine.load % 1[ % arg0, % arg1]: memref < 3 × 2 × f64 >
    % 5 = arith.mulf % 3, % 4: f64
    affine.store % 5, % 0[ % arg0, % arg1]: memref < 3 × 2 × f64 >
  }
}

//输出缓存中的值
toy.print % 0: memref < 3 × 2 × f64 >
memref.dealloc % 2: memref < 2 × 3 × f64 >
memref.dealloc % 1: memref < 3 × 2 × f64 >
memref.dealloc % 0: memref < 3 × 2 × f64 >
return
}
```

对其简单解读一下,首先这里有 6 个 f64 数据类型的常量,使用%cst 开头的变量来表示,然后为输入与输出分配缓存,如%0 = memref.alloc(): memref < 3 × 2 × f64 >用于申请一种类型为 memref < 3 × 2 × f64 >的一段缓存,然后将之前声明的 6 个数据依次存入上述分配的缓存中,affine.store 指明操作是保存数据操作。之后,执行第 1 个循环,将加载的输入数据(数据加载操作 affine.load)保存到另一个数据容器中,最终实现转置操作。接着,执行第 2 个循环,加载之前定义在两个数据容器中的数据,相乘并存放到输出的数据容器中。最终使用 toy.print 输出结果,并释放缓存。

8.1.2　在仿射方言中寻求优化机会

使用了仿射方言之后,可以将操作更底层的逻辑展示出来,将代码中的冗余更轻易地开放出来。这里可以优化的模块为两个循环嵌套的循环,它们的边界相同,可以进行循环融合。若在同一个循环中进行处理,则可以减少循环的次数,同时减少多余的数据容器的分配,也可以减少数据加载的耗时,这必然会提高程序的运行效率。

可以类比 TVM 的调度器中的各种循环相关的源语。在循环融合中,将减少多余的数据容器的分配与加载的优化加入管道中,具体实现保存在 MLIR/examples/toy/toyc.cpp

文件中,代码如下:

```
//第 8 章/mlir_OpPassManager.c
if (isLowerToAffine) {
  MLIR::OpPassManager &optPM = pm.nestMLIR::FuncOp();

  //部分下译 Toy 方言,然后进行一些清理
  optPM.addPass(MLIR::toy::createLowerToAffinePass());
  optPM.addPass(MLIR::createCanonicalizerPass());
  optPM.addPass(MLIR::createCSEPass());

  //如果已启用,则添加优化
  if (enableOpt) {
    optPM.addPass(MLIR::createLoopFusionPass());
    optPM.addPass(MLIR::createMemRefDataFlowOptPass());
  }
}
```

注意到最后一个 if 条件,添加了 createLoopFusionPass 与 createMemRefDataFlowOptPass,这两种 MLIR 自带的 Pass 分别完成了相同循环边界融合优化,以及对于 MemRef 的数据流优化功能。多了这两个优化后,上面的 MLIR 表达式会变成什么样子,具体来讲只需在上面那个生成部分下译的 MLIR 表达式的命令中特定加一个-opt 选项,就可以生成加入了这两个优化 Pass 的新的 MLIR 表达式了。命令为./toyc-ch5../../MLIR/test/Examples/Toy/affine-Lower.MLIR -emit＝MLIR-affine -opt。生成的 MLIR 表达式,代码如下:

```
//第 8 章/mlir_OpPassManager.asm
func @main() {
  % cst = arith.constant 1.000000e + 00: f64
  % cst_0 = arith.constant 2.000000e + 00: f64
  % cst_1 = arith.constant 3.000000e + 00: f64
  % cst_2 = arith.constant 4.000000e + 00: f64
  % cst_3 = arith.constant 5.000000e + 00: f64
  % cst_4 = arith.constant 6.000000e + 00: f64

  //为输入和输出分配缓存
  % 0 = memref.alloc(): memref < 3 × 2 × f64 >
  % 1 = memref.alloc(): memref < 2 × 3 × f64 >

  //使用常数值初始化输入缓存
  affine.store % cst, % 1[0, 0]: memref < 2 × 3 × f64 >
  affine.store % cst_0, % 1[0, 1]: memref < 2 × 3 × f64 >
  affine.store % cst_1, % 1[0, 2]: memref < 2 × 3 × f64 >
  affine.store % cst_2, % 1[1, 0]: memref < 2 × 3 × f64 >
  affine.store % cst_3, % 1[1, 1]: memref < 2 × 3 × f64 >
  affine.store % cst_4, % 1[1, 2]: memref < 2 × 3 × f64 >

  affine.for % arg0 = 0 to 3 {
    affine.for % arg1 = 0 to 2 {
```

```
        //从输入缓存加载转置值
        %2 = affine.load %1[%arg1, %arg0]: memref<2×3×f64>

        //相乘并存储到输出缓存中
        %3 = arith.mulf %2, %2: f64
        affine.store %3, %0[%arg0, %arg1]: memref<3×2×f64>
      }
    }

    //输出缓存中的值
    toy.print %0: memref<3×2×f64>
    memref.dealloc %1: memref<2×3×f64>
    memref.dealloc %0: memref<3×2×f64>
    return
}
```

可以看到,这里删除了多余的数据缓存的分配,两个循环嵌套被融合在一起,另外去除了一些不必要的数据加载操作。

通过部分下译,确实寻求到了更多的优化机会,使 MLIR 表达式的运行效率更高。

8.2 MLIR Toy 方言下译到 LLVM IR

8.2.1 MLIR Toy 部分下译

将 Toy 方言的部分操作下译到仿射方言、MemRef 方言与标准方言,而 toy.print 操作保持不变,所以又被叫作部分下译。通过这个下译,可以将 Toy 方言的操作更底层的实现逻辑表达出来,以寻求更多的优化机会,得到更好的 MLIR 表达式。首先将在前面得到的混合型 MLIR 表达式完全下译到 LLVM 方言上,然后生成 LLVM IR,并且可以使用 MLIR 的 JIT 编译引擎,以便运行最终的 MLIR 表达式并输出计算结果。

8.2.2 IR 下译到 LLVM 方言

如何将 MLIR 表达式完全下译为 LLVM 方言,回顾一下最终的 MLIR 表达式,代码如下:

```
//第 8 章/mlir_arith.constant.asm
func @main() {
    %cst = arith.constant 1.000000e+00: f64
    %cst_0 = arith.constant 2.000000e+00: f64
    %cst_1 = arith.constant 3.000000e+00: f64
    %cst_2 = arith.constant 4.000000e+00: f64
    %cst_3 = arith.constant 5.000000e+00: f64
    %cst_4 = arith.constant 6.000000e+00: f64
```

```
//为输入和输出分配缓存
% 0 = memref.alloc(): memref < 3 × 2 × f64 >
% 1 = memref.alloc(): memref < 2 × 3 × f64 >

//使用常数值初始化输入缓存
affine.store % cst, % 1[0, 0]: memref < 2 × 3 × f64 >
affine.store % cst_0, % 1[0, 1]: memref < 2 × 3 × f64 >
affine.store % cst_1, % 1[0, 2]: memref < 2 × 3 × f64 >
affine.store % cst_2, % 1[1, 0]: memref < 2 × 3 × f64 >
affine.store % cst_3, % 1[1, 1]: memref < 2 × 3 × f64 >
affine.store % cst_4, % 1[1, 2]: memref < 2 × 3 × f64 >

affine.for % arg0 = 0 to 3 {
  affine.for % arg1 = 0 to 2 {
    //从输入缓存加载转置值
    % 2 = affine.load % 1[ % arg1, % arg0]: memref < 2 × 3 × f64 >

    //相乘并存储到输出缓存中
    % 3 = arith.mulf % 2, % 2: f64
    affine.store % 3, % 0[ % arg0, % arg1]: memref < 3 × 2 × f64 >
  }
}

//输出缓存中的值
toy.print % 0: memref < 3 × 2 × f64 >
memref.dealloc % 1: memref < 2 × 3 × f64 >
memref.dealloc % 0: memref < 3 × 2 × f64 >
return
}
```

如果要将这 3 种方言混合的 MLIR 表达式完全下译为 LLVM 方言,则需要注意 LLVM 方言是 MLIR 的一种特殊的方言层次的中间表示,它并不是 LLVM IR。下译为 LLVM 方言的整体过程可以分为以下几步。

1. 下译 toy.print 操作

由于之前部分下译时并没有对 toy.print 操作进行下译,所以这里优先对 toy.print 进行下译。把 toy.print 下译到一个非仿射循环嵌套,它为每个元素调用 printf。方言转换框架支持传递下译,不需要直接下译为 LLVM 方言。通过应用传递下译可以应用多种模式来使操作合法化(合法化的意思在这里指的就是完全下译到 LLVM 方言)。传递下译在这里体现为将 toy.print 先下译到循环嵌套方言里,而不是直接下译为 LLVM 方言。

在下译过程中,printf 的声明保存在 MLIR/examples/toy/MLIR/LowerToLLVM.cpp 文件中,代码如下:

```
//第 8 章/mlir_getOrInsertPrintf.c
//返回对 printf 函数的符号引用,必要时将其插入模块
  static FlatSymbolRefAttr getOrInsertPrintf(PatternRewriter &rewriter,
```

```
                                              ModuleOp module) {
  auto * context = module.getContext();
  if (module.lookupSymbol < LLVM::LLVMFuncOp>("printf"))
    return SymbolRefAttr::get(context, "printf");

  //为 printf 创建一个函数声明,签名为 * `i32 (i8 * ,...)`
  auto llvmI32Ty = IntegerType::get(context, 32);
  auto llvmI8PtrTy = LLVM::LLVMPointerType::get(IntegerType::get(context, 8));
  auto llvmFnType = LLVM::LLVMFunctionType::get(llvmI32Ty, llvmI8PtrTy, / * isVarArg = * /
true);

  //将 printf 函数插入父模块的主体中
  PatternRewriter::InsertionGuard insertGuard(rewriter);
  rewriter.setInsertionPointToStart(module.getBody());
  rewriter.create < LLVM::LLVMFuncOp>(module.getLoc(),"printf",  llvmFnType);
  return SymbolRefAttr::get(context, "printf");
  }
```

这部分代码返回了 printf 函数的符号引用,必要时将其插入 Module。在函数中,为 printf 创建了函数声明,然后将 printf 函数插入父 Module 的主体中。

2. 确定下译过程需要的所有组件

第 1 个需要确定的是转换目标(conversionTarget),对于这个下译,除了顶层的 Module 将所有的内容都下译为 LLVM 方言。这里代码表达的信息与官方文档有一些出入,以最新的代码为准,首先要定义的是转换目标。这将定义这次下译的最终目标。对于这次下译,只针对 LLVM 方言,代码如下:

```
//第 8 章/mlir_conversionTarget.c
LLVMconversionTarget target(getContext());
target.addLegalOp < ModuleOp >();
```

然后需要确定类型转换器(Typeconverter),现存的 MLIR 表达式还有 MemRef 类型,需要将其转换为 LLVM 的类型。为了执行这个转换操作,使用 Typeconverter 作为下译的一部分。这个转换器用于指定一种类型如何映射到另一种类型。由于现存的操作中已经不存在任何 Toy 方言操作,因此使用 MLIR 默认的转换器就可以满足需求了。

在此 Lower 期间,还将把当前正在操作的 MemRef 类型下译为 LLVM 中的表示。为了执行此转换操作,使用类型转换器作为下译的一部分。此转换器详细地说明了一种类型如何映射到另一种类型。这是必要的,现在将进行更复杂的下译,涉及循环区域参数,代码如下:

```
//第 8 章/mlir_typeconverter.c
  LLVMTypeconverter typeconverter(&getContext());
```

此外,还需要确定转换模式。

既然已经定义了版本目标,就需要提供用于在 Lower 编译过程有 toy、affine 和 std 操作的组合。幸运的是,已经存在一组转换仿射和 std 方言的模式。这些模式下译在多个阶段中,依赖传递性下译,或 A→B→C 下译,这是指必须应用多种模式才能将非法操作完全转换为一组合法操作,代码如下:

```
//第 8 章/mlir_typeconverter_patterns.c
  RewritePatternSet patterns(&getContext());
  populateAffineToStdconversionPatterns(patterns);
  populateLoopToStdconversionPatterns(patterns);
  populateMemRefToLLVMconversionPatterns(typeconverter, patterns);
  populateStdToLLVMconversionPatterns(typeconverter, patterns);
```

从 Toy 方言中下译的唯一剩下的操作是 PrintOp,代码如下:

```
//第 8 章/mlir_typeconverter_patterns_1.c
  patterns.add < PrintOpLower >(&getContext());
```

上面这段代码展示了仿射方言、标准方言及遗留的 toy. print 定义匹配重写规则。首先将仿射方言下译到标准方言,即 populateAffineToStdconversionPatterns,然后将 Loop(针对的是 toy. print 操作,已经下译到循环嵌套 Dialect)下译到标准方言,即 populateLoopToStdconversionPatterns。最后,将标准方言转换到 LLVM 方言,即 populateMemRefToLLVMconversionPatterns。不要忘了把 toy. print 的 PrintOp 下译到 patterns 里。

3. 完全下译

定义了下译过程需要的所有组件之后,就可以执行完全下译操作了。使用 applyFullconversion(module,target,std::move(patterns))函数,可以保证转换的结果只存在合法的操作,部分下译会调用 MLIR::applyPartialconversion(function,target,patterns),其实现方法是,由于想完全下译到 LLVM,所以使用完全转换。这样可以确保在转换之后只保留合法操作,代码如下:

```
//第 8 章/mlir_typeconverter.c
auto module = getOperation();
  if (failed(applyFullconversion(module, target, std::move(patterns))))
    signalPassFailure();
```

4. 将上面定义好的完全下译的 Pass 加载到流程中

具体实现保存在 MLIR/examples/toy/toyc. cpp 文件中,代码如下:

```
//第 8 章/mlir_createLowerToLLVMPass.c
if (isLowerToLLVM) {
  //完成将 Toy IR 下译到 LLVM 方言
  pm.addPass(MLIR::toy::createLowerToLLVMPass());
}
```

这段代码在优化流程中添加了 MLIR::toy::createLowerToLLVMPass()这个完全下译的 Pass,可以把 MLIR 表达式下译为 LLVM 方言表达式。运行一下示例程序查看结果,执行的命令如下：

```
//第 8 章/mlir_dialect_test.xml
cd llvm - project/build/bin
./toyc - ch6 ../../MLIR/test/Examples/Toy/llvm - lower.MLIR - emit = MLIR - llvm
```

这样便获得了完全下译之后的 MLIR 表达式，结果比较长，这里只展示一部分。可以看到目前 MLIR 表达式已经完全在 LLVM 方言空间中，代码如下：

```
//第 8 章/mlir_constant_func.asm
llvm.func @free(!llvm <"i8 * ">)
llvm.func @printf(!llvm <"i8 * ">,...) - > i32
llvm.func @malloc(i64) - > !llvm <"i8 * ">
llvm.func @main() {
  % 0 = llvm.MLIR.constant(1.000000e + 00: f64): f64
  % 1 = llvm.MLIR.constant(2.000000e + 00: f64): f64

  ...

^bb16:
  % 221 = llvm.extractvalue % 25[0: index]: !llvm <"{ double * , i64, [2 × i64], [2 × i64] }">
  % 222 = llvm.MLIR.constant(0: index): i64
  % 223 = llvm.MLIR.constant(2: index): i64
  % 224 = llvm.mul % 214, % 223: i64
  % 225 = llvm.add % 222, % 224: i64
  % 226 = llvm.MLIR.constant(1: index): i64
  % 227 = llvm.mul % 219, % 226: i64
  % 228 = llvm.add % 225, % 227: i64
  % 229 = llvm.getelementptr % 221[ % 228]: (!llvm."double * ">, i64) - > !llvm <"f64 * ">
  % 230 = llvm.load % 229: !llvm <"double * ">
  % 231 = llvm.call @printf( % 207, % 230): (!llvm <"i8 * ">, f64) - > i32
  % 232 = llvm.add % 219, % 218: i64
  llvm.br ^bb15( % 232: i64)

  ...

^bb18:
  % 235 = llvm.extractvalue % 65[0: index]: !llvm <"{ double * , i64, [2 × i64], [2 × i64] }">
  % 236 = llvm.bitcast % 235: !llvm <"double * "> to !llvm <"i8 * ">
  llvm.call @free( % 236): (!llvm <"i8 * ">) - > ()
  % 237 = llvm.extractvalue % 45[0: index]: !llvm <"{ double * , i64, [2 × i64], [2 × i64] }">
  % 238 = llvm.bitcast % 237: !llvm <"double * "> to !llvm <"i8 * ">
  llvm.call @free( % 238): (!llvm <"i8 * ">) - > ()
  % 239 = llvm.extractvalue % 25[0: index]: !llvm <"{ double * , i64, [2 × i64], [2 × i64] }">
  % 240 = llvm.bitcast % 239: !llvm <"double * "> to !llvm <"i8 * ">
  llvm.call @free( % 240): (!llvm <"i8 * ">) - > ()
  llvm.return
}
if (isLowerToLLVM) {
```

```
//完成将 Toy IR 下译到 LLVM 方言
pm.addPass(MLIR::toy::createLowerToLLVMPass());
}
```

8.2.3　代码生成及 JIT 实现

可以使用 JIT 编译引擎来运行上面得到的 LLVM 方言 IR，获得推理结果。这里使用 MLIR::ExecutionEngine 基础架构来运行 LLVM 方言 IR。程序位于 MLIR/examples/ toy/toyc.cpp 文件中，代码如下：

```
//第 8 章/mlir_InitializeNativeTarget.c
int runJit(MLIR::ModuleOp module) {
  //初始化 LLVM 目标
  llvm::InitializeNativeTarget();
  llvm::InitializeNativeTargetAsmPrinter();

  //注册从 MLIR 到 LLVM IR 的转换,这必须在做 JIT 编译前进行
  MLIR::registerLLVMDialectTranslation( * module - > getContext());

  //要在执行引擎中使用的优化流程
  auto optPipeline = MLIR::makeOptimizingTransformer(
      / * optLevel = * /enableOpt ? 3: 0, / * sizeLevel = * /0,
      / * targetMachine = * /nullptr);

  //创建一个 MLIR 执行引擎,执行引擎立即进行 JIT 编译
  auto maybeEngine = MLIR::ExecutionEngine::create(
      module, / * llvmModuleBuilder = * /nullptr, optPipeline);
  assert(maybeEngine && "failed to construct an execution engine");
  auto &engine = maybeEngine.get();

  //调用 JIT 编译函数
  auto invocationResult = engine - > invokePacked("main");
  if (invocationResult) {
    llvm::errs() << "JIT invocation failed\n";
    return - 1;
  }

  return 0;
}
```

这里尤其需要注意 MLIR::registerLLVMDialectTranslation(* module-> getContext())；这行代码。从代码的注释来看这行代码用于将 LLVM 方言表达式翻译成 LLVM IR，在 JIT 编译时起到缓存作用，也就是说下次执行时不会重复执行上面的各种 MLIR 表达式转换。

这里创建一个 MLIR 执行引擎 MLIR::ExecutionEngine 来运行表达式中的 main 函数。可以使用以下命令输出最终的计算结果：

```
//第 8 章/mlir_toyc_codegen_build.xml
cd llvm - project/build/bin
./toyc - ch6../../MLIR/test/Examples/Toy/codegen.toy - emit = jit - opt
```

结果如下：

```
//第 8 章/mlir_toyc_codegen_build_result.xml
1.000000 16.000000
4.000000 25.000000
9.000000 36.000000
```

到这里，就对原始的 MLIR 表达式经过一系列 Pass 进行了优化，接着部分下译到 3 种方言混合的表达式，然后完全下译为 LLVM 方言表达式，再译为 LLVM IR，最后使用 MLIR 的 JIT 执行引擎进行执行，从而获得了最终结果。

另外，在 MLIR/examples/toy/toyc.cpp 文件中还提供了一个 dumpLLVMIR 函数，可以将 MLIR 表达式译为 LLVM IR 表达式，然后经过 LLVM IR 的优化处理。使用以下命令可以输出生成的 LLVM IR：

```
//第 8 章/mlir_toyc_codegen_build_emit.xml
$ cd llvm - project/build/bin
$ ./toyc - ch6../../MLIR/test/Examples/Toy/codegen.toy - emit = llvm - opt
```

8.2.4　下译技术小结

本章介绍了如何将部分下译之后的 MLIR 表达式进一步地完全下译到 LLVM 方言上，然后通过 JIT 编译引擎来执行代码并获得推理结果，另外还可以输出 LLVM 方言生成的 LLVM IR。

Buddy-MLIR 工程技术解析

9.1　Buddy-MLIR 项目详解

9.1.1　Buddy-MLIR 项目概述

整个 Buddy-MLIR 项目给人的最大感觉就是,无论结果怎样都可以先运行起来。虽然 MLIR 已经出现了几年,并且也有一些明星项目,例如 IREE 获得了成功,但相比于 TVM 的用例丰富度来讲,还是有一点差距的,特别是在中文社区。这样就造成了一个问题,如果 一个人对 MLIR 感兴趣或者要基于 MLIR 从事一些开发工作,就必须研读 MLIR 官方文档 的 Toy 辅助材料。不可否认官方文档十分详尽,并且结构组织也比较得当,但对于一个完 全新的用户来讲,的确是不那么友好的。有没有办法在对 MLIR 相关基础概念进行了解 后,就快速地使用 MLIR 提供的组件去构建一个真实的应用呢?

Buddy-MLIR 缓解了这一痛点,可以很轻易地跑起来基于 MLIR 做的一个应用,然后 一边学习 MLIR 的相关概念,一边进行构建自主的应用。Buddy-MLIR 的另一个亮点在 于,整个工程的组织结构与 LLVM/MLIR 项目本身一样十分清晰,使把握整个工程的难度 及阅读相关代码的难度降低了很多。接下来会从运行与工程结构解析两方面进行讲解。实 际上这种组织结构在 OneFlow 仓库里的 IR 部分也是完全一样的,不过由于 OneFlow 的计 算图与 IR 进行了交互,所以目前没有把 IR 部分独立出一个仓库,否则 Buddy-MLIR 与 OneFlow-MLIR 的工程结构也是完全一样的。

9.1.2　如何运行 Buddy-MLIR

怎样启动并运行 MLIR? 这应该是一个项目最重要的问题之一。实际上跟随 Buddy-MLIR 的 README 就可以了,不过实际操作时还有一些细节需要注意。这里记录一下在 一台 Ubuntu 20.04 的完整编译与 Run Buddy-MLIR 的流程。

Buddy-MLIR 项目是基于 LLVM/MLIR 项目扩展的,或者说 LLVM 是 Buddy-MLIR 的一个依赖,所以首先需要安装这个依赖。具体操作过程,命令如下:

```
//第 9 章/buddy - compiler.xml
$ git clone git@github.com:buddy - compiler/buddy - MLIR.git
$ cd buddy - MLIR
$ git submodule update -- init


$ cd buddy - MLIR
$ mkdir llvm/build
$ cd llvm/build
$ cmake - G Ninja../llvm \
   - DLLVM_ENABLE_PROJECTS = "MLIR" \
   - DLLVM_TARGETS_TO_BUILD = "host;RISCV" \
   - DLLVM_ENABLE_ASSERTIONS = ON \
   - DCMAKE_BUILD_TYPE = RELEASE
$ ninja
$ ninja check - MLIR
```

按照上面的命令操作就可以完成 LLVM 项目的编译,编译结果存放在 llvm/build 文件夹中。接下来就可以在 Buddy-MLIR 的工程目录下,基于 LLVM 编译结果提供的库完成 Buddy-MLIR 本身的编译了。对 Buddy-MLIR 工程编译,命令如下:

```
//第 9 章/build_buddy - compiler.xml
$ cd buddy - MLIR
$ mkdir build
$ cd build
$ cmake - G Ninja.. \
   - DMLIR_DIR = $ PWD/../llvm/build/lib/cmake/MLIR \
   - DLLVM_DIR = $ PWD/../llvm/build/lib/cmake/llvm \
   - DLLVM_ENABLE_ASSERTIONS = ON \
   - DCMAKE_BUILD_TYPE = RELEASE
$ ninja check - buddy
```

编译完成后如果出现类似下面的输出,即 FileCheck 成功,则可以证明 Buddy-MLIR 的构建流程已经成功了。

```
//第 9 章/build_buddy - compiler_output.xml
Testing Time: 0.06s
Passed: 3
```

在 Buddy-MLIR 开源工程中,有 3 种方言,即 Bud 方言、DIP 方言及 RVV 方言,其中 DIP 方言是为数字图像处理进行的抽象。由于 Buddy-MLIR C/C++前端依赖了 OpenCV 来对图片进行编解码,所以 Buddy-MLIR 引入了 OpenCV 第三方库。如果没有编译 OpenCV,则可以进行编译,命令如下:

```
//第 9 章/build_install_opencv.xml
$ sudo apt - get install libgtk2.0 - dev pkg - config  libcanberra - gtk - module
$ git clone https://github.com/opencv/opencv.git
$ cd opencv && mkdir build && cd build
$ cmake - D CMAKE_BUILD_TYPE = RELEASE - D CMAKE_INSTALL_PREFIX = /usr/local..
$ make - j $ (nproc)
$ sudo make install
```

这里可以把 /usr/local 换成任意自定义目录。后续在构建 DIP 方言相关的应用时,需要指明 -DBUDDY_ENABLE_OPENCV＝ON 这个选项,以便启用 OpenCV。

接下来看 Buddy-MLIR 中提供了哪些有趣的例子。

1. IR 级别的例子

IR 级别的示例展示了如何在上游 MLIR 与 Buddy-MLIR 中使用 Pass,其中一些示例来自 MLIR 集成测试。大多数情况可以直接使用 MLIR JIT 引擎 MLIR-CPU-Runner 运行。递降管道与工具链配置在 makefile 目标中指定。可以选择一个感兴趣的方言,并到对应的目录下找到要运行的目标。Buddy-MLIR 中所有的示例都保存在 https://github.com/buddy-compiler/buddy-MLIR/tree/main/examples 这个目录中,如图 9-1 所示。

图 9-1 buddy-mlir 工程代码

2. Buddy-MLIR 示例分类

打开任意一种方言示例的 MakeFile,可以发现里面主要有 3 种测试。

(1)＜Dialect Name＞＜Operation Name＞-lower:这个测试用来展示下译管道,它会产生 log. MLIR 文件。

(2)＜Dialect Name＞＜Operation Name＞-translate:这个测试用来展示从当前方言文

件产生的 LLVM IR,它会生成一个 log.ll 文件。

（3）<Dialect Name>-<Operation Name>-run：这个测试会使用 MLIR JIT Engine 执行 LLVM IR 以产生结果。

以 MemRef 方言里面的 memref.dim 算子为例,编译测试方法,代码如下：

```
//第9章/build_install_opencv.c
$ cd buddy-MLIR/examples/MLIRMemRef
$ make memref-dim-lower
$ make memref-dim-translate
$ make memref-dim-run
```

原始的 memref.dim,代码如下：

```
//第9章/build_install_opencv_1.c
func.func @main() {
  %c0 = arith.constant 0: index
  %c1 = arith.constant 1: index
  %mem0 = memref.alloc(): memref<2×3×f32>
  %mem1 = memref.cast %mem0: memref<2×3×f32> to memref<?×?×f32>
  %dim0 = memref.dim %mem0, %c0: memref<2×3×f32>
  %dim1 = memref.dim %mem0, %c1: memref<2×3×f32>
  %dim2 = memref.dim %mem1, %c0: memref<?×?×f32>
  %dim3 = memref.dim %mem1, %c1: memref<?×?×f32>
  vector.print %dim0: index
  vector.print %dim1: index
  vector.print %dim2: index
  vector.print %dim3: index
  memref.dealloc %mem0: memref<2×3×f32>
  func.return

}
```

最后,使用 JIT 引擎执行输出。

3. 卷积向量化示例

Buddy-MLIR 中提供了一个二维向量化卷积的卷积向量化 Pass,这个 Pass 实现了纹理采样系数的广播算法,而纹理采样大小是可以配置的。这里将其配置为 256 进行演示,代码如下：

```
//第9章/build_buddy-opt_vectorization.c
$ cd buddy-MLIR/build/bin
$ ./buddy-opt../../examples/convOpt/conv2d.MLIR-conv-vectorization="strip-mining=256"
```

原始的 conv2d.MLIR,代码如下：

```
//第9章/build_buddy-opt_vectorization_1.c
func.func @conv_2d(%arg0: memref<?×?×f32>, %arg1: memref<?×?×f32>, %arg2: memref<?×?×f32>) {
```

```
    linalg.conv_2d ins ( % arg0, % arg1: memref <? × ? × f32 >, memref <? × ? × f32 >)
                    outs ( % arg2: memref <? × ? × f32 >)
    return
}
```

经过上面的可执行命令后产生了 MLIR 文件结果,代码如下:

```
//第 9 章/build_buddy - opt_vectorization.c
♯ map0 = affine_map <(d0) -> (d0)>
♯ map1 = affine_map <(d0) -> (d0 ceildiv 256)>
module {
  func.func @ conv_2d( % arg0: memref <? × ? × f32 >, % arg1: memref <? × ? × f32 >, % arg2:
memref <? × ? × f32 >) {
    % c0 = arith.constant 0: index
    % c1 = arith.constant 1: index
    % c256 = arith.constant 256: index
    % cst = arith.constant 0.000000e + 00: f32
    % 0 = vector.splat % cst: vector < 256 × f32 >
    % 1 = memref.dim % arg1, % c0: memref <? × ? × f32 >
    % 2 = memref.dim % arg1, % c1: memref <? × ? × f32 >
    % 3 = memref.dim % arg2, % c0: memref <? × ? × f32 >
    % 4 = memref.dim % arg2, % c1: memref <? × ? × f32 >
    affine.for % arg3 = ♯ map0( % c0) to ♯ map0( % 3) {
      affine.for % arg4 = ♯ map0( % c0) to ♯ map0( % 1) {
        affine.for % arg5 = ♯ map0( % c0) to ♯ map0( % 2) {
          affine.for % arg6 = ♯ map0( % c0) to ♯ map1( % 4) {
            //对应下面的步骤(1)
            % 5 = affine.vector_load % arg1[ % arg4, % arg5]: memref <? × ? × f32 >, vector
< 1 × f32 >
            % 6 = vector.broadcast % 5: vector < 1 × f32 > to vector < 256 × f32 >
            % 7 = arith.muli % arg6, % c256: index
            % 8 = arith.subi % 4, % 7: index
            % 9 = arith.cmpi sge, % 8, % c256: index
            scf.if % 9 {
              //对应下面的步骤(2)
              % 10 = affine.vector_load % arg0[ % arg3 + % arg4, % arg5 + % arg6 * 256]:
memref <? × ? × f32 >, vector < 256 × f32 >
              //对应下面的步骤(3)
              % 11 = affine.vector_load % arg2[ % arg3, % arg6 * 256]: memref <? × ? × f32 >,
vector < 256 × f32 >
              //对应下面的步骤(4)
              % 12 = vector.fma % 10, % 6, % 11: vector < 256 × f32 >
              //对应下面的步骤(5)
              affine.vector_store % 12, % arg2[ % arg3, % arg6 * 256]: memref <? × ? × f32 >,
vector < 256 × f32 >
            } else {
              % 10 = vector.create_mask % 8: vector < 256 × i1 >
              % 11 = arith.addi % arg3, % arg4: index
              % 12 = arith.muli % arg6, % c256: index
              % 13 = arith.addi % arg5, % 12: index
```

```
              % 14 = vector.maskedload % arg0[% 11, % 13], % 10, % 0: memref <? × ? × f32 >,
vector < 256 × i1 >, vector < 256 × f32 > into vector < 256 × f32 >
              % 15 = vector.maskedload % arg2[% arg3, % 12], % 10, % 0: memref <? × ? × f32 >,
vector < 256 × i1 >, vector < 256 × f32 > into vector < 256 × f32 >
              % 16 = vector.fma % 14, % 6, % 15: vector < 256 × f32 >
              vector.maskedstore % arg2[% arg3, % 12], % 10, % 16: memref <? × ? × f32 >,
vector < 256 × i1 >, vector < 256 × f32 >
          }
        }
      }
    }
  }
  return
}
}
```

初步看到这个变换时可能会比较困惑，可以结合这个算法与 Pass 实现进行理解。系数广播算法是二维卷积的一种高效实现。Buddy-MLIR 基于 MLIR 基础架构，完成了对这个算法的实现。实现这个算法涉及的 MLIR 方言及算子，在这里展示一下。

（1）affine.for：执行指定次数循环体的操作。

（2）affine.vector_load：从缓存切片中返回一个向量（MLIR MemRef 格式）。

（3）affine.vector_store：将一个向量写到缓存切片中（MLIR MemRef 格式）。

（4）vector.broadcast：将标量或向量值广播作为 n 维结果向量。

（5）vector.fma：向量化类型的乘加混合指令。

广播算法的过程如图 9-2 所示。

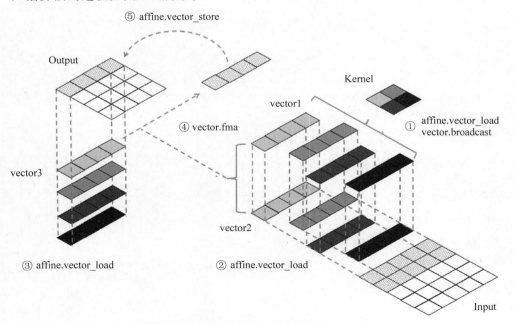

图 9-2　广播算法的过程

4．广播算法流程

注意输入是一个通道数为 1 的图片或者特征图，并且内核的通道数也是 1。算法的执行流程大概如下：

（1）第 1 步，将内核的每个元素使用 vector_load 加载到缓存中，并使用 vector.broadcast 广播到 vector1 中。

（2）第 2 步，将特征图的元素使用 vector_load 加载到 vector2 中。

（3）第 3 步，将输出特征图的元素使用 vector_load 加载到 vector3 中。

（4）第 4 步，使用 vector.fma 将 vector1 与 vector2 相乘并加到 vector3 上。

（5）第 5 步，使用 vector_store 将上述结果写回缓存中。

注意，经过卷积向量化 Pass 后，产生的 MLIR 文件中有两部分。另一部分使用了 vector.create_mask 与 vector.maskedstore，这对应了图 9-2 中特征图在每行最后加载的元素，由于字节不够 fma 指令需要的 256 位（这个 256 是通过 -conv-vectorization＝"strip-mining＝256"指定的），所以需要一个 Mask 来补齐，然后进行计算。

（6）边缘检测示例。

Buddy-MLIR 还提供了一个边缘检测示例来展示优化。卷积向量化 Pass 负责使用算法递降 linalg.conv_2d，然后使用 MLIR 翻译与 llc 工具生成目标文件。最后，在 C++程序中调用这个 MLIR 卷积函数。在运行这个示例前需要保证 OpenCV 已经安装好了。

这个例子还展示了 AutoConfig 机制的魔力，它可以帮助指定纹理采样大小、ISA SIMD/向量扩展与目标三元组。只需启用 BUDDY_EXAMPLES 选项，无须担心工具链配置，操作命令如下：

```
//第 9 章/build_install_buddy.xml
$ cd buddy - MLIR/build
$ cmake - G Ninja.. - DBUDDY_EXAMPLES = ON - DBUDDY_ENABLE_OPENCV = ON
$ ninja edge - detection
```

当然，也可以使用自主的配置值 -DBUDDY_CONV_OPT_STRIP_MINING（例如 64）与 -DBUDDY_OPT_ATTR（例如 avx）。

然后对图像进行边缘检测，命令如下：

```
//第 9 章/build_edge - detection.xml
$ cd bin
$ ./edge - detection../../examples/convOpt/images/rabbit.png result.png
```

边缘检测前后的效果图如图 9-3 所示。

5．数字图像处理示例

Buddy-MLIR 还提供了 DIP 方言相关的展示例子，具体来讲就是对一张图片进行常量填充或者复制填充，然后做卷积。

图 9-3　边缘检测前后的效果图

9.1.3　如何理解 Buddy-MLIR 架构

前面主要展示了在 Buddy-MLIR 中怎样把构建的应用运行起来,本节从 Buddy-MLIR 的结构出发来讲解这个工程。Buddy-MLIR 工程的整体结构如图 9-4 所示。

9.2　Buddy-MLIR 工程结构

主要把目光放在 include 与 lib 两个文件夹上,其他的文档、测试及工具类的源码可以有选择地进行查看。

9.2.1　Buddy-MLIR 的 Bud 方言

Buddy-MLIR 主要有 3 种方言,即 Bud 方言、DIP 方言、RVV 方言。对于方言的定义,遵循了与 LLVM 上游方言一样的文件结构与方法。

这里主要需要关注 Bud 方言中定义了哪些操作。从 buddy-MLIR/include/Dialect/Bud/BudOps.td 文件中可以看到,Bud 方言主要定义了 4 种类型的操作。

(1) Bud_TestConstantOp:测试常量算子。

(2) Bud_TestPrintOp:测试输出算子。

(3) Bud_TestEnumAttrOp:测试枚举属性。

(4) Bud_TestArrayAttrOp:测试数组属性。

构建了基础操作之后,需要为 Bud 方言注册一个下译的管道,即 lib/conversion/LowerBud/LowerBudPass.cpp 文件中实现的 LowerBudPass。

对 bud::TestConstantOp 的实现,代码如下:

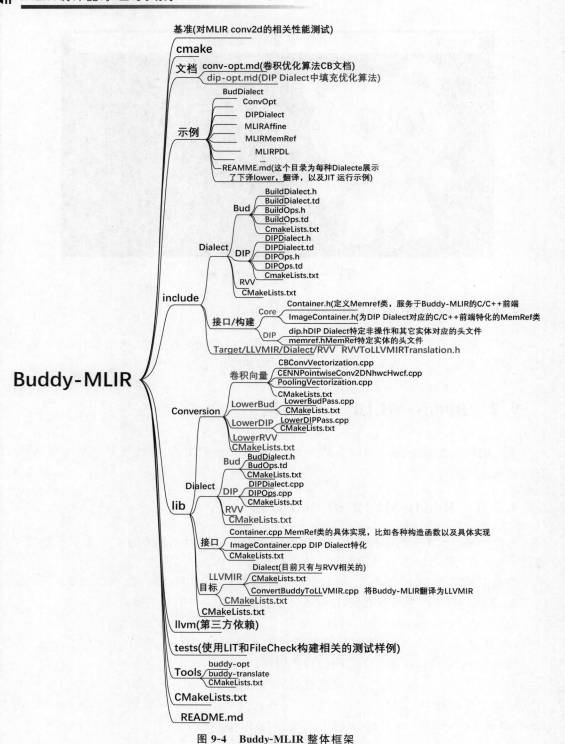

图 9-4 **Buddy-MLIR 整体框架**

```
//第 9 章/build_OpRewritePattern.c
class BudTestConstantLower: public OpRewritePattern < bud::TestConstantOp > {
public:
  using OpRewritePattern < bud::TestConstantOp >::OpRewritePattern;

  LogicalResult matchAndRewrite(bud::TestConstantOp op,
                                PatternRewriter &rewriter) const override {
    auto loc = op.getLoc();
    //从原始操作获取类型
    Type resultType = op.getResult().getType();
    //创建常量运算
    Attribute zeroAttr = rewriter.getZeroAttr(resultType);
    Value c0 = rewriter.create < MLIR::arith::ConstantOp >(loc, resultType, zeroAttr);

    rewriter.replaceOp(op, c0);
    return success();
  }
};
```

可以看到在匹配到 bud::TestConstantOp 后会将其重写为 MLIR::arith::ConstantOp。
可以在 buddy-MLIR/examples/BudDialect 下执行 make bud-constant-lower。

得到的结果如下：

```
//第 9 章/build_module.c
module {
   % i0 = bud.test_constant: i32
}

 =>
module {
   % c0_i32 = arith.constant 0: i32
}
```

其他的几个操作与此类似，都是将 Bud 方言定义的几个操作下译到指定的几个上游方
言上。LowerBudPass 的代码如下：

```
//第 9 章/build_namespace.c
namespace {
class LowerBudPass: public PassWrapper < LowerBudPass, OperationPass < ModuleOp >> {
public:
  MLIR_DEFINE_EXPLICIT_INTERNAL_INLINE_TYPE_ID(LowerBudPass)
  LowerBudPass() = default;
  LowerBudPass(const LowerBudPass &) {}

  StringRef getArgument() const final { return "lower – bud"; }
  StringRef getDescription() const final { return "Lower Bud Dialect."; }

  void runOnOperation() override;
```

```
    void getDependentDialects(DialectRegistry &registry) const override {
      //Clang 格式关闭
      registry.insert<
          buddy::bud::BudDialect,
          func::FuncDialect,
          vector::VectorDialect,
          memref::MemRefDialect>();
      //Clang 格式打开
    }
};
} //结束匿名命名空间

void LowerBudPass::runOnOperation() {
  MLIRContext * context = &getContext();
  ModuleOp module = getOperation();

 conversionTarget target( * context);
  //Clang 格式关闭
  target.addLegalDialect<
      arith::ArithmeticDialect,
      func::FuncDialect,
      vector::VectorDialect,
      memref::MemRefDialect>();
  //Clang 格式打开
  target.addLegalOp<ModuleOp, func::FuncOp, func::ReturnOp>();

  RewritePatternSet patterns(context);
  populateLowerBudconversionPatterns(patterns);

  if (failed(applyPartialconversion(module, target, std::move(patterns))))
    signalPassFailure();
}
```

可以看到 Bud 方言的操作主要会被下译到 arith∷ArithmeticDialect、func∷FuncDialect、vector∷VectorDialect、memref∷MemRefDialect 上。Buddy 方言实际上只起一个演示的作用，以便快速地定义一个新的方言并接入 MLIR 的生态。

9.2.2　DIP 方言

DIP 方言是数组图像处理的一个抽象。DIP 方言目前定义的操作，代码如下：

```
//第 9 章/build_ConstantPadding.c
def DIP_ConstantPadding: I32EnumAttrCase<"ConstantPadding", 0, "CONSTANT_PADDING">;
def DIP_ReplicatePadding: I32EnumAttrCase<"ReplicatePadding", 1, "REPLICATE_PADDING">;

def DIP_BoundaryOption: I32EnumAttr<"BoundaryOption",
    "Specifies desired method of boundary extrapolation during image processing. ",
    [
```

```
        DIP_ConstantPadding,
        DIP_ReplicatePadding
    ]>{
  let genSpecializedAttr = 0;
  let cppNamespace = "::buddy::dip";
}

def DIP_BoundaryOptionAttr: EnumAttr<DIP_Dialect, DIP_BoundaryOption, "boundary_option">;
```

1. Buddy MLIR

Buddy MLIR 是 Buddy 编译器的主要框架。以 MLIR 为基石，探索如何在此基础上构建特定领域的编译器。在该框架中的研究包括 DSL 前端支持、IR 级优化、DSA 后端代码生成、MLIR 相关开发工具等。

2. buddy-benchmarh

Buddy 基准测试是一个用于评估特定领域编译器与库的基准测试框架。评估是开发编译器的一个重要步骤。在某些领域，很难找到一个统一的基准来评估编译器或评估优化的效果，因此，提出了一个可扩展的基准框架来收集特定领域的评估案例。

Buddy 编译器的模块如图 9-5 所示。

3. DIP 方言的 Corr2D 算子

DIP 方言定义了唯一的一个操作 DIP_Corr2D 算子，这个算子在做二维卷积之前会先对输入进行填充，使卷积后的输出特征图大小与输入一致。

9.2.3 接口实现

前面已经介绍了 Buddy-MLIR 项目中定义的两种方言，本节需要解答这样一个问题。如何基于 Buddy-MLIR 构建的算法，在 C/C++ 前端进行调用，以便实现一个完整的应用程序呢？

为了实现这一目的，Buddy-MLIR 实现了一个为 C/C++ 前端服务的数据结构 MemRef，代码如下：

```
//第 9 章/build_MemRef.c
//MemRef 描述符
// - T 表示元素的类型
// - N 表示尺寸的数量
// - 存储顺序为 NCHW
template<typename T, size_t N> class MemRef {
public:
  //形状构造函数
  MemRef(intptr_t sizes[N], T init = T(0));
  //数据构造函数
  MemRef(const T * data, intptr_t sizes[N], intptr_t offset = 0);
  //复制构造函数
  MemRef(const MemRef<T, N> &other);
```

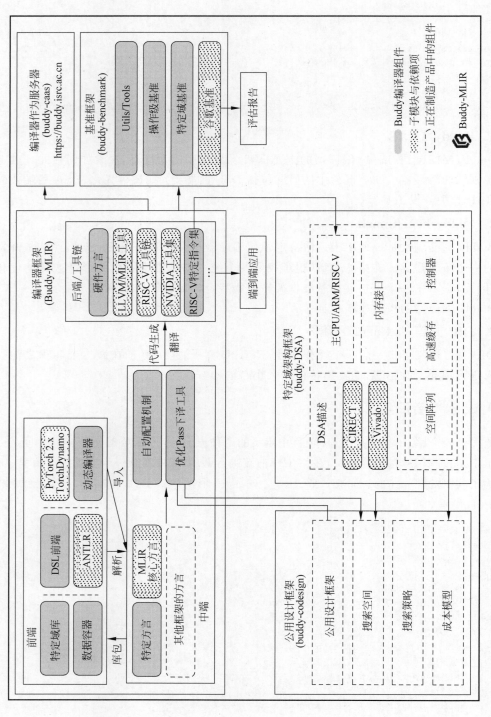

图 9-5 Buddy 编译器的模块

```
    //复制分配运算符
    MemRef < T, N > &operator = (const MemRef < T, N > &other);
    //移动构造函数
    MemRef(MemRef < T, N > &&other) noexcept;
    //移动分配运算符
    MemRef < T, N > &operator = (MemRef < T, N > &&other) noexcept;
    //析构函数
    ~MemRef();
    //获取数据指针
    T * getData();
    //获取大小(形状)
    const intptr_t * getSizes() { return sizes; }
    //获取步长
    const intptr_t * getStrides() { return strides; }
    //获取 MemRef 的等级
    size_t getRank() const { return N; }
    //获取大小(元素数)
    size_t getSize() const { return size; }
    //获取索引处的元素
    const T &operator[](size_t index) const;
    T &operator[](size_t index);

protected:
    //默认构造函数
    //此构造函数是为派生的域特定构造函数而设计的
    MemRef() {};
    //设定步长
    //计算当转置 = true 时转置张量的步长
    void setStrides()
    //计算数组元素的乘积
    size_t product(intptr_t sizes[N]) const;

    //数据
    //对齐和分配的成员指向相同的地址,对齐的成员
//负责处理数据,而分配成员负责处理内存空间
    T * allocated;
    T * aligned;
    //偏移
    intptr_t offset = 0;
    //形状
    intptr_t sizes[N];
    //步长
    intptr_t strides[N];
    //元素的数量
    size_t size;
};
```

这个自定义的 MemRef 类是如何服务于 C/C++ 前端的? 这里以边缘检测为例进行演示,代码如下:

```cpp
//第 9 章/build_conv_2d.c
#include <iostream>
#include <opencv2/imgcodecs.hpp>
#include <time.h>

#include "Interface/buddy/core/ImageContainer.h"
#include "kernels.h"

using namespace cv;
using namespace std;

//声明 conv2d 的 C 接口
extern "C" {
void _MLIR_ciface_conv_2d(Img<float, 2> *input, MemRef<float, 2> *kernel,
                          MemRef<float, 2> *output);
}

int main(int argc, char *argv[]) {
  printf("Start processing...\n");

  //读取为灰度图像
  Mat image = imread(argv[1], IMREAD_GRAYscale);
  if (image.empty()) {
    cout << "无法读取图像: " << argv[1] << endl;
    return 1;
  }
  Img<float, 2> input(image);

  //定义内核
  float *kernelAlign = laplacianKernelAlign;
  int kernelRows = laplacianKernelRows;
  int kernelCols = laplacianKernelCols;
  intptr_t sizesKernel[2] = {kernelRows, kernelCols};
  MemRef<float, 2> kernel(kernelAlign, sizesKernel);

  //定义输出
  int outputRows = image.rows - kernelRows + 1;
  int outputCols = image.cols - kernelCols + 1;
  intptr_t sizesoutput[2] = {outputRows, outputCols};
  MemRef<float, 2> output(sizes output);

  //运行卷积并记录时间
  clock_t start, end;
  start = clock();

  //调用 MLIR conv2d 函数
  _MLIR_ciface_conv_2d(&input, &kernel, &output);

  end = clock();
```

```
    cout << "执行时间: " << (double)(end - start) / CLOCKS_PER_SEC << " s"
        << endl;

    //定义一个 cv::Mat, 输出为 conv2d
    Mat outputImage(outputRows, outputCols, CV_32FC1, output.getData());
conv2d
    //现在 PNG 压缩等级
    vector<int> compression_params;
    compression_params.push_back(IMWRITE_PNG_COMPRESSION);
    compression_params.push_back(9);

    //将输出写到 PNG 中
    bool result = false;
    try {
        result = imwrite(argv[2], outputImage, compression_params);
    } catch (const cv::Exception &ex) {
        fprintf(stderr, "将图像转换为 PNG 格式的例外情况: %s\n",
            ex.what());
    }
    if (result)
        cout << "保存 PNG 文件." << endl;
    else
        cout << "ERROR: 并不能保存 PNG 文件。" << endl;

    return 0;
}
//注意, 这里的 Img 类的基类也是 MemRef 类
//图像容器
// - T 表示元素的类型
// - N 表示尺寸的数量
template<typename T size_t N> class Img: public MemRef<T, N> {
public:
    Img(cv::Mat image);
};
```

然后在上面的应用程序中,定义了 conv2d 算子的 C++ 前端函数,代码如下:

```
//第9章/build_conv_2d_1.c
//声明 conv2d 的 C 接口
extern "C" {
void _MLIR_ciface_conv_2d(Img<float, 2> * input, MemRef<float, 2> * kernel,
                          MemRef<float, 2> * output);
}
```

这个全局的 C++ 函数会在执行 buddy-opt 的过程中被翻译成 llvm.call 指令,即 CMakeLists.txt 中的一部分,代码如下:

```
//第9章/build_conv_2d_2.c
add_custom_command(outputconv2d.o
    COMMAND ${BUDDY_BINARY_DIR}/buddy-opt ${BUDDY_EXAMPLES_DIR}/convOpt/conv2d.MLIR -
```

```
conv - vectorization = "strip - mining = $ {SPLITING_SIZE}" - lower - affine - convert - scf - to -
cf - convert - vector - to - llvm - convert - memref - to - llvm - convert - func - to - llvm =
'emit - c - wrappers = 1' - reconcile - unrealized - casts |
            $ {LLVM_MLIR_BINARY_DIR}/MLIR - translate -- MLIR - to - llvmir |
            $ {LLVM_MLIR_BINARY_DIR}/llc - mtriple = $ {BUDDY_TARGET_TRIPLE} - mattr = $ {BUDDY_
OPT_ATTR} -- filetype = obj - o $ {BUDDY_BINARY_DIR}/../examples/convOpt/conv2d.o
    DEPENDS buddy - opt)
```

conv2d 操作的原始 MLIR 文件内容,代码如下:

```
//第9章/build_conv_2d_3.c
func.func @conv_2d( %arg0: memref <? × ? × f32 >, %arg1: memref <? × ? × f32 >, %arg2: memref
<? × ? × f32 >) {
  linalg.conv_2d ins ( %arg0, %arg1: memref <? × ? × f32 >, memref <? × ? × f32 >)
              outs ( %arg2: memref <? × ? × f32 >)
  return
}
```

在执行 -convert-func-to-llvm＝'emit-c-wrappers＝1'这个 Pass 时会将上面的 Func 方言下的 conv2d 操作翻译为 LLVM IR 并将其封装为一个 llvm. call 指令。这里的详细交互过程可以在 buddy-MLIR/llvm/MLIR/docs/TargetLLVMIR. md 文档中看到,即 MLIR 提供了一个 C/C++的前端接口功能,Buddy-MLIR 应用这个前端接口功能,完成了端到端的应用构建。

上面获得了 LLVM IR,然后用 cmake 的命令,可以看到,又调用了 LLVM llc 命令,将 LLVM 源文件编译到用于指定的体系结构的汇编语言,然后汇编语言输出可以通过本机汇编器与链接器传递,以生成本机可执行文件。这里可以指定执行架构及一些优化参数等。

9.2.4　Buddy 优化与 Buddy 翻译

只要将上面实现的 Pass 添加到 MLIR 的上游 Pass 管理机制中,就实现了 buddy 优化工具,而 Buddy 翻译则只扩展了 Buddy 方言到 LLVMIR 翻译的一项功能。

TPU-MLIR 开发实践

10.1　TPU-MLIR 快速入门

10.1.1　TPU-MLIR 环境配置搭建

假定用户已经处于 Docker 里面的/workspace 目录。

1. 编译 ONNX 模型

以 yolov5s.onnx 为例,介绍如何编译一个 ONNX 模型并迁移至 BM1684X TPU 平台运行。

需要文件 TPU-MLIR_xxxx.tar.gz(TPU-MLIR 的发布包),其中 xxxx 对应实际的版本信息。

2. 加载 TPU-MLIR

以下操作需要在 Docker 容器中完成,代码如下:

```
//第 10 章/ tpu－MLIR_envsetup.sh
$  tar zxf tpu－MLIR_xxxx.tar.gz
$  source tpu－MLIR_xxxx/envsetup.sh
```

envsetup.sh 会添加以下环境变量,如表 10-1 所示。

表 10-1　环境变量

变 量 名	值	说 明
TPUC_ROOT	TPU-MLIR_xxx	解压后 SDK 包的位置
MODEL_ZOO_PATH	${TPUC_ROOT}/../model-zoo	model-zoo 文件夹位置,与 SDK 在同一级目录

envsetup.sh 对环境变量的修改内容,代码如下:

```
//第 10 章/envsetup.sh
export PATH = ${TPUC_ROOT}/bin: $PATH
export PATH = ${TPUC_ROOT}/python/tools: $PATH
export PATH = ${TPUC_ROOT}/python/utils: $PATH
```

```
export PATH = ${TPUC_ROOT}/python/test: $PATH
export PATH = ${TPUC_ROOT}/python/samples: $PATH
export LD_LIBRARY_PATH = $TPUC_ROOT/lib: $LD_LIBRARY_PATH
export PYTHONPATH = ${TPUC_ROOT}/python: $PYTHONPATH
export MODEL_ZOO_PATH = ${TPUC_ROOT}/../model − zoo
```

接下来需要准备工作目录。

建立 model_yolov5s 目录,注意需要与 TPU-MLIR 为同级目录,并把模型文件与图片文件都放入 model_yolov5s 目录中,代码如下:

```
//第 10 章/envsetup.sh
$ mkdir model_yolov5s && cd model_yolov5s
$ cp $ TPUC_ROOT/regression/model/yolov5s.onnx.
$ cp − rf $TPUC_ROOT/regression/dataset/COCO2017.
$ cp − rf $TPUC_ROOT/regression/image.
$ mkdir workspace && cd workspace
```

这里的 $ TPUC_ROOT 是环境变量,对应 TPU-MLIR_xxxx 目录。

3. ONNX 转 MLIR

如果模型是图片输入,则在转模型之前需要了解模型的预处理;如果模型用预处理后的 NPZ 文件作为输入,则不需要考虑预处理。预处理过程用式(10-1)表示(x 代表输入):

$$y = (x - \text{mean}) \times \text{scale} \tag{10-1}$$

YOLOv5 的图片是 RGB 格式的,每个值会乘以 $1/255$,转换成均值与缩放对应为 0.0、0.0、0.0 与 0.0039216、0.0039216、0.0039216。

模型转换,代码如下:

```
//第 10 章/model_transform.py
$ model_transform.py \
    −− model_name yolov5s \
    −− model_def../yolov5s.onnx \
    −− input_shapes [[1,3,640,640]] \
    −− mean 0.0,0.0,0.0 \
    −− scale 0.0039216,0.0039216,0.0039216 \
    −− keep_aspect_ratio \
    −− pixel_format rgb \
    −− output_names 350,498,646 \
    −− test_input../image/dog.jpg \
    −− test_result yolov5s_top_outputs.npz \
    −− MLIR yolov5s.MLIR \
−− post_handle_type yolo
```

4. MLIR 转 f32 模型

将 MLIR 文件转换成 f32 的 bmodel,代码如下:

```
//第 10 章/model_deploy.py
$ model_deploy.py \
    −− MLIR yolov5s.MLIR \
```

```
    -- quantize F32 \
    -- chip bm1684x \
    -- test_input yolov5s_in_f32.npz \
    -- test_reference yolov5s_top_outputs.npz \
    -- tolerance 0.99,0.99 \
-- model yolov5s_1684x_f32.bmodel
```

5. MLIR 转 int8 模型

1）生成校准表

转 int8 模型前需要进行校准,得到校准表;根据情况准备 100～1000 张输入数据,然后用校准表生成对称或非对称 bmodel。如果对称符合需求,则一般不建议用非对称,因为非对称模型的性能会略差于对称模型。

这里用现有的 100 张来自 COCO2017 的图片进行举例,执行校准操作,代码如下:

```
//第 10 章/run_calibration.py
$ run_calibration.py yolov5s.MLIR \
    -- dataset../COCO2017 \
    -- input_num 100 \
    -o yolov5s_cali_table
```

运行完成后会生成名为 ${model_name}_cali_table 的文件,该文件用于后续编译 int8 模型的输入文件。

2）编译为 int8 对称量化模型

转换成 int8 对称量化模型,执行的命令如下:

```
//第 10 章/model_deploy.py
$ model_deploy.py \
    -- MLIR yolov5s.MLIR \
    -- quantize INT8 \
    -- calibration_table yolov5s_cali_table \
    -- chip bm1684x \
    -- test_input yolov5s_in_f32.npz \
    -- test_reference yolov5s_top_outputs.npz \
    -- tolerance 0.85,0.45 \
-- model yolov5s_1684x_int8_sym.bmodel
```

编译完成后会生成名为 ${model_name}_1684x_int8_sym.bmodel 的文件。

3）编译为 int8 非对称量化模型

转换成 int8 非对称量化模型,执行的命令如下:

```
//第 10 章/model_deploy_yolov5s.py
$ model_deploy.py \
    -- MLIR yolov5s.MLIR \
    -- quantize INT8 \
    -- asymmetric \
    -- calibration_table yolov5s_cali_table \
    -- chip bm1684x \
```

```
-- test_input yolov5s_in_f32.npz \
-- test_reference yolov5s_top_outputs.npz \
-- tolerance 0.90,0.55 \
-- model yolov5s_1684x_int8_asym.bmodel
```

编译完成后会生成名为 $\{model\_name\}\_1684x\_int8\_asym.bmodel$ 的文件。

6. 效果对比

在 TPU-MLIR 工程源码中有用 Python 写好的 yolov5 用例,源码路径为 $TPUC_ROOT/python/samples/detect_yolov5.py,用于对图片进行目标检测。阅读该代码可以了解模型是如何使用的:先进行预处理,得到模型的输入,然后进行推理,得到输出,最后进行后处理。

验证 ONNX/f32/int8 的执行结果,通过 ONNX 模型的执行方式,得到 dog_onnx.jpg,代码如下:

```
//第 10 章/detect_bmodel_yolov5.py
$ detect_yolov5.py \
    -- input../image/dog.jpg \
    -- model../yolov5s.onnx \
    -- output dog_onnx.jpg
```

f32 bmodel 的执行方式如下,得到 dog_f32.jpg,代码如下:

```
//第 10 章/detect_bmodel_yolov51.py
$ detect_yolov5.py \
    -- input../image/dog.jpg \
    -- model yolov5s_1684x_f32.bmodel \
    -- output dog_f32.jpg
```

int8 对称 bmodel 的执行方式如下,得到 dog_int8_sym.jpg,代码如下:

```
//第 10 章/detect_bmodel_yolov52.py
$ detect_yolov5.py \
    -- input../image/dog.jpg \
    -- model yolov5s_1684x_int8_sym.bmodel \
    -- output dog_int8_sym.jpg
```

int8 非对称 bmodel 的执行方式如下,得到 dog_int8_asym.jpg:

```
//第 10 章/detect_bmodel_yolov53.py
$ detect_yolov5.py \
    -- input../image/dog.jpg \
    -- model yolov5s_1684x_int8_asym.bmodel \
-- output dog_int8_asym.jpg
```

对比 4 张图片,如图 10-1 所示。

由于运行环境不同,最终的效果与精度对比图 10-1 会有些差异。

以下操作需要在 Docker 外执行,参考 libsophon 使用手册安装 libsophon。安装好

图 10-1　对比 4 张图片结果示例

libsophon 后,可以使用 bmrt_test 来测试编译出的 bmodel 的正确性及性能。可以根据 bmrt_test 输出的性能结果,估算模型最大的 fps,还可选择合适的模型。下面测试上面编译出的 bmodel,--bmodel 参数后面接 bmodel 文件,命令如下:

```
//第 10 章/test_bmodel_yolov5s.py
$ cd $ TPUC_ROOT/../model_yolov5s/workspace
$ bmrt_test -- bmodel yolov5s_1684x_f32.bmodel
$ bmrt_test -- bmodel yolov5s_1684x_int8_asym.bmodel
$ bmrt_test -- bmodel yolov5s_1684x_int8_sym.bmodel
```

以最后一个命令输出为例(此处对日志做了部分截断处理),命令如下:

```
//第 10 章/test_bmodel_yolov5s.py
[BMRT][load_bmodel:983] INFO:pre net num: 0, load net num: 1
[BMRT][show_net_info:1358] INFO: #
[BMRT][show_net_info:1359] INFO: NetName: yolov5s, Index = 0
[BMRT][show_net_info:1361] INFO: ---- stage 0 ----
[BMRT][show_net_info:1369] INFO:    input 0) 'images' shape = [ 1 3 640 640 ] dtype = FLOAT32
[BMRT][show_net_info:1378] INFO:    output 0) '350_Transpose_f32' shape = [ 1 3 80 80 85 ]...
[BMRT][show_net_info:1378] INFO:    output 1) '498_Transpose_f32' shape = [ 1 3 40 40 85 ]...
[BMRT][show_net_info:1378] INFO:    output 2) '646_Transpose_f32' shape = [ 1 3 20 20 85 ]...
[BMRT][show_net_info:1381] INFO: #
[BMRT][bmrt_test:770] INFO: ==> running network #0, name: yolov5s, loop: 0
[BMRT][bmrt_test:834] INFO:reading input #0, bytesize = 4915200
```

```
[BMRT][print_array:702] INFO:   --> input_data: < 0 0 0 0 0 0 0 0 0 0 0 0 0 0 0 0...
[BMRT][bmrt_test:982] INFO:reading output ♯0, bytesize = 6528000
[BMRT][print_array:702] INFO:   --> output ref_data: < 0 0 0 0 0 0 0 0 0 0 0 0 0 0 0...
[BMRT][bmrt_test:982] INFO:reading output ♯1, bytesize = 1632000
[BMRT][print_array:702] INFO:   --> output ref_data: < 0 0 0 0 0 0 0 0 0 0 0 0 0 0 0...
[BMRT][bmrt_test:982] INFO:reading output ♯2, bytesize = 408000
[BMRT][print_array:702] INFO:   --> output ref_data: < 0 0 0 0 0 0 0 0 0 0 0 0 0 0 0...
[BMRT][bmrt_test:1014] INFO:net[yolov5s] stage[0], launch total time is 4122 us (npu 4009 us,
cpu 113 us)
[BMRT][bmrt_test:1017] INFO:++ + The network[yolov5s] stage[0] output_data +++
[BMRT][print_array:702] INFO:output data ♯0 shape: [ 1 3 80 80 85 ] < 0.301003    ...
[BMRT][print_array:702] INFO:output data ♯1 shape: [ 1 3 40 40 85 ] < 0 0.228689 ...
[BMRT][print_array:702] INFO:output data ♯2 shape: [ 1 3 20 20 85 ] < 1.00135      ...
[BMRT][bmrt_test:1058] INFO:load input time(s): 0.008914
[BMRT][bmrt_test:1059] INFO:calculate   time(s): 0.004132
[BMRT][bmrt_test:1060] INFO:get output time(s): 0.012603
[BMRT][bmrt_test:1061] INFO:compare     time(s): 0.006514
```

从上面的输出可以看到以下信息：

（1）第 5～8 行是 bmodel 的网络输入/输出信息。

（2）第 19 行是在 TPU 上运行的时间，其中 TPU 用时 $4009\mu s$，CPU 用时 $113\mu s$。这里 CPU 用时主要是指在 Host 端调用等待时间。

（3）第 24 行是将数据加载到 NPU 的 DDR 的时间。

（4）第 25 行相当于第 12 行的总时间。

（5）第 26 行用于输出数据取回时间。

7. 编译 TFLite 模型

以 resnet50_int8.tflite 模型为例，介绍如何编译一个 TFLite 模型并迁移至 BM1684X TPU 平台运行。需要文件 TPU-MLIR_xxxx.tar.gz（TPU-MLIR 的发布包），其中 xxxx 对应实际的版本信息。

1）加载 TPU-MLIR

在 Docker 容器中进行操作，命令如下：

```
//第 10 章/envsetup_tpu - MLIR.py
$ tar zxf zxf tpu - MLIR_xxxx.tar.gz
$ source tpu - MLIR_xxxx/envsetup.sh
```

envsetup.sh 会添加以下环境变量，envsetup.sh 文件会对环境变量进行修改，命令如下：

```
//第 10 章/envsetup_tpu - MLIR_0.py
export PATH = $ {TPUC_ROOT}/bin: $ PATH
export PATH = $ {TPUC_ROOT}/python/tools: $ PATH
export PATH = $ {TPUC_ROOT}/python/utils: $ PATH
export PATH = $ {TPUC_ROOT}/python/test: $ PATH
export PATH = $ {TPUC_ROOT}/python/samples: $ PATH
```

```
export LD_LIBRARY_PATH = $ TPUC_ROOT/lib: $ LD_LIBRARY_PATH
export PYTHONPATH = $ {TPUC_ROOT}/python: $ PYTHONPATH
export MODEL_ZOO_PATH = $ {TPUC_ROOT}/../model－zoo
```

2）准备工作目录

建立 model_resnet50_tf 目录，注意需要与 TPU-MLIR 为同级目录，并把测试图片文件放入 model_resnet50_tf 目录中，命令如下：

```
//第 10 章/model_resnet50_tf.py
$ mkdir model_resnet50_tf && cd model_resnet50_tf
$ cp $ TPUC_ROOT/regression/model/resnet50_int8.tflite.
$ cp － rf $ TPUC_ROOT/regression/image.
$ mkdir workspace && cd workspace
```

这里的 $ TPUC_ROOT 是环境变量，对应 TPU-MLIR_xxxx 目录。

3）TFLite 转 MLIR

本例中的模型是 BGR 格式的输入，均值为 103.939、116.779、123.68，缩放为 1.0、1.0、1.0。模型转换，命令如下：

```
//第 10 章/model_transform_resnet50.py
$ model_transform.py \
    —— model_name resnet50_tf \
    —— model_def ../resnet50_int8.tflite \
    —— input_shapes [[1,3,224,224]] \
    —— mean 103.939,116.779,123.68 \
    —— scale 1.0,1.0,1.0 \
    —— pixel_format bgr \
    —— test_input../image/cat.jpg \
    —— test_result resnet50_tf_top_outputs.npz \
    —— MLIR resnet50_tf.MLIR
```

转换成 MLIR 文件后会生成一个 resnet50_tf_in_f32.npz 文件，该文件是模型的输入文件。

4）MLIR 转模型

该模型是 TFLite 非对称量化模型，可以按参数转换成模型，代码如下：

```
//第 10 章/model_deploy_resnet50.py
$ model_deploy.py \
    —— MLIR resnet50_tf.MLIR \
    —— quantize INT8 \
    —— asymmetric \
    —— chip bm1684x \
    —— test_input resnet50_tf_in_f32.npz \
    —— test_reference resnet50_tf_top_outputs.npz \
    —— model resnet50_tf_1684x.bmodel
```

编译完成后会生成名为 resnet50_tf_1684x.bmodel 的文件。

8. 编译 Caffe 模型

以 mobiLeNet_v2_deploy.prototxt 与 mobiLeNet_v2.caffemodel 为例,介绍如何编译一个 Caffe 模型并迁移至 BM1684X TPU 平台运行。需要文件 TPU-MLIR_xxxx.tar.gz (TPU-MLIR 的发布包),其中 xxxx 对应实际的版本信息。

1) 加载 TPU-MLIR

在 Docker 容器中进行操作,代码如下:

```
//第 10 章/model_envsetup_tpu-MLIR.py
$ tar zxf tpu-MLIR_xxxx.tar.gz
$ source tpu-MLIR_xxxx/envsetup.sh
```

envsetup.sh 会添加以下环境变量,envsetup.sh 文件会对环境变量进行修改,命令如下:

```
//第 10 章/model_envsetup_tpu-MLIR_1.py
export PATH = ${TPUC_ROOT}/bin:$PATH
export PATH = ${TPUC_ROOT}/python/tools:$PATH
export PATH = ${TPUC_ROOT}/python/utils:$PATH
export PATH = ${TPUC_ROOT}/python/test:$PATH
export PATH = ${TPUC_ROOT}/python/samples:$PATH
export LD_LIBRARY_PATH = $TPUC_ROOT/lib:$LD_LIBRARY_PATH
export PYTHONPATH = ${TPUC_ROOT}/python:$PYTHONPATH
export MODEL_ZOO_PATH = ${TPUC_ROOT}/../model-zoo
```

2) 准备工作目录

建立 mobiLeNet_v2 目录,注意需要与 TPU-MLIR 为同级目录,并把模型文件与图片文件都放入 mobiLeNet_v2 目录中,命令如下:

```
//第 10 章/model_mobiLeNet_v2.py
$ mkdir mobiLeNet_v2 && cd mobiLeNet_v2
$ cp $TPUC_ROOT/regression/model/mobiLeNet_v2_deploy.prototxt.
$ cp $TPUC_ROOT/regression/model/mobiLeNet_v2.caffemodel.
$ cp -rf $TPUC_ROOT/regression/dataset/ILSVRC2012.
$ cp -rf $TPUC_ROOT/regression/image.
$ mkdir workspace && cd workspace
```

这里的 $TPUC_ROOT 是环境变量,对应 TPU-MLIR_xxxx 目录。

3) Caffe 转 MLIR

本例中的模型是 BGR 格式的输入,均值与缩放分别为 103.94、116.78、123.68 与 0.017、0.017、0.017。模型转换,命令如下:

```
//第 10 章/transform_mobiLeNet_v2.py
$ model_transform.py \
    -- model_name mobiLeNet_v2 \
    -- model_def../mobiLeNet_v2_deploy.prototxt \
    -- model_data../mobiLeNet_v2.caffemodel \
    -- input_shapes [[1,3,224,224]] \
```

```
       -- resize_dims = 256,256 \
       -- mean 103.94,116.78,123.68 \
       -- scale 0.017,0.017,0.017 \
       -- pixel_format bgr \
       -- test_input../image/cat.jpg \
       -- test_result mobiLeNet_v2_top_outputs.npz \
-- MLIR mobiLeNet_v2.MLIR
```

转换成 MLIR 文件后会生成一个 ${model_name}_in_f32.npz 文件，该文件是模型的输入文件。

4）MLIR 转 f32 模型

将 MLIR 文件转换成 f32 的 bmodel，命令如下：

```
//第 10 章/model_deploy_mobiLeNet_v2.py
$ model_deploy.py \
    -- MLIR mobiLeNet_v2.MLIR \
    -- quantize F32 \
    -- chip bm1684x \
    -- test_input mobiLeNet_v2_in_f32.npz \
    -- test_reference mobiLeNet_v2_top_outputs.npz \
    -- tolerance 0.99,0.99 \
    -- model mobiLeNet_v2_1684x_f32.bmodel
```

编译完成后会生成名为 ${model_name}_1684x_f32.bmodel 的文件。

5）MLIR 转 int8 模型：生成校准表

转 int8 模型前需要进行校准，得到校准表；根据情况准备 100～1000 张输入数据，然后用校准表生成对称或非对称 bmodel。如果对称符合需求，则一般不建议用非对称，因为非对称模型的性能会略差于对称模型。

这里用现有的 100 张来自 ILSVRC2012 的图片进行举例，执行校准操作，命令如下：

```
//第 10 章/calibration_mobiLeNet_v2.py
$ run_calibration.py mobiLeNet_v2.MLIR \
    -- dataset../ILSVRC2012 \
    -- input_num 100 \
    - o mobiLeNet_v2_cali_table
```

运行完成后会生成名为 ${model_name}_cali_table 的文件，该文件用于后续编译 int8 模型的输入文件。

6）编译为 int8 对称量化模型

转换成 int8 对称量化模型，命令如下：

```
//第 10 章/mlir_calibration_mobiLeNet_v2.py
$ model_deploy.py \
    -- MLIR mobiLeNet_v2.MLIR \
    -- quantize INT8 \
    -- calibration_table mobiLeNet_v2_cali_table \
    -- chip bm1684x \
```

```
-- test_input mobiLeNet_v2_in_f32.npz \
-- test_reference mobiLeNet_v2_top_outputs.npz \
-- tolerance 0.96,0.70 \
-- model mobiLeNet_v2_1684x_int8_sym.bmodel
```

编译完成后会生成名为 ${model_name}_1684x_int8_sym.bmodel 的文件。

7）编译为 int8 非对称量化模型

转换成 int8 非对称量化模型，命令如下：

```
//第 10 章/mlir_asymmetric_mobiLeNet_v2.py
$ model_deploy.py \
    -- MLIR mobiLeNet_v2.MLIR \
    -- quantize INT8 \
    -- asymmetric \
    -- calibration_table mobiLeNet_v2_cali_table \
    -- chip bm1684x \
    -- test_input mobiLeNet_v2_in_f32.npz \
    -- test_reference mobiLeNet_v2_top_outputs.npz \
    -- tolerance 0.95,0.69 \
-- model mobiLeNet_v2_1684x_int8_asym.bmodel
```

编译完成后会生成名为 ${model_name}_1684x_int8_asym.bmodel 的文件，步骤如下：

（1）混精度使用方法。本节以检测网络 yolov3 tiny 网络模型为例，介绍如何使用混精度。需要文件 TPU-MLIR_xxxx.tar.gz（TPU-MLIR 的发布包），其中 xxxx 对应实际的版本信息。

（2）加载 TPU-MLIR。以下操作需要在 Docker 容器中执行，命令如下：

```
//第 10 章/tpu_mlir_envsetup.py
$ tar zxf tpu - MLIR_xxxx.tar.gz
$ source tpu - MLIR_xxxx/envsetup.sh
```

envsetup.sh 会添加以下环境变量，envsetup.sh 文件会对环境变量进行修改，命令如下：

```
//第 10 章/tpu_mlir_envsetup.py
export PATH = ${TPUC_ROOT}/bin: $PATH
export PATH = ${TPUC_ROOT}/python/tools: $PATH
export PATH = ${TPUC_ROOT}/python/utils: $PATH
export PATH = ${TPUC_ROOT}/python/test: $PATH
export PATH = ${TPUC_ROOT}/python/samples: $PATH
export LD_LIBRARY_PATH = $TPUC_ROOT/lib: $LD_LIBRARY_PATH
export PYTHONPATH = ${TPUC_ROOT}/python: $PYTHONPATH
export MODEL_ZOO_PATH = ${TPUC_ROOT}/../model - zoo
```

（3）准备工作目录。建立 yolov3_tiny 目录，注意需要与 TPU-MLIR 为同级目录，并把模型文件与图片文件都放入 yolov3_tiny 目录中，命令如下：

```
//第 10 章/wget_envsetup.py
$ mkdir yolov3_tiny && cd yolov3_tiny
 $ wget https://github.com/onnx/models/raw/main/vision/object_detection_segmentation/tiny-
yolov3/model/tiny-yolov3-11.onnx
 $ cp -rf $ TPUC_ROOT/regression/dataset/COCO2017.
 $ mkdir workspace && cd workspace

$ tar zxf tpu-MLIR_xxxx.tar.gz
$ source tpu-MLIR_xxxx/envsetup.sh
```

envsetup.sh 会添加环境变量,envsetup.sh 文件会对环境变量进行修改,命令如下:

```
//第 10 章/wget_envsetup_1.py
export PATH = $ {TPUC_ROOT}/bin: $ PATH
export PATH = $ {TPUC_ROOT}/python/tools: $ PATH
export PATH = $ {TPUC_ROOT}/python/utils: $ PATH
export PATH = $ {TPUC_ROOT}/python/test: $ PATH
export PATH = $ {TPUC_ROOT}/python/samples: $ PATH
export LD_LIBRARY_PATH = $ TPUC_ROOT/lib: $ LD_LIBRARY_PATH
export PYTHONPATH = $ {TPUC_ROOT}/python: $ PYTHONPATH
export MODEL_ZOO_PATH = $ {TPUC_ROOT}/../model-zoo
```

这里的 $ TPUC_ROOT 是环境变量,对应 TPU-MLIR_xxxx 目录。注意,如果 tiny-yolov3-11.onnx 用 wget 下载失败,则需要用其他方式下载,下载完成后放到 yolov3_tiny 目录。

（4）验证原始模型。detect_yolov3.py 是已经写好的验证程序,可以用来对 yolov3_tiny 网络进行验证。验证执行过程,命令如下:

```
//第 10 章/detect_yolov3.py
$ detect_yolov3.py \
    -- model../tiny-yolov3-11.onnx \
    -- input../COCO2017/000000366711.jpg \
    -- output yolov3_onnx.jpg
```

执行完后输出检测到的结果如下:

```
//第 10 章/detect_yolov3_result.py
person:60.7 %
orange:77.5 %
```

还可以得到图片 yolov3_onnx.jpg,以及 yolov3_tiny ONNX 的执行效果,如图 10-2 所示。

10.1.2　转换成 int8 对称量化模型

如前面介绍的转模型方法,这里不对参数进行说明,只描述操作过程。

第 1 步,转换成 f32 MLIR,代码如下:

图 10-2   yolov3_tiny ONNX 的执行效果示例

```
//第 10 章/yolov3_tiny.py
$ model_transform.py \
    -- model_name yolov3_tiny \
    -- model_def../tiny-yolov3-11.onnx \
    -- input_shapes [[1,3,416,416]] \
    -- scale 0.0039216,0.0039216,0.0039216 \
    -- pixel_format rgb \
    -- keep_aspect_ratio \
    -- pad_value 128 \
    -- output_names = transpose_output1,transpose_output \
    -- MLIR yolov3_tiny.MLIR
```

第 2 步,生成 Calibration Table,代码如下:

```
//第 10 章/yolov3_tiny_calibration.py
$ run_calibration.py yolov3_tiny.MLIR \
    -- dataset../COCO2017 \
    -- input_num 100 \
    - o yolov3_cali_table
```

第 3 步,转换成对称量化模型,代码如下:

```
//第 10 章/yolov3_tiny_deploy.py
$ model_deploy.py \
    -- MLIR yolov3_tiny.MLIR \
    -- quantize INT8 \
    -- calibration_table yolov3_cali_table \
    -- chip bm1684x \
    -- model yolov3_int8.bmodel
```

第 4 步,验证模型,代码如下:

```
//第 10 章/yolov3_tiny_detect.py
$ detect_yolov3.py \
```

```
-- model yolov3_int8.bmodel \
-- input../COCO2017/000000366711.jpg \
-- output yolov3_int8.jpg
```

执行完后如果有以下输出信息,则表示检测到一个目标:

```
//第10章/yolov3_tiny_orange.py
orange:73.0%
```

还可以得到图片 yolov3_int8.jpg,以及 yolov3_tiny int8 对
称量化执行效果,如图 10-3 所示。

可以看出 int8 对称量化模型相对原始模型,在这张图上的
效果不佳,只检测到一个目标。主要优化步骤如下。

1. 转换成混精度量化模型

在转 int8 对称量化模型的基础上,执行如下步骤。

2. 生成混精度量化表

使用 run_qtable.py 生成混精度量化表。

3. run_qtable.py 参数功能

本例中采用默认的 10 张图片进行校准,对于 CV18xx 系列
芯片,将 chip 设置为对应的芯片名称即可,代码如下:

图 10-3   yolov3_tiny int8 的
执行效果示例

```
//第10章/run_qtable_yolov3_tiny.py
$ run_qtable.py yolov3_tiny.MLIR \
    -- dataset../COCO2017 \
    -- calibration_table yolov3_cali_table \
    -- chip bm1684x \
    -- min_layer_cos 0.999 \ #若这里使用默认的 0.99,则程序会检测到原始 int8 模型已满足
         #0.99 的 cos,从而直接不再搜索
    -- expected_cos 0.9999 \
    -o yolov3_qtable
```

若这里使用默认的 0.99,则程序会检测到原始 int8 模型已满足 0.99 的 cos,从而直接
不再搜索,命令如下:

```
//第10章/run_qtable_yolov3_expect.py
    -- expected_cos 0.9999 \
    -o yolov3_qtable
```

执行完后输出结果,代码如下:

```
//第10章/run_output_yolov3_tiny.py
int8 outputs_cos:0.999317
mix model outputs_cos:0.999739
output mix quantization table to yolov3_qtable
total time:44 second
```

上面的 int8 outputs_cos 表示 int8 模型原本网络输出与 fp32 的 cos 相似度，mix model outputs_cos 表示部分层使用混精度后网络输出的 cos 相似度，total time 表示搜索时间为 44s，另外，生成的混精度量化表为 yolov3_qtable，代码如下：

```
//第 10 章/run_qtable_yolov3_tiny.py
# op_name    quantize_mode
convolution_output11_convF16
model_1/leaky_re_lu_2/LeakyRelu:0_LeakyRelu F16
model_1/leaky_re_lu_2/LeakyRelu:0_pooling0_MaxPool F16
convolution_output10_convF16
convolution_output9_convF16
model_1/leaky_re_lu_4/LeakyRelu:0_LeakyRelu F16
model_1/leaky_re_lu_5/LeakyRelu:0_LeakyRelu F16
model_1/leaky_re_lu_5/LeakyRelu:0_pooling0_MaxPool F16
model_1/concatenate_1/concat:0_Concat F16
```

在上面的代码中，支持的类型有 f32/f16/bf16/int8。同时也会生成一个 loss 表文件 full_loss_table.txt，代码如下：

```
//第 10 章/run_qtable_yolov3_tiny.py
# chip: bm1684x   mix_mode: F16
#
No.0   : Layer:convolution_output11_conv                          Cos: 0.984398
No.1   : Layer: model_1/leaky_re_lu_5/LeakyRelu:0_LeakyRelu       Cos: 0.998341
No.2   : Layer: model_1/leaky_re_lu_2/LeakyRelu:0_pooling0_MaxPool Cos: 0.998500
No.3   : Layer:convolution_output9_conv                           Cos: 0.998926
No.4   : Layer:convolution_output8_conv                           Cos: 0.999249
No.5   : Layer: model_1/leaky_re_lu_4/LeakyRelu:0_pooling0_MaxPool Cos: 0.999284
No.6   : Layer: model_1/leaky_re_lu_1/LeakyRelu:0_LeakyRelu       Cos: 0.999368
No.7   : Layer: model_1/leaky_re_lu_3/LeakyRelu:0_LeakyRelu       Cos: 0.999554
No.8   : Layer: model_1/leaky_re_lu_1/LeakyRelu:0_pooling0_MaxPool Cos: 0.999576
No.9   : Layer: model_1/leaky_re_lu_3/LeakyRelu:0_pooling0_MaxPool Cos: 0.999723
No.10  : Layer:convolution_output12_conv                          Cos: 0.999810
```

该表按 cos 从小到大的顺序排列，表示该层的前驱 Layer 根据各自的 cos 已换成相应的浮点模式后，该层计算得到的 cos，若该 cos 仍小于前面的 min_layer_cos 参数，则会将该层及直接后继层设置为浮点计算。run_qtable.py 会在每次将某相邻 2 层设置为浮点计算后，继续计算整个网络的输出 cos，若该 cos 大于指定的 expected_cos，则退出搜索，因此，若设置更大的 expected_cos，则会尝试将更多层设为浮点计算。

第 1 步，生成混精度量化模型，代码如下：

```
//第 10 章/run_deploy_yolov3_tiny.py
$ model_deploy.py \
    -- MLIR yolov3_tiny.MLIR \
    -- quantize INT8 \
    -- quantize_table yolov3_qtable \
    -- calibration_table yolov3_cali_table \
```

```
-- chip bm1684x \
-- model yolov3_mix.bmodel
```

第2步,验证混精度模型,代码如下:

```
//第10章/run_qtable_yolov3_tiny.py
$ detect_yolov3.py \
     -- model yolov3_mix.bmodel \
     -- input../COCO2017/000000366711.jpg \
     -- output yolov3_mix.jpg
```

执行完后输出的结果如下:

```
//第10章/run_qtable_yolov3_tiny.py
person:63.9%
orange:73.0%
```

还可以得到图片 yolov3_mix.jpg,以及 yolov3_tiny 混精度对称量化执行效果,如图 10-4 所示。

可以看出混精度后,检测结果更接近原始模型的结果。

需要说明的是,除了可以使用 run_qtable 生成量化表外,也可根据模型中每层的相似度对比结果,自行设置量化表中需要做混精度量化的 OP 的名称与量化类型,主要包括以下模块。

1) 使用 TPU 做前处理

目前 TPU-MLIR 支持的两款主要系列芯片为 BM168X 与 CV18XX,均支持将图像常见的预处理加入模型中进行计算。开发者可以在模型编译阶段,通过编译选项传递相应预处理参数,由编译器直接在模型运算前插入相应前处理算子,生成的 bmodel 或 cvimodel 可以直接以预处理前的图像作为输入,随模型推理过程使用 TPU 处理前处理运算,如表 10-2 所示。

图 10-4 yolov3_tiny 混精度对称量化的执行效果

表 10-2 预处理类型支持情况

预处理类型	BM168X	CV18XX
图像裁剪	True	True
归一化计算	True	True
NHWC to NCHW	True	True
BGR/RGB 转换	True	True

其中图像裁剪会先将图片按使用 model_transform 工具时输入的-resize_dims 参数,将图片调整为对应的大小,再裁剪成模型输入的尺寸,而归一化计算,直接将未进行预处理的图像数据(无符号的 int8 格式的数据)做归一化处理。

若要将预处理融入模型中,则需要在使用 model_deploy 工具进行部署时,使用-fuse_

preprocess 参数。如果要进行验证,则传入的 test_input 需要是图像原始格式的输入(jpg、jpeg 与 png 格式),相应地会生成原始图像输入对应的 npz 文件,名称为 $\{model_name\}_ in_ori. npz。

此外,当实际外部输入格式与模型的格式不相同时,用-customization_format 指定实际的外部输入格式,支持的格式说明如表 10-3 所示。

表 10-3　customization_format 格式与说明

CUSTOMIZATION_FORMAT	说　明	BM1684X	CV18XX
None	与原始模型输入保持一致,不进行处理,默认	True	True
RGB_PLANAR	RGB 顺序,按照 n、c、h、w 摆放	True	True
RGB_PACKED	RGB 顺序,按照 n、h、w、c 摆放	True	True
BGR_PLANAR	BGR 顺序,按照 n、c、h、w 摆放	True	True
BGR_PACKED	BGR 顺序,按照 n、h、w、c 摆放	True	True
GRAYscale	仅有一个灰色通道,按 n、c、h、w 摆	True	True
YUV420_PLANAR	yuv420 planner 格式,来自 vpss 的输入	False	True
YUV_NV21	yuv420 的 NV21 格式,来自 vpss 的输入	False	True
YUV_NV12	yuv420 的 NV12 格式,来自 vpss 的输入	False	True
RGBA_PLANAR	RGBA 格式,按照 n、c、h、w 摆放	False	True

其中,YUV * 类格式为 CV18XX 系列芯片特有的输入格式。当 customization_format 中的颜色通道的顺序与模型输入不同时,将会进行通道转换操作。若指令中未设置 customization_format 参数,则根据使用 model_transform 工具时定义的 pixel_format 与 channel_format 参数,自动获取对应的 customization_format。

以 mobiLeNet_v2 模型为例,参考编译 Caffe 模型,在 TPU-MLIR/regression/regression_ out/目录下,使用 model_transform 工具生成原始 MLIR,并通过 run_calibration 工具生成校准表。

2) BM1684X 部署

生成融合预处理的 int8 对称量化 bmodel 模型,指令如下:

```
//第 10 章/test_model_deploy.py
$ model_deploy.py \
    -- MLIR mobiLeNet_v2.MLIR \
    -- quantize INT8 \
    -- calibration_table mobiLeNet_v2_cali_table \
    -- chip bm1684x \
    -- test_input../image/cat.jpg \
    -- test_reference mobiLeNet_v2_top_outputs.npz \
    -- tolerance 0.96,0.70 \
    -- fuse_preprocess \
-- model mobiLeNet_v2_bm1684x_int8_sym_fuse_preprocess.bmodel
```

3) CV18XX 部署

生成融合预处理的 int8 对称量化 cvimodel 模型,命令如下:

```
//第 10 章/sym_fuse_preprocess.cvimodel.py
$ model_deploy.py \
    -- MLIR mobiLeNet_v2.MLIR \
    -- quantize INT8 \
    -- calibration_table mobiLeNet_v2_cali_table \
    -- chip cv183x \
    -- test_input../image/cat.jpg \
    -- test_reference mobiLeNet_v2_top_outputs.npz \
    -- tolerance 0.96,0.70 \
    -- fuse_preprocess \
    -- customization_format RGB_PLANAR \
-- model mobiLeNet_v2_cv183x_int8_sym_fuse_preprocess.cvimodel
```

当输入数据是来自 CV18XX 提供的视频后处理模块 VPSS 时,会有数据对齐要求,比如 w 按照 32 字节对齐,此时生成融合预处理的 cvimodel 模型,命令如下:

```
//第 10 章/sym_fuse_preprocess_aligned.cvimodel.py
$ model_deploy.py \
    -- MLIR mobiLeNet_v2.MLIR \
    -- quantize INT8 \
    -- calibration_table mobiLeNet_v2_cali_table \
    -- chip cv183x \
    -- test_input../image/cat.jpg \
    -- test_reference mobiLeNet_v2_top_outputs.npz \
    -- tolerance 0.96,0.70 \
    -- fuse_preprocess \
    -- customization_format RGB_PLANAR \
    -- aligned_input \
-- model mobiLeNet_v2_cv183x_int8_sym_fuse_preprocess_aligned.cvimodel
```

在上述命令中,aligned_input 指定了模型需要执行输入对齐操作。需要注意的是,YUV 格式的输入数据 fuse_preprocess 与 aligned_input 都需要执行输入对齐操作,其他格式的 fuse_preprocess 与 aligned_input 操作,可选择只执行其中的一个或两个。若只执行 aligned_input 操作,则需要将 test_input 设置为执行过预处理的 ${model_name}_in_f32. npz 格式,与编译 ONNX 模型的设置是一致的。

10.2　各框架模型转 ONNX 参考

本节主要讲解将 PyTorch、TensorFlow 与 PaddlePaddle 模型转换为 ONNX 模型的方式,以一个自主搭建的简易 PyTorch 模型为例进行 ONNX 转换。

步骤 1,创建工作目录。在命令行中创建并进入 torch_model 目录,代码如下:

```
//第 10 章/torch_model.py
$ mkdir torch_model
$ cd torch_model
```

步骤 2,搭建并保存模型。在该目录下创建名为 simple_net.py 的脚本并运行,脚本的具体内容如下:

```python
//第 10 章/torch_model.py
#!/usr/bin/env python3
import torch

# 构建简单的神经网络模型
class SimpleModel(torch.nn.Module):

    def __init__(self):
        super(SimpleModel, self).__init__()
        self.m1 = torch.nn.conv2d(3, 8, 3, 1, 0)
        self.m2 = torch.nn.conv2d(8, 8, 3, 1, 1)

    def forward(self,x):
        y0 = self.m1(x)
        y1 = self.m2(y0)
        y2 = y0 + y1
        return y2

# 创建一个 SimpleModel 并将其权重保存在当前目录中
model = SimpleModel()
torch.save(model.state_dict(), weight.pth)
```

运行完后会在当前目录下获得一个 weight.pth 的权重文件。

步骤 3,搭建并保存模型。在该目录下创建名为 simple_net.py 的脚本并运行,脚本的具体内容如下:

```python
//第 10 章/torch_SimpleModel.py
#!/usr/bin/env python3
import torch

# 构建简单的神经网络模型
class SimpleModel(torch.nn.Module):

    def __init__(self):
        super(SimpleModel, self).__init__()
        self.m1 = torch.nn.conv2d(3, 8, 3, 1, 0)
        self.m2 = torch.nn.conv2d(8, 8, 3, 1, 1)

    def forward(self,x):
        y0 = self.m1(x)
        y1 = self.m2(y0)
        y2 = y0 + y1
        return y2

# 创建一个 SimpleModel 并将其权重保存在当前目录中
model = SimpleModel()
torch.save(model.state_dict(), weight.pth)
```

运行完后会在当前目录下获得一个 weight.pth 权重文件。

步骤4,导出 ONNX 模型。在该目录下创建另一个名为 export_onnx.py 的脚本并运行。脚本的具体内容如下:

```python
//第 10 章/torch_ simple_net.py
#!/usr/bin/env python3
import torch
from simple_net import SimpleModel

# 加载预训练的模型并将其导出为 ONNX 模型
model = SimpleModel()
model.eval()
checkpoint = torch.load(weight.pth, map_location = cpu)
model.load_state_dict(checkpoint)

# 准备输入张量
input = torch.randn(1, 3, 16, 16, requires_grad = True)

# 将 Torch 模型导出为 ONNX 模型
torch.onnx.export(model,
                  input,
                  'model.onnx', # 导出的 ONNX 模型的名称
                  opset_version = 13,
                  export_params = True,
                  do_constant_folding = True)
```

运行完脚本后,即可在当前目录下得到名为 model.onnx 的 ONNX 模型。

1. TensorFlow 模型转 ONNX

以 TensorFlow 官方仓库中提供的 mobiLeNet_v1_0.25_224 模型作为转换样例。在命令行中创建并进入 tf_model 目录,命令如下:

```python
//第 10 章/tf_model_onnx.py
$ mkdir tf_model
$ cd tf_model
```

准备并转换模型。下载模型并利用 tf2onnx 工具将其导出为 ONNX 模型,通过 tar 获取 *.pb 模型定义文件,代码如下:

```python
//第 10 章/tf_model_onnx_wget.py
$ tar xzf mobiLeNet_v1_0.25_224.tgz
$ python - m tf2onnx.convert -- graphdef mobiLeNet_v1_0.25_224_frozen.pb \
    -- output mnet_25.onnx -- inputs input:0 \
    -- inputs - as - nchw input:0 \
    -- outputs MobiLeNetV1/Predictions/Reshape_1:0
```

运行以上所有命令后,即可在当前目录下得到名为 mnet_25.onnx 的 ONNX 模型。

2. PaddlePaddle 模型转 ONNX

以 PaddlePaddle 官方仓库中提供的 SqueezeNet1_1 模型作为转换样例。

步骤 1,创建工作目录。在命令行中创建并进入 pp_model 目录,命令如下:

```
//第 10 章/pp_model_onnx.py
$ mkdir pp_model
$ cd pp_model
```

步骤 2,准备模型。在命令行中通过命令下载模型,命令如下:

```
//第 10 章/pp_model_PaddlePaddle.py
$ tar xzf SqueezeNet1_1_infer.tgz
$ cd SqueezeNet1_1_infer
```

用 PaddlePaddle 项目中的 paddle_infer_shape.py 脚本对模型进行 shape 推理,将输入 shape 以 N、C、H、W 的格式设置为[1,3,224,224],代码如下:

```
//第 10 章/pp_model_PaddlePaddle_shape.py
$ python paddle_infer_shape.py  -- model_dir. \
                    -- model_filename inference.pdmodel \
                    -- params_filename inference.pdiparams \
                    -- save_dir new_model \
                    -- input_shape_dict = {'inputs':[1,3,224,224]}
```

运行完以上所有命令后将处于 SqueezeNet1_1_infer 目录下,并在该目录下有一个 new_model 目录。

步骤 3,转换模型。在命令行中通过以下命令安装 paddle2onnx 工具,并利用该工具将 PaddlePaddle 模型转换为 ONNX 模型,代码如下:

```
//第 10 章/pp_model_Paddle2onnx.py
$ pip install paddle2onnx
$ paddle2onnx  -- model_dir new_model \
         -- model_filename inference.pdmodel \
         -- params_filename inference.pdiparams \
         -- opset_version 13 \
         -- save_file squeezenet1_1.onnx
```

运行完以上的所有命令后,将获得一个名为 squeezenet1_1.onnx 的 ONNX 模型。

3. CV18XX 芯片使用指南

CV18XX 支持 ONNX 系列与 Caffe 模型,目前不支持 TFLite 模型。在量化数据类型方面,CV18XX 支持 bf16 格式的量化与 int8 格式的非对称量化。以 CV183X 芯片为例,介绍 CV18XX 系列芯片编译模型与运行 runtime sample。

编译 yolov5 模型,加载 TPU-MLIR。

在 Docker 容器中进行操作,命令如下:

```
//第 10 章/tpu-MLIR_envsetup.py
$ tar zxf tpu-MLIR_xxxx.tar.gz
$ source tpu-MLIR_xxxx/envsetup.sh
```

envsetup.sh 文件会添加环境变量,命令如下:

```
//第10章/tpu-MLIR_model_yolov5s.py
$ mkdir model_yolov5s && cd model_yolov5s
$ cp $ TPUC_ROOT/regression/model/yolov5s.onnx.
$ cp -rf $ TPUC_ROOT/regression/dataset/COCO2017.
$ cp -rf $ TPUC_ROOT/regression/image.
$ mkdir workspace && cd workspace
```

这里的 $TPUC\_ROOT$ 是环境变量，对应 TPU-MLIR_xxxx 目录。

10.2.1 ONNX 转 MLIR

如果模型是图片输入，则在转模型之前需要了解模型的预处理；如果模型用预处理后的 NPZ 文件作为输入，则不需要考虑预处理。预处理过程用以下公式表达（x 代表输入）：

$$y = (x - \text{mean}) \times \text{scale} \tag{10-2}$$

yolov5 的图片是 RGB 格式，每个值会乘以 $1/255$，转换成均值与缩放对应为 0.0、0.0、0.0 与 0.0039216、0.0039216、0.0039216，命令如下：

```
//第10章/model_transform_deploy_calibration.py
$ model_transform.py \
   -- model_name yolov5s \
   -- model_def../yolov5s.onnx \
   -- input_shapes [[1,3,640,640]] \
   -- mean 0.0,0.0,0.0 \
   -- 缩放 0.0039216,0.0039216,0.0039216 \
   -- keep_aspect_ratio \
   -- pixel_format rgb \
   -- output_names 350,498,646 \
   -- test_input../image/dog.jpg \
   -- test_result yolov5s_top_outputs.npz \
   -- MLIR yolov5s.MLIR
```

model_transform 的相关参数说明，参考编译 ONNX 模型-ONNX 转 MLIR 部分。

将 MLIR 文件转换成 bf16 的 cvimodel，命令如下：

```
//第10章/model_deploy.py
$ model_deploy.py \
   -- MLIR yolov5s.MLIR \
   -- quantize BF16 \
   -- chip cv183x \
   -- test_input yolov5s_in_f32.npz \
   -- test_reference yolov5s_top_outputs.npz \
   -- tolerance 0.99,0.99 \
   -- model yolov5s_cv183x_bf16.cvimodel
```

model_deploy.py 的相关参数说明，参考编译 ONNX 模型-MLIR 转 f32 模型部分。

转 int8 模型前需要运行 calibration 得到校准表，根据情况准备 $100 \sim 1000$ 张输入数据，然后用校准表生成 int8 对称 cvimodel。

这里用现有的 100 张来自 COCO2017 的图片进行举例,执行 calibration 操作,命令如下:

```
//第 10 章/model_run_calibration.py
$ run_calibration.py yolov5s.MLIR \
    -- dataset../COCO2017 \
-- input_num 100 \
- o yolov5s_cali_table
```

运行完成后会生成名为 ${model_name}_cali_table 的文件,该文件用于后续编译 int8 模型的输入文件。

转换成 int8 对称量化 cvimodel 模型,命令如下:

```
//第 10 章/model_yolov5s.py
$ model_deploy.py \
    -- MLIR yolov5s.MLIR \
    -- quantize INT8 \
    -- calibration_table yolov5s_cali_table \
    -- chip cv183x \
    -- test_input yolov5s_in_f32.npz \
    -- test_reference yolov5s_top_outputs.npz \
    -- tolerance 0.85,0.45 \
    -- model yolov5s_cv183x_int8_sym.cvimodel
```

编译完成后会生成名为 ${model_name}_cv183x_int8_sym.cvimodel 的文件。

执行 ONNX 模型的相关操作,得到 dog_onnx.jpg 进行效果对比,命令如下:

```
//第 10 章/dog_onnx.py
$ detect_yolov5.py \
    -- input../image/dog.jpg \
    -- model../yolov5s.onnx \
    -- output dog_onnx.jpg
```

执行 fp32 MLIR 模型的相关操作,得到 dog_MLIR.jpg,命令如下:

```
//第 10 章/dog_MLIR.py
$ detect_yolov5.py \
    -- input../image/dog.jpg \
    -- model yolov5s.MLIR \
    -- output dog_MLIR.jpg
```

执行 bf16 cvimodel 的相关操作,得到 dog_bf16.jpg,命令如下:

```
//第 10 章/dog_bf16.py
$ detect_yolov5.py \
    -- input../image/dog.jpg \
    -- model yolov5s_cv183x_bf16.cvimodel \
    -- output dog_bf16.jpg
```

执行 int8 cvimodel 的相关操作,得到 dog_int8.jpg,命令如下:

```
//第 10 章/dog_int8.py
$ detect_yolov5.py \
    -- input../image/dog.jpg \
    -- model yolov5s_cv183x_int8_sym.cvimodel \
-- output dog_int8.jpg
```

4 张图片的对比如图 10-5 所示,由于运行环境不同,所以最终的效果与精度与图 10-5 会有些差异。

图 10-5　yolov3_tiny ONNX 的执行效果示例

前面已经介绍了 TPU-MLIR 编译 CV18XX 系列芯片的 ONNX 模型的过程,Caffe 模型的转换过程可参考编译 Caffe 模型,只需将对应的芯片名称换成实际的 CV18XX 芯片名称。

10.2.2　融合 cvimodel 模型文件

对于同一个模型,可以依据输入的 Batch Size 及分辨率(不同的 h 与 w)分别生成独立的 cvimodel 文件。不过为了节省外存与内存,可以选择将这些相关的 cvimodel 文件合并为一个 cvimodel 文件,共享其权重部分。

新建 workspace 目录,通过 model_transform.py 将 yolov5s 转换成 MLIR fp32 模型。需要合并的 cvimodel 使用同一个 workspace 目录,并且不要与不需要合并的 cvimodel 共用

一个 workspace,其中-merge_weight 是必选项,代码如下:

```
//第 10 章/model_transform_cvimodel.py
$ model_transform.py \
    -- model_name yolov5s \
    -- model_def../yolov5s.onnx \
    -- input_shapes [[1,3,640,640]] \
    -- mean 0.0,0.0,0.0 \
    -- 缩放 0.0039216,0.0039216,0.0039216 \
    -- keep_aspect_ratio \
    -- pixel_format rgb \
    -- output_names 350,498,646 \
    -- test_input../image/dog.jpg \
    -- test_result yolov5s_top_outputs.npz \
    -- MLIR yolov5s_bs1.MLIR
```

使用前述生成的 yolov5s_cali_table。通过 run_calibration.py 工具对 yolov5s.MLIR 进行量化校验,以便获得校准表文件,然后对模型进行量化并生成 cvimodel,代码如下:

```
//第 10 章/model_merge_weight.py
# 加上 -- merge_weight 参数
 $ model_deploy.py \
    -- MLIR yolov5s_bs1.MLIR \
    -- quantize INT8 \
    -- calibration_table yolov5s_cali_table \
    -- chip cv183x \
    -- test_input yolov5s_in_f32.npz \
    -- test_reference yolov5s_top_outputs.npz \
    -- tolerance 0.85,0.45 \
    -- merge_weight \
    -- model yolov5s_cv183x_int8_sym_bs1.cvimodel
```

步骤 1,生成 batch 2 的 cvimodel。在同一个 workspace 中,生成 batch 为 2 的 MLIR fp32 文件,代码如下:

```
//第 10 章/model_merge_weight.py
$ model_transform.py \
    -- model_name yolov5s \
    -- model_def../yolov5s.onnx \
    -- input_shapes [[2,3,640,640]] \
    -- mean 0.0,0.0,0.0 \
    -- 缩放 0.0039216,0.0039216,0.0039216 \
    -- keep_aspect_ratio \
    -- pixel_format rgb \
    -- output_names 350,498,646 \
    -- test_input../image/dog.jpg \
    -- test_result yolov5s_top_outputs.npz \
    -- MLIR yolov5s_bs2.MLIR
```

加上 --merge_weight 参数,代码如下:

```
//第 10 章/model_deploy.py
$ model_deploy.py \
     -- MLIR yolov5s_bs2.MLIR \
     -- quantize INT8 \
     -- calibration_table yolov5s_cali_table \
     -- chip cv183x \
     -- test_input yolov5s_in_f32.npz \
     -- test_reference yolov5s_top_outputs.npz \
     -- tolerance 0.85,0.45 \
     -- merge_weight \
     -- model yolov5s_cv183x_int8_sym_bs2.cvimodel
```

步骤 2,合并 batch 1 与 batch 2 的 cvimodel。使用 model_tool 合并两个 cvimodel 文件,代码如下:

```
//第 10 章/model_model_tool.py
model_tool \
  -- combine \
    yolov5s_cv183x_int8_sym_bs1.cvimodel \
    yolov5s_cv183x_int8_sym_bs2.cvimodel \
    - o yolov5s_cv183x_int8_sym_bs1_bs2.cvimodel
```

步骤 3,runtime 接口调用 cvimodel。可以查看 bs1 与 bs2 指令的程序 id,命令如下:

```
//第 10 章/model_model_tool.py
model_tool -- info yolov5s_cv183x_int8_sym_bs1_bs2.cvimodel
```

在运行时可以运行不同的 batch,命令如下:

```
//第 10 章/model_transform_RegisterModel.py
CVI_MODEL_HANDEL bs1_handle;
CVI_RC ret = CVI_NN_RegisterModel(yolov5s_cv183x_int8_sym_bs1_bs2.cvimodel, &bs1_handle);
assert(ret == CVI_RC_SUCCESS);
//选择 bs1 的程序 id
CVI_NN_SetConfig(bs1_handle, OPTION_PROGRAM_INDEX, 0);
CVI_NN_Get 输入输出 tensors(bs1_handle,...);
...

CVI_MODEL_HANDLE bs2_handle;
//复用已加载的模型
CVI_RC ret = CVI_NN_CloneModel(bs1_handle, &bs2_handle);
assert(ret == CVI_RC_SUCCESS);
//选择 bs2 的程序 id
CVI_NN_SetConfig(bs2_handle, OPTION_PROGRAM_INDEX, 1);
CVI_NN_Getinputoutputtensors(bs2_handle,...);
...

//最后销毁 bs1_handle, bs2_handel
CVI_NN_CleanupModel(bs1_handle);
CVI_NN_CleanupModel(bs2_handle);
```

10.2.3　模型融合过程

使用上面的命令,不论是相同模型还是不同模型,均可以进行融合。融合的原理是:模型生成过程中会叠加前面模型的权重(如果相同,则共用)。

主要步骤如下:

(1) 用 model_deploy.py 生成模型时,加上-merge_weight 参数。

(2) 要融合的模型的生成目录必须是同一个,并且在融合模型前不要清理任何中间文件(叠加前面模型的权重,通过中间文件_weight_map.csv 实现)。

(3) 用 model_tool -combine 对多个 cvimodel 进行融合。

1. 编译与运行运行时示例

首先介绍 EVB 如何运行 sample 应用程序,然后介绍如何交叉编译 sample 应用程序,最后介绍 Docker 仿真编译与运行 sample。具体包括 4 个示例,归纳如下。

(1) Sample-1: classifier(mobiLeNet_v2)。

(2) Sample-2: classifier_bf16(mobiLeNet_v2)。

(3) Sample-3: 分类器融合预处理(mobiLeNet_v2)。

(4) Sample-4: 分类器多批(mobiLeNet_v2)。

在 EVB 上运行 release 提供的示例预编译程序。

将根据 chip 类型选择所需文件,加载至 EVB 的文件系统,在 EVB 上的 Linux 控制台执行,以 CV183X 为例。解压示例使用的模型文件(以 cvimodel 格式交付)并解压 TPU_SDK,进入示例目录,执行测试过程,命令如下:

```
//第 10 章/cvimodel_samples.py
# env
tar zxf cvimodel_samples_cv183x.tar.gz
export MODEL_PATH = $ PWD/cvimodel_samples
tar zxf cvitek_tpu_sdk_cv183x.tar.gz
export TPU_ROOT = $ PWD/cvitek_tpu_sdk
cd cvitek_tpu_sdk && source ./envs_tpu_sdk.sh
# get cvimodel info
cd samples
./bin/cvi_sample_model_info $ MODEL_PATH/mobiLeNet_v2.cvimodel

#
# Sample-1: 分类器
#
./bin/cvi_sample_classifier \
    $ MODEL_PATH/mobiLeNet_v2.cvimodel \
  ./data/cat.jpg \
  ./data/synset_words.txt

# TOP_K[5]:
# 0.326172, idx 282, n02123159 tiger cat
```

```
# 0.326172, idx 285, n02124075 Egyptian cat
# 0.099609, idx 281, n02123045 tabby, tabby cat
# 0.071777, idx 287, n02127052 lynx, catamount
# 0.041504, idx 331, n02326432 hare

#
# Sample-2: classifier_bf16
#
./bin/cvi_sample_classifier_bf16 \
    $ MODEL_PATH/mobiLeNet_v2_bf16.cvimodel \
  ./data/cat.jpg \
  ./data/synset_words.txt

# TOP_K[5]:
# 0.314453, idx 285, n02124075 Egyptian cat
# 0.040039, idx 331, n02326432 hare
# 0.018677, idx 330, n02325366 wood rabbit, cottontail, cottontail rabbit
# 0.010986, idx 463, n02909870 bucket, pail
# 0.010986, idx 852, n04409515 tennis ball


#
# Sample-3: 分类器融合预处理
#
./bin/cvi_sample_classifier_fused_preprocess \
    $ MODEL_PATH/mobiLeNet_v2_fused_preprocess.cvimodel \
  ./data/cat.jpg \
  ./data/synset_words.txt

# TOP_K[5]:
# 0.326172, idx 282, n02123159 tiger cat
# 0.326172, idx 285, n02124075 Egyptian cat
# 0.099609, idx 281, n02123045 tabby, tabby cat
# 0.071777, idx 287, n02127052 lynx, catamount
# 0.041504, idx 331, n02326432 hare

#
# Sample-4: 分类器多批
#
./bin/cvi_sample_classifier_multi_batch \
    $ MODEL_PATH/mobiLeNet_v2_bs1_bs4.cvimodel \
  ./data/cat.jpg \
  ./data/synset_words.txt

# TOP_K[5]:
# 0.326172, idx 282, n02123159 tiger cat
# 0.326172, idx 285, n02124075 Egyptian cat
# 0.099609, idx 281, n02123045 tabby, tabby cat
# 0.071777, idx 287, n02127052 lynx, catamount
# 0.041504, idx 331, n02326432 hare
```

同时提供脚本作为参考,执行效果与直接运行的效果相同,命令如下:

```
//第 10 章/cvimodel_classifier.py
./run_classifier.sh
./run_classifier_bf16.sh
./run_classifier_fused_preprocess.sh
./run_classifier_multi_batch.sh
```

在 cvitek_tpu_sdk/samples/samples_extra 目录下有更多的示例,命令如下:

```
//第 10 章/cvimodel_detector.py
./bin/cvi_sample_detector_yolo_v3_fused_preprocess \
    $ MODEL_PATH/yolo_v3_416_fused_preprocess_with_detection.cvimodel \
    ./data/dog.jpg \
    yolo_v3_out.jpg

./bin/cvi_sample_detector_yolo_v5_fused_preprocess \
    $ MODEL_PATH/yolov5s_fused_preprocess.cvimodel \
    ./data/dog.jpg \
    yolo_v5_out.jpg

./bin/cvi_sample_detector_yolox_s \
    $ MODEL_PATH/yolox_s.cvimodel \
    ./data/dog.jpg \
    yolox_s_out.jpg

./bin/cvi_sample_alphapose_fused_preprocess \
    $ MODEL_PATH/yolo_v3_416_fused_preprocess_with_detection.cvimodel \
    $ MODEL_PATH/alphapose_fused_preprocess.cvimodel \
    ./data/pose_demo_2.jpg \
    alphapose_out.jpg

./bin/cvi_sample_fd_fr_fused_preprocess \
    $ MODEL_PATH/retinaface_mnet25_600_fused_preprocess_with_detection.cvimodel \
    $ MODEL_PATH/arcface_res50_fused_preprocess.cvimodel \
    ./data/obama1.jpg \
    ./data/obama2.jpg
```

2. 交叉编译示例程序

TPU-MLIR 工程有示例的源代码,按照在 Docker 环境下交叉编译示例程序,然后在 EVB 系统上运行,需要的文件如下:

```
//第 10 章/cvitek_tpu_sdk.py
cvitek_tpu_sdk_[cv182x|cv182x_uclibc|cv183x|cv181x_glibc32|cv181x_musl_riscv64_rvv|cv180x_
musl_riscv64_rvv]].tar.gz
cvitek_tpu_samples.tar.gz
```

AArch 64 位(如 CV183X AArch64 平台)的 TPU SDK 准备,代码如下:

```
//第 10 章/cvitek_tpu_sdk.py
tar zxf host - tools.tar.gz
```

```
tar zxf cvitek_tpu_sdk_cv183x.tar.gz
export PATH = $ PWD/host - tools/gcc/gcc - linaro - 6.3.1 - 2017.05 - x86_64_aarch64 - linux -
gnu/bin: $ PATH
export TPU_SDK_PATH = $ PWD/cvitek_tpu_sdk
cd cvitek_tpu_sdk && source ./envs_tpu_sdk.sh && cd ..
```

编译示例,安装至 install_samples 目录,命令如下:

```
//第 10 章/cvitek_tpu_sdk.py
tar zxf cvitek_tpu_samples.tar.gz
cd cvitek_tpu_samples
mkdir build_soc
cd build_soc
cmake - G Ninja \
    - DCMAKE_BUILD_TYPE = RELEASE \
    - DCMAKE_C_FLAGS_RELEASE = - O3 \
    - DCMAKE_CXX_FLAGS_RELEASE = - O3 \
    - DCMAKE_TOOLCHAIN_FILE = $ TPU_SDK_PATH/cmake/toolchain - aarch64 - linux.cmake \
    - DTPU_SDK_PATH = $ TPU_SDK_PATH \
    - DOPENCV_PATH = $ TPU_SDK_PATH/opencv \
    - DCMAKE_INSTALL_PREFIX = ../install_samples \
    ..
cmake -- build . -- target install
arm 32 位 (如 CV183X 平台 32 位、CV182X 平台)
```

TPU SDK 准备,命令如下:

```
//第 10 章/cvitek_tpu_zxf.py
tar zxf host - tools.tar.gz
tar zxf cvitek_tpu_sdk_cv182x.tar.gz
export TPU_SDK_PATH = $ PWD/cvitek_tpu_sdk
export PATH = $ PWD/host - tools/gcc/gcc - linaro - 6.3.1 - 2017.05 - x86_64_arm - linux -
gnueabihf/bin: $ PATH
cd cvitek_tpu_sdk && source ./envs_tpu_sdk.sh && cd ..
```

如果 Docker 版本低于 1.7,则需要更新 32 位系统库(只需一次),命令如下:

```
//第 10 章/cvitek_tpu_apt - get.py
dpkg -- add - architecture i386
apt - get update
apt - get install libc6:i386 libncurses5:i386 libstdc++6:i386
```

编译示例,安装至 install_samples 目录,命令如下:

```
//第 10 章/cvitek_tpu_samples.py
tar zxf cvitek_tpu_samples.tar.gz
cd cvitek_tpu_samples
mkdir build_soc
cd build_soc
cmake - G Ninja \
    - DCMAKE_BUILD_TYPE = RELEASE \
    - DCMAKE_C_FLAGS_RELEASE = - O3 \
```

```
    - DCMAKE_CXX_FLAGS_RELEASE = - O3 \
    - DCMAKE_TOOLCHAIN_FILE = $ TPU_SDK_PATH/cmake/toolchain - linux - gnueabihf.cmake \
    - DTPU_SDK_PATH = $ TPU_SDK_PATH \
    - DOPENCV_PATH = $ TPU_SDK_PATH/opencv \
    - DCMAKE_INSTALL_PREFIX = ../install_samples \
    ..
cmake -- build. -- target install
uclibc 32 位平台 (CV182X uclibc 平台)
```

TPU SDK 准备,命令如下:

```
//第 10 章/cvitek_tpu_sdk.py
tar zxf host - tools.tar.gz
tar zxf cvitek_tpu_sdk_cv182x_uclibc.tar.gz
export TPU_SDK_PATH = $ PWD/cvitek_tpu_sdk
export PATH = $ PWD/host - tools/gcc/arm - cvitek - linux - uclibcgnueabihf/bin: $ PATH
cd cvitek_tpu_sdk && source./envs_tpu_sdk.sh && cd..
```

如果 Docker 版本低于 1.7,则需要更新 32 位系统库(只需一次),编译示例,安装至 install_samples 目录,命令如下:

```
//第 10 章/cvitek_tpu_i1386.py
tar zxf cvitek_tpu_samples.tar.gz
cd cvitek_tpu_samples
mkdir build_soc
cd build_soc
cmake - G Ninja \
    - DCMAKE_BUILD_TYPE = RELEASE \
    - DCMAKE_C_FLAGS_RELEASE = - O3 \
    - DCMAKE_CXX_FLAGS_RELEASE = - O3 \
    - DCMAKE_TOOLCHAIN_FILE = $ TPU_SDK_PATH/cmake/toolchain - linux - uclibc.cmake \
    - DTPU_SDK_PATH = $ TPU_SDK_PATH \
    - DOPENCV_PATH = $ TPU_SDK_PATH/opencv \
    - DCMAKE_INSTALL_PREFIX = ../install_samples \
    ..
cmake -- build. -- target install
riscv64 位 musl 平台 (如 CV181X、CV180X riscv64 位 musl 平台)
```

TPU SDK 准备,命令如下:

```
//第 10 章/cvitek_tpu_host - tools.py
tar zxf host - tools.tar.gz
tar zxf cvitek_tpu_sdk_cv181x_musl_riscv64_rvv.tar.gz
export TPU_SDK_PATH = $ PWD/cvitek_tpu_sdk
export PATH = $ PWD/host - tools/gcc/riscv64 - linux - musl - x86_64/bin: $ PATH
cd cvitek_tpu_sdk && source./envs_tpu_sdk.sh && cd..
```

编译示例,安装至 install_samples 目录,命令如下:

```
//第 10 章/cvitek_tpu_sdk.py
tar zxf cvitek_tpu_samples.tar.gz
```

```
cd cvitek_tpu_samples
mkdir build_soc
cd build_soc
cmake - G Ninja \
    - DCMAKE_BUILD_TYPE = RELEASE \
    - DCMAKE_C_FLAGS_RELEASE = - O3 \
    - DCMAKE_CXX_FLAGS_RELEASE = - O3 \
    - DCMAKE_TOOLCHAIN_FILE = $TPU_SDK_PATH/cmake/toolchain - riscv64 - linux - musl - x86_
      64.cmake \
    - DTPU_SDK_PATH = $TPU_SDK_PATH \
    - DOPENCV_PATH = $TPU_SDK_PATH/opencv \
    - DCMAKE_INSTALL_PREFIX = ../install_samples \
    ..
cmake -- build. -- target install
riscv64 位 glibc 平台（如 CV181x、CV180X riscv64 位 glibc 平台）
```

TPU SDK 准备，命令如下：

```
//第 10 章/cvitek_tpu_host - tools.py
tar zxf host - tools.tar.gz
tar zxf cvitek_tpu_sdk_cv181x_glibc_riscv64.tar.gz
export TPU_SDK_PATH = $PWD/cvitek_tpu_sdk
export PATH = $PWD/host - tools/gcc/riscv64 - linux - x86_64/bin: $PATH
cd cvitek_tpu_sdk && source ./envs_tpu_sdk.sh && cd..
```

编译示例，安装至 install_samples 目录，命令如下：

```
//第 10 章/cvitek_tpu_sdk.py
tar zxf cvitek_tpu_samples.tar.gz
cd cvitek_tpu_samples
mkdir build_soc
cd build_soc
cmake - G Ninja \
    - DCMAKE_BUILD_TYPE = RELEASE \
    - DCMAKE_C_FLAGS_RELEASE = - O3 \
    - DCMAKE_CXX_FLAGS_RELEASE = - O3 \
    - DCMAKE_TOOLCHAIN_FILE = $TPU_SDK_PATH/cmake/toolchain - riscv64 - linux - x86_64.
      cmake \
    - DTPU_SDK_PATH = $TPU_SDK_PATH \
    - DOPENCV_PATH = $TPU_SDK_PATH/opencv \
    - DCMAKE_INSTALL_PREFIX = ../install_samples \
    ..
cmake -- build. -- target install
```

需要处理文件，命令如下：

```
//第 10 章/cvimodel_cvitek.py
(1)cvitek_MLIR_Ubuntu - 18.04.tar.gz
(2)cvimodel_samples_[cv182x|cv183x|cv181x|cv180x].tar.gz
(3)cvitek_tpu_samples.tar.gz
```

TPU SDK 准备,命令如下:

```
//第 10 章/cvimodel_samples_zxf.py
tar zxf cvitek_MLIR_Ubuntu - 18.04.tar.gz
source cvitek_MLIR/cvitek_envs.sh
```

编译示例,安装至 install_samples 目录,命令如下:

```
//第 10 章/cvimodel_samples_tpu.py
tar zxf cvitek_tpu_samples.tar.gz
cd cvitek_tpu_samples
mkdir build_soc
cd build_soc
cmake - G Ninja \
    - DCMAKE_BUILD_TYPE = RELEASE \
    - DCMAKE_C_FLAGS_RELEASE = - O3 \
    - DCMAKE_CXX_FLAGS_RELEASE = - O3 \
    - DTPU_SDK_PATH = $ MLIR_PATH/tpuc \
    - DCNPY_PATH = $ MLIR_PATH/cnpy \
    - DOPENCV_PATH = $ MLIR_PATH/opencv \
    - DCMAKE_INSTALL_PREFIX = ../install_samples \
  ..
cmake -- build . -- target install
```

运行示例程序,命令如下:

```
//第 10 章/cvimodel_samples_ export.py
# envs
tar zxf cvimodel_samples_cv183x.tar.gz
export MODEL_PATH = $ PWD/cvimodel_samples
source cvitek_MLIR/cvitek_envs.sh


# get cvimodel info
cd../install_samples
./bin/cvi_sample_model_info $ MODEL_PATH/mobiLeNet_v2.cvimodel
```

其他示例可参照 EVB 运行命令。

如果是首次使用 Docker,则需要使用开发环境配置中的方法,安装并配置 Docker。同时,使用 git-lfs,如果首次使用 git-lfs,则可执行命令进行安装与配置(仅首次执行,同时该配置需要配置在用户自己的系统中,并非 Docker 容器中),命令如下:

```
//第 10 章/cvimodel_samples_sudo.py
$ curl - s https://packagecloud.io/install/repositories/GitHub/git - lfs/script.deb.sh |
sudo bash
$ sudo apt - get install git - lfs
```

获取 model-zoo 模型 1,在 TPU-MLIR_xxxx.tar.gz(TPU-MLIR 的发布包)的同级目录下,使用以下命令复制 model-zoo 工程,$ git clone --depth=1 需要的文件如下:

```
//第 10 章/cvimodel_samples_sudo_tar.py
(1)cvitek_MLIR_Ubuntu - 18.04.tar.gz
```

```
(2)cvimodel_samples_[cv182x|cv183x|cv181x|cv180x].tar.gz
(3)cvitek_tpu_samples.tar.gz
```

TPU SDK 准备,命令如下:

```
//第 10 章/cvimodel_samples_sudo_sdk.py
tar zxf cvitek_MLIR_Ubuntu-18.04.tar.gz
source cvitek_MLIR/cvitek_envs.sh
$ curl -s https://packagecloud.io/install/repositories/GitHub/git-lfs/script.deb.sh |
sudo bash
$ sudo apt-get install git-lfs
```

在 TPU-MLIR_xxxx.tar.gz(TPU-MLIR 的发布包)的同级目录下,使用命令复制 model-zoo 工程,$ git clone --depth=1 需要的文件如下:

```
//第 10 章/cvimodel_samples_cvi.py
(1)cvitek_MLIR_Ubuntu-18.04.tar.gz
(2)cvimodel_samples_[cv182x|cv183x|cv181x|cv180x].tar.gz
(3)cvitek_tpu_samples.tar.gz
```

TPU SDK 准备,命令如下:

```
//第 10 章/cvimodel_samples_source.py
tar zxf cvitek_MLIR_Ubuntu-18.04.tar.gz
source cvitek_MLIR/cvitek_envs.sh
```

编译示例,安装至 install_samples 目录,命令如下:

```
//第 10 章/cvimodel_samples_cmake.py
tar zxf cvitek_tpu_samples.tar.gz
cd cvitek_tpu_samples
mkdir build_soc
cd build_soc
cmake -G Ninja \
    -DCMAKE_BUILD_TYPE=RELEASE \
    -DCMAKE_C_FLAGS_RELEASE=-O3 \
    -DCMAKE_CXX_FLAGS_RELEASE=-O3 \
    -DTPU_SDK_PATH=$MLIR_PATH/tpuc \
    -DCNPY_PATH=$MLIR_PATH/cnpy \
    -DOPENCV_PATH=$MLIR_PATH/opencv \
    -DCMAKE_INSTALL_PREFIX=../install_samples \
  ..
cmake --build. --target install
```

运行示例程序,命令如下:

```
//第 10 章/cvimodel_samples_install.py
#envs
tar zxf cvimodel_samples_cv183x.tar.gz
export MODEL_PATH=$PWD/cvimodel_samples
source cvitek_MLIR/cvitek_envs.sh
```

```
# get cvimodel info
cd../install_samples
./bin/cvi_sample_model_info $ MODEL_PATH/mobiLeNet_v2.cvimodel
```

其他示例运行命令参照 EVB 运行命令。如果是首次使用 Docker,则需要使用开发环境配置中的方法安装并配置 Docker。同时会用到 git-lfs,如果首次使用 git-lfs,则可执行命令进行安装与配置(仅首次执行,同时该配置需要配置在用户自己的系统中,并非 Docker 容器中),命令如下:

```
//第 10 章/cvimodel_samples_zoo.py
$ curl － s https://packagecloud. io/install/repositories/GitHub/git － lfs/script. deb. sh ｜
sudo bash
$ sudo apt － get install git － lfs
获取 model － zoo 模型 1
```

获取 model-zoo 模型 1,在 TPU-MLIR_xxxx. tar. gz (TPU-MLIR 的发布包)的同级目录下,使用命令复制 model-zoo 工程,命令如下:

```
//第 10 章/cvimodel_samples_clone.py
$ git clone －－ depth = 1 https://github.com/sophgo/model － zoo
$ cd model － zoo
$ git lfs pull －－ include * . onnx, * . jpg, * .JPEG －－ Excelude = ""
$ cd../
```

如果已经复制过 model-zoo,则可以执行命令将模型同步到最新状态,命令如下:

```
//第 10 章/cvimodel_samples_git.py
$ cd model － zoo
$ git pull
$ git lfs pull －－ include " * . onnx, * . jpg, * .JPEG" －－ Excelude = ""
$ cd../
```

此过程会从 GitHub 上下载大量数据。由于具体网络环境的差异,所以此过程可能耗时较长。

如果获得了 SOPHGO 提供的 model-zoo 测试包,则可以执行以下操作创建并设置好 model-zoo。完成此步骤后直接获取 tpu-perf 工具,命令如下:

```
//第 10 章/cvimodel_samples_xvf.py
$ mkdir － p model － zoo
$ tar － xvf path/to/model － zoo_. tar. bz2 －－ strip － components = 1 － C model － zoo
https://github.com/sophgo/model － zoo
$ cd model － zoo
$ git lfs pull －－ include * . onnx, * . jpg, * .JPEG －－ Excelude = ""
$ cd../
```

如果已经复制过 model-zoo,则可以执行以下命令将模型同步到最新状态:

```
//第 10 章/cvimodel_samples_pull.py
$ cd model － zoo
```

```
$ git pull
$ git lfs pull -- include " * .onnx, * .jpg, * .JPEG" -- Excelude = ""
$ cd../
```

此过程会从 GitHub 上下载大量数据。由于具体网络环境的差异,所以此过程可能耗时较长。

如果获得了 SOPHGO 提供的 model-zoo 测试包,则可以执行以下操作创建并设置好 model-zoo。完成此步骤后直接获取 tpu-perf 工具,命令如下:

```
//第 10 章/cvimodel_samples_tar.py
$ mkdir - p model - zoo
$ tar - xvf path/to/model - zoo_.tar.bz2 -- strip - components = 1 - C model - zoo
```

3. 获取 tpu-perf 工具

从 https://github.com/sophgo/tpu-perf/releases 下载最新的 tpu-perf wheel 安装包,例如,tpu_perf-x.x.x-py3-none-manylinux2014_x86_64.whl,并将 tpu-perf 包配置到与 model-zoo 同一级目录下。此时的目录结构如下:

```
├── tpu_perf - x.x.x - py3 - none - manylinux2014_x86_64.whl
├── tpu - MLIR_xxxx.tar.gz
└── model - zoo
```

10.2.4　测试流程

1. 解压 SDK 并创建 Docker 容器

在 TPU-MLIR_xxxx.tar.gz 目录下(注意,TPU-MLIR_xxxx.tar.gz 与 model-zoo 需要在同一级目录),命令如下:

```
//第 10 章/TPU - MLIR_xxxx.sh
$ tar zxf TPU - MLIR_xxxx.tar.gz
$ docker pull sophgo/tpuc_dev:latest
$ docker run -- rm -- name myname - v $ PWD:/workspace - it sophgo/tpuc_dev:latest
```

运行命令后会处于 Docker 容器中。

设置环境变量并安装 tpu-perf。完成设置运行测试所需的环境变量,命令如下:

```
//第 10 章/TPU - MLIR_envsetup.sh
$ cd TPU - MLIR_xxxx
$ source envsetup.sh
```

该过程结束后不会有任何提示。之后使用命令安装 tpu-perf,命令如下:

```
//第 10 章/TPU - MLIR_install.sh
$ pip3 install../tpu_perf - x.x.x - py3 - none - manylinux2014_x86_64.whl
```

运行测试,编译模型,model-zoo 的相关 config.yaml 配置了 SDK 的测试内容,例如,resnet18 的配置文件,命令如下:

```
//第 10 章/TPU - MLIR_model - zoo.sh
model - zoo/vision/classification/resnet18 - v2/config.yaml
```

运行全部测试样例,命令如下:

```
//第 10 章/TPU - MLIR_perf.sh
$ cd../model - zoo
$ python3 - m tpu_perf.build -- MLIR - l full_cases.txt
```

此时会编译模型,命令如下:

```
//第 10 章/TPU - MLIR_xxxx.sh
* efficientnet - lite4
* mobiLeNet_v2
* resnet18
* resnet50_v2
* shuffLeNet_v2
* squeezenet1.0
* VGG - 16
* yolov5s
```

命令正常结束后会看到新生成的输出文件夹(测试输出内容都在该文件夹中)。修改输出文件夹的属性,以保证其可以被 Docker 外系统访问,命令如下:

```
//第 10 章/TPU - MLIR_chmod.sh
$ chmod - R a + rw output
```

2. 测试模型性能,配置 SoC 设备

如果设备是 PCIE 板卡,则可以直接跳过以下内容。

由于性能测试只依赖于 libsophon 运行环境,所以在工具链编译环境编译完的模型连同 model-zoo 整个打包,就可以在 SoC 环境使用 tpu_perf 进行性能与精度测试,但是,SoC 设备上存储有限,完整的 model-zoo 与编译输出内容可能无法完整地被复制到 SoC 中。这里介绍一种通过 Linux NFS 远程文件系统挂载的方法,以便实现在 SoC 设备上运行测试,命令如下:

```
//第 10 章/chmod_rw_chmod.sh
$ chmod - R a + rw output
```

首先,在工具链环境服务器 host 系统安装 NFS 服务,命令如下:

```
//第 10 章/chmod_rw_output_apt.sh
$ sudo apt install nfs - kernel - server
```

在 /etc/exports 中添加内容(配置共享目录),命令如下:

```
//第 10 章/chmod_rw_root.sh
/the/absolute/path/of/model - zoo * (rw,sync,no_subtree_check,no_root_squash)
```

其中, * 表示既可以访问该共享目录,也可以配置成特定网段或 IP 以供访问,命令如下:

```
//第 10 章/chmod_rw_output_model.sh
/the/absolute/path/of/model - zoo 192.168.43.0/24(rw, sync, no_subtree_check, no_root_squash)
```

然后使配置生效,命令如下:

```
//第 10 章/chmod_rw_exportfs.sh
$ sudo exportfs - a
$ sudo systemctl restart nfs - kernel - server
```

另外,需要为 dataset 目录下的图片添加读取权限,命令如下:

```
//第 10 章/chmod_chmod_output.sh
chmod - R + r path/to/model - zoo/dataset
```

在 SoC 设备上安装客户端,并挂载该共享目录,命令如下:

```
//第 10 章/chmod_nfs_output.sh
$ mkdir model - zoo
$ sudo apt - get install - y nfs - common
$ sudo mount - t nfs:/path/to/model - zoo./model - zoo
```

这样便可以在 SoC 环境访问测试目录。SoC 测试的其余操作与 PCIE 基本一致。

运行测试需要在 Docker 外面的环境(此处假设已经安装并配置好了 1684X 设备与驱动)中进行,可以退出 Docker 环境。

在 PCIE 板卡下运行以下命令,测试生成的 bmodel 性能:

```
//第 10 章/chmod_perf_output.sh
$ exit
$ pip3 install./tpu_perf - * - py3 - none - manylinux2014_x86_64.whl
$ cd model - zoo
$ python3 - m tpu_perf.run -- MLIR - l full_cases.txt
```

如果主机上安装了多块 SOPHGO 的加速卡,则可以在使用 tpu_perf 时,通过添加 --devices id 来指定 tpu_perf 的运行设备,命令如下:

```
//第 10 章/chmod_tpu_output.sh
$ python3 - m tpu_perf.run -- devices 2 -- MLIR - l full_cases.txt
```

从 https://github.com/sophgo/tpu-perf/releases 地址将最新的 tpu-perf tpu_perf-x.x.x-py3-none-manylinux2014_aarch64.whl 文件下载到 SoC 设备上,并执行操作,命令如下:

```
//第 10 章/chmod_tpu_perf_output.sh
$ pip3 install./tpu_perf - x.x.x - py3 - none - manylinux2014_aarch64.whl
$ cd model - zoo
$ python3 - m tpu_perf.run -- MLIR - l full_cases.txt
```

运行结束后,性能数据在 output/stats.csv 中可以获得。在该文件中记录了相关模型的运行时间、计算资源利用率与带宽利用率。

IREE 编译流程与开发实践

11.1 通过 Vulkan-SPIR-V 标准编译堆栈

11.1.1 现有的 ML 堆栈挑战

1. 机器学习堆栈挑战

机器学习堆栈挑战如下：

(1) ML 堆栈面临巨大的问题空间与组合复杂性，主要有以下几点原因。

① 不断发展的 ML 模型体系结构，以及不断变化的各种框架。

② 不断增长的异构硬件(CPU/GPU/向量/矩阵、AI 加速器)。

③ 不同的部署场景(服务器、台式机/笔记本电脑、移动/边缘、网络等)。

(2) ML 堆栈在 ML 图/操作级别的内部硬件接口导致：

① 硬件需要构建完整的 API/运行时/内核/编译器以进行集成。

② Stack 需要为所有硬件与部署场景提供完整的服务。

③ 因此，可以看到碎片化的解决方案空间。

(3) 解决方案专门针对某个子集，通常缺乏适应性与通用性。

(4) 在各种堆栈内/跨堆栈进行大量重复的手动工程设计工作。

2. 走向可推广与高性能的机器学习堆栈

(1) 在图形方面也看到了类似的挑战，例如，不同的渲染技术、游戏引擎、GPU 供应商、机器形状因素。

(2) ML 推理堆栈可以从几十年的图形学习中汲取经验。

① 支持各种硬件，以实现通用性与可选性的标准。

② 编译器可处理不同的体系结构，以实现可重用并提高性能。

(3) Vulkan 与 SPIR-V 提供了一种现代化的清洁底座解决方案。

① 明确开放硬件功能，对高级构造不排斥。

② 低级别，适用于自动生成(主机调度与设备可执行)。

③ 在许多平台上随时可用，满足各种部署需求。

11.1.2　IREE 体系结构

基于 MLIR 的端到端编译器与运行时,可将 ML 模型下译到统一的 IR,该 IR 既可扩展到数据中心,也可扩展到移动与边缘部署。IREE(Intermediate Representation Execution Environment,中间表示执行环境)。

IREE 的关键特性包括以下几个模块。

(1)基于标准:采用 Vulkan、SPIR-V、WebGPU 等,与 OSS 社区合作。

(2)基于编译:使用编译器弥合级别语义差距,并生成最佳任务/作业调度(ML 的自动化任务系统中间件)。

(3)基于全方位:一个统一的 IR,用于表示可调度的可执行文件,用于调度逻辑实现对整个程序进行优化。

(4)基于可扩展性:与其他加速器用户合作,了解资源限制,对多样化的使用与部署场景友好的 IREE 整体框架,如图 11-1 所示。

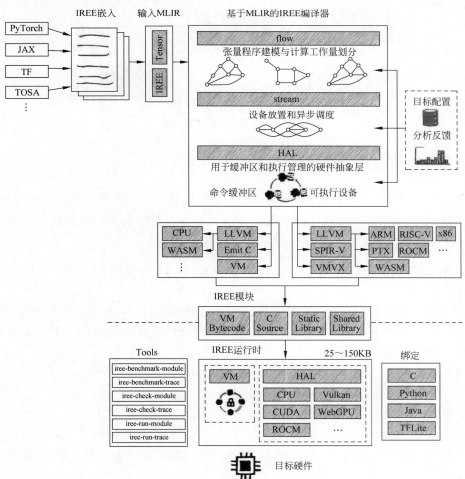

图 11-1　IREE 整体框架

11.1.3　IREE 内核编译流程

IREE 内核编译流程如图 11-2 所示。

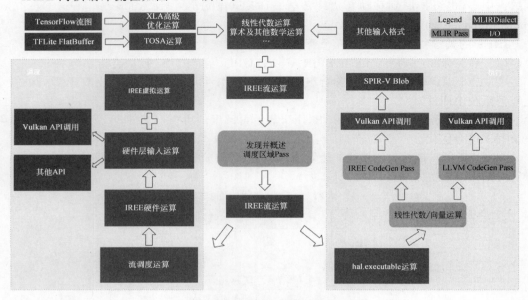

图 11-2　IREE 内核编译流程

11.1.4　IREE 运行时

IREE 没有捆绑所有内容的传统运行时。IREE 提供了一个几乎零成本的虚拟机,用于解释从 ML 模型编译的主机进行调度操作。它只是为工作负载大小计算执行轻量级数学运算并执行任务调度,如图 11-3 所示。

11.1.5　HAL：受 Vulkan 启发的硬件抽象层

硬件抽象层是位于操作系统内核与硬件电路之间的接口层,其目的在于对硬件进行抽象化。它隐藏了特定平台的硬件接口细节,为操作系统提供虚拟硬件平台,使其具有硬件无关性,可在多种平台上进行移植。

CPU、GPU 等的通用抽象层主要有以下特征：

(1) 全部具有多级内存/计算层次结构。

(2) 都是为了以平铺的方式进行计算。

在主机上,抽象层主要有以下特征：

(1) 构建管道利用调度层次结构提交(工作负载＋粗粒度同步)、命令缓存(工作负载＋细粒度同步)。

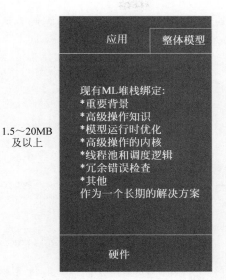 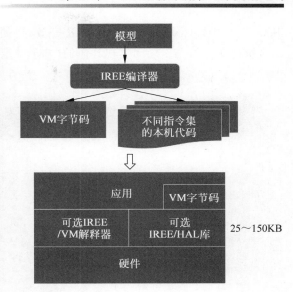

图 11-3　IREE 运行时流程

（2）派发 Dispatches(GPU 与 CPU)在可执行文件中(在目标硬件上进行 CodeGen)执行。

（3）工作组（GPU 内核与 CPU 线程）包括子组（GPU-SIMT；CPU：SIM）和 Instr(GPU 线程；CPU：通道）。

CPU 与 GPU 计算与内存抽象图，如图 11-4 所示。

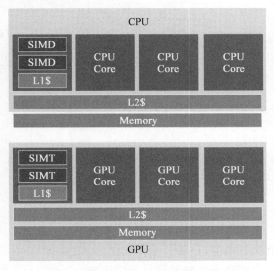

图 11-4　CPU 与 GPU 计算与内存抽象图

11.1.6　HAL IR 示例

HAL 具有映射到新一代显式 GPU API(如 Vulkan)的调度操作。这些操作有效地将

Vulkan C API 为自动转换的编译器 IR 开放,以便通过编译器实现最佳实践的编码。这就是在可执行文件与调度之间实现具体的(基于绑定)API,代码如下:

```
//第 11 章/build_hal.executable.c
module {
  hal.executable @executable_module {
    hal.interface @abi {
 hal.interface.binding @ret, set = 0, binding = 0, type = "StorageBuffer", access = "Read"
...
 }
    hal.executable.binary {data = dense<[...]>: vector<1620×i8>, format = "SPIR-V"}...
 func @main( %arg0: !iree.ref<!hal.buffer>, %arg1: !iree.ref<!hal.buffer>) -> !iree.
ref<!hal.buffer> {
 %dev = hal.ex.shared_device: !iree.ref<!hal.device>
 %allocator = hal.device.allocator %dev: !iree.ref<!hal.allocator>
 %buffer = hal.allocator.allocate %allocator,..., shape = [...], element_size = 4: !iree.ref
<!hal.buffer>
 %cmd = hal.command_buffer.create %dev, "OneShot", "Transfer|Dispatch": !iree.ref<!hal.
command_buffer>
 hal.command_buffer.begin %cmd
 hal.ex.push_descriptor_set %cmd,...
 hal.device.switch( %dev: !hal.device)
 #hal.device.match.id<"vulkan*">: !iree.ref<!hal.buffer> {
...
 %exe = hal.executable.look_up,...
 hal.command_buffer.dispatch %cmd, %exe, entry_point = 0, workgroup_xyz = [ %c1, %c5, %c1]
 }
 %memory_barrier = hal.make_memory_barrier "DispatchWrite", "DispatchRead": tuple<i32,
i32>
 hal.command_buffer.execution_barrier %cmd, "CommandRetire", "CommandIssue",
memory_barriers = [ %memory_barrier]
...
 hal.command_buffer.end %cmd
 hal.ex.submit_and_wait %dev, %cmd
 return %buffer: !iree.ref<!hal.buffer>
```

11.1.7 Vulkan 现状与路线图

1. 一般方法

(1) 投资基础设施,为通用性与性能奠定坚实基础。

① 优先选择有利于泛型模型与/或体系结构的任务。

② 旨在为所有情况提供合理良好的默认解决方案。

③ 为超级用户的超级特定案例敞开大门。

(2) MLIR 中内置 SPIR-V CodeGen,IREE 中内置 Vulkan 运行时。

① 可以在各种硬件上编译与执行许多视觉与语言模型。

② 瞄准 Vulkan 计算着色器与内核 Vulkan 计算机 API 子集。

（3）重点关注广泛适用的编译优化。

无手动/自动调谐,使用一组启发式方法与默认参数。

不同设备平台上的 Transformer 模型性能如表 11-1 所示。

表 11-1　不同设备平台上的 Transformer 模型性能

设　备	FP32 Model	GPU/FLOPS	IREE 延迟/ms	比较延迟/ms
移动	MobileBERT	ARM Mali G78（Pixel 6）/2T	120	TFLite OpenCL 123
笔记本电脑	miniLM	Apple M1 Max/10.4T	11.6	TF-Metal 16.99
桌面	miniLM	AMD RX 5700XT/9.7T	8	
服务器	miniLM	NVIDIA Tesla V100/15.7T	6.3	

2. 移动平台上的模型

谷歌 Pixel 6 手机平台上的不同模型性能如表 11-2 所示。

表 11-2　谷歌 Pixel 6 手机平台上的不同模型性能

FP32 Model	IREE 延迟/ms	TFLite 延迟（缓存）/ms	TFLite 延迟（结构）/ms
MobileBERT	120	172	123
MobiLeNetV2	9	8	6
DeepLabV3	12	12.1	9.2
PoseNet	15	14.4	8

3. 路线图与任务

（1）一般功能特征包括较小的位宽（fp16、int8 等）、减少初始化开销。

（2）一般的优化,例如更好的融合、更好的缓存布局、支持纹理,以及搜索、自动调谐。

（3）更多的平台:SPIR-V CodeGen＋WebGPU HAL 到 Web 平台、SPIR-V CodeGen＋金属 HAL 到苹果平台。

11.2　IREE 编译流程解析

11.2.1　IREE 编译流程示例解析（1）

IREE 输入 conversionPassPipeline 的主要作用是,将不同的输入 MHLO、XLA、Torch 张量与 TOS,统一下译成 LinAlg 方言与 builtin 的算术方言、scf 方言与张量方言。下面以 MHLO 输入为例,列举了输入 conversionPassPipeline 中各个 Pass 及它们的主要作用。

（1）mhlo::createLegalizeControlFlowPass:将 TF1.0 中的控制流原语规范化成 HLO 中的控制流算子。

（2）createTopLevelSCFToCFGPass:将顶层的结构化控制流程表示的控制流图转换成更底层基础块的控制流图（CFG）。

（3）createMHLOToMHLOPreprocessingPass。

（4）MLIR::createCanonicalizerPass。

（5）MLIR::createShapeToShapeLower：将 shape.num_elements 转换成 shape.reduce。

（6）MLIR::createconvertShapeToStandardPass：将形状方言下译成算术方言、scf 方言与张量方言，代码如下：

```
//第 11 章/func.func_00.c
func.func @test( % arg0: tensor < 1x?xf32 >, % arg1: tensor <? × f32 >) -> index {
  % c1 = arith.constant 1: index
  % c0 = arith.constant 0: index
  % 0 = shape.dim % arg0, % c1: tensor < 1 × ? × f32 >, index -> index
  % 1 = shape.dim % arg1, % c0: tensor <? × f32 >, index -> index
  % 2 = shape.add % 0, % 1: index, index -> index
  return % 2: index
}
```

将以上代码转换一下，代码如下：

```
//第 11 章/func.func_01.c
func.func @test( % arg0: tensor < 1 × ? × f32 >, % arg1: tensor <? × f32 >) -> index {
    % c1 = arith.constant 1: index
    % c0 = arith.constant 0: index
    % c1_0 = arith.constant 1: index
    % c1_1 = arith.constant 1: index
    % 0 = tensor.dim % arg0, % c1_1: tensor < 1 × ? × f32 >
    % 1 = tensor.from_elements % c1_0, % 0: tensor < 2 × index >
    % 2 = tensor.cast % 1: tensor < 2 × index > to tensor < 2 × index >
    % 3 = tensor.dim % arg0, % c1: tensor < 1 × ? × f32 >
    % c0_2 = arith.constant 0: index
    % 4 = tensor.dim % arg1, % c0_2: tensor <?xf32 >
    % 5 = tensor.from_elements % 4: tensor < 1 × index >
    % 6 = tensor.cast % 5: tensor < 1 × index > to tensor < 1 × index >
    % 7 = tensor.dim % arg1, % c0: tensor <? × f32 >
    % 8 = arith.addi % 3, % 7: index
    return % 8: index
  }
```

（7）执行 MLIR::createCanonicalizerPass。

（8）MLIR::createInlinerPass 执行内联调用与可调用操作，并删除死调用，代码如下：

```
//第 11 章/func.func_10.c
func.func @test( % arg0: tensor < 1 × f32 >, % arg1: tensor < 1 × f32 >) -> tensor < 1 × f32 > {
  % 0 = call @add( % arg0, % arg1): (tensor < 1 × f32 >, tensor < 1 × f32 >) -> tensor < 1 × f32 >
  return % 0: tensor < 1 × f32 >
}
func.func private @add( % arg0: tensor < 1 × f32 >, % arg1: tensor < 1 × f32 >) -> tensor < 1 ×
f32 > {
  % 0 = mhlo.add % arg0, % arg1: tensor < 1 × f32 >
  return % 0: tensor < 1 × f32 >
}
```

私有的 add 函数被内联后删除,代码如下:

```
//第 11 章/func.func_11.c
func.func @test( %arg0: tensor < 1×f32 >, %arg1: tensor < 1×f32 >) -> tensor < 1×f32 > {
    %0 = mhlo.add %arg0, %arg1: tensor < 1×f32 >
    return %0: tensor < 1×f32 >
}
```

(9) 几个接口函数如下:

```
IREE::Util::createDemoteI64ToI32Pass
IREE::Util::createDemoteF64ToF32Pass
MLIR::createCanonicalizerPass
MLIR::createCSEPass
mhlo::createLegalizeShapeComputationsPass
```

把标量、张量 OP 转换成标量 OP + fromElements OP,代码如下:

```
//第 11 章/func.func_20.c
func.func @test( %arg0: f32, %arg1: f32) -> tensor < 1×f32 > {
    %0 = tensor.from_elements %arg0: tensor < 1×f32 >
    %1 = tensor.from_elements %arg1: tensor < 1×f32 >
    %2 = mhlo.add %0, %1: tensor < 1×f32 >
    return %2: tensor < 1×f32 >
}
```

将上面的代码转换一下,代码如下:

```
//第 11 章/func.func_21.c
func.func @test( %arg0: f32, %arg1: f32) -> tensor < 1×f32 > {
    %0 = arith.addf %arg0, %arg1: f32
    %1 = tensor.from_elements %0: tensor < 1×f32 >
    return %1: tensor < 1×f32 >
}
```

(10) createconvertMHLOToLinalgExtPass 将 mhlo::sort、mhlo.scatter、mhlo.fft、mhlo.reverse、mhlo.topk 转换到 IREE::LinalgExt 方言,同时将在 IREE::LinalgExt 方言区域内部的 MHLO OP 转换成 LinAlg 方言,将 mhlo.return 转换成 iree_linalg_ext.yield,代码如下:

```
//第 11 章/func.func_30.c
func.func @test( %arg0: tensor < 10×f32 >) -> tensor < 10×f32 > {
    %0 = "mhlo.sort"( %arg0) ({
    ^bb0( %arg1: tensor < f32 >, %arg2: tensor < f32 >):
        %1 = mhlo.compare  GT, %arg1, %arg2: (tensor < f32 >, tensor < f32 >) -> tensor < i1 >
        mhlo.return %1: tensor < i1 >
    }) {dimension = 0: i64}: (tensor < 10×f32 >) -> tensor < 10×f32 >
    return %0: tensor < 10×f32 >
}
```

将上面的代码转换一下,代码如下:

```
//第 11 章/func.func_31.c
func.func @test( % arg0: tensor < 10 × f32 >) -> tensor < 10 × f32 > {
  % 0 = iree_linalg_ext.sort dimension(0) outs( % arg0: tensor < 10 × f32 >) {
  ^bb0( % arg1: f32, % arg2: f32):
    %1 = arith.cmpf ogt, % arg1, % arg2: f32
    iree_linalg_ext.yield % 1: i1
  } -> tensor < 10 × f32 >
  return % 0: tensor < 10 × f32 >
}
```

（11）createMHLOToLinalgOntensorsPass 将外层剩余的 MHLO OP 转换到 LinAlg 方言，代码如下：

```
//第 11 章/func.func_40.c
func.func @test( % arg0: tensor < 1 × f32 >, % arg1: tensor < 1 × f32 >) -> tensor < 1 × f32 > {
  % 0 = mhlo.add % arg0, % arg1: tensor < 1 × f32 >
  return % 0: tensor < 1 × f32 >
}
```

将上面的代码转换一下，代码如下：

```
//第 11 章/func.func_41.c
func.func @test( % arg0: tensor < 1 × f32 >, % arg1: tensor < 1 × f32 >) -> tensor < 1 × f32 > {
  % 0 = linalg.init_tensor [1]: tensor < 1 × f32 >
  % 1 = linalg.generic {indexing_maps = [affine_map <(d0) -> (d0)>, affine_map <(d0) ->
(d0)>, affine_map <(d0) -> (d0)>], iterator_types = [ "parallel"]} ins( % arg0, % arg1:
tensor < 1 × f32 >, tensor < 1 × f32 >) outs( % 0: tensor < 1 × f32 >) {
  ^bb0( % arg2: f32, % arg3: f32, % arg4: f32):
    % 2 = arith.addf % arg2, % arg3: f32
    linalg.yield % 2: f32
  } -> tensor < 1 × f32 >
  return % 1: tensor < 1 × f32 >
}
```

（12）MLIR::createReconcileUnrealizedCastsPass 消除未实现强制转换操作。算法过程描述：如果未实现强制转换是死节点（都未实现强制转换），则直接删除该死节点。如果是活节点（至少有一个非未实现强制转换的用户），则遍历其所有子节点；如果其子节点中所有未实现强制转换的结构类型与该操作的输入类型相同（不存在真实意义的类型强制转换操作），则将所有遍历到的未实现强制转换都折叠成该操作的输入，否则会报错，未实现强制转换。

（13）执行 MLIR::createCanonicalizerPass。

（14）createVerifyCompilerMHLOInputLegality 验证程序是否合法。

11.2.2 IREE 编译流程示例解析(2)

IREE Common 输入 conversionPassPipeline 的主要作用是将 IREE::input 方言下译

成 IREE∷Util、IREE∷Flow 与 IREE∷HAL 方言,包括以下几个 Pass。

（1）createIREEImportPublicPass 将 IREE∷input 方言转换成 IREE∷Util、IREE∷Flow 与 IREE∷HAL 方言,并转换 func 的属性与 signature 中的输入和输出类型,代码如下:

```
//第 11 章/build_createIREEImportPublicPass.c
iree_input.global private mutable @param : tensor<1×2×f32>
func.func @run( %arg0: tensor<1×2×f32>) {
  %0 = iree_input.global.load @param: tensor<1×2×f32>
  %1 = iree_input.tensor.clone %0: tensor<1×2×f32>
  iree_input.global.store %1, @param: tensor<1×2×f32>
  return
}
```

将上面的代码转换一下,代码如下:

```
//第 11 章/build_createIREEImportPublicPass_1.c
(iree_input.global.load -> util.global.load, iree_input.global.store -> util.global.store,
iree_input.tensor.clone -> flow.tensor.clon(5):
util.global private mutable @param: tensor<1×2×f32>
func.func @run( %arg0: tensor<1×2×f32>) {
  %param = util.global.load @param: tensor<1×2×f32>
  %0 = flow.tensor.clone %param: tensor<1×2×f32>
  util.global.store %0, @param: tensor<1×2×f32>
  return
}
```

（2）createImportMLProgramPass 将 ml_program 方言转换到 IREE∷Util 方言。

（3）createSanitizeModuleNamesPass 将模块名称中的.替换为_,以符合 MLIR 标识符的命名规范,代码如下:

```
//第 11 章/build_ module_0.c
module @iree.module {
  func.func @test( %arg0: f32, %arg1: f32) -> f32 {
    %0 = arith.addf %arg0, %arg1: f32
    return %0: f32
  }
}
```

将上面的代码转换一下,代码如下:

```
//第 11 章/build_ module_1.c
module @iree_module {
  func.func @test( %arg0: f32, %arg1: f32) -> f32 {
    %0 = arith.addf %arg0, %arg1: f32
    return %0: f32
  }
}
```

11.2.3　IREE 编译流程示例解析(3)

IREE ABI::TransformPassPipeline 的主要作用是将外部导入的接口与本模块导出到外部的接口参数统一成标准标量类型或 hal.buffer_view 类型(hal.buffer_view 对应张量),主要包含以下几个 Pass。

(1) createWrapEntryPointsPass 给外部函数生成一个内部函数,函数中调用原始的外部函数,同时将 public func 的函数体封装成一个新的函数,而在原 public func 中调用该函数,代码如下:

```c
//第 11 章/build_createWrapEntryPointsPass_0.c
//external/imported func
func.func private @add(tensor < f32 >, tensor < f32 >) -> tensor < f32 >

//public/exported func
func.func @test( % arg0: tensor < f32 >, % arg1: tensor < f32 >) -> tensor < f32 > {
  % 0 = call @add( % arg0, % arg1): (tensor < f32 >, tensor < f32 >) -> tensor < f32 >
  return % 0: tensor < f32 >
}
```

将上面的代码转换一下,代码如下:

```c
//第 11 章/build_createWrapEntryPointsPass_1.c
func.func private @add(!hal.buffer_view, !hal.buffer_view) -> !hal.buffer_view attributes
{iree.abi.stub}
func.func private @_add( % arg0: tensor < f32 >, % arg1: tensor < f32 >) -> tensor < f32 > {
  % 0 = hal.tensor.export % arg0: tensor < f32 > -> !hal.buffer_view
  % 1 = hal.tensor.export % arg1: tensor < f32 > -> !hal.buffer_view
  % 2 = call @add( % 0, % 1): (!hal.buffer_view, !hal.buffer_view) -> !hal.buffer_view
  % 3 = hal.tensor.import % 2: !hal.buffer_view -> tensor < f32 >
  return % 3: tensor < f32 >
}
func.func @test( % arg0: !hal.buffer_view, % arg1: !hal.buffer_view) -> !hal.buffer_view
attributes {iree.abi.stub} {
  % 0 = hal.tensor.import % arg0: !hal.buffer_view -> tensor < f32 >
  % 1 = hal.tensor.import % arg1: !hal.buffer_view -> tensor < f32 >
  % 2 = call @_test( % 0, % 1): (tensor < f32 >, tensor < f32 >) -> tensor < f32 >
  % 3 = hal.tensor.export % 2: tensor < f32 > -> !hal.buffer_view
  return % 3: !hal.buffer_view
}
func.func private @_test( % arg0: tensor < f32 >, % arg1: tensor < f32 >) -> tensor < f32 > {
  % 0 = call @_add( % arg0, % arg1): (tensor < f32 >, tensor < f32 >) -> tensor < f32 >
  return % 0: tensor < f32 >
}
```

(2) MLIR::createInlinerPass 将 WrapEntryPointsPass 中生成的 wrap 函数内联起来。最终转换一下,代码如下:

```
//第 11 章/build_createWrapEntryPointsPass_2.c
func.func private @add(!hal.buffer_view, !hal.buffer_view) -> !hal.buffer_view attributes
{iree.abi.stub}
func.func @test(%arg0: !hal.buffer_view, %arg1: !hal.buffer_view) -> !hal.buffer_view
attributes {iree.abi.stub} {
  %0 = call @add(%arg0, %arg1): (!hal.buffer_view, !hal.buffer_view) -> !hal.buffer_view
  return %0: !hal.buffer_view
}
```

（3）执行 MLIR::createCanonicalizerPass、MLIR::createCSEPass 和 MLIR::createSymbolDCEPass。

11.2.4　IREE 编译流程示例解析(4)

IREE Flow::buildFlowTransformPassPipeline 的主要作用是执行一系列窥孔优化,例如将 1×1 的 conv2d 转换成矩阵乘法、平铺、算子融合等,最终将负载拆分成 flow.executable。相关的 Pass 及其作用如下:

（1）IREE::Util::createDemoteF64ToF32Pass 将 f64 类型窄化为 f32。

（2）IREE::Flow::createconvertconv2d1×1ToMatmulPass 将 1×1 的 linalg.conv_2d_nhwc_hwcf 转换成 linalg.matmul,代码如下:

```
//第 11 章/build_createDemoteF64ToF32Pass_0.c
//func.func @conv(%input: tensor<1×2×2×3×f32>, %filter: tensor<1×1×3×4×f32>)
-> tensor<1×2×2×4×f32> {
//%0 = mhlo.convolution(%input, %filter)
//dim_numbers = [b, 0, 1, f]×[0, 1, i, o]->[b, 0, 1, f],
//window = {stride = [1, 1], pad = [[0, 0], [0, 0]],
rhs_dilate = [1, 1]}
//{batch_group_count = 1: i64, feature_group_count = 1: i64}
//: (tensor<1×2×2×3×f32>, tensor<1×1×3×4×f32>) -> tensor<1×2×2×4×f32>
//return %0: tensor<1×2×2×4×f32>
//}
func.func @conv(%arg0: !hal.buffer_view, %arg1: !hal.buffer_view) -> !hal.buffer_view
attributes {iree.abi.stub} {
  %cst = arith.constant 0.000000e+00: f32
  %0 = hal.tensor.import %arg0: !hal.buffer_view -> tensor<1×2×2×3×f32>
  %1 = hal.tensor.import %arg1: !hal.buffer_view -> tensor<1×1×3×4×f32>
  %2 = linalg.init_tensor [1, 2, 2, 4]: tensor<1×2×2×4×f32>
  %3 = linalg.fill ins(%cst: f32) outs(%2: tensor<1×2×2×4×f32>) -> tensor<1×2×
2×4×f32>
  %4 = linalg.conv_2d_nhwc_hwcf {dilations = dense<1>: tensor<2×i64>, strides = dense
<1>: tensor<2×i64>} ins(%0, %1: tensor<1×2×2×3×f32>, tensor<1×1×3×4×f32>)
outs(%3: tensor<1×2×2×4×f32>) -> tensor<1×2×2×4×f32>
  %5 = hal.tensor.export %4: tensor<1×2×2×4×f32> -> !hal.buffer_view
  return %5: !hal.buffer_view
}
```

将上面的代码转换一下,代码如下:

```
//第 11 章/build_createDemoteF64ToF32Pass_1.c
func.func @conv(% arg0: !hal.buffer_view, % arg1: !hal.buffer_view) -> !hal.buffer_view
attributes {iree.abi.stub} {
    % cst = arith.constant 0.000000e + 00: f32
    % 0 = hal.tensor.import % arg0: !hal.buffer_view -> tensor < 1 × 2 × 2 × 3 × f32 >
    % 1 = hal.tensor.import % arg1: !hal.buffer_view -> tensor < 1 × 1 × 3 × 4 × f32 >
    % 2 = linalg.init_tensor [1, 2, 2, 4]: tensor < 1 × 2 × 2 × 4 × f32 >
    % 3 = linalg.fill ins(% cst: f32) outs(% 2: tensor < 1 × 2 × 2 × 4 × f32 >) -> tensor < 1 × 2 ×
2 × 4 × f32 >
    % 4 = tensor.collapse_shape % 0 [[0, 1, 2], [3]]: tensor < 1 × 2 × 2 × 3 × f32 > into tensor < 4 ×
3 × f32 >
    % 5 = tensor.collapse_shape % 1 [[0, 1, 2], [3]]: tensor < 1 × 1 × 3 × 4 × f32 > into tensor < 3 ×
4 × f32 >
    % 6 = tensor.collapse_shape % 3 [[0, 1, 2], [3]]: tensor < 1 × 2 × 2 × 4 × f32 > into tensor < 4 ×
4 × f32 >
    % 7 = linalg.matmul ins(% 4, % 5: tensor < 4 × 3 × f32 >, tensor < 3 × 4 × f32 >) outs(% 6:
tensor < 4 × 4 × f32 >) -> tensor < 4 × 4 × f32 >
    % 8 = tensor.expand_shape % 7 [[0, 1, 2], [3]]: tensor < 4 × 4 × f32 > into tensor < 1 × 2 × 2 ×
4 × f32 >
    % 9 = hal.tensor.export % 8: tensor < 1 × 2 × 2 × 4 × f32 > -> !hal.buffer_view
    return % 9: !hal.buffer_view
}
```

（3）IREE::Flow::createconvertconv2dToImg2ColPass 将 conv2d 转换成 img2col。
默认不开启,代码如下:

```
//第 11 章/build_createDemoteF64ToF32Pass_2.c
// % 0 = mhlo.convolution(% input, % filter)
//dim_numbers = [b, 0, 1, f] × [0, 1, i, o] ->[b, 0, 1, f],
//window = {stride = [1, 1], pad = [[0, 0], [0, 0]], rhs_dilate = [1, 1]}
//{batch_group_count = 1: i64, feature_group_count = 1: i64}
//: (tensor < 1 × 4 × 4 × 3 × f32 >, tensor < 2 × 2 × 3 × 4 × f32 >) -> tensor < 1 × 3 × 3 × 4 × f32 >
func.func @conv(% arg0: !hal.buffer_view, % arg1: !hal.buffer_view) -> !hal.buffer_view
attributes {iree.abi.stub} {
    % cst = arith.constant 0.000000e + 00: f32
    % 0 = hal.tensor.import % arg0: !hal.buffer_view -> tensor < 1 × 4 × 4 × 3 × f32 >
    % 1 = hal.tensor.import % arg1: !hal.buffer_view -> tensor < 2 × 2 × 3 × 4 × f32 >
    % 2 = linalg.init_tensor [1, 3, 3, 4]: tensor < 1 × 3 × 3 × 4 × f32 >
    % 3 = linalg.fill ins(% cst: f32) outs(% 2: tensor < 1 × 3 × 3 × 4 × f32 >) -> tensor < 1 × 3 ×
3 × 4 × f32 >
    % 4 = linalg.conv_2d_nhwc_hwcf {dilations = dense < 1 >: tensor < 2 × i64 >, strides = dense
< 1 >: tensor < 2 × i64 >} ins(% 0, % 1: tensor < 1 × 4 × 4 × 3 × f32 >, tensor < 2 × 2 × 3 × 4 × f32 >)
outs(% 3: tensor < 1 × 3 × 3 × 4 × f32 >) -> tensor < 1 × 3 × 3 × 4 × f32 >
    % 5 = hal.tensor.export % 4: tensor < 1 × 3 × 3 × 4 × f32 > -> !hal.buffer_view
    return % 5: !hal.buffer_view
}
```

将上面的代码转换一下,代码如下:

```
//第 11 章/build_createDemoteF64ToF32Pass_3.c
func.func @conv(% arg0: !hal.buffer_view, % arg1: !hal.buffer_view) -> !hal.buffer_view
attributes {iree.abi.stub} {
```

```
  % cst = arith.constant 0.000000e + 00: f32
  % 0 = hal.tensor.import % arg0: !hal.buffer_view -> tensor < 1 × 4 × 4 × 3 × f32 >
  % 1 = hal.tensor.import % arg1: !hal.buffer_view -> tensor < 2 × 2 × 3 × 4 × f32 >
  % 2 = linalg.init_tensor [1, 3, 3, 4]: tensor < 1 × 3 × 3 × 4 × f32 >
  % 3 = linalg.fill ins( % cst: f32) outs( % 2: tensor < 1 × 3 × 3 × 4 × f32 >) -> tensor < 1 × 3 ×
3 × 4 × f32 >
  % 4 = linalg.init_tensor [1, 3, 3, 2, 2, 3]: tensor < 1 × 3 × 3 × 2 × 2 × 3 × f32 >
  % 5 = linalg.generic {indexing_maps = [affine_map<(d0, d1, d2, d3, d4, d5) -> (d0, d1 +
d3, d2 + d4, d5)>, affine_map <(d0, d1, d2, d3, d4, d5) -> (d0, d1, d2, d3, d4, d5)>],
iterator_types = ["parallel", "parallel", "parallel", "parallel", "parallel", "parallel"]}
ins( % 0: tensor < 1 × 4 × 4 × 3 × f32 >) outs( % 4: tensor < 1 × 3 × 3 × 2 × 2 × 3 × f32 >) {
  ^bb0( % arg2: f32, % arg3: f32):
    linalg.yield % arg2: f32
  } -> tensor < 1 × 3 × 3 × 2 × 2 × 3 × f32 >
  % 6 = tensor.collapse_shape % 5 [[0, 1, 2], [3, 4, 5]]: tensor < 1 × 3 × 3 × 2 × 2 × 3 × f32 >
into tensor < 9 × 12 × f32 >
  % 7 = tensor.collapse_shape % 1 [[0, 1, 2], [3]]: tensor < 2 × 2 × 3 × 4 × f32 > into tensor
< 12 × 4 × f32 >
  % 8 = tensor.collapse_shape % 3 [[0, 1, 2], [3]]: tensor < 1 × 3 × 3 × 4 × f32 > into tensor < 9 ×
4 × f32 >
  % 9 = linalg.matmul ins( % 6, % 7: tensor < 9 × 12 × f32 >, tensor < 12 × 4 × f32 >) outs( % 8:
tensor < 9 × 4 × f32 >) -> tensor < 9 × 4 × f32 >
  % 10 = tensor.expand_shape % 9 [[0, 1, 2], [3]]: tensor < 9 × 4 × f32 > into tensor < 1 × 3 ×
3 × 4 × f32 >
  % 11 = hal.tensor.export % 10: tensor < 1 × 3 × 3 × 4 × f32 > -> !hal.buffer_view
  return % 11: !hal.buffer_view
}
```

（4）IREE::Flow::createDetachElementwiseFromNamedOpsPass 将 buffer = linalg. generic_op + linalg.named_payload_op 转换成 tmp_buffer = linalg.named_payload_op；buffer = linalg.generic_op + tmp_buffer，其主要目的是将上游的 generic op 与 named_payload_op 分隔开，使 named_payload_op 的结果写到一块新的 buffer，代码如下：

```
//第 11 章/build_createDemoteF64ToF32Pass_4.c
func.func @test( % arg0: !hal.buffer_view, % arg1: !hal.buffer_view, % arg2: !hal.buffer_
view) -> !hal.buffer_view attributes {iree.abi.stub} {
  % cst = arith.constant 0.000000e + 00: f32
  % 0 = hal.tensor.import % arg0: !hal.buffer_view -> tensor < 1 × 4 × 4 × 3 × f32 >
  % 1 = hal.tensor.import % arg1: !hal.buffer_view -> tensor < 2 × 2 × 3 × 4 × f32 >
  % 2 = hal.tensor.import % arg2: !hal.buffer_view -> tensor < 1 × 3 × 3 × 4 × f32 >

  % 3 = linalg.init_tensor [1, 3, 3, 4]: tensor < 1 × 3 × 3 × 4 × f32 >
  % 4 = linalg.fill ins( % cst: f32) outs( % 3: tensor < 1 × 3 × 3 × 4 × f32 >) -> tensor < 1 × 3 ×
3 × 4 × f32 >
  % 5 = linalg.generic {indexing_maps = [affine_map<(d0, d1, d2, d3) -> (d0, d1, d2, d3)>,
affine_map <(d0, d1, d2, d3) -> (d0, d1, d2, d3)>], iterator_types = ["parallel",
"parallel", "parallel", "parallel"]} ins( % 2: tensor < 1 × 3 × 3 × 4 × f32 >) outs( % 4: tensor
< 1 × 3 × 3 × 4 × f32 >) {
  ^bb0( % arg3: f32, % arg4: f32):
    % 8 = arith.addf % arg3, % arg3: f32
```

```
    linalg.yield %8: f32
  } -> tensor<1×3×3×4×f32>

  %6 = linalg.conv_2d_nhwc_hwcf {dilations = dense<1>: tensor<2×i64>, strides = dense
<1>: tensor<2×i64>} ins(%0, %1: tensor<1×4×4×3×f32>, tensor<2×2×3×4×f32>)
outs(%5: tensor<1×3×3×4×f32>) -> tensor<1×3×3×4×f32>
  %7 = hal.tensor.export %6: tensor<1×3×3×4×f32> -> !hal.buffer_view
  return %7: !hal.buffer_view
}
```

将上面的代码转换一下,代码如下:

```
//第 11 章/build_createDemoteF64ToF32Pass_5.c
func.func @test(%arg0: !hal.buffer_view, %arg1: !hal.buffer_view, %arg2: !hal.buffer_
view) -> !hal.buffer_view attributes {iree.abi.stub} {
  %cst = arith.constant 0.000000e+00: f32
  %0 = hal.tensor.import %arg0: !hal.buffer_view -> tensor<1×4×4×3×f32>
  %1 = hal.tensor.import %arg1: !hal.buffer_view -> tensor<2×2×3×4×f32>
  %2 = hal.tensor.import %arg2: !hal.buffer_view -> tensor<1×3×3×4×f32>

  %3 = linalg.init_tensor [1, 3, 3, 4]: tensor<1×3×3×4×f32>
  %4 = linalg.fill ins(%cst: f32) outs(%3: tensor<1×3×3×4×f32>) -> tensor<1×3×
3×4×f32>
  %5 = linalg.generic {indexing_maps = [affine_map<(d0, d1, d2, d3) -> (d0, d1, d2, d3)>,
affine_map<(d0, d1, d2, d3) -> (d0, d1, d2, d3)>], iterator_types = ["parallel",
"parallel", "parallel", "parallel"]} ins(%2: tensor<1×3×3×4×f32>) outs(%4: tensor
<1×3×3×4×f32>) {
  ^bb0(%arg3: f32, %arg4: f32):
    %11 = arith.addf %arg3, %arg3: f32
    linalg.yield %11: f32
  } -> tensor<1×3×3×4×f32>

  %6 = linalg.init_tensor [1, 3, 3, 4]: tensor<1×3×3×4×f32>
  %7 = linalg.fill ins(%cst: f32) outs(%6: tensor<1×3×3×4×f32>) -> tensor<1×3×
3×4×f32>
  %8 = linalg.conv_2d_nhwc_hwcf {dilations = dense<1>: tensor<2×i64>, strides = dense
<1>: tensor<2×i64>} ins(%0, %1: tensor<1×4×4×3×f32>, tensor<2×2×3×4×f32>)
outs(%7: tensor<1×3×3×4×f32>) -> tensor<1×3×3×4×f32>

  %9 = linalg.generic {indexing_maps = [affine_map<(d0, d1, d2, d3) -> (d0, d1, d2, d3)>,
affine_map<(d0, d1, d2, d3) -> (d0, d1, d2, d3)>, affine_map<(d0, d1, d2, d3) -> (d0, d1,
d2, d3)>], iterator_types = ["parallel", "parallel", "parallel", "parallel"]} ins(%8, %5:
tensor<1×3×3×4×f32>, tensor<1×3×3×4×f32>) outs(%7: tensor<1×3×3×4×f32>) {
  ^bb0(%arg3: f32, %arg4: f32, %arg5: f32):
    %11 = arith.addf %arg3, %arg4: f32
    linalg.yield %11: f32
  } -> tensor<1×3×3×4×f32>
  %10 = hal.tensor.export %9: tensor<1×3×3×4×f32> -> !hal.buffer_view
  return %10: !hal.buffer_view
}
```

（5）IREE::Flow::createVerifyInputLegalityPass 验证程序是否合法。

（6）IREE::Flow::createconvertLinalgMatmulToMmt4DPass 将二维的 linalg.matmul 平铺成 linalg.mmt4d。默认不开启，可通过--iree-flow-mmt4d-target-options＝"enable_generic_slow arch＝cuda"选项开启，代码如下：

```
//第 11 章/build_createDemoteF64ToF32Pass_6.c
func.func @test( %arg0: !hal.buffer_view, %arg1: !hal.buffer_view) -> !hal.buffer_view
attributes {iree.abi.stub} {
   %cst = arith.constant 0.000000e+00: f32
   %0 = hal.tensor.import %arg0: !hal.buffer_view -> tensor<128×256×f32>
   %1 = hal.tensor.import %arg1: !hal.buffer_view -> tensor<256×256×f32>
   %2 = linalg.init_tensor [128, 256]: tensor<128×256×f32>
   %3 = linalg.fill ins( %cst: f32) outs( %2: tensor<128×256×f32>) -> tensor<128×256×
f32>
   %4 = linalg.matmul ins( %0, %1: tensor<128×256×f32>, tensor<256×256×f32>) outs
( %3: tensor<128×256×f32>) -> tensor<128×256×f32>
   %5 = hal.tensor.export %4: tensor<128×256×f32> -> !hal.buffer_view
   return %5: !hal.buffer_view
}
```

将上面的代码转换一下，代码如下：

```
//第 11 章/build_createDemoteF64ToF32Pass_7.c
func.func @test( %arg0: !hal.buffer_view, %arg1: !hal.buffer_view) -> !hal.buffer_view
attributes {iree.abi.stub} {
   %cst = arith.constant 0.000000e+00: f32
   %0 = hal.tensor.import %arg0: !hal.buffer_view -> tensor<128×256×f32>
   %1 = hal.tensor.import %arg1: !hal.buffer_view -> tensor<256×256×f32>
   %2 = linalg.init_tensor [128, 256]: tensor<128×256×f32>
   %3 = linalg.fill ins( %cst: f32) outs( %2: tensor<128×256×f32>) -> tensor<128×256×
f32>
   %4 = tensor.expand_shape %0 [[0, 1], [2, 3]]: tensor<128×256×f32> into tensor<16×8×
128×2×f32>
   %5 = tensor.expand_shape %1 [[0, 1], [2, 3]]: tensor<256×256×f32> into tensor<128×
2×64×4×f32>
   %6 = tensor.expand_shape %3 [[0, 1], [2, 3]]: tensor<128×256×f32> into tensor<16×8×
64×4×f32>
   %7 = linalg.init_tensor [16, 128, 8, 2]: tensor<16×128×8×2×f32>
   %8 = linalg.generic {indexing_maps = [affine_map<(d0, d1, d2, d3) -> (d0, d2, d1, d3)>,
affine_map<(d0, d1, d2, d3) -> (d0, d1, d2, d3)>], iterator_types = ["parallel",
"parallel", "parallel", "parallel"]} ins( %4: tensor<16×8×128×2×f32>) outs( %7:
tensor<16×128×8×2×f32>) {
   ^bb0( %arg2: f32, %arg3: f32):
     linalg.yield %arg2: f32
   } -> tensor<16×128×8×2×f32>
   %9 = linalg.init_tensor [64, 128, 4, 2]: tensor<64×128×4×2×f32>
   %10 = linalg.generic {indexing_maps = [affine_map<(d0, d1, d2, d3) -> (d1, d3, d0, d2)>,
affine_map<(d0, d1, d2, d3) -> (d0, d1, d2, d3)>], iterator_types = ["parallel",
"parallel", "parallel", "parallel"]} ins( %5: tensor<128×2×64×4×f32>) outs( %9:
tensor<64×128×4×2×f32>) {
```

```
  ^bb0( % arg2: f32, % arg3: f32):
    linalg.yield % arg2: f32
  } -> tensor < 64 × 128 × 4 × 2 × f32 >
  % 11 = linalg.init_tensor [16, 64, 8, 4]: tensor < 16 × 64 × 8 × 4 × f32 >
  % 12 = linalg.generic {indexing_maps = [affine_map <(d0, d1, d2, d3) -> (d0, d2, d1, d3)>,
affine_map <(d0, d1, d2, d3) -> (d0, d1, d2, d3)>], iterator_types = [" parallel",
"parallel", "parallel", "parallel"]} ins( % 6: tensor < 16 × 8 × 64 × 4 × f32 >) outs( % 11:
tensor < 16 × 64 × 8 × 4 × f32 >) {
  ^bb0( % arg2: f32, % arg3: f32):
    linalg.yield % arg2: f32
  } -> tensor < 16 × 64 × 8 × 4 × f32 >
  //16 × (128 × 8 × 2) @ 64 × (128 × 4 × 2) => 16 × 64 × sum_{128}(8 × 2 * (4 × 2)^T)
  % 13 = linalg.mmt4d {comment = "generic tiling parameters, as no known kernel was matched
for this matmul and target"} ins( % 8, % 10: tensor < 16 × 128 × 8 × 2 × f32 >, tensor < 64 × 128 ×
4 × 2 × f32 >) outs( % 12: tensor < 16 × 64 × 8 × 4 × f32 >) -> tensor < 16 × 64 × 8 × 4 × f32 >
  % 14 = linalg.init_tensor [16, 8, 64, 4]: tensor < 16 × 8 × 64 × 4 × f32 >
  % 15 = linalg.generic {indexing_maps = [affine_map <(d0, d1, d2, d3) -> (d0, d2, d1, d3)>,
affine_map <(d0, d1, d2, d3) -> (d0, d1, d2, d3)>], iterator_types = [" parallel",
"parallel", "parallel", "parallel"]} ins( % 13: tensor < 16 × 64 × 8 × 4 × f32 >) outs( % 14:
tensor < 16 × 8 × 64 × 4 × f32 >) {
  ^bb0( % arg2: f32, % arg3: f32):
    linalg.yield % arg2: f32
  } -> tensor < 16 × 8 × 64 × 4 × f32 >
  % 16 = tensor.collapse_shape % 15 [[0, 1], [2, 3]]: tensor < 16 × 8 × 64 × 4 × f32 > into
tensor < 128 × 256 × f32 >
  % 17 = hal.tensor.export % 16: tensor < 128 × 256 × f32 > -> ! hal.buffer_view
  return % 17: ! hal.buffer_view
}
```

（7）IREE：：Flow：：createPadLinalgOpsToIntegerMultiplePass 将 matmul 的 M、N 与 K 扩充到 paddingSize 的整数倍，paddingSize 的默认值为 4。

（8）MLIR：：createLinalgNamedOpconversionPass 将 depth_乘法 = 1 的 linalg.depthwise_conv_2d_nhwc_hwcm 转换成 linalg.depthwise_conv_2d_nhwc_hwc，将 depth_乘法=1 的 linalg.depthwise_conv_2d_nhwc_hwcm_q 转换成 linalg.depthwise_conv_2d_nhwc_hwc_q。

每个输入通道的深度卷积输出通道的数量。深度卷积输出通道的总数将等于 filters_in * depth_multiplication。

（9）IREE：：Flow：：createExpandtensorshapesPass 将 dynamic 张量扩充为张量 + dynamic dim 的对偶形式，这样做的一个好处是动态维度可以直接参与计算与推导，代码如下：

```
//第 11 章/build_createDemoteF64ToF32Pass_8.c
//func.func private @add( % arg0: tensor <? × 2 × f32 >, % arg1: tensor <? × 2 × f32 >) ->
tensor <? × 2 × f32 >
//iree_input.global private mutable @param: tensor <? × 2 × f32 >
```

```
//func. func @run( % arg0: tensor <? × 2 × f32 >) -> tensor <? × 2 × f32 > {
//% 0 = iree_input. global. load @param: tensor <? × 2 × f32 >
//% 1 = call @add( % 0, % arg0): (tensor <? × 2 × f32 >, tensor <? × 2 × f32 >) -> tensor <? × 2 ×
f32 >
//iree_input. global. store % 1, @param: tensor <? × 2 × f32 >
//return % 1: tensor <? × 2 × f32 >
//}
func. func private @add(!hal. buffer_view, !hal. buffer_view) -> !hal. buffer_view attributes
{iree. abi. stub}
util. global private mutable @param: tensor <? × 2 × f32 >
func. func @run( % arg0: !hal. buffer_view) -> !hal. buffer_view attributes {iree. abi. stub} {
  % c0 = arith. constant 0: index
  % param = util. global. load @param: tensor <? × 2 × f32 >
  % dim = tensor. dim % param, % c0: tensor <? × 2 × f32 >
  % 0 = hal. tensor. export % param: tensor <? × 2 × f32 >{ % dim} -> !hal. buffer_view
  % 1 = call @add( % 0, % arg0): (!hal. buffer_view, !hal. buffer_view) -> !hal. buffer_view
  % 2 = hal. buffer_view. dim< % 1: !hal. buffer_view >[0]: index
  % 3 = hal. tensor. import % 1: !hal. buffer_view -> tensor <? × 2 × f32 >{ % 2}
  util. global. store % 3, @param: tensor <? × 2 × f32 >
  return % 1: !hal. buffer_view
}
```

将上面的代码转换一下,代码如下:

```
//第 11 章/build_createDemoteF64ToF32Pass_9. c
func. func private @add(!hal. buffer_view, !hal. buffer_view) -> !hal. buffer_view attributes
{iree. abi. stub}
util. global private mutable @param: tensor <? × 2 × f32 >
util. global private mutable @param__d0: index
func. func @run( % arg0: !hal. buffer_view) -> !hal. buffer_view attributes {iree. abi. stub} {
  % c0 = arith. constant 0: index
  % param = util. global. load @param: tensor <? × 2 × f32 >
  % param__d0 = util. global. load @param__d0: index
  % 0 = flow. tensor. tie_shape % param: tensor <? × 2 × f32 >{ % param__d0}
  % dim = tensor. dim % 0, % c0: tensor <? × 2 × f32 >
  % 1 = hal. tensor. export % 0: tensor <? × 2 × f32 >{ % dim} -> !hal. buffer_view
  % 2 = call @add( % 1, % arg0): (!hal. buffer_view, !hal. buffer_view) -> !hal. buffer_view
  % 3 = hal. buffer_view. dim< % 2: !hal. buffer_view >[0]: index
  % 4 = hal. tensor. import % 2: !hal. buffer_view -> tensor <? × 2 × f32 >{ % 3}
  util. global. store % 4, @param: tensor <? × 2 × f32 >
  util. global. store % 3, @param__d0: index
  return % 2: !hal. buffer_view
}
```

从中可以看出以下几点变化。

(1) 全局张量增加了一个表示动态维度的全局索引号,代码如下:

```
//第 11 章/build_createDemoteF64ToF32Pass_10. c
util. global private mutable @param: tensor <? × 2 × f32 >
```

（2）全局张量增加了一个表示动态维度的全局索引号。转换一下，代码如下：

```
//第 11 章/build_createDemoteF64ToF32Pass_11.c
util.global private mutable @param: tensor <? × 2 × f32 >
util.global private mutable @param__d0: index
```

（3）全局加载。

（4）全局存储，代码如下：

```
//第 11 章/build_createDemoteF64ToF32Pass_12.c
util.global.store % 3, @param: tensor <? × 2 × f32 >
```

将上面的代码转换一下，代码如下：

```
//第 11 章/build_createDemoteF64ToF32Pass_13.c
util.global.store % 4, @param: tensor <? × 2 × f32 >
util.global.store % 3, @param__d0: index
```

（5）执行 buildGlobalOptimizationPassPipeline。

（6）IREE::Util::createSimplifyGlobalAccessesPass 这个 Pass 主要做以下几件事情：

① 将不可变 global 张量的 load 提前到 block 的开头，将 global 张量的 store 安全地挪到 block 的结尾。

② 如果存储后加载，则把 load 直接替换成 store 的 source，代码如下：

```
//第 11 章/build_load_store.c
store % 0,@p
% 1 = load @p
return % 1
```

转换一下，代码如下：

```
//第 11 章/build_load_store_1.c
store % 0,@p
return % 0
```

如果存储后存储，则直接消除前一个存储，代码如下：

```
//第 11 章/build_load_store_2.c
store % 0,@p
store % 1,@p
```

转换一下，代码如下：

```
//第 11 章/build_load_store_3.c
store % 1,@p
```

如果加载后加载，则消除后一个加载，代码如下：

```
//第 11 章/build_load_store_4.c
% 0 = load @p
% 1 = load @p
return % 1
```

转换一下,代码如下:

```
//第 11 章/build_load_store_5.c
%0 = load @p
return %0
```

一个完整的例子,代码如下:

```
//第 11 章/build_createDemoteF64ToF32Pass_14.c
func.func private @add(!hal.buffer_view, !hal.buffer_view) -> !hal.buffer_view attributes
{iree.abi.stub}
util.global private mutable @param0: tensor<1×2×f32>
util.global private @param1: tensor<1×2×f32>
func.func @run(%arg0: !hal.buffer_view) attributes {iree.abi.stub} {
  %param0 = util.global.load @param0: tensor<1×2×f32>
  %0 = hal.tensor.export %param0: tensor<1×2×f32> -> !hal.buffer_view
  %1 = call @add(%0, %arg0): (!hal.buffer_view, !hal.buffer_view) -> !hal.buffer_view
  %2 = hal.tensor.import %1: !hal.buffer_view -> tensor<1×2×f32>
  util.global.store %2, @param0: tensor<1×2×f32>
  %param0_0 = util.global.load @param0: tensor<1×2×f32>
  %param1 = util.global.load @param1: tensor<1×2×f32>
  %3 = hal.tensor.export %param0_0: tensor<1×2×f32> -> !hal.buffer_view
  %4 = hal.tensor.export %param1: tensor<1×2×f32> -> !hal.buffer_view
  %5 = call @add(%3, %4): (!hal.buffer_view, !hal.buffer_view) -> !hal.buffer_view
  %6 = hal.tensor.import %5: !hal.buffer_view -> tensor<1×2×f32>
  util.global.store %6, @param0: tensor<1×2×f32>
  return
}
```

将上面的代码转换一下,代码如下:

```
//第 11 章/build_createDemoteF64ToF32Pass_15.c
func.func private @add(!hal.buffer_view, !hal.buffer_view) -> !hal.buffer_view attributes
{iree.abi.stub}
  util.global private mutable @param0: tensor<1×2×f32>
  util.global private @param1: tensor<1×2×f32>
  func.func @run(%arg0: !hal.buffer_view) attributes {iree.abi.stub} {
    %param0 = util.global.load @param0: tensor<1×2×f32>
    %param1 = util.global.load @param1: tensor<1×2×f32>
    %0 = hal.tensor.export %param0: tensor<1×2×f32> -> !hal.buffer_view
    %1 = call @add(%0, %arg0): (!hal.buffer_view, !hal.buffer_view) -> !hal.buffer_view
    %2 = hal.tensor.import %1: !hal.buffer_view -> tensor<1×2×f32>
    %3 = hal.tensor.export %2: tensor<1×2×f32> -> !hal.buffer_view
    %4 = hal.tensor.export %param1: tensor<1×2×f32> -> !hal.buffer_view
    util.global.store %2, @param0: tensor<1×2×f32>
    %5 = call @add(%3, %4): (!hal.buffer_view, !hal.buffer_view) -> !hal.buffer_view
    %6 = hal.tensor.import %5: !hal.buffer_view -> tensor<1×2×f32>
    util.global.store %6, @param0: tensor<1×2×f32>
    return
  }
```

在这个例子中将 param1 的 load 操作提前,并且将 ％param0_0 = util.global.load @param0:tensor<1×2×f32>直接替换为％2。IREE::Util::createApplyPatternsPass 执行 IREE::Util dialect ODS 中定义的规范化模式,并执行 block 与跳转命令参数化简操作。

block 参数化简,代码如下:

```
//第 11 章/build_createDemoteF64ToF32Pass_16.c
br ^bb1( % 0, % 0: index, index)
^bb1( % arg0: index, % arg1: index):
 ...
```

折叠相同的参数,化简后,代码如下:

```
//第 11 章/bb1_16.c
br ^bb1( % 0: index)
^bb1( % arg0: index):   //将 % arg1 重映射到 % arg0
 ...
```

跳转命令参数消除,代码如下:

```
//第 11 章/func.func_16.c
func.func @foo( % arg0: index) {
  br ^bb1( % arg0: index)
  ^bb1( % 0: index):
   ...
}
```

消除参数后,代码如下:

```
//第 11 章/build_createDemoteF64ToF32Pass_16.c
func.func @foo( % arg0: index) {
  br ^bb1
  ^bb1:   //将 % 0 重新映射到 % arg0
   ...
}
IREE::Util::createFoldGlobalsPass
```

这个 Pass 继续对 global 张量的加载与存储操作进行优化,主要包括内联常量存储,代码如下:

```
//第 11 章/util.global_16.c
util.global mutable @a: i32
func.func @fool {
  % c5 = arith.constant 5: i32
  util.global.store % c5, @a: i32
  return
}
```

转换一下,代码如下:

```
//第 11 章/util.global_16.c
util.global @a = 5: i32
```

内联常量 load，代码如下：

```
//第 11 章/util.global.load_16.c
util.global @a = 5: i32
func.func @fool {
  % 1 = util.global.load @a: i32
  ...
}
```

转换一下，代码如下：

```
//第 11 章/util.global_17.c
func.func @fool {
  % 1 = arith.constant 5: i32
  ...
}
```

遵守以下规则：

（1）重命名互为链式的全局张量。

（2）如果一个可变全局张量只在 init 函数中被存储过，则将它修改为 immutable。

（3）删除没有加载过的全局张量。

（4）合并相同初始值的不可变全局张量 IREE∷Util∷createHoistIntoGlobalsPass 和 IREE∷Flow∷createtensorPadTotensorInsertSlicePass。

（5）将 tensor.pad 转换为 linalg.fill ＋ tensor.insert_slice，代码如下：

```
//第 11 章/build_createDemoteF64ToF32Pass_17.c
func.func @foo( % arg0: !hal.buffer_view) -> !hal.buffer_view attributes {iree.abi.stub} {
  % cst = arith.constant 0.000000e + 00: f32
  % 0 = hal.tensor.import % arg0: !hal.buffer_view -> tensor < 1 × 1 × f32 >
  % padded = tensor.pad % 0 low[1, 2] high[3, 4] {
  ^bb0( % arg1: index, % arg2: index):
    tensor.yield % cst: f32
  }: tensor < 1 × 1 × f32 > to tensor < 5 × 7 × f32 >
  % 1 = hal.tensor.export % padded: tensor < 5 × 7 × f32 > -> !hal.buffer_view
  return % 1: !hal.buffer_view
}
```

将上面的代码转换一下，代码如下：

```
//第 11 章/build_createDemoteF64ToF32Pass_18.c
func.func @foo( % arg0: !hal.buffer_view) -> !hal.buffer_view attributes {iree.abi.stub} {
  % cst = arith.constant 0.000000e + 00: f32
  % 0 = hal.tensor.import % arg0: !hal.buffer_view -> tensor < 1 × 1 × f32 >
  % 1 = tensor.empty(): tensor < 5 × 7 × f32 >
  % 2 = linalg.fill ins( % cst: f32) outs( % 1: tensor < 5 × 7 × f32 >) -> tensor < 5 × 7 × f32 >
  % inserted_slice = tensor.insert_slice % 0 into % 2[1, 2] [1, 1] [1, 1]: tensor < 1 × 1 × f32 >
into tensor < 5 × 7 × f32 >
  % 3 = hal.tensor.export % inserted_slice: tensor < 5 × 7 × f32 > -> !hal.buffer_view
  return % 3: !hal.buffer_view
}
```

　　MLIR::createconvertElementwiseToLinalgPass 把元素算子(带有元素特征的操作)转换成 LinAlg 通用操作,方便后续对元素算子做算子融合。算术方言与数学方言的操作都是元素级的,所以实际上这个 Pass 会把算术方言与数学方言下译到 LinAlg 方言,代码如下:

```
//第 11 章/build_createDemoteF64ToF32Pass_19.c
func.func @foo(%arg0: !hal.buffer_view) -> !hal.buffer_view attributes {iree.abi.stub} {
  %0 = hal.tensor.import %arg0: !hal.buffer_view -> tensor<2×3×f32>
  %1 = arith.addf %0, %0: tensor<2×3×f32>
  %2 = hal.tensor.export %1: tensor<2×3×f32> -> !hal.buffer_view
  return %2: !hal.buffer_view
}
```

　　将上面的代码转换一下,代码如下:

```
//第 11 章/build_createDemoteF64ToF32Pass_20.c
func.func @foo(%arg0: !hal.buffer_view) -> !hal.buffer_view attributes {iree.abi.stub} {
  %0 = hal.tensor.import %arg0: !hal.buffer_view -> tensor<2×3×f32>
  %1 = linalg.generic {indexing_maps = [affine_map<(d0, d1) -> (d0, d1)>, affine_map
<(d0, d1) -> (d0, d1)>, affine_map<(d0, d1) -> (d0, d1)>], iterator_types = ["parallel",
"parallel"]} ins(%0, %0: tensor<2×3×f32>, tensor<2×3×f32>) outs(%0: tensor<2×
3×f32>) {
  ^bb0(%in: f32, %in_0: f32, %out: f32):
    %3 = arith.addf %in, %in_0: f32
    linalg.yield %3: f32
  } -> tensor<2×3×f32>
  %2 = hal.tensor.export %1: tensor<2×3×f32> -> !hal.buffer_view
  return %2: !hal.buffer_view
}
```

　　MLIR::createLinalgFoldUnitExtentDimsPass 消除长度为 1 的维度或者循环,代码如下:

```
//第 11 章/build_createDemoteF64ToF32Pass_21.c
func.func @foo(%arg0: !hal.buffer_view) -> !hal.buffer_view attributes {iree.abi.stub} {
  %0 = hal.tensor.import %arg0: !hal.buffer_view -> tensor<1×3×f32>
  %1 = linalg.generic {indexing_maps = [affine_map<(d0, d1) -> (d0, d1)>, affine_map
<(d0, d1) -> (d0, d1)>], iterator_types = ["parallel", "parallel"]} ins(%0: tensor<1×3×
f32>) outs(%0: tensor<1×3×f32>) {
  ^bb0(%in: f32, %out: f32):
    %3 = arith.addf %in, %in: f32
    linalg.yield %3: f32
  } -> tensor<1×3×f32>
  %2 = hal.tensor.export %1: tensor<1×3×f32> -> !hal.buffer_view
  return %2: !hal.buffer_view
}
```

　　将上面的代码转换一下,代码如下:

```
//第 11 章/build_createDemoteF64ToF32Pass_22.c
func.func @foo(%arg0: !hal.buffer_view) -> !hal.buffer_view attributes {iree.abi.stub} {
```

```
%0 = hal.tensor.import %arg0: !hal.buffer_view -> tensor<1×3×f32>
%collapsed = tensor.collapse_shape %0 [[0, 1]]: tensor<1×3×f32> into tensor<3×f32>
%collapsed_0 = tensor.collapse_shape %0 [[0, 1]]: tensor<1×3×f32> into tensor<3×
f32>
%1 = linalg.generic {indexing_maps = [affine_map<(d0) -> (d0)>, affine_map<(d0) ->
(d0)>], iterator_types = ["parallel"]} ins( %collapsed: tensor<3×f32>) outs( %collapsed_
0: tensor<3×f32>) {
^bb0( %in: f32, %out: f32):
  %3 = arith.addf %in, %in: f32
  linalg.yield %3: f32
} -> tensor<3×f32>
%expanded = tensor.expand_shape %1 [[0, 1]]: tensor<3×f32> into tensor<1×3×f32>
%2 = hal.tensor.export %expanded: tensor<1×3×f32> -> !hal.buffer_view
return %2: !hal.buffer_view
}
```

可以看到其中的 linalg.generic 由两层循环缩减成了单层循环。createInterchangeGenericOpsPass
循环维度变换。将规约维度交换到最内层,并将相应的并行循环维度交换到外层,代码如下:

```
//第 11 章/build_createDemoteF64ToF32Pass_23.c
//sum( %arg0: tensor<2×3×f32>, 0) -> tensor<3×f32>
func.func @foo( %arg0: !hal.buffer_view) -> !hal.buffer_view attributes {iree.abi.stub} {
  %cst = arith.constant 0.000000e+00: f32
  %0 = hal.tensor.import %arg0: !hal.buffer_view -> tensor<2×3×f32>
  %1 = tensor.empty(): tensor<3×f32>
  %2 = linalg.fill ins( %cst: f32) outs( %1: tensor<3×f32>) -> tensor<3×f32>
  %3 = linalg.generic {indexing_maps = [affine_map<(d0, d1) -> (d0, d1)>, affine_map
<(d0, d1) -> (d1)>], iterator_types = ["reduction", "parallel"]} ins( %0: tensor<2×3×f32>)
outs( %2: tensor<3×f32>) {
^bb0( %in: f32, %out: f32):
  %5 = arith.addf %in, %out: f32
  linalg.yield %5: f32
} -> tensor<3×f32>
  %4 = hal.tensor.export %3: tensor<3×f32> -> !hal.buffer_view
  return %4: !hal.buffer_view
}
```

交换循环后转换一下,代码如下:

```
//第 11 章/build_createDemoteF64ToF32Pass_24.c
//交换循环之后转换成如下形式
func.func @foo( %arg0: !hal.buffer_view) -> !hal.buffer_view attributes {iree.abi.stub} {
  %cst = arith.constant 0.000000e+00: f32
  %0 = hal.tensor.import %arg0: !hal.buffer_view -> tensor<2×3×f32>
  %1 = tensor.empty(): tensor<3×f32>
  %2 = linalg.fill ins( %cst: f32) outs( %1: tensor<3×f32>) -> tensor<3×f32>
  %3 = linalg.generic {indexing_maps = [affine_map<(d0, d1) -> (d1, d0)>, affine_map
<(d0, d1) -> (d0)>], iterator_types = ["parallel", "reduction"]} ins( %0: tensor<2×3×f32>)
outs( %2: tensor<3×f32>) {
```

```
^bb0( % in: f32, % out: f32):
    % 5 = arith.addf % in, % out: f32
    linalg.yield % 5: f32
} -> tensor < 3 × f32 >
% 4 = hal.tensor.export % 3: tensor < 3 × f32 > -> !hal.buffer_view
return % 4: !hal.buffer_view
}
```

在本示例中，主要运用了 memref::createResolveShapedTypeResultDimsPass、MLIR::createCanonicalizerPass、MLIR::createCSEPass 和 createFusionOftensorOpsPass 这 4 个函数。

这里主要做元素级的算子融合，其次也会将 tensor.expand_shape 转换成 LinAlg 通用算子，以便进行算子融合。元素算子融合的条件如下：

（1）生产者与消费者都是 LinAlg 通用算子，并且都为张量语义。

（2）生产者只有一个用户。

（3）生产者的所有维度的迭代类型都是并行的，消费者的索引图必须与生产者具有相同的循环嵌套层数。

生产者结果的索引图必须是置换的，即结果的每个元素有且仅存储一次（输出是逐点的）。消费者可以包含规约迭代类型，但需要保证融合后输入的索引图可以覆盖每个迭代维度。理由是，如果缺失，就无法确定该维度的循环边界，代码如下：

```
//第 11 章/reduce_mul_0.c
//reduce(mul(arg0, arg1), 0)
//for (int d0 = 0; d0 < n; ++d0) {
//temp[d0] = arg0[d0] * arg1[d0];
//}
//result = 0;
//for (int d0 = 0; d0 < n; ++d0) {
//result += temp[d0];
//}
func.func @foo( % arg0: !hal.buffer_view, % arg1: !hal.buffer_view) -> !hal.buffer_view
attributes {iree.abi.stub} {
  % cst = arith.constant 0.000000e + 00: f32
  % 0 = hal.tensor.import % arg0: !hal.buffer_view -> tensor < 2 × f32 >
  % 1 = hal.tensor.import % arg1: !hal.buffer_view -> tensor < 2 × f32 >
  % 2 = tensor.empty(): tensor < 2 × f32 >
  % 3 = linalg.generic {indexing_maps = [affine_map < (d0) -> (d0)>, affine_map < (d0) ->
(d0)>, affine_map < (d0) -> (d0)>], iterator_types = ["parallel"]} ins( % 0, % 1: tensor < 2 ×
f32 >, tensor < 2 × f32 >) outs( % 2: tensor < 2 × f32 >) {
  ^bb0( % in: f32, % in_0: f32, % out: f32):
    % 8 = arith.mulf % in, % in_0: f32
    linalg.yield % 8: f32
} -> tensor < 2 × f32 >
  % 4 = tensor.empty(): tensor < f32 >
  % 5 = linalg.fill ins( % cst: f32) outs( % 4: tensor < f32 >) -> tensor < f32 >
```

```
    %6 = linalg.generic {indexing_maps = [affine_map<(d0) -> (d0)>, affine_map<(d0) -> ()>],
iterator_types = ["reduction"]} ins(%3: tensor<2×f32>) outs(%5: tensor<f32>) {
    ^bb0(%in: f32, %out: f32):
        %8 = arith.addf %in, %out: f32
        linalg.yield %8: f32
    } -> tensor<f32>
    %7 = hal.tensor.export %6: tensor<f32> -> !hal.buffer_view
    return %7: !hal.buffer_view
}
```

融合 mul 与 reduce 之后进行转换,代码如下:

```
//第11章/reduce_mul_1.c
//result = 0;
//for (int d0 = 0; d0 < n; ++d0) {
//result += arg0[d0] * arg1[d0];
//}
func.func @foo(%arg0: !hal.buffer_view, %arg1: !hal.buffer_view) -> !hal.buffer_view
attributes {iree.abi.stub} {
    %cst = arith.constant 0.000000e+00: f32
    %0 = hal.tensor.import %arg0: !hal.buffer_view -> tensor<2×f32>
    %1 = hal.tensor.import %arg1: !hal.buffer_view -> tensor<2×f32>
    %2 = tensor.empty(): tensor<f32>
    %3 = linalg.fill ins(%cst: f32) outs(%2: tensor<f32>) -> tensor<f32>
    %4 = linalg.generic {indexing_maps = [affine_map<(d0) -> (d0)>, affine_map<(d0) ->
(d0)>, affine_map<(d0) -> ()>], iterator_types = ["reduction"]} ins(%0, %1: tensor<2×
f32>, tensor<2×f32>) outs(%3: tensor<f32>) {
    ^bb0(%in: f32, %in_0: f32, %out: f32):
        %6 = arith.mulf %in, %in_0: f32
        %7 = arith.addf %6, %out: f32
        linalg.yield %7: f32
    } -> tensor<f32>
    %5 = hal.tensor.export %4: tensor<f32> -> !hal.buffer_view
    return %5: !hal.buffer_view
}
```

MLIR::createLinalgDetensorizePass 将零维张量转换为它的基础元素类型,需要调用 MLIR::createCanonicalizerPass、MLIR::createCSEPass 和 createSplitReductionPass 这 3 个函数。将 matmul 与 topk 的单次 reduce 分成两次 reduce 操作(一次批处理矩阵乘法与一次 add)。默认不开启,将--iree-flow-split-matmul-reduction 选项设置为≥2 可开启,代码如下:

```
//第11章/reduce_mul_2.c
func.func @test(%arg0: !hal.buffer_view, %arg1: !hal.buffer_view) -> !hal.buffer_view
attributes {iree.abi.stub} {
    %cst = arith.constant 0.000000e+00: f32
    %0 = hal.tensor.import %arg0: !hal.buffer_view -> tensor<128×256×f32>
    %1 = hal.tensor.import %arg1: !hal.buffer_view -> tensor<256×256×f32>
```

```
    %2 = linalg.init_tensor [128, 256]: tensor<128×256×f32>
    %3 = linalg.fill ins(%cst: f32) outs(%2: tensor<128×256×f32>) -> tensor<128×256×
f32>
    %4 = linalg.matmul ins(%0, %1: tensor<128×256×f32>, tensor<256×256×f32>) outs
(%3: tensor<128×256×f32>) -> tensor<128×256×f32>
    %5 = hal.tensor.export %4: tensor<128×256×f32> -> !hal.buffer_view
    return %5: !hal.buffer_view
}
```

--iree-flow-split-matmul-reduction=2 转换,代码如下:

```
//第11章/reduce_mul_3.c
func.func @test(%arg0: !hal.buffer_view, %arg1: !hal.buffer_view) -> !hal.buffer_view
attributes {iree.abi.stub} {
    %cst = arith.constant 0.000000e+00: f32
    %0 = hal.tensor.import %arg0: !hal.buffer_view -> tensor<128×256×f32>
    %1 = hal.tensor.import %arg1: !hal.buffer_view -> tensor<256×256×f32>
    %2 = linalg.init_tensor [128, 256]: tensor<128×256×f32>
    %3 = linalg.fill ins(%cst: f32) outs(%2: tensor<128×256×f32>) -> tensor<128×256×
f32>
    %4 = tensor.expand_shape %0 [[0], [1, 2]]: tensor<128×256×f32> into tensor<128×2×
128×f32>
    %5 = tensor.expand_shape %1 [[0, 1], [2]]: tensor<256×256×f32> into tensor<2×128×
256×f32>
    %6 = linalg.init_tensor [2, 128, 256]: tensor<2×128×256×f32>
    %7 = linalg.fill ins(%cst: f32) outs(%6: tensor<2×128×256×f32>) -> tensor<2×
128×256×f32>
    %8 = linalg.generic {indexing_maps = [affine_map<(d0, d1, d2, d3) -> (d1, d0, d3)>,
affine_map<(d0, d1, d2, d3) -> (d0, d3, d2)>, affine_map<(d0, d1, d2, d3) -> (d0, d1, d2)>],
iterator_types = ["parallel", "parallel", "parallel", "reduction"]} ins(%4, %5: tensor
<128×2×128×f32>, tensor<2×128×256×f32>) outs(%7: tensor<2×128×256×f32>)
attrs = {__internal_linalg_transform__ = "SPLIT", linalg.memoized_indexing_maps =
[affine_map<(d0, d1, d2) -> (d0, d2)>, affine_map<(d0, d1, d2) -> (d2, d1)>, affine_map
<(d0, d1, d2) -> (d0, d1)>]} {
    ^bb0(%arg2: f32, %arg3: f32, %arg4: f32):
        %11 = arith.mulf %arg2, %arg3: f32
        %12 = arith.addf %arg4, %11: f32
        linalg.yield %12: f32
    } -> tensor<2×128×256×f32>
    %9 = linalg.generic {indexing_maps = [affine_map<(d0, d1, d2) -> (d0, d1, d2)>, affine_
map<(d0, d1, d2) -> (d1, d2)>], iterator_types = ["reduction", "parallel", "parallel"]} ins
(%8: tensor<2×128×256×f32>) outs(%3: tensor<128×256×f32>) attrs = {__internal_
linalg_transform__ = "SPLIT"} {
    ^bb0(%arg2: f32, %arg3: f32):
        %11 = arith.addf %arg2, %arg3: f32
        linalg.yield %11: f32
    } -> tensor<128×256×f32>
    %10 = hal.tensor.export %9: tensor<128×256×f32> -> !hal.buffer_view
    return %10: !hal.buffer_view
}
```

createInterchangeGenericOpsPass 循环维度变换。将规约循环维度交换到最内层,将相应的并行循环维度被交换到外层。

createInterchangeTransposeGenericOpsPass 当输入索引映射是置换时,交换循环维度使输入的索引映射是 identity 的,其作用是使输入尽可能地变成连续访存。

createDispatchWithTransformDialect 根据转换方言对算子进行调度与派遣,需要另外加载一个转换方言的模块文件,默认不进行该变换。转换方言定义了一套调度规则,用于引导目标 IR 进行变换,例如循环展开、平铺等。

createFormDispatchRegionsPass 以包含规约循环的 LinAlg 操作或命名 LinAlg 操作为中心(root),按一定规则合并生产者与消费者,划分出分派区域子图。分派区域是 IREE 中的原子执行单元,分派区域内部可以直接复用输入与输出的内存,从而避免了内部的内存分配操作,内存分配只发生在分派区域的边界,同时分派区域之间会自动插入同步操作,代码如下:

```
//第 11 章/reduce_mul_4.c
func.func @predict(% arg0: !hal.buffer_view, % arg1: !hal.buffer_view, % arg2: !hal.buffer_
view) -> !hal.buffer_view attributes {iree.abi.stub} {
  % cst = arith.constant 0.000000e + 00: f32
  % 0 = hal.tensor.import % arg0: !hal.buffer_view -> tensor < 2 × 10 × f32 >
  % 1 = hal.tensor.import % arg1: !hal.buffer_view -> tensor < 10 × 5 × f32 >
  % 2 = hal.tensor.import % arg2: !hal.buffer_view -> tensor < 5 × f32 >
  % 3 = tensor.empty(): tensor < 2 × 5 × f32 >
  % 4 = linalg.fill ins(% cst: f32) outs(% 3: tensor < 2 × 5 × f32 >) -> tensor < 2 × 5 × f32 >
  % 5 = linalg.matmul ins(% 0, % 1: tensor < 2 × 10 × f32 >, tensor < 10 × 5 × f32 >) outs(% 4:
tensor < 2 × 5 × f32 >) -> tensor < 2 × 5 × f32 >
  % 6 = linalg.generic {indexing_maps = [affine_map <(d0, d1) -> (d0, d1)>, affine_map
<(d0, d1) -> (d1)>, affine_map <(d0, d1) -> (d0, d1)>], iterator_types = ["parallel",
"parallel"]} ins(% 5, % 2: tensor < 2 × 5 × f32 >, tensor < 5 × f32 >) outs(% 3: tensor < 2 × 5 ×
f32 >) {
  ^bb0(% in: f32, % in_0: f32, % out: f32):
    % 8 = arith.addf % in, % in_0: f32
    linalg.yield % 8: f32
  } -> tensor < 2 × 5 × f32 >
  % 7 = hal.tensor.export % 6: tensor < 2 × 5 × f32 > -> !hal.buffer_view
  return % 7: !hal.buffer_view
}
```

将上面的代码转换一下,代码如下:

```
//第 11 章/reduce_mul_5.c
func.func @predict(% arg0: !hal.buffer_view, % arg1: !hal.buffer_view, % arg2: !hal.buffer_
view) -> !hal.buffer_view attributes {iree.abi.stub} {
  % cst = arith.constant 0.000000e + 00: f32
  % 0 = hal.tensor.import % arg0: !hal.buffer_view -> tensor < 2 × 10 × f32 >
  % 1 = hal.tensor.import % arg1: !hal.buffer_view -> tensor < 10 × 5 × f32 >
  % 2 = hal.tensor.import % arg2: !hal.buffer_view -> tensor < 5 × f32 >
  % 3 = tensor.empty(): tensor < 2 × 5 × f32 >
```

```
  %4 = linalg.fill ins(%cst: f32) outs(%3: tensor<2×5×f32>) -> tensor<2×5×f32>
  %c1 = arith.constant 1: index
  %c0 = arith.constant 0: index
  %c2 = arith.constant 2: index
  %c1_0 = arith.constant 1: index
  %5 = affine.apply affine_map<()[s0, s1, s2] -> ((s1 - s0) ceildiv s2)>()[%c0, %c2, %c1_0]
  %c0_1 = arith.constant 0: index
  %c5 = arith.constant 5: index
  %c1_2 = arith.constant 1: index
  %6 = affine.apply affine_map<()[s0, s1, s2] -> ((s1 - s0) ceildiv s2)>()[%c0_1, %c5,
%c1_2]
  %7 = flow.dispatch.region[%5, %6] -> (tensor<2×5×f32>) {
    %9 = linalg.matmul ins(%0, %1: tensor<2×10×f32>, tensor<10×5×f32>) outs(%4:
tensor<2×5×f32>) -> tensor<2×5×f32>
    %10 = linalg.generic {indexing_maps = [affine_map<(d0, d1) -> (d0, d1)>, affine_map
<(d0, d1) -> (d1)>, affine_map<(d0, d1) -> (d0, d1)>], iterator_types = ["parallel",
"parallel"]} ins(%9, %2: tensor<2×5×f32>, tensor<5×f32>) outs(%3: tensor<2×5×
f32>) {
    ^bb0(%in: f32, %in_3: f32, %out: f32):
      %11 = arith.addf %in, %in_3: f32
      linalg.yield %11: f32
    } -> tensor<2×5×f32>
    flow.return %10: tensor<2×5×f32>
  } count(%arg3: index, %arg4: index) -> (index, index, index) {
    %x, %y, %z = flow.dispatch.workgroup_count_from_dag_root %arg3, %arg4
    flow.return %x, %y, %z: index, index, index
  }
  %8 = hal.tensor.export %7: tensor<2×5×f32> -> !hal.buffer_view
  return %8: !hal.buffer_view
}
```

createFormDispatchWorkgroupsPass 将分派区域转换成分派工作组的形式,并将可复制的操作(例如 tensor.fill、tensor.empty 等)复制到工作组中。如果在 LinAlg 层做了平铺,则该 Pass 也会把平铺引入的 tensor.extract_slice 与 tensor.insert_slice 尽可能地转换成 flow.tensor.slice 与 flow.tensor.update,转换不了的后续再转换成 flow.dispatch.tensor.load 与 flow.dispatch.tensor.store。这里对上一步的结果进行转换,代码如下:

```
//第 11 章/reduce_mul_6.c
func.func @predict(%arg0: !hal.buffer_view, %arg1: !hal.buffer_view, %arg2: !hal.buffer_
view) -> !hal.buffer_view attributes {iree.abi.stub} {
  %c2 = arith.constant 2: index
  %c5 = arith.constant 5: index
  %0 = hal.tensor.import %arg0: !hal.buffer_view -> tensor<2×10×f32>
  %1 = hal.tensor.import %arg1: !hal.buffer_view -> tensor<10×5×f32>
  %2 = hal.tensor.import %arg2: !hal.buffer_view -> tensor<5×f32>
  %3 = flow.dispatch.workgroups[%c2, %c5](%0, %1, %2): (tensor<2×10×f32>, tensor
<10×5×f32>, tensor<5×f32>) -> tensor<2×5×f32> =
```

```
( %arg3: !flow.dispatch.tensor<readonly:tensor<2×10×f32>>, %arg4: !flow.dispatch.
tensor<readonly:tensor<10×5×f32>>, %arg5: !flow.dispatch.tensor<readonly:tensor<5×
f32>>, %arg6: !flow.dispatch.tensor<writeonly:tensor<2×5×f32>>) {
    %cst = arith.constant 0.000000e+00: f32
    %5 = flow.dispatch.tensor.load %arg3, offsets = [0, 0], sizes = [2, 10], strides =
[1, 1]: !flow.dispatch.tensor<readonly:tensor<2×10×f32>> -> tensor<2×10×f32>
    %6 = flow.dispatch.tensor.load %arg4, offsets = [0, 0], sizes = [10, 5], strides =
[1, 1]: !flow.dispatch.tensor<readonly:tensor<10×5×f32>> -> tensor<10×5×f32>
    %7 = flow.dispatch.tensor.load %arg5, offsets = [0], sizes = [5], strides = [1]: !
flow.dispatch.tensor<readonly:tensor<5×f32>> -> tensor<5×f32>
    %8 = tensor.empty(): tensor<2×5×f32>
    %9 = linalg.fill ins(%cst: f32) outs(%8: tensor<2×5×f32>) -> tensor<2×5×
f32>
    %10 = linalg.matmul ins(%5, %6: tensor<2×10×f32>, tensor<10×5×f32>) outs(%9:
tensor<2×5×f32>) -> tensor<2×5×f32>
    %11 = linalg.generic {indexing_maps = [affine_map<(d0, d1) -> (d0, d1)>, affine_map
<(d0, d1) -> (d1)>, affine_map<(d0, d1) -> (d0, d1)>], iterator_types = ["parallel",
"parallel"]} ins(%10, %7: tensor<2×5×f32>, tensor<5×f32>) outs(%8: tensor<2×5×
f32>) {
    ^bb0( %in: f32, %in_0: f32, %out: f32):
        %12 = arith.addf %in, %in_0: f32
        linalg.yield %12: f32
    } -> tensor<2×5×f32>
    flow.dispatch.tensor.store %11, %arg6, offsets = [0, 0], sizes = [2, 5], strides =
[1, 1]: tensor<2×5×f32> -> !flow.dispatch.tensor<writeonly:tensor<2×5×f32>>
    flow.return
} count( %arg3: index, %arg4: index) -> (index, index, index) {
    %x, %y, %z = flow.dispatch.workgroup_count_from_dag_root %arg3, %arg4
    flow.return %x, %y, %z: index, index, index
}
%4 = hal.tensor.export %3: tensor<2x5xf32> -> !hal.buffer_view
return %4: !hal.buffer_view
}
```

createCaptureDispatchDynamicDimsPass 由于 flow.dispatch.workgroups 的参数中动
态形状张量被替换成了!flow.dispatch.tensor 与相应的动态维度 index,所以该 Pass 会捕
获工作组参数中的动态维度 index,插入 flow.dispatch.tie_shape 并对参数中的动态维度
index 与 !flow.dispatch.tensor 进行绑定,代码如下:

```
//第11章/reduce_mul_7.c
//func.func @test( %arg0: tensor<?×f32>, %arg1: tensor<?×f32>) -> tensor<?×f32> {
// %0 = mhlo.add %arg0, %arg1: tensor<?×f32>
//return %0: tensor<?×f32>
//}
func.func @test( %arg0: !hal.buffer_view, %arg1: !hal.buffer_view) -> !hal.buffer_view
attributes {iree.abi.stub} {
    %c1 = arith.constant 1: index
    %c0 = arith.constant 0: index
```

```
%0 = hal.buffer_view.dim <%arg0: !hal.buffer_view>[0]: index
%1 = hal.tensor.import %arg0: !hal.buffer_view -> tensor <?×f32>{%0}
%2 = hal.buffer_view.dim <%arg1: !hal.buffer_view>[0]: index
%3 = hal.tensor.import %arg1: !hal.buffer_view -> tensor <?×f32>{%2}
%4 = affine.apply affine_map<()[s0, s1, s2] -> ((s1 - s0) ceildiv s2)>()[%c0, %0, %c1]
%5 = flow.dispatch.workgroups[%4](%0, %1, %3, %0, %2, %0): (index, tensor <?×f32>
{%0}, tensor <?×f32>{%2}, index, index, index) -> tensor <?×f32>{%0} =
        (%arg2: index, %arg3: !flow.dispatch.tensor < readonly:tensor <?×f32>>, %arg4: !
flow.dispatch.tensor < readonly: tensor <?×f32>>, %arg5: index, %arg6: index, %arg7:
index, %arg8: !flow.dispatch.tensor < writeonly:tensor <?×f32>>) {
    %7 = flow.dispatch.tensor.load %arg3, offsets = [0], sizes = [%arg7], strides =
[1]: !flow.dispatch.tensor < readonly:tensor <?×f32>>{%arg7} -> tensor <?×f32>
    %8 = flow.dispatch.tensor.load %arg4, offsets = [0], sizes = [%arg6], strides =
[1]: !flow.dispatch.tensor < readonly:tensor <?×f32>>{%arg6} -> tensor <?×f32>
    %9 = tensor.empty(%arg7): tensor <?×f32>
    %10 = linalg.generic {indexing_maps = [affine_map<(d0) -> (d0)>, affine_map<(d0) ->
(d0)>, affine_map<(d0) -> (d0)>], iterator_types = ["parallel"]} ins(%7, %8: tensor <?×
f32>, tensor <?×f32>) outs(%9: tensor <?×f32>) {
    ^bb0(%in: f32, %in_0: f32, %out: f32):
        %11 = arith.addf %in, %in_0: f32
        linalg.yield %11: f32
    } -> tensor <?×f32>
    flow.dispatch.tensor.store %10, %arg8, offsets = [0], sizes = [%arg7], strides =
[1]: tensor <?×f32> -> !flow.dispatch.tensor < writeonly:tensor <?×f32>>{%arg7}
    flow.return
} count(%arg2: index) -> (index, index, index) {
    %x, %y, %z = flow.dispatch.workgroup_count_from_dag_root %arg2
    flow.return %x, %y, %z: index, index, index
}
%6 = hal.tensor.export %5: tensor <?×f32>{%0} -> !hal.buffer_view
return %6: !hal.buffer_view
}
```

将上面的代码转换一下，代码如下：

```
//第 11 章/reduce_mul_8.c
func.func @test(%arg0: !hal.buffer_view, %arg1: !hal.buffer_view) -> !hal.buffer_view
attributes {iree.abi.stub} {
    %c1 = arith.constant 1: index
    %c0 = arith.constant 0: index
    %0 = hal.buffer_view.dim <%arg0: !hal.buffer_view>[0]: index
    %1 = hal.tensor.import %arg0: !hal.buffer_view -> tensor <?×f32>{%0}
    %2 = hal.buffer_view.dim <%arg1: !hal.buffer_view>[0]: index
    %3 = hal.tensor.import %arg1: !hal.buffer_view -> tensor <?×f32>{%2}
    %4 = affine.apply affine_map<()[s0, s1, s2] -> ((s1 - s0) ceildiv s2)>()[%c0, %0, %c1]
    %5 = flow.dispatch.workgroups[%4](%0, %1, %3, %0, %2, %0): (index, tensor <?×f32>
{%0}, tensor <?×f32>{%2}, index, index, index) -> tensor <?×f32>{%0} =
        (%arg2: index, %arg3: !flow.dispatch.tensor < readonly:tensor <?×f32>>, %arg4: !
flow.dispatch.tensor < readonly: tensor <?×f32>>, %arg5: index, %arg6: index, %arg7:
index, %arg8: !flow.dispatch.tensor < writeonly:tensor <?×f32>>) {
```

```
        %7 = flow.dispatch.tie_shape %arg3: !flow.dispatch.tensor<readonly:tensor<?×f32>>
{ %arg7}
        %8 = flow.dispatch.tie_shape %arg4: !flow.dispatch.tensor<readonly:tensor<?×f32>>
{ %arg6}
        %9 = flow.dispatch.tie_shape %arg8: !flow.dispatch.tensor<writeonly:tensor<?×f32>>
{ %arg7}
        %10 = flow.dispatch.tensor.load %7, offsets = [0], sizes = [ %arg7], strides = [1]:
!flow.dispatch.tensor<readonly:tensor<?×f32>>{ %arg7} -> tensor<?×f32>
        %11 = flow.dispatch.tensor.load %8, offsets = [0], sizes = [ %arg6], strides = [1]:
!flow.dispatch.tensor<readonly:tensor<?×f32>>{ %arg6} -> tensor<?×f32>
        %12 = tensor.empty( %arg7): tensor<?×f32>
        %13 = linalg.generic {indexing_maps = [affine_map<(d0) -> (d0)>, affine_map<(d0) ->
(d0)>, affine_map<(d0) -> (d0)>], iterator_types = ["parallel"]} ins( %10, %11: tensor
<?×f32>, tensor<?×f32>) outs( %12: tensor<?×f32>) {
        ^bb0( %in: f32, %in_0: f32, %out: f32):
          %14 = arith.addf %in, %in_0: f32
          linalg.yield %14: f32
        } -> tensor<?×f32>
        flow.dispatch.tensor.store %13, %9, offsets = [0], sizes = [ %arg7], strides = [1]:
tensor<?×f32> -> !flow.dispatch.tensor<writeonly:tensor<?×f32>>{ %arg7}
        flow.return
      } count( %arg2: index) -> (index, index, index) {
        %x, %y, %z = flow.dispatch.workgroup_count_from_dag_root %arg2
        flow.return %x, %y, %z: index, index, index
      }
    %6 = hal.tensor.export %5: tensor<?×f32>{ %0} -> !hal.buffer_view
    return %6: !hal.buffer_view
  }
```

这里调用了 MLIR::createCanonicalizerPass、createCSEPass 和 createInitializeEmptytensorsPass 等几个函数。

如果 tensor.empty 操作的用户中存在非 LinAlg 或 IREE LinalgExt 操作，则应把该 tensor.empty 操作转换成 flow.tensor.empty 或 flow.tensor.splat 操作。

IREE::Flow::createOutlineDispatchRegionsPass 把每个分派区域转换成 flow. executable ＋ flow.dispatch op，代码如下：

```
//第11章/reduce_mul_9.c
func.func @test( %arg0: !hal.buffer_view, %arg1: !hal.buffer_view) -> !hal.buffer_view
attributes {iree.abi.stub} {
  %c2 = arith.constant 2: index
  %0 = hal.tensor.import %arg0: !hal.buffer_view -> tensor<2×f32>
  %1 = hal.tensor.import %arg1: !hal.buffer_view -> tensor<2×f32>
  %2 = flow.dispatch.workgroups[ %c2]( %0, %1): (tensor<2×f32>, tensor<2×f32>) ->
tensor<2×f32> =

( %arg2: !flow.dispatch.tensor<readonly:tensor<2×f32>>, %arg3: !flow.dispatch.tensor
<readonly:tensor<2×f32>>, %arg4: !flow.dispatch.tensor<writeonly:tensor<2×f32>>) {
      %4 = flow.dispatch.tensor.load %arg2, offsets = [0], sizes = [2], strides = [1]:
!flow.dispatch.tensor<readonly:tensor<2×f32>> -> tensor<2×f32>
```

```
    %5 = flow.dispatch.tensor.load %arg3, offsets = [0], sizes = [2], strides = [1]:
!flow.dispatch.tensor< readonly:tensor< 2×f32>> -> tensor< 2×f32>
    %6 = tensor.empty(): tensor< 2×f32>
    %7 = linalg.generic {indexing_maps = [affine_map<(d0) -> (d0)>, affine_map<(d0) ->
(d0)>, affine_map<(d0) -> (d0)>], iterator_types = ["parallel"]} ins(%4, %5: tensor< 2×
f32>, tensor< 2×f32>) outs(%6: tensor< 2×f32>) {
    ^bb0(%in: f32, %in_0: f32, %out: f32):
      %8 = arith.addf %in, %in_0: f32
      linalg.yield %8: f32
    } -> tensor< 2×f32>
    flow.dispatch.tensor.store %7, %arg4, offsets = [0], sizes = [2], strides = [1]:
tensor< 2×f32> -> !flow.dispatch.tensor< writeonly:tensor< 2×f32>>
    flow.return
  } count(%arg2: index) -> (index, index, index) {
    %x, %y, %z = flow.dispatch.workgroup_count_from_dag_root %arg2
    flow.return %x, %y, %z: index, index, index
  }
  %3 = hal.tensor.export %2: tensor< 2×f32> -> !hal.buffer_view
  return %3: !hal.buffer_view
```

（1）将上面的代码转换成 IREE::Util::createStripDebugOpsPass。

（2）消除 DebugOnly 操作,调用 MLIR::createCanonicalizerPass 和 IREE::Flow::createDeduplicateExecutablesPass 这两个函数。

（3）消除重复的 flow.executable,调用函数 IREE::Flow::createInjectDispatchTracingPass。

（4）注入跟踪运行时 dispatch 函数输入与输出信息的操作。默认不开启,调用函数 REE::Flow::createCleanuptensorshapesPass。

（5）删除 flow.tensor.tie_shape op,并确认模块中不再包含 tensor.dim 与 tensor.rank 这两类形状查询操作,调用 MLIR::createCanonicalizerPass、MLIR::createCSEPass、MLIR::createCanonicalizerPass、MLIR::createCSEPass 和 MLIR::createSymbolDCEPass 这 5 个函数。

11.2.5　IREE 编译流程示例解析(5)

IREE::Stream::StreamTransformPassPipeline 的主要作用是将程序转换到流方言,优化变量编码方式,划分调度子图,生成异步调度策略,并实现内存规划策略,调用函数 buildStreamtensorPassPipeline 和 IREE::Stream::createVerifyInputPass。

检查程序的合法性,调用函数 IREE::Stream::createOutlineConstantsPass,将模块内部的稠密常量转换成全局稠密常量,代码如下:

```
//第 11 章/buildStreamtensorPassPipeline_0.c
func.func @test(%arg0: !hal.buffer_view) -> !hal.buffer_view attributes {iree.abi.stub} {
    %cst = arith.constant dense<[0.000000e+00, 0.00999999977, 2.000000e-02, 3.000000e-02,
4.000000e-02, 5.000000e-02, 6.000000e-02, 7.000000e-02, 8.000000e-02, 9.000000e-02]>:
tensor< 10×f32>
```

```
   % c10 = arith.constant 10: index
   % 0 = hal.tensor.import % arg0: ! hal.buffer_view -> tensor < 1 × 10 × f32 >
   % 1 = flow.tensor.reshape % 0: tensor < 1 × 10 × f32 > -> tensor < 10 × f32 >
   % 2 = flow.tensor.empty: tensor < 10 × f32 >
   % 3 = flow.dispatch @test_dispatch_0::@test_dispatch_0_generic_10[ % c10]( % 1, % cst,
% 2): (tensor < 10 × f32 >, tensor < 10 × f32 >, tensor < 10 × f32 >) -> % 2
   % 4 = flow.tensor.reshape % 3: tensor < 10 × f32 > -> tensor < 1 × 10 × f32 >
   % 5 = hal.tensor.e×port % 4: tensor < 1 × 10 × f32 > -> ! hal.buffer_view
   return % 5: ! hal.buffer_view
}
```

转换一下，代码如下：

```
//第 11 章/buildStreamtensorPassPipeline_1.c
util.global private @ _constant { noinline } = dense < [ 0.000000e + 00, 0.00999999977,
2.000000e - 02, 3.000000e - 02, 4.000000e - 02, 5.000000e - 02, 6.000000e - 02, 7.000000e - 02,
8.000000e - 02, 9.000000e - 02]>: tensor < 10 × f32 >
func.func @test( % arg0: ! hal.buffer_view) -> ! hal.buffer_view attributes { iree.abi.stub } {
   % _constant = util.global.load @_constant: tensor < 10 × f32 >
   % c10 = arith.constant 10: index
   % 0 = hal.tensor.import % arg0: ! hal.buffer_view -> tensor < 1 × 10 × f32 >
   % 1 = flow.tensor.reshape % 0: tensor < 1 × 10 × f32 > -> tensor < 10 × f32 >
   % 2 = flow.tensor.empty: tensor < 10 × f32 >
   % 3 = flow.dispatch @test_dispatch_0::@test_dispatch_0_generic_10[ % c10]( % 1, % _
constant, % 2): (tensor < 10 × f32 >, tensor < 10 × f32 >, tensor < 10 × f32 >) -> % 2
   % 4 = flow.tensor.reshape % 3: tensor < 10 × f32 > -> tensor < 1 × 10 × f32 >
   % 5 = hal.tensor.export % 4: tensor < 1 × 10 × f32 > -> ! hal.buffer_view
   return % 5: ! hal.buffer_view
}
```

这里调用函数 addCleanupPatterns 和 IREE∷Stream∷createconvertToStreamPass。
将 IREE∷Util、IREE∷Flow、IREE∷HAL 及 std 方言转换到 IREE∷Stream 方言，代码如下：

```
//第 11 章/buildStreamtensorPassPipeline_2.c
module {
   util.global private @_constant: ! stream.resource < constant >
   util.global private @_constant__size: index
   util.initializer {
     % cst = stream.tensor.constant: tensor < 10 × f32 > in ! stream.resource < constant > = dense
<[0.000000e + 00, 0.00999999977, 2.000000e - 02, 3.000000e - 02, 4.000000e - 02, 5.000000e -
02, 6.000000e - 02, 7.000000e - 02, 8.000000e - 02, 9.000000e - 02]>: tensor < 10 × f32 >
     % 0 = stream.resource.size % cst: ! stream.resource < constant >
     util.global.store % cst, @_constant: ! stream.resource < constant >
     util.global.store % 0, @_constant__size: index
     util.initializer.return
   }
   stream.executable private @test_dispatch_0 {
     stream.executable.export public @test_dispatch_0_generic_10 workgroups( % arg0: index) ->
(index, index, index) {
       % x, % y, % z = flow.dispatch.workgroup_count_from_dag_root % arg0
```

```
        stream.return %x, %y, %z: index, index, index
      }
    builtin.module {
      func.func @test_dispatch_0_generic_10(%arg0: !stream.binding, %arg1: !stream.
binding, %arg2: !stream.binding) {
        %c0 = arith.constant 0: index
        %0 = stream.binding.subspan %arg0[%c0]: !stream.binding -> !flow.dispatch.
tensor<readonly:tensor<10×f32>>
        %1 = stream.binding.subspan %arg1[%c0]: !stream.binding -> !flow.dispatch.
tensor<readonly:tensor<10×f32>>
        %2 = stream.binding.subspan %arg2[%c0]: !stream.binding -> !flow.dispatch.
tensor<readwrite:tensor<10×f32>>
        %3 = flow.dispatch.tensor.load %0, offsets = [0], sizes = [10], strides = [1]:
!flow.dispatch.tensor<readonly:tensor<10×f32>> -> tensor<10×f32>
        %4 = flow.dispatch.tensor.load %1, offsets = [0], sizes = [10], strides = [1]:
!flow.dispatch.tensor<readonly:tensor<10×f32>> -> tensor<10×f32>
        %5 = flow.dispatch.tensor.load %2, offsets = [0], sizes = [10], strides = [1]:
!flow.dispatch.tensor<readwrite:tensor<10×f32>> -> tensor<10×f32>
        %6 = linalg.generic {indexing_maps = [affine_map<(d0) -> (d0)>, affine_map<(d0) ->
(d0)>, affine_map<(d0) -> (d0)>], iterator_types = ["parallel"]} ins(%3, %4: tensor<10×
f32>, tensor<10×f32>) outs(%5: tensor<10×f32>) {
        ^bb0(%in: f32, %in_0: f32, %out: f32):
          %7 = arith.addf %in, %in_0: f32
          linalg.yield %7: f32
        } -> tensor<10×f32>
        flow.dispatch.tensor.store %6, %2, offsets = [0], sizes = [10], strides = [1]:
tensor<10×f32> -> !flow.dispatch.tensor<readwrite:tensor<10×f32>>
        return
      }
    }
  }
  func.func @test(%arg0: !hal.buffer_view) -> !hal.buffer_view attributes {iree.abi.stub}
{
    %c10 = arith.constant 10: index
    %_constant = util.global.load @_constant: !stream.resource<constant>
    %_constant__size = util.global.load @_constant__size: index
    %0 = stream.async.transfer %_constant: !stream.resource<constant>{%_constant__
size} -> !stream.resource<*>{%_constant__size}
    %c553648160_i32 = arith.constant 553648160: i32
    %c1_i32 = arith.constant 1: i32
    %c1 = arith.constant 1: index
    %c10_0 = arith.constant 10: index
    hal.buffer_view.assert<%arg0: !hal.buffer_view> message("tensor") shape([%c1, %c10_
0]) type(%c553648160_i32) encoding(%c1_i32)
    %1 = stream.tensor.sizeof tensor<1×10×f32>: index
    %2 = stream.tensor.import %arg0: !hal.buffer_view -> tensor<1×10×f32> in !
stream.resource<external>{%1}
    %3 = stream.async.transfer %2: !stream.resource<external>{%1} -> !stream.resource
<*>{%1}
```

```
    %4 = stream.tensor.sizeof tensor<10×f32>: index
    %5 = stream.tensor.clone %3: tensor<1×10×f32> in !stream.resource<*>{%1} ->
tensor<10×f32> in !stream.resource<*>{%4}
    %6 = stream.tensor.sizeof tensor<10×f32>: index
    %empty = stream.tensor.empty: tensor<10×f32> in !stream.resource<*>{%6}
    %c0 = arith.constant 0: index
    %7 = stream.async.dispatch @test_dispatch_0::@test_dispatch_0_generic_10[%c10]
(%5[%c0 to %4 for %4], %0[%c0 to %_constant__size for %_constant__size], %empty
[%c0 to %6 for %6]): (!stream.resource<*>{%4}, !stream.resource<*>{%_constant__
size}, !stream.resource<*>{%6}) -> %empty{%6}
    %8 = stream.tensor.sizeof tensor<1×10×f32>: index
    %9 = stream.tensor.clone %7: tensor<10×f32> in !stream.resource<*>{%6} ->
tensor<1×10×f32> in !stream.resource<*>{%8}
    %10 = stream.async.transfer %9: !stream.resource<*>{%8} -> !stream.resource
<external>{%8}
    %11 = stream.tensor.export %10: tensor<1×10×f32> in !stream.resource<external>
{%8} -> !hal.buffer_view
    return %11: !hal.buffer_view
  }
}
```

可以看到，除了 flow.executable，module 中张量类型都被转换为 stream.resource 与 index，但 hal.buffer_view type 仍然被保留。初始值为张量的 util.global constant 被转换为不带初始值的 stream.resource 与 index，同时生成了一个 util.initializer 对 stream.resource 与 index 进行初始化。util.global.load 被转换为 util.global.load ＋ stream.async.transfer，hal.tensor.import 被转换为 stream.tensor.import ＋ stream.async.transfer，hal.tensor.export 被转换为 stream.async.transfer ＋ stream.tensor.export，flow.tensor.reshape 被转换为 stream.tensor.clone，flow.executable 转换为 stream.executable，内部的 flow.executable.export 被转换为 stream.executable.export，内部的 func op 的 argument 由 flow.dispatch.tensor 转换为 stream.binding。

（1）这里调用了函数 IREE::Stream::createVerifyLowerTotensorsPass。

（2）检查程序的合法性，这里调用了函数 addCleanupPatterns 和 IREE::Util::createCombineInitializersPass。

（3）合并所有的 util.initializer ops，这里调用了函数 buildStreamAsyncPassPipeline 和 IREE::Stream::createEncodeHosttensorsPass，其主要作用是将张量的元素位宽（bit）扩充为 2 的幂大小，并按字节对齐，其中 i1～i7 被转换为 i8（1bytes），i9～i15 被转换为 i16（2bytes），i17～i31 被转换为 i32（4bytes），i33～i63 被转换为 i6（48bytes），代码如下：

```
//第11章/buildStreamtensorPassPipeline_3.c
util.initializer {
  %cst = stream.tensor.constant: tensor<10×i4> in !stream.resource<constant> = dense
<[0, 1, 2, 3, 4, 5, 6, 7, -8, -7]>: tensor<10×i4>
  %0 = stream.resource.size %cst: !stream.resource<constant>
  util.global.store %cst, @_constant: !stream.resource<constant>
```

```
util.global.store %0, @_constant__size: index
util.initializer.return
}
```

将上面的代码转换一下，代码如下：

```
//第11章/buildStreamtensorPassPipeline_4.c
util.initializer {
  %c10 = arith.constant 10: index
  %cst = stream.async.constant: !stream.resource<constant>{%c10} = dense<[0, 1, 2, 3,
4, 5, 6, 7, 8, 9]>: tensor<10×i8>
  util.global.store %cst, @_constant: !stream.resource<constant>
  util.global.store %c10, @_constant__size: index
  util.initializer.return
}
```

%cst 的类型从 i4 被转换成了 i8，此外 stream.tensor.constant 被转换成了 stream.async.constant，%0 = stream.resource.size %cst：!stream.resource<constant>直接被替换成了常量%c10。

IREE::Stream::createEncodeDevicetensorsPass 与 createEncodeHosttensorsPass 的作用一样，其主要区别是 createEncodeDevicetensorsPass 作用的是 stream.executable 中的 OP，代码如下：

```
//第11章/buildStreamtensorPassPipeline_5.c
builtin.module {
    func.func @test_dispatch_0_generic_10(%arg0: !stream.binding, %arg1: !stream.
binding, %arg2: !stream.binding) {
      %c0 = arith.constant 0: index
      %0 = stream.binding.subspan %arg0[%c0]: !stream.binding -> !flow.dispatch.tensor
<readonly:tensor<10×i4>>
      %1 = stream.binding.subspan %arg1[%c0]: !stream.binding -> !flow.dispatch.tensor
<readonly:tensor<10×i4>>
      %2 = stream.binding.subspan %arg2[%c0]: !stream.binding -> !flow.dispatch.tensor
<readwrite:tensor<10×i4>>
      %3 = flow.dispatch.tensor.load %0, offsets = [0], sizes = [10], strides = [1]: !
flow.dispatch.tensor<readonly:tensor<10×i4>> -> tensor<10×i4>
      %4 = flow.dispatch.tensor.load %1, offsets = [0], sizes = [10], strides = [1]: !
flow.dispatch.tensor<readonly:tensor<10×i4>> -> tensor<10×i4>
      %5 = flow.dispatch.tensor.load %2, offsets = [0], sizes = [10], strides = [1]: !
flow.dispatch.tensor<readwrite:tensor<10×i4>> -> tensor<10×i4>
      %6 = linalg.generic {indexing_maps = [affine_map<(d0) -> (d0)>, affine_map<(d0) ->
(d0)>, affine_map<(d0) -> (d0)>], iterator_types = ["parallel"]} ins(%3, %4: tensor<10×
i4>, tensor<10×i4>) outs(%5: tensor<10×i4>) {
      ^bb0(%in: i4, %in_0: i4, %out: i4):
        %7 = arith.addi %in, %in_0: i4
        linalg.yield %7: i4
      } -> tensor<10×i4>
```

```
        flow. dispatch. tensor. store %6, %2, offsets = [0], sizes = [10], strides = [1]:
tensor < 10 × i4 > -> ! flow. dispatch. tensor < readwrite:tensor < 10 × i4 >>
        return
    }
}
```

可以看到 stream. binding. subspan 的结果类型从 i4 被转换成了 i8,并且在 flow. dispatch. tensor. load 之后插入了一个 arith. trunci,将 i8 截断为 i4,进而参与 linalg. generic 中的计算。

这里调用了函数 IREE::Stream::createMaterializeBuiltinsPass、addCleanupPatterns 和 IREE::Stream::createMaterializeCopyOnWritePass。写入时插入一次复制,以更有效地支持 inplace 更新,确保可以正确地执行语义,并且调用了函数 IREE::Stream::createElideAsyncCopiesPass。

为了消除 MaterializeCopyOnWritePass 中插入的不必要的复制,调用了函数 MLIR::createCanonicalizerPass 和 IREE::Stream::createEmplaceAllocationsPass。

尝试消除 stream. async. dispatch 后的 stream. async. update op。当 stream. async. dispatch 的结果没有绑定一个 value 时,就可以把 stream. async. update 的 target 绑定到 stream. async. dispatch 的结果,使 stream. async. dispatch 直接把计算结果更新到 target,并且调用了函数 IREE::Stream::createRefineUsagePass。

确定每个 stream. resource 的生命期,推导 stream. resource 的类型。stream. resource 类型主要包括以下几种。

(1) Unknown:stream. resource < * >。

(2) External:stream. resource < external > 由外部程序管理的内存。

(3) Staging:stream. resource < staging > 用于上传/下载的暂存缓存。

(4) Transient:stream. resource < transient > 跨 stream 的一段临时值。

(5) Variable:stream. resource < variable > 跨 stream 的一段持续值。

Constant:stream. resource < constant > 整个程序中持续存在的立即值(常量)。

除此之外还消除了冗余的 stream. async. transfer,代码如下:

```
//第11章/buildStreamtensorPassPipeline_6.c
func. func @test( %arg0: ! hal. buffer_view) -> ! hal. buffer_view attributes {iree. abi. stub} {
    %c40 = arith. constant 40: index
    %c0 = arith. constant 0: index
    %c10 = arith. constant 10: index
    %c553648160_i32 = arith. constant 553648160: i32
    %c1_i32 = arith. constant 1: i32
    hal. buffer_view. assert < %arg0: ! hal. buffer_view > message("张量") shape([ %c10]) type
( %c553648160_i32) encoding( %c1_i32)
    %0 = stream. tensor. import %arg0: ! hal. buffer_view -> tensor < 10 × f32 > in ! stream.
resource < external >{ %c40}
    %1 = stream. async. transfer %0: ! stream. resource < external >{ %c40} -> ! stream.
resource < * >{ %c40}
```

```
    %2 = stream.async.dispatch @test_dispatch_0::@test_dispatch_0_generic_10[%c10](%1
[%c0 to %c40 for %c40]): (!stream.resource<*>{%c40}) -> !stream.resource<*>{%c40}
    %3 = stream.async.transfer %2: !stream.resource<*>{%c40} -> !stream.resource
<external>{%c40}
    %4 = stream.tensor.export %3: tensor<10×f32> in !stream.resource<external>
{%c40} -> !hal.buffer_view
    return %4: !hal.buffer_view
}
```

将上面的代码转换一下，代码如下：

```
//第11章/buildStreamtensorPassPipeline_7.c
func.func @test(%arg0: !hal.buffer_view) -> !hal.buffer_view attributes {iree.abi.stub} {
    %c40 = arith.constant 40: index
    %c0 = arith.constant 0: index
    %c10 = arith.constant 10: index
    %c553648160_i32 = arith.constant 553648160: i32
    %c1_i32 = arith.constant 1: i32
    hal.buffer_view.assert<%arg0: !hal.buffer_view> message("张量") shape([%c10]) type
(%c553648160_i32) encoding(%c1_i32)
    %0 = stream.tensor.import %arg0: !hal.buffer_view -> tensor<10×f32> in !stream.
resource<external>{%c40}
    %1 = stream.async.dispatch @test_dispatch_0::@test_dispatch_0_generic_10[%c10](%0
[%c0 to %c40 for %c40]): (!stream.resource<external>{%c40}) -> !stream.resource
<external>{%c40}
    %2 = stream.tensor.export %1: tensor<10×f32> in !stream.resource<external>
{%c40} -> !hal.buffer_view
    return %2: !hal.buffer_view
}
```

可以看到 !stream.resource<*>{%c40} 被推导为 !stream.resource<external>
{%c40}，有两处 stream.async.transfer 被删除了，并且调用了函数 addCleanupPatterns 和
IREE::Stream::createScheduleExecutionPass。

根据启发式算法将每个可调用的（包括 util.initializer）划分成多个 part 进行调度，每个
part 独立构成一个 stream.async.execute，并且每个 stream.async.execute 后面都跟了一
个 stream.timepoint.await 操作，用于同步执行结果，代码如下：

```
//第11章/buildStreamtensorPassPipeline_8.c
func.func @test(%arg0: !hal.buffer_view) -> !hal.buffer_view attributes {iree.abi.stub} {
  %c40 = arith.constant 40: index
  %c10 = arith.constant 10: index
  %c553648160_i32 = arith.constant 553648160: i32
  %c1_i32 = arith.constant 1: i32
  %c1 = arith.constant 1: index
  %c0 = arith.constant 0: index
  %_constant = util.global.load @_constant: !stream.resource<constant>
  hal.buffer_view.assert<%arg0: !hal.buffer_view> message("张量") shape([%c1, %c10])
type(%c553648160_i32) encoding(%c1_i32)
```

```
%0 = stream.tensor.import %arg0: !hal.buffer_view -> tensor<1×10×f32> in !stream.
resource<external>{%c40}
    %1 = stream.async.alloca: !stream.resource<external>{%c40}
    %2 = stream.async.dispatch @test_dispatch_0::@test_dispatch_0_generic_10[%c10](%0
[%c0 to %c40 for %c40], %_constant[%c0 to %c40 for %c40], %1[%c0 to %c40 for
%c40]): (!stream.resource<external>{%c40}, !stream.resource<constant>{%c40},
!stream.resource<external>{%c40}) -> %1{%c40}
    %3 = stream.tensor.export %2: tensor<1×10×f32> in !stream.resource<external>
{%c40} -> !hal.buffer_view
    return %3: !hal.buffer_view
}
```

将上面的代码转换一下，代码如下：

```c
//第11章/buildStreamtensorPassPipeline_9.c
func.func @test(%arg0: !hal.buffer_view) -> !hal.buffer_view attributes {iree.abi.stub} {
    %c40 = arith.constant 40: index
    %c10 = arith.constant 10: index
    %c553648160_i32 = arith.constant 553648160: i32
    %c1_i32 = arith.constant 1: i32
    %c1 = arith.constant 1: index
    %c0 = arith.constant 0: index
    %_constant = util.global.load @_constant: !stream.resource<constant>
    hal.buffer_view.assert<%arg0: !hal.buffer_view> message("张量") shape([%c1, %c10])
type(%c553648160_i32) encoding(%c1_i32)
    %0 = stream.tensor.import %arg0: !hal.buffer_view -> tensor<1×10×f32> in !stream.
resource<external>{%c40}
    %results, %result_timepoint = stream.async.execute with(%0 as %arg1: !stream.resource
<external>{%c40}, %_constant as %arg2: !stream.resource<constant>{%c40}) -> !stream.
resource<external>{%c40} {
      %3 = stream.async.alloca: !stream.resource<external>{%c40}
      %4 = stream.async.dispatch @test_dispatch_0::@test_dispatch_0_generic_10[%c10]
(%arg1[%c0 to %c40 for %c40], %arg2[%c0 to %c40 for %c40], %3[%c0 to %c40 for
%c40]): (!stream.resource<external>{%c40}, !stream.resource<constant>{%c40},
!stream.resource<external>{%c40}) -> %3{%c40}
      stream.yield %4: !stream.resource<external>{%c40}
    } => !stream.timepoint
    %1 = stream.timepoint.await %result_timepoint => %results: !stream.resource<external>
{%c40}
    %2 = stream.tensor.export %1: tensor<1×10×f32> in !stream.resource<external>
{%c40} -> !hal.buffer_view
    return %2: !hal.buffer_view
}
```

在该示例中只有一个 part，调用了函数 IREE::Stream::createScheduleConcurrencyPass。
继续将 stream.async.execute 划分为多个并行调度区，每个并行调度区构成了一个
stream.async.concurrent，调用了函数 IREE::Stream::createPropagateTimepointsPass。

给 stream.resource 绑定一个 stream.timepoint，在代码中用 stream.resource ＋
stream.timepoint 的 pair 替换原来的 stream.resource，并在需要的地方插入等候，代码

如下：

```
//第 11 章/buildStreamtensorPassPipeline_10.c
util.global
util.global private @_constant: !stream.resource<constant>
```

转换一下，代码如下：

```
//第 11 章/stream.timepoint.c
util.global private mutable @_constant__timepoint = #stream.timepoint<immediate>: !
stream.timepoint
util.global private @_constant: !stream.resource<constant>
util.global.load
%_constant = util.global.load @_constant: !stream.resource<constant>
```

转换一下，代码如下：

```
//第 11 章/buildStreamtensorPassPipeline_10.c
%_constant__timepoint = util.global.load @_constant__timepoint: !stream.timepoint
%_constant = util.global.load @_constant: !stream.resource<constant>
%0 = stream.timepoint.await %_constant__timepoint => %_constant: !stream.resource
<constant>{%c40}
util.global.store
util.global.store %0, @_constant: !stream.resource<constant>
```

转换一下，代码如下：

```
//第 11 章/global.store.c
util.global.store %result_timepoint, @_constant__timepoint: !stream.timepoint
util.global.store %results, @_constant: !stream.resource<constant>
func.func
func.func @foo( %0: !stream.resource) {
  ...
}
```

转换一下，代码如下：

```
//第 11 章/stream.timepoint.await 0.c
func.func @foo( %t: !stream.timepoint, %0: !stream.resource) {
  %1 = stream.timepoint.await %t, %0
 ...
}
```

由于 func 内部已经插入了等候，因此 call 之前的冗余等候可以删除，call 之后需要再插入一个 func 返回值的等候，代码如下：

```
//第 11 章/buildStreamtensorPassPipeline_11.c
%1 = stream.timepoint.await %t, %0
%r = call @foo( %1)
```

转换一下，代码如下：

```
//第 11 章/stream.timepoint.await.c
% rt, % r = call @foo( % t, % 0)
stream.timepoint.await % rt, % t
return
% 1 = stream.timepoint.await % t, % 0
return % 1
```

转换一下，代码如下：

```
//第 11 章/stream.timepoint.await1.c
return % t, % 0
branch
```

将参数的等候挪到 branch 里面，代码如下：

```
//第 11 章/buildStreamtensorPassPipeline_12.c
% 1 = stream.timepoint.await % t, % 0
br ^bb1( % 1)

^bb1( % b):
 ...
```

转换一下，代码如下：

```
//第 11 章/stream.timepoint.await.c
br ^bb1( % t, % 0)
^bb1( % a, % b):
  % 1 = stream.timepoint.await % a, % b
```

stream.async.execute 为每个未绑定 stream.timepoint 的输入参数绑定一个 stream.timepoint，并在 stream.async.execute 之前计算参数的最大时间点，stream.async.execute 则等候这个最大时间点，代码如下：

```
//第 11 章/buildStreamtensorPassPipeline_13.c
% results, % result_timepoint = stream.async.execute with( % 0 as % arg1: ! stream.resource
< external >{ % c40}, % _constant as % arg2: ! stream.resource < constant >{ % c40}) - > ! stream.
resource < external >{ % c40} {
 ...
}
```

转换一下，代码如下：

```
//第 11 章/stream.timepoint.join.c
% 3 = stream.timepoint.join max( % 2, % _constant__timepoint) = > ! stream.timepoint
% results, % result_timepoint = stream.async.execute await( % 3) = > with( % 1 as % arg1: !
stream.resource < external >{ % c40}, % _constant as % arg2: ! stream.resource < constant >
{ % c40}) - > ! stream.resource < external >{ % c40} {
  ...
 }
```

这里调用了函数 addCleanupPatterns 和 IREE::Stream::createVerifyLowerToAsyncPass。

为了验证 LowerToAsyncPass 阶段程序的合法性,调用了函数 buildStreamCmdPassPipeline 和 IREE::Stream::createScheduleAllocationPas。

　　首先将所有常量 op 聚合成一个 stream.resource.constants,并移出该 region,stream.resource.constants 的结果会被追加(append)到该 region 的输入参数中(原本直接 yield 的常量除外),代码如下:

```
//第 11 章/buildStreamtensorPassPipeline_14.c
% results, % result_timepoint = stream.async.execute with() -> !stream.resource<constant>
{ % c40} {
    % cst = stream.async.constant: !stream.resource<constant>{ % c40} = dense<[0.000000e+
00, 0.00999999977, 2.000000e-02, 3.000000e-02, 4.000000e-02, 5.000000e-02, 6.000000e-02,
7.000000e-02, 8.000000e-02, 9.000000e-02]>: tensor<10×f32>
    stream.yield % cst: !stream.resource<constant>{ % c40}
} => !stream.timepoint
```

转换一下,代码如下:

```
//第 11 章/result_timepoint.c
% results, % result_timepoint = stream.resource.constants:
    !stream.resource<constant>{ % c40} = dense<[0.000000e+00, 0.00999999977, 2.000000e-
02, 3.000000e-02, 4.000000e-02, 5.000000e-02, 6.000000e-02, 7.000000e-02, 8.000000e-02,
9.000000e-02]>: tensor<10×f32>
    => !stream.timepoint
% 0 = stream.cmd.execute with() {
} => !stream.timepoint
% 1 = stream.timepoint.join max( % result_timepoint, % 0) => !stream.timepoint
```

　　分析 stream.async.execute 区域中资源的类型与它们之间的 alias 关系,按照资源的类型统一分配空间。对于没有被 Tied 到输入(非 inplac)的结果会被统一在区域外面由 stream.resource.alloc 申请一段 external 空间,区域再通过 Tied 的方式消费 alloc 的结果。对于中间临时的 resource,经过 stream.resource.pack 计算需要分配的空间大小后统一由 stream.resource.alloca 申请一段 transient 空间,并会在区域后面插入 stream.resource.dealloca 释放申请的 transient 空间,代码如下:

```
//第 11 章/buildStreamtensorPassPipeline_15.c
func.func @predict( % arg0: !hal.buffer_view) -> !hal.buffer_view attributes { iree.abi.
stub} {
    % c8 = arith.constant 8: index
    % c40 = arith.constant 40: index
    % c4 = arith.constant 4: index
    % c0 = arith.constant 0: index
    % c1 = arith.constant 1: index
    % c10 = arith.constant 10: index
    % c553648160_i32 = arith.constant 553648160: i32
    % c1_i32 = arith.constant 1: i32
    % c2 = arith.constant 2: index
    hal.buffer_view.assert < % arg0: !hal.buffer_view > message("张量") shape([ % c1, % c2])
type( % c553648160_i32) encoding( % c1_i32)
```

```
    %0 = stream.tensor.import %arg0: !hal.buffer_view -> tensor<1×2×f32> in !stream.
resource<external>{%c8}
    //stream.async.execute
    %results, %result_timepoint = stream.async.execute with(%0 as %arg1: !stream.resource
<external>{%c8}) -> !stream.resource<external>{%c40} {
        %3 = stream.async.dispatch @predict_dispatch_0::@predict_dispatch_0_matmul_1×10×
2[%c1, %c10](%arg1[%c0 to %c8 for %c8]): (!stream.resource<external>{%c8}) -> !
stream.resource<transient>{%c40}
        %4 = stream.async.dispatch @predict_dispatch_1::@predict_dispatch_1_generic_10
[%c1](%3[%c0 to %c40 for %c40]): (!stream.resource<transient>{%c40}) -> !stream.
resource<transient>{%c4}
        %5 = stream.async.dispatch @predict_dispatch_2::@predict_dispatch_2_generic_1×10
[%c1, %c10](%3[%c0 to %c40 for %c40], %4[%c0 to %c4 for %c4]): (!stream.resource
<transient>{%c40}, !stream.resource<transient>{%c4}) -> !stream.resource<transient>
{%c40}
        %6 = stream.async.dispatch @predict_dispatch_3::@predict_dispatch_3_generic_10
[%c1](%5[%c0 to %c40 for %c40]): (!stream.resource<transient>{%c40}) -> !stream.
resource<transient>{%c4}
        %7 = stream.async.dispatch @predict_dispatch_4::@predict_dispatch_4_generic_1×10
[%c1, %c10](%5[%c0 to %c40 for %c40], %6[%c0 to %c4 for %c4]): (!stream.resource
<transient>{%c40}, !stream.resource<transient>{%c4}) -> !stream.resource<external>
{%c40}
        stream.yield %7: !stream.resource<external>{%c40}
    } => !stream.timepoint
    %1 = stream.timepoint.await %result_timepoint => %results: !stream.resource<external>
{%c40}
    %2 = stream.tensor.export %1: tensor<1×10×f32> in !stream.resource<external>
{%c40} -> !hal.buffer_view
    return %2: !hal.buffer_view
}
```

转换一下,代码如下:

```
//第11章/arith.constant.c
func.func @predict(%arg0: !hal.buffer_view) -> !hal.buffer_view attributes {iree.abi.
stub} {
    %c8 = arith.constant 8: index
    %c40 = arith.constant 40: index
    %c4 = arith.constant 4: index
    %c0 = arith.constant 0: index
    %c1 = arith.constant 1: index
    %c10 = arith.constant 10: index
    %c553648160_i32 = arith.constant 553648160: i32
    %c1_i32 = arith.constant 1: i32
    %c2 = arith.constant 2: index
    hal.buffer_view.assert<%arg0: !hal.buffer_view> message("张量") shape([%c1, %c2])
type(%c553648160_i32) encoding(%c1_i32)
    %0 = stream.tensor.import %arg0: !hal.buffer_view -> tensor<1×2×f32> in !stream.
resource<external>{%c8}
    %c0_0 = arith.constant 0: index
```

```
//申请输出资源的空间
%1 = stream.resource.alloc uninitialized: !stream.resource<external>{%c40}
//计算临时资源所需要的空间大小
%2:5 = stream.resource.pack slices({
  [0, 2] = %c40,  //[0, 2]是某个资源的lifetime, %40是资源大小
  [1, 2] = %c4,
  [2, 4] = %c40,
  [3, 4] = %c4
}): index
//申请临时资源空间
%result, %result_timepoint = stream.resource.alloca uninitialized: !stream.resource
<transient>{%2#0} => !stream.timepoint
%3 = stream.cmd.execute await(%result_timepoint) => with(%0 as %arg1: !stream.
resource<external>{%c8}, %1 as %arg2: !stream.resource<external>{%c40}, %result as
%arg3: !stream.resource<transient>{%2#0}) {
  stream.cmd.dispatch @predict_dispatch_0::@predict_dispatch_0_matmul_1×10×2[%c1,
%c10] {
    ro %arg1[%c0 for %c8]: !stream.resource<external>{%c8},
    wo %arg3[%2#1 for %c40]: !stream.resource<transient>{%2#0}
  }
  stream.cmd.dispatch @predict_dispatch_1::@predict_dispatch_1_generic_10[%c1] {
    ro %arg3[%2#1 for %c40]: !stream.resource<transient>{%2#0},
    wo %arg3[%2#2 for %c4]: !stream.resource<transient>{%2#0}
  }
  stream.cmd.dispatch @predict_dispatch_2::@predict_dispatch_2_generic_1×10[%c1, %c10] {
    ro %arg3[%2#1 for %c40]: !stream.resource<transient>{%2#0},
    ro %arg3[%2#2 for %c4]: !stream.resource<transient>{%2#0},
    wo %arg3[%2#3 for %c40]: !stream.resource<transient>{%2#0}
  }
  stream.cmd.dispatch @predict_dispatch_3::@predict_dispatch_3_generic_10[%c1] {
    ro %arg3[%2#3 for %c40]: !stream.resource<transient>{%2#0},
    wo %arg3[%2#4 for %c4]: !stream.resource<transient>{%2#0}
  }
  stream.cmd.dispatch @predict_dispatch_4::@predict_dispatch_4_generic_1×10[%c1, %c10] {
    ro %arg3[%2#3 for %c40]: !stream.resource<transient>{%2#0},
    ro %arg3[%2#4 for %c4]: !stream.resource<transient>{%2#0},
    wo %arg2[%c0_0 for %c40]: !stream.resource<external>{%c40}
  }
} => !stream.timepoint
//释放申请的临时空间
%4 = stream.resource.dealloca await(%3) => %result: !stream.resource<transient>{%2
#0} => !stream.timepoint
%5 = stream.timepoint.join max(%4, %3) => !stream.timepoint
%6 = stream.timepoint.await %5 => %1: !stream.resource<external>{%c40}
%7 = stream.tensor.export %6: tensor<1×10×f32> in !stream.resource<external>
{%c40} -> !hal.buffer_view
return %7: !hal.buffer_view
}
```

　　IREE::Stream::createPackConstantsPass 将 stream.resource.constants 的结果根据 lifetime 类型分成 Constant 与 Variable 两种，每种都替换成一个 util.buffer.constant，代码如下：

```
//第11章/buildStreamtensorPassPipeline_16.c
util.initializer {
  % c40 = arith.constant 40: index
  % results, % result_timepoint = stream.resource.constants:
    !stream.resource < constant >{ % c40 } = dense <[0.000000e + 00, 0.00999999977, 2.000000e -
02, 3.000000e - 02, 4.000000e - 02, 5.000000e - 02, 6.000000e - 02, 7.000000e - 02, 8.000000e - 02,
9.000000e - 02]>: tensor < 10 × f32 >
    => !stream.timepoint
  % 0 = stream.cmd.execute with() {
  } => !stream.timepoint
  % 1 = stream.timepoint.join max( % result_timepoint, % 0) => !stream.timepoint
  util.global.store % results, @_constant: !stream.resource < constant >
  util.global.store % 1, @_constant__timepoint: !stream.timepoint
  util.initializer.return
}
```

　　转换一下，代码如下：

```
//第11章/buildStreamtensorPassPipeline_16_util.initializer.c
util.initializer {
  % c40 = arith.constant 40: index
  % buffer_cst = util.buffer.constant {alignment = 64: index}: !util.buffer = # util.
composite < 64 × i8, [
    dense <[0.000000e + 00, 0.00999999977, 2.000000e - 02, 3.000000e - 02, 4.000000e - 02,
5.000000e - 02, 6.000000e - 02, 7.000000e - 02, 8.000000e - 02, 9.000000e - 02]>: tensor < 10 × f32 >,
    dense < 0 >: vector < 24 × i8 >, //填充的无用数据
]>
  % c0 = arith.constant 0: index
  % c64 = arith.constant 64: index
  //尝试将 buffer 映射为 target (!stream.resource < constant >)
  % did_map, % result = stream.resource.try_map % buffer_cst[ % c0]: !util.buffer -> i1, !
stream.resource < constant >{ % c64 }
  % 0:2 = scf.if % did_map -> (!stream.resource < constant >, !stream.timepoint) {
    //如果可以映射，则直接返回映射的结果(!stream.resource < constant >)
    % 4 = stream.timepoint.immediate => !stream.timepoint
    scf.yield % result, % 4: !stream.resource < constant >, !stream.timepoint
  } else {
    //如果不能映射，则需要先将 buffer 映射为缓存(stage)，然后申请一段新的空间并从缓存复制
    //数据(copy)
    //如果 lifetime 类型是 Variable,则不需要 try_map,直接通过该分支(stage + copy)实现
    % 4 = stream.resource.map % buffer_cst[ % c0]: !util.buffer -> !stream.resource
< staging >{ % c64}
    % 5 = stream.resource.alloc uninitialized: !stream.resource < constant >{ % c64 }
    % 6 = stream.cmd.execute with( % 4 as % arg0: !stream.resource < staging >{ % c64}, % 5 as
% arg1: !stream.resource < constant >{ % c64}) {
```

```
stream.cmd.copy %arg0[%c0], %arg1[%c0], %c64: !stream.resource<staging>{%c64} -> !
stream.resource<constant>{%c64}
    } => !stream.timepoint
    scf.yield %5, %6: !stream.resource<constant>, !stream.timepoint
  }
  %1 = stream.resource.subview %0♯0[%c0]: !stream.resource<constant>{%c64} -> !
stream.resource<constant>{%c40}
  %2 = stream.cmd.execute with() {
  } => !stream.timepoint
  %3 = stream.timepoint.join max(%0♯1, %2) => !stream.timepoint
  util.global.store %1, @_constant: !stream.resource<constant>
  util.global.store %3, @_constant__timepoint: !stream.timepoint
  util.initializer.return
}
```

IREE::Stream::createPackAllocationsPass 将包含多个资源的 stream.resource.alloc
转换成 stream.resource.pack ＋ stream.resource.alloc,并通过 stream.resource.subview
获取每个资源。

IREE::Stream::createLayoutSlicesPass 将 stream.resource.pack 转换为具体的内存
复用算法计算过程,代码如下:

```
//第11章/buildStreamtensorPassPipeline_17.c
func.func @predict(%arg0: !hal.buffer_view) -> !hal.buffer_view attributes {iree.abi.
stub} {
  %c8 = arith.constant 8: index
  %c40 = arith.constant 40: index
  %c4 = arith.constant 4: index
  %c0 = arith.constant 0: index
  %c1 = arith.constant 1: index
  %c10 = arith.constant 10: index
  %c553648160_i32 = arith.constant 553648160: i32
  %c1_i32 = arith.constant 1: i32
  %c2 = arith.constant 2: index
  hal.buffer_view.assert <%arg0: !hal.buffer_view> message("张量") shape([%c1, %c2])
type(%c553648160_i32) encoding(%c1_i32)
  %0 = stream.tensor.import %arg0: !hal.buffer_view -> tensor<1×2×f32> in !stream.
resource<external>{%c8}
  %c0_0 = arith.constant 0: index
  //申请输出资源的空间
  %1 = stream.resource.alloc uninitialized: !stream.resource<external>{%c40}
  //计算临时资源所需要的空间大小
  %2:5 = stream.resource.pack slices({
    [0, 2] = %c40,   //[0, 2]是某个资源的lifetime, %40是资源大小
    [1, 2] = %c4,
    [2, 4] = %c40,
    [3, 4] = %c4
  }): index
  //申请临时资源的空间
```

```
  % result, % result_timepoint = stream.resource.alloc uninitialized: !stream.resource
<transient>{%2#0} => !stream.timepoint
  %3 = stream.cmd.execute await(% result_timepoint) => with(% 0 as % arg1: !stream.
resource<external>{% c8}, %1 as % arg2: !stream.resource<external>{% c40}, % result as
% arg3: !stream.resource<transient>{%2#0}) {
    stream.cmd.dispatch @predict_dispatch_0::@predict_dispatch_0_matmul_1×10×2[% c1,
% c10] {
      ro % arg1[% c0 for % c8]: !stream.resource<external>{% c8},
      wo % arg3[%2#1 for % c40]: !stream.resource<transient>{%2#0}
    }
    stream.cmd.dispatch @predict_dispatch_1::@predict_dispatch_1_generic_10[% c1] {
      ro % arg3[%2#1 for % c40]: !stream.resource<transient>{%2#0},
      wo % arg3[%2#2 for % c4]: !stream.resource<transient>{%2#0}
    }
    stream.cmd.dispatch @predict_dispatch_2::@predict_dispatch_2_generic_1×10[% c1, % c10] {
      ro % arg3[%2#1 for % c40]: !stream.resource<transient>{%2#0},
      ro % arg3[%2#2 for % c4]: !stream.resource<transient>{%2#0},
      wo % arg3[%2#3 for % c40]: !stream.resource<transient>{%2#0}
    }
    stream.cmd.dispatch @predict_dispatch_3::@predict_dispatch_3_generic_10[% c1] {
      ro % arg3[%2#3 for % c40]: !stream.resource<transient>{%2#0},
      wo % arg3[%2#4 for % c4]: !stream.resource<transient>{%2#0}
    }
    stream.cmd.dispatch @predict_dispatch_4::@predict_dispatch_4_generic_1×10[% c1, % c10] {
      ro % arg3[%2#3 for % c40]: !stream.resource<transient>{%2#0},
      ro % arg3[%2#4 for % c4]: !stream.resource<transient>{%2#0},
      wo % arg2[% c0_0 for % c40]: !stream.resource<external>{% c40}
    }
  } => !stream.timepoint
  //释放申请的临时空间
  %4 = stream.resource.dealloc await(%3) => % result: !stream.resource<transient>{%2#0}
=> !stream.timepoint
  %5 = stream.timepoint.join max(%4, %3) => !stream.timepoint
  %6 = stream.timepoint.await %5 => %1: !stream.resource<external>{% c40}
  %7 = stream.tensor.export %6: tensor<1×10×f32> in !stream.resource<external>
{% c40} -> !hal.buffer_view
  return %7: !hal.buffer_view
}
```

转换一下，代码如下：

```
//第11章/buildStreamtensorPassPipeline_17.c
func.func @predict(% arg0: !hal.buffer_view) -> !hal.buffer_view attributes {iree.abi.
stub} {
  % c8 = arith.constant 8: index
  % c40 = arith.constant 40: index
  % c4 = arith.constant 4: index
  % c0 = arith.constant 0: index
  % c1 = arith.constant 1: index
  % c10 = arith.constant 10: index
```

```
    %c553648160_i32 = arith.constant 553648160: i32
    %c1_i32 = arith.constant 1: i32
    %c2 = arith.constant 2: index
    hal.buffer_view.assert <%arg0: !hal.buffer_view> message("张量") shape([%c1, %c2])
type(%c553648160_i32) encoding(%c1_i32)
    %0 = stream.tensor.import %arg0: !hal.buffer_view -> tensor<1×2×f32> in !stream.
resource<external>{%c8}
    %c0_0 = arith.constant 0: index
    %1 = stream.resource.alloc uninitialized: !stream.resource<external>{%c40}
    %c0_1 = arith.constant 0: index
    %c64 = arith.constant 64: index
    %c64_2 = arith.constant 64: index
    %c128 = arith.constant 128: index
    %c128_3 = arith.constant 128: index
    %c192 = arith.constant 192: index
    %c192_4 = arith.constant 192: index
    %result, %result_timepoint = stream.resource.alloca uninitialized: !stream.resource
<transient>{%c192_4} => !stream.timepoint
    %2 = stream.cmd.execute await(%result_timepoint) => with(%0 as %arg1: !stream.
resource<external>{%c8}, %1 as %arg2: !stream.resource<external>{%c40}, %result as
%arg3: !stream.resource<transient>{%c192_4}) {
      stream.cmd.dispatch @predict_dispatch_0::@predict_dispatch_0_matmul_1×10×2[%c1,
%c10] {
        ro %arg1[%c0 for %c8]: !stream.resource<external>{%c8},
        wo %arg3[%c0_1 for %c40]: !stream.resource<transient>{%c192_4}
      }
      stream.cmd.dispatch @predict_dispatch_1::@predict_dispatch_1_generic_10[%c1] {
        ro %arg3[%c0_1 for %c40]: !stream.resource<transient>{%c192_4},
        wo %arg3[%c64_2 for %c4]: !stream.resource<transient>{%c192_4}
      }
      stream.cmd.dispatch @predict_dispatch_2::@predict_dispatch_2_generic_1×10[%c1, %c10] {
        ro %arg3[%c0_1 for %c40]: !stream.resource<transient>{%c192_4},
        ro %arg3[%c64_2 for %c4]: !stream.resource<transient>{%c192_4},
        wo %arg3[%c128_3 for %c40]: !stream.resource<transient>{%c192_4}
      }
      stream.cmd.dispatch @predict_dispatch_3::@predict_dispatch_3_generic_10[%c1] {
        ro %arg3[%c128_3 for %c40]: !stream.resource<transient>{%c192_4},
        wo %arg3[%c0_1 for %c4]: !stream.resource<transient>{%c192_4}
      }
      stream.cmd.dispatch @predict_dispatch_4::@predict_dispatch_4_generic_1×10[%c1, %c10] {
        ro %arg3[%c128_3 for %c40]: !stream.resource<transient>{%c192_4},
        ro %arg3[%c0_1 for %c4]: !stream.resource<transient>{%c192_4},
        wo %arg2[%c0_0 for %c40]: !stream.resource<external>{%c40}
      }
    } => !stream.timepoint
    %3 = stream.resource.dealloca await(%2) => %result: !stream.resource<transient>
{%c192_4} => !stream.timepoint
    %4 = stream.timepoint.join max(%3, %2) => !stream.timepoint
    %5 = stream.timepoint.await %4 => %1: !stream.resource<external>{%c40}
```

```
    %6 = stream.tensor.export %5: tensor < 1 × 10 × f32 > in !stream.resource < external >
{%c40} -> !hal.buffer_view
    return %6: !hal.buffer_view
}
IREE::Util::createPropagateSubrangesPass
```

把 resource 转换为(resource，size，offset，length)的元组，代码如下：

```
//第11章/global private.c
util.global
util.global private @_constant: !stream.resource < constant >
```

转换一下，代码如下：

```
//第11章/util.global private.c
util.global private @_constant: !stream.resource < constant >
util.global private @_constant_size: index
util.global private @_constant_offset: index
util.global private @_constant_length: index
util.global.load
%0 = util.global.load @foo: !stream.resource
```

转换一下，代码如下：

```
//第11章/util.global.load.c
%0 = util.global.load @foo: !stream.resource
%s = util.global.load @foo_size: index
%o = util.global.load @foo_offset: index
%l = util.global.load @foo_length: index
%1 = stream.resource.subview %0[%o]:
    !stream.resource < * >{%s} -> !stream.resource < * >{%l}
util.global.store
%1 = stream.resource.subview %0[%o]:
    !stream.resource < * >{%s} -> !stream.resource < * >{%l}
util.global.store %1, @foo: !stream.resource
```

转换一下，代码如下：

```
//第11章/util.global.load_1.c
%0 = util.global.load @foo: !stream.resource
%s = util.global.load @foo_size: index
%o = util.global.load @foo_offset: index
%l = util.global.load @foo_length: index
%1 = stream.resource.subview %0[%o]:
    !stream.resource < * >{%s} -> !stream.resource < * >{%l}
util.global.store
%1 = stream.resource.subview %0[%o]:
    !stream.resource < * >{%s} -> !stream.resource < * >{%l}
util.global.store %1, @foo: !stream.resource
```

转换一下，代码如下：

```
//第 11 章/util.global.store.c
util.global.store % 0, @foo: !stream.resource
//这里语义是正确的吗???
util.global.store % s, @foo_size: index
util.global.store % o, @foo_offset: index
util.global.store % l, @foo_length: index
func.func
func.func @foo( % 0: !stream.resource) {
  ...
}
```

转换一下,代码如下:

```
//第 11 章/stream.resource.subview.c
func.func @foo( % 0: !stream.resource, % sz: index, % o: index, % l: index) {
  % 1 = stream.resource.subview % 0[ % o]: { % sz} -> { % l}
  ...
}
call
% 1 = stream.resource.subview % 0[ % o]: { % sz} -> { % l}
% r = call @foo( % 1)
```

转换一下,代码如下:

```
//第 11 章/stream.resource.subview_1.c
return % 0, % sz, % o, % l
branch
% 1 = stream.resource.subview % 0[ % o]: { % sz} -> { % l}
br ^bb1( % 1)

^bb1( % b):
  ...
```

转换一下,代码如下:

```
//第 11 章/stream.resource.subview_2.c
br ^bb1( % 0, % sz, % o, % l)

^bb1( % a, % b, % c, % d):
  % 1 = stream.resource.subview % a[ % b]: { % c} -> { % d}
```

这里调用了函数 cond_branch、addCleanupPatterns 和 IREE∷Stream∷createVerifyLowerToCmdPass。

验证程序的合法性,调用了函数 buildStreamOptimizationPassPipeline、addCleanupPatterns 和 MLIR∷createconvertSCFToCFPass。

将 structured control flow 算子转换为更低层基础块形式的 Control Flow 算子,代码如下:

```
//第 11 章/buildStreamtensorPassPipeline_18.c
func.func @test( % pred: i32, % arg1: tensor < 2 × 10 × f32 >, % arg2: tensor < 2 × 10 × f32 >) ->
tensor < 2 × 10 × f32 > {
    % c0 = arith.constant 0: i32
```

```
    % 0 = arith.cmpi sgt, % pred, % c0: i32
    % 1 = scf.if % 0 -> (tensor < 2 × 10 × f32 >) {
      % 2 = mhlo.add % arg1, % arg2: tensor < 2 × 10 × f32 >
      scf.yield % 2: tensor < 2 × 10 × f32 >
    } else {
      % 2 = mhlo.subtract % arg1, % arg2: tensor < 2 × 10 × f32 >
      scf.yield % 2: tensor < 2 × 10 × f32 >
    }
    return % 1: tensor < 2 × 10 × f32 >
}
```

转换一下，代码如下：

```
//第 11 章/addCleanupPatterns.c
func.func @ test( % pred: i32, % arg1: tensor < 2 × 10 × f32 >, % arg2: tensor < 2 × 10 × f32 >) ->
tensor < 2 × 10 × f32 > {
    % c0 = arith.constant 0: i32
    % 0 = arith.cmpi sgt, % pred, % c0: i32
    cf.cond_br % 0, ^bb1, ^bb2
  ^bb1:
    % 2 = mhlo.add % arg1, % arg2: tensor < 2 × 10 × f32 >
    cf.br ^bb3( % 2: tensor < 2 × 10 × f32 >)
  ^bb2:
    % 3 = mhlo.subtract % arg1, % arg2: tensor < 2 × 10 × f32 >
    cf.br ^bb3( % 3: tensor < 2 × 10 × f32 >)
  ^bb3( % 4: tensor < 2 × 10 × f32 >):
    return % 4: tensor < 2 × 10 × f32 >
}
addCleanupPatterns
IREE::Stream::createElideTimepointsPass
```

消除已经确信到达的等待，代码如下：

```
//第 11 章/stream.timepoint.join.c
% timepoint0 = ...
% timepoint1 = ... await( % timepoint0)
% timepoint2 = stream.timepoint.join max( % timepoint0, % timepoint1)
```

由于 timepoint1 到达时 timepoint0 一定已经达到过，因此可以转换，代码如下：

```
//第 11 章/timepoint012.c
% timepoint0 = ...
% timepoint1 = ... await( % timepoint0)
% timepoint2 = stream.timepoint.join max( % timepoint1)
```

执行规范化后，最终的代码如下：

```
//第 11 章/canonicalization.c
% timepoint0 = ...
% timepoint1 = ... await( % timepoint0)
% timepoint2 = % timepoint1
```

IREE::Util::createFixedPointIteratorPass 该 Pass 触发重复执行一个 Pass 管道,直到达到固定迭代次数或最大迭代次数。这里的 pipeline 包括前面的 addCleanupPatterns 与 createElideTimepointsPass 两个子 Pass。

IREE::Stream::createFuseDispatchBindingsPass 根据 stream.cmd.dispatch 的资源关系,分派可执行文件的绑定,例如,stream.cmd.dispatch 的两个资源是同一个地址的不同范围,则可以计算每个资源在基地址上的偏移,并将这两个资源合并成一个绑定,在分派可执行文件中,根据偏移来截取每个被合并的绑定。该操作默认只合并只读的资源,代码如下:

```c
//第 11 章/buildStreamtensorPassPipeline_19.c
stream.executable private @predict_dispatch_2 {
  stream.executable.export public @predict_dispatch_2_generic_1×10 workgroups(%arg0:
index, %arg1: index) -> (index, index, index) {
    %x, %y, %z = flow.dispatch.workgroup_count_from_dag_root %arg0, %arg1
    stream.return %x, %y, %z: index, index, index
  }
  builtin.module {
    func.func @predict_dispatch_2_generic_1×10(%arg0: !stream.binding, %arg1: !stream.
binding, %arg2: !stream.binding) {
      %c0 = arith.constant 0: index
      %0 = stream.binding.subspan %arg0[%c0]: !stream.binding -> !flow.dispatch.tensor
<readonly:tensor<1×10×f32>>
      %1 = stream.binding.subspan %arg1[%c0]: !stream.binding -> !flow.dispatch.tensor
<readonly:tensor<f32>>
      %2 = stream.binding.subspan %arg2[%c0]: !stream.binding -> !flow.dispatch.tensor
<writeonly:tensor<1×10×f32>>
      %3 = flow.dispatch.tensor.load %0, offsets = [0, 0], sizes = [1, 10], strides =
[1, 1]: !flow.dispatch.tensor<readonly:tensor<1×10×f32>> -> tensor<1×10×f32>
      %4 = flow.dispatch.tensor.load %1, offsets = [], sizes = [], strides = []: !flow.
dispatch.tensor<readonly:tensor<f32>> -> tensor<f32>
      %5 = tensor.empty(): tensor<1×10×f32>
      %6 = linalg.generic {indexing_maps = [affine_map<(d0, d1) -> (d0, d1)>, affine_map
<(d0, d1) -> ()>, affine_map<(d0, d1) -> (d0, d1)>], iterator_types = ["parallel",
"parallel"]} ins(%3, %4: tensor<1×10×f32>, tensor<f32>) outs(%5: tensor<1×10×
f32>) {
      ^bb0(%in: f32, %in_0: f32, %out: f32):
        %7 = arith.subf %in, %in_0: f32
        %8 = math.exp %7: f32
        linalg.yield %8: f32
      } -> tensor<1×10×f32>
      flow.dispatch.tensor.store %6, %2, offsets = [0, 0], sizes = [1, 10], strides = [1,
1]: tensor<1×10×f32> -> !flow.dispatch.tensor<writeonly:tensor<1×10×f32>>
      return
    }
  }
}
```

```
func. func @predict( % arg0: ! hal. buffer_view) -> ! hal. buffer_view attributes {iree. abi.
stub} {
  ...
  % 2 = stream. cmd. execute await( % result_timepoint) = > with( % 0 as % arg1: ! stream.
resource < external >{ % c8}, % 1 as % arg2: ! stream. resource < external >{ % c40}, % result as
% arg3: ! stream. resource < transient >{ % c192}) {
    stream. cmd. dispatch @predict_dispatch_2::@predict_dispatch_2_generic_1 × 10[ % c1, % c10] {
      ro % arg3[ % c0 for % c40]: ! stream. resource < transient >{ % c192},
      ro % arg3[ % c64 for % c4]: ! stream. resource < transient >{ % c192},
      wo % arg3[ % c128 for % c40]: ! stream. resource < transient >{ % c192}
    }
    ...
  }
}
```

转换一下，代码如下：

```
//第 11 章/stream. executable. c
stream. executable private @predict_dispatch_2 {
  stream. executable. export public @ predict_dispatch_2_generic_1 × 10 workgroups ( % arg0:
index, % arg1: index) -> (index, index, index) {
    % x, % y, % z = flow. dispatch. workgroup_count_from_dag_root % arg0, % arg1
    stream. return % x, % y, % z: index, index, index
  }
  builtin. module {
    func. func @predict_dispatch_2_generic_1 × 10( % arg0: ! stream. binding, % arg1: ! stream.
binding, % arg2: index, % arg3: index, % arg4: index) {
      % c0 = arith. constant 0: index
      % 0 = arith. addi % c0, % arg2: index
      % 1 = stream. binding. subspan % arg0[ % 0]: ! stream. binding -> ! flow. dispatch. tensor
< readonly: tensor < 1 × 10 × f32 >>
      % 2 = arith. addi % c0, % arg3: index
      % 3 = stream. binding. subspan % arg0[ % 2]: ! stream. binding -> ! flow. dispatch. tensor
< readonly: tensor < f32 >>
      % 4 = arith. addi % c0, % arg4: index
      % 5 = stream. binding. subspan % arg1[ % 4]: ! stream. binding -> ! flow. dispatch. tensor
< writeonly: tensor < 1 × 10 × f32 >>
      % 6 = flow. dispatch. tensor. load % 1, offsets = [0, 0], sizes = [1, 10], strides =
[1, 1]: ! flow. dispatch. tensor < readonly: tensor < 1 × 10 × f32 >> -> tensor < 1 × 10 × f32 >
      % 7 = flow. dispatch. tensor. load % 3, offsets = [], sizes = [], strides = []: ! flow.
dispatch. tensor < readonly: tensor < f32 >> -> tensor < f32 >
      % 8 = tensor. empty(): tensor < 1 × 10 × f32 >
      % 9 = linalg. generic {indexing_maps = [affine_map <(d0, d1) -> (d0, d1)>, affine_map
<(d0, d1) -> ()>, affine_map <(d0, d1) -> (d0, d1)>], iterator_types = ["parallel",
"parallel"]} ins( % 6, % 7: tensor < 1 × 10 × f32 >, tensor < f32 >) outs( % 8: tensor < 1 × 10 ×
f32 >) {
      ^bb0( % in: f32, % in_0: f32, % out: f32):
        % 10 = arith. subf % in, % in_0: f32
```

```
        % 11 = math.exp % 10: f32
        linalg.yield % 11: f32
     } -> tensor < 1 × 10 × f32 >
     flow.dispatch.tensor.store % 9, % 5, offsets = [0, 0], sizes = [1, 10], strides = [1,
1]: tensor < 1 × 10 × f32 > -> !flow.dispatch.tensor < writeonly:tensor < 1 × 10 × f32 >>
       return
     }
   }
}

func.func @predict( % arg0: !hal.buffer_view) -> !hal.buffer_view attributes { iree.abi.
stub} {
   ...
   % 2 = stream.cmd.execute await( % result_timepoint) = > with( % 0 as % arg1: !stream.
resource < external >{ % c8}, % 1 as % arg2: !stream.resource < external >{ % c40}, % result as
% arg3: !stream.resource < transient >{ % c192}) {
     ...
     stream.cmd.dispatch @predict_dispatch_2::@predict_dispatch_2_generic_1 × 10[ % c1,
% c10]( % c0, % c64, % c128: index, index, index) {
        ro % arg3[ % c0_0 for % c192]: !stream.resource < transient >{ % c192},
        wo % arg3[ % c0_0 for % c192]: !stream.resource < transient >{ % c192}
     }
     ...
   }
}
```

可以看到 stream.cmd.dispatch @predict_dispatch_2 的资源被合并为两个，predict_dispatch_2_generic_1×10 分派可执行文件参数中的绑定，也减少为两个，但增加了 3 个表示偏移的指数，被合并的指数根据偏移来截取。

IREE::Stream::createPackDispatchOperandsPass 将分派可执行文件参数中的标量与指数类型转换为 i32 或 i64 类型，代码如下：

```
//第 11 章/buildStreamtensorPassPipeline_20.c
func.func @predict_dispatch_2_generic_1 × 10( % arg0: !stream.binding, % arg1: !stream.
binding, % arg2: index, % arg3: index, % arg4: index) {
   ...
}
```

转换一下，代码如下：

```
//第 11 章/func.func.c
func.func @predict_dispatch_2_generic_1 × 10( % arg0: !stream.binding, % arg1: !stream.
binding, % arg2: i32, % arg3: i32, % arg4: i32) {
   ...
}
MLIR::createCSEPass
IREE::Stream::createFoldUniformOperandsPass
```

折叠分派可执行文件的所有调用中相同的参数，代码如下：

```
//第 11 章/stream.cmd.dispatch.c
stream.cmd.dispatch @foo( %c1, %c100: index, index)
stream.cmd.dispatch @foo( %c1, %c101: index, index)
stream.cmd.dispatch @foo2( %c1, %c101: index, index)
```

转换一下，代码如下：

```
//第 11 章/buildStreamtensorPassPipeline_20.c
stream.cmd.dispatch @foo( %c100: index)
stream.cmd.dispatch @foo( %c101: index)
stream.cmd.dispatch @foo2()
@foo 内联了 %c1,@foo2 内联了 %c1 与 %c101。
IREE::Stream::createAnnotateDispatchArgumentsPass
```

给分派可执行文件的参数添加 potential value 与 alignment 信息，代码如下：

```
//第 11 章/predict_dispatch_2_generic_1×10.c
func.func @predict_dispatch_2_generic_1×10( %arg0: !stream.binding, %arg1: !stream.
binding) {
  ...
}
```

转换一下，代码如下：

```
//第 11 章/predict_dispatch_2_generic_1×10_new.c
func.func @predict_dispatch_2_generic_1×10( %arg0: !stream.binding {stream.alignment =
64: index}, %arg1: !stream.binding {stream.alignment = 64: index}) {
  ...
}
```

IREE::Stream::createMemoizeChannelsPass 找出了所有的 stream.channel.default ops，为每个 stream.channel.default op 创建了一个全局缓存，同时在初始化时创建对应的 channel，并将 channel 结果写入全局缓存，最后将该 stream.channel.default op 替换为全局缓存的 util.global.load op，调用了函数 addCleanupPatterns 和 MLIR::createSymbolDCEPass。

图 书 推 荐

书　　名	作　者
仓颉语言实战(微课视频版)	张磊
仓颉语言核心编程——入门、进阶与实战	徐礼文
仓颉语言程序设计	董昱
仓颉程序设计语言	刘安战
仓颉语言元编程	张磊
仓颉语言极速入门——UI 全场景实战	张云波
HarmonyOS 移动应用开发(ArkTS 版)	刘安战、余雨萍、陈争艳 等
公有云安全实践(AWS 版·微课视频版)	陈涛、陈庭暄
虚拟化 KVM 极速入门	陈涛
虚拟化 KVM 进阶实践	陈涛
移动 GIS 开发与应用——基于 ArcGIS Maps SDK for Kotlin	董昱
Vue＋Spring Boot 前后端分离开发实战(第 2 版·微课视频版)	贾志杰
前端工程化——体系架构与基础建设(微课视频版)	李恒谦
TypeScript 框架开发实践(微课视频版)	曾振中
精讲 MySQL 复杂查询	张方兴
Kubernetes API Server 源码分析与扩展开发(微课视频版)	张海龙
编译器之旅——打造自己的编程语言(微课视频版)	于东亮
全栈接口自动化测试实践	胡胜强、单镜石、李睿
Spring Boot＋Vue.js＋uni-app 全栈开发	夏运虎、姚晓峰
Selenium 3 自动化测试——从 Python 基础到框架封装实战(微课视频版)	栗任龙
Unity 编辑器开发与拓展	张寿昆
跟我一起学 uni-app——从零基础到项目上线(微课视频版)	陈斯佳
Python Streamlit 从入门到实战——快速构建机器学习和数据科学 Web 应用(微课视频版)	王鑫
Java 项目实战——深入理解大型互联网企业通用技术(基础篇)	廖志伟
Java 项目实战——深入理解大型互联网企业通用技术(进阶篇)	廖志伟
深度探索 Vue.js——原理剖析与实战应用	张云鹏
前端三剑客——HTML5＋CSS3＋JavaScript 从入门到实战	贾志杰
剑指大前端全栈工程师	贾志杰、史广、赵东彦
JavaScript 修炼之路	张云鹏、戚爱斌
Flink 原理深入与编程实战——Scala＋Java(微课视频版)	辛立伟
Spark 原理深入与编程实战(微课视频版)	辛立伟、张帆、张会娟
PySpark 原理深入与编程实战(微课视频版)	辛立伟、辛雨桐
HarmonyOS 原子化服务卡片原理与实战	李洋
鸿蒙应用程序开发	董昱
HarmonyOS App 开发从 0 到 1	张诏添、李凯杰
Android Runtime 源码解析	史宁宁
恶意代码逆向分析基础详解	刘晓阳
网络攻防中的匿名链路设计与实现	杨昌家
深度探索 Go 语言——对象模型与 runtime 的原理、特性及应用	封幼林
深入理解 Go 语言	刘丹冰
Spring Boot 3.0 开发实战	李西明、陈立为

书　　名	作　　者
全解深度学习——九大核心算法	于浩文
HuggingFace 自然语言处理详解——基于 BERT 中文模型的任务实战	李福林
动手学推荐系统——基于 PyTorch 的算法实现(微课视频版)	於方仁
深度学习——从零基础快速入门到项目实践	文青山
LangChain 与新时代生产力——AI 应用开发之路	陆梦阳、朱剑、孙罗庚、韩中俊
图像识别——深度学习模型理论与实战	于浩文
编程改变生活——用 PySide6/PyQt6 创建 GUI 程序(基础篇·微课视频版)	邢世通
编程改变生活——用 PySide6/PyQt6 创建 GUI 程序(进阶篇·微课视频版)	邢世通
编程改变生活——用 Python 提升你的能力(基础篇·微课视频版)	邢世通
编程改变生活——用 Python 提升你的能力(进阶篇·微课视频版)	邢世通
Python 量化交易实战——使用 vn.py 构建交易系统	欧阳鹏程
Python 从入门到全栈开发	钱超
Python 全栈开发——基础入门	夏正东
Python 全栈开发——高阶编程	夏正东
Python 全栈开发——数据分析	夏正东
Python 编程与科学计算(微课视频版)	李志远、黄化人、姚明菊 等
Python 数据分析实战——从 Excel 轻松入门 Pandas	曾贤志
Python 概率统计	李爽
Python 数据分析从 0 到 1	邓立文、俞心宇、牛瑶
Python 游戏编程项目开发实战	李志远
Java 多线程并发开发体系实战(微课视频版)	刘宁萌
从数据科学看懂数字化转型——数据如何改变世界	刘通
Dart 语言实战——基于 Flutter 框架的程序开发(第 2 版)	亢少军
Dart 语言实战——基于 Angular 框架的 Web 开发	刘仕文
FFmpeg 入门详解——音视频原理及应用	梅会东
FFmpeg 入门详解——SDK 二次开发与直播美颜原理及应用	梅会东
FFmpeg 入门详解——流媒体直播原理及应用	梅会东
FFmpeg 入门详解——命令行与音视频特效原理及应用	梅会东
FFmpeg 入门详解——音视频流媒体播放器原理及应用	梅会东
FFmpeg 入门详解——视频监控与 ONVIF＋GB28181 原理及应用	梅会东
Python 玩转数学问题——轻松学习 NumPy、SciPy 和 Matplotlib	张骞
Pandas 通关实战	黄福星
深入浅出 Power Query M 语言	黄福星
深入浅出 DAX——Excel Power Pivot 和 Power BI 高效数据分析	黄福星
从 Excel 到 Python 数据分析：Pandas、xlwings、openpyxl、Matplotlib 的交互与应用	黄福星
云原生开发实践	高尚衡
云计算管理配置与实战	杨昌家
HarmonyOS 从入门到精通 40 例	戈帅
OpenHarmony 轻量系统从入门到精通 50 例	戈帅
AR Foundation 增强现实开发实战(ARKit 版)	汪祥春
AR Foundation 增强现实开发实战(ARCore 版)	汪祥春